ハイテク五十年史に学ぶ
将来加工技術

日本学術振興会 将来加工技術第136委員会 編

日本工業出版

ハイテク五十年史に学ぶ将来加工技術
<目　次>

巻頭言

将来加工技術第136委員会50周年記念単行本の出版にあたって

京都大学　星出　敏彦 …… 1

発刊にあたって

私の見た「136委員会」

東京大学名誉教授（現：ファインテック社 会長）　中川　威雄 …… 11

先端技術の更なる発展に向けて

埼玉大学名誉教授　河西　敏雄 …… 14

将来加工技術第136委員会における回顧録と今後の委員会に期待すること

元AGC㈱　松本　勝博 …… 17

第1章　モノづくり50年を振り返って

1.1　戦後日本のモノづくりと将来展望

政策研究大学院大学　橋本　久義 …… 22

1.2　モノづくりハイテク五十年史

日本大学　山本　寛 …… 33

第2章　先端加工技術－過去、現在、そして未来へ

2.1　研磨加工における50年間の技術動向と最新技術

元東海大学　安永　暢男 …… 42

2.2　研削加工における50年間の技術動向と最新技術

京都工芸繊維大学　太田　稔 …… 54

2.3　レーザ加工技術の50年間の技術動向と最新技術

中央大学　新井　武二 …… 63

2.4　イオンビーム加工における50年間の技術動向と現状
東京理科大学　谷口　淳 …… 79

2.5　放電加工における50年間の技術動向と最新技術
増沢マイクロ加工技術コンサルティング　増沢　隆久 …… 90

2.6　超精密加工（切削）における50年間の技術動向と最新技術
中部大学　鈴木　浩文 …… 101

2.7　塑性加工における50年間の技術動向と最新技術
兵庫県立大学　原田　泰典 …… 112

2.8　微細加工（MEMS）における50年間の技術動向と現状
九州大学　澤田　廉士 …… 122

2.9　切断加工における50年間の技術動向と最新技術
横浜国立大学　坂本　智 …… 133

2.10　溶接・接合における50年間の技術動向と最新技術
大阪大学　中西　保正 …… 145

2.11　微粒子ピーニングの開発動向と最近の話題
慶應義塾大学　小茂鳥　潤 …… 157

2.12　超精密研磨用砥石の動向
埼玉大学　池野　順一 …… 167

2.13　自由形状表面仕上げにおける50年間の技術動向と最新技術
群馬大学　林　偉民 …… 176

2.14　研削盤における50年間を振り返る
日本大学　山田　高三 …… 185

第3章　先端デバイス技術ー過去、現在、そして未来へ

3.1　太陽電池デバイス作製技術における50年間の技術動向と最新技術
東京都市大学　小長井　誠 …… 198

3.2　半導体集積回路技術
慶応義塾大学　内田　建 …… 208

3.3　超伝導集積回路作製技術ージョセフソン接合を中心とした歴史、現状、将来ー
産業技術総合研究所　日高　睦夫 …… 217

3.4　ハードディスク媒体の大容量化と先進媒体加工技術
㈱東芝　喜々津　哲 …… 230

3.5　有機分子デバイスにおける50年間の技術動向と今後の展開
千葉大学　工藤　一浩 …… 240

3.6　パワー半導体の発展：過去から未来へ
九州工業大学　大村　一郎 …… 251

3.7　マイクロエレクトロメカニカルシステム（MEMS）のいままでと今後の展開
東北大学　江刺　正喜 …… 260

3.8　フラットパネルディスプレイ開発の歴史と今後の展開における50年間の技術動向と最新技術
双葉電子記念財団　伊藤　茂生 …… 269

3.9　薄膜ドライプロセス技術の50年と将来展望
日本大学　山本　寛 …… 277

3.10　薄膜ウェットプロセス技術の50年と将来展望
新潟大学　加藤　景三 …… 286

第4章　先端評価技術ー過去、現在、そして未来へ

4.1　超微小硬度計を用いた材料評価技術の動向と最新技術
青山学院大学　小川　武史 …… 298

4.2　中性子を用いた材料評価技術における50年間の技術動向と最新技術
総合科学研究機構　林　眞琴 …… 307

4.3　走査型電子顕微鏡を用いた材料評価技術における50年間の技術動向と最新技術
大阪市立大学　兼子　佳久 …… 326

4.4　レーザー顕微鏡を用いた材料表面評価技術における
50年間の技術動向と最新技術
レーザーテック㈱　西村　良浩 …… 335

4.5　陽電子を用いた材料評価技術における50年間の技術動向と最新技術
大阪大学　荒木　秀樹・水野　正隆・杉田　一樹・白井　泰治 …… 347

4.6　高強度構造材料の創製（ヘテロ構造材料）における
50年間の技術動向と最新技術
立命館大学　川畑　美絵・飴山　惠 …… 356

4.7　高強度構造材料の創製（表面改質材料）
豊橋技術科学大学　福本　昌宏 …… 364

4.8　高強度ガラス材料創製における50年間の技術動向と最新技術
元東京工業大学／元旭硝子㈱　伊藤　節郎 …… 375

4.9　高強度材料の創製（鉄鋼材料）における
50年間の技術動向と今後の展望
物質・材料研究機構　井上　忠信 …… 386

むすび

日本学術振興会将来加工技術第136委員会と
次世代エレクトロニクスからみた将来加工技術
九州大学／㈱Doi Laboratory　土肥　俊郎 …… 398

付録1
2004年度～2014年度に開催した将来加工技術第136委員会・研究会等
京都大学　星出　敏彦 …… 407

付録2
1980年度～2003年度に開催した将来加工技術第136委員会・研究会等
京都大学　星出　敏彦 …… 422

索引 …… 454

巻頭言

将来加工技術第136委員会50周年記念単行本の出版にあたって

Preface to publication of commemorative book
for the 50th anniversary of the 136th committee

京都大学　星出　敏彦
Toshihiko Hoshide

Key words: preface, commemorative book, the 136 committee, the 50th anniversary, retrospect, prospect activity

1. はじめに

独立行政法人日本学術振興会・産学協力研究委員会・将来加工技術第136委員会（以下、本委員会という）は、昭和39年（1964年）に難加工材料の生産技術・加工技術に関する研究・開発を、産業界と大学、国公立などの研究機関との産学協力のもとで行うことを目的として設置され、平成26年（2014年）11月には創設50周年を迎えた。この間、権威ある日本学術振興会において半世紀の長きにわたり、諸先賢の方々により本委員会が引き継がれてきた。本書「ハイテク五十年史に学ぶ将来加工技術」は、本委員会創設50周年を記念して、発刊するものである。本書では、本委員会を立ち上げた背景と動機はどこにあったのか、またどこに着目して研究会活動・運営展開をしてきたのかについて、本委員会の歩みを振り返りつつ、加工に係わる研究課題の変遷を俯瞰し、さらに今後の50年を見据えて本委員会の活動ビジョンを著そうとするものである。

本書の発刊にあたっては、独立行政法人日本学術振興会のご助力を得るとともに、一般社団法人日本工業倶楽部から出版助成金を受けた。ここに深甚なる謝意を表す次第である。また、本書の編集にあたっては、松本勝博・副委員長、池野順一・第1部会主査、工藤一浩・第2部会主査、望月正人・第3部会主査はじめ、3部会の副主査の方々に、多大なるご支援、ご尽力をいただいた。ここに感謝の意を表す。

2. 第136委員会 - 半世紀の歩み

日本学術振興会の前身は昭和天皇陛下から学術奨励のために下賜された下賜

金（150万円）により1932年（昭和7年）12月に創設されたもので、文部科学省の権威ある外郭団体の一つである。日本学術振興会に設置されている産学協力研究委員会は、日本の産業界を活性化すべく研究課題等を勘案・提起し、その課題の解決に向け、産学官の研究者・技術者が協力して研究を行うものである。

そのような産学協力研究委員会の1つである本委員会の創設当初は、当時の六碕賢亮・千葉大学教授、金子秀夫・東北大学教授らによって、本委員会の前身となる「放電加工第136委員会」として、1964年（昭和39年）11月7日に発足した。放電加工第136委員会は、幅広い放電現象を基にした高エネルギー密度による広義の加工をテーマとし、放電加工に関する研究を実施していた。同委員会の研究活動は、我が国ならびに世界において、放電加工が現在のような材料加工の一分野として確固たる地位を築く上で、大いに貢献した。

その後、我が国の経済の急速な成長とともに、産業のあらゆる分野で従来の加工技術に代わる新しい技術の開発と確立が必要になってきた。とくに、1971年（昭和46年）8月のニクソン・ショックにより、この要求はより一層高まり、本委員会もこのような産業界の要望に応えるため従来の加工技術を超える新しい加工技術を展開する必要があるものと判断した。

以上のような背景を踏まえ、1971年11月に当時の委員長である斎藤進六・東京工業大学教授らによって、本委員会の名称を現在の「将来加工技術」第136委員会と改称し、本委員会第2期の活動を行うことになった。将来加工技術に改称した当初の本委員会では、萌芽的、革新、未踏の加工技術を中心に、今日的な課題や技術を扱う小委員会、協議会などによって運営され、活動してきた。その代表例として、厚陶管利用協議会、不定形耐火物施工技術協議会、マイカセラミックス小委員会、無機焼結体設計基礎技術小委員会、融体超急冷加工技術小委員会などの設置が挙げられる。このような分科的運営方法は、現在の将来加工技術第136委員会におけるユニークな部会制として継承されている。なお、以下では当時の所属・役職でもって記す。

上記の活動・運営体制は1982年（昭和57年）に山田敏郎・京都大学教授が委員長となって以降も引き継がれている。将来加工技術として様々な加工問題に対処すべく、1984年（昭和59年）4月には、中期的視野で第1部会「特殊加工」（主査：小林昭・埼玉大学教授）、第2部会「融体超急冷技術」（主査：津屋昇・法政大学教授）、第3部会「ファインセラミックス技術」（主査：山田敏郎・京都大学教授）の3部会制に改組された。さらに、1989年（平成元年）には、当時の産業界のニーズを反映して、第1部会「高機能・高精度加工技術」（主査：小林昭・埼玉大学教授）、第2部会「方向性組織生成技術」（主査：津屋昇・法政大学教授）、第3部会「セラミックス改質技術」（主査：尾崎義治・成蹊大学教授）をテーマとする3部会制に改編された。1994年（平成6年）にも、山田委員長主導のもとで再度の組織改編が行われ、第1部会「極限に挑戦する次世代生産技術」（主査：河西敏雄・埼玉大学教授）、第2部会「マイクロ電子デバイス生産加工技術」（主査：荒井賢一・東北大学教授）、第3部会「セラミックス融合加工技術」（主査：尾崎義治・成蹊大学教授）の構成となった。山田委員長時代には、委員会の研究成果を広く社会に還元するため単行本が刊行された。すなわち、第1部会が中心となって「精度加工の最先端技術」（1996年、工業調査会刊）が、また第3部会が中心となって「ファインセラミックス技術ハンドブック」（1998年、内田老鶴圃刊）が、相次いで出版された。

2002年（平成14年）には、尾崎義治・成蹊大学教授が委員長に就任した。これに伴い部会も再編されたが、第1部会「次世代環境保全・極限生産システム」（主査：河西敏雄・東京電機大学教授）、第2部会報告「次世代機能電子デバイスの生成と加工技術」（主査：荒井賢一・東北大学教授）、第3部会「ファインセラミックス基盤技術」（主査：星出敏彦・京都大学教授）の3部会制は継承され、時代の要請を反映した一層活発な活動を展開してきた。2004年（平成16年）には、当時の技術動向の調査に加え、本委員会委員を対象にしたアンケート調査の結果等を踏まえ、各部会テーマの一層の深化を志向して各部会を改組し、新たに第1部会「最先端加工と部品生産技術への応用」（主査：土肥俊郎・九州大学教授）、第2部会「新機能電子デバイスの創世技術」（主査：山本 寛・日本大学教授）、第3部会「環境調和型セラミックス技術」（主査：星出敏彦・京都大学教授）として、時代に即した研究活動を展開した。尾崎委員長時代の

10年間の研究成果は、単行本「マイクロ・ナノ領域の超精密技術」(2011年、オーム社刊) にまとめられている。

2011年（平成23年）度からは、土肥俊郎・九州大学教授が委員長を引き継ぐことになった。これまでの本委員会の運営体制を継承しつつ幅広い活動を活発にすること、そして今後の委員会の規模を大きくしていくことなどを考慮して、組織内に副委員長を置くことになり、筆者が副委員長に就任した。また、当時の技術動向を鑑み、それを反映するため、第1部会「超精密加工・評価技術と部品生産応用」(主査：池野順一・埼玉大学教授)、第2部会「新機能マイクロ・ナノデバイス技術」(主査：山本 寛・日本大学教授)、第3部会「環境負荷低減指向型材料・特性評価技術」(主査：上野 明・立命館大学教授) を発足させた。その後、土肥委員長、学界側の副委員長である筆者に加え、産業界側からも副委員長として松本勝博委員を選任し、さらに各部会の学側の主査および副主査2名（うち産側から1名）から構成される運営委員会を強化した。

2014年（平成26年）度は、本委員会創設半世紀の記念すべき年にあたり、委員会活動を広報するため、ニュースレターの創刊号を発行し、以降随時発行することにした。併せて、「創設50周年記念シンポジウム」を京都グランディアホテルにて盛大に開催し、社会への情報発信をするため公開シンポジウムとした。さらに、本委員会の50年間の活動の変遷・発展を回顧しつつ、先端的材料と評価、加工技術と応用、高機能デバイスと応用などを柱として、この半世紀になされた主要な技術展開をまとめ、「創設50周年記念誌」を刊行した。本書は同記念誌をブラッシュアップし、再編したものである。

なお、2017年（平成29年）度からは、筆者が委員長を引き継ぎ、土肥前委員長は新役職「顧問」に就いている。また、筆者の異動に伴い、山本 寛・日本大学教授が学界側副委員長に、工藤一浩・千葉大学教授が第2部会主査に、それぞれ異動した。他の2部会の主査に変更はない。さらに、全体幹事には、第3部会副主査を兼任していた宮下幸雄・長岡技術科学大学准教授が専任として就いている。現時点では、表1に示す14名の運営委員で運営委員会を構成している。

表1　将来加工技術第136委員会運営体制（2018.4.1現在）

委員長	学界	星出敏彦・京都大学
副委員長	学界	山本 寛・日本大学
	産業界	松本勝博・元AGC㈱
幹事	学界	宮下幸雄・長岡技術科学大学
第1部会：超精密加工・評価技術と部品生産応用		
主査	学界	池野順一・埼玉大学
副主査	学界	林 偉民・群馬大学
副主査	産業界	桐野宙治・㈱クリスタル光学
第2部会：新機能マイクロ・ナノデバイス創成技術		
主査	学界	工藤一浩・千葉大学
副主査	官界	羽多野毅・物質・材料研究機構
副主査	産業界	須田篤史・日本航空電子工業㈱
第3部会：グリーンイノベーション型構造材料創製と特性評価技術		
主査	学界	望月正人・大阪大学
副主査	学界	久森紀之・上智大学
副主査	産業界	磯貝智弘・ダイキン工業㈱
顧問	学界	土肥俊郎・九州大学

3. 創設50周年以降の活動ビジョン

3.1　今後の委員会運営体制

前述のように、本委員会では現在3部会制を採用している。第1部会（超精密加工・評価技術と部品生産応用）は加工技術を、第2部会（新機能マイクロ・ナノデバイス創成技術）はデバイス技術を、第3部会（グリーンイノベーション型構造材料創製と特性評価技術）は評価技術を、それぞれ主たる研究対象としている。これら3部会は個別に活動するのではなく、3部会が有機的に協力・連携をすることによって、「将来加工技術」の発展を志向した理想的な体制で、本委員会が運営されている。現行の各部会のテーマはその時々の社会情勢を反映して見直されることになるが、今後も部会制とそれらの連携体制を維持し、本委員会の活動をより一層推進していく。

3.2　今後の活動ビジョン

本委員会の活動ビジョンとしては、産学連携事業を中心に据えた従来の方針を踏襲しつつ、今後は産学連携事業を一層活性化していく必要がある。この活性化に向けては、以下のような対応が望まれる。すなわち、①「テーマ設定・ニーズ認識の適切性確保」、②「情報交流の実績構築」、③「若手技術者・研究者の人材育成」および④「女性委員の参加促進」などについて、点検・評価を実施していく必要がある。運営委員会において上記の項目について定期的に点検・評価し、その点検・評価結果を委員会運営に反映することによって、本委員会の活動を継続的に発展・展開しうると期待される。

まず、①「テーマ設定・ニーズ認識の適切性確保」に関しては、これまでもアンケート調査を行ってきたが、今後も継続的にアンケート調査を行うことが不可欠である。このアンケート調査結果に基づいて、本委員会の運営に対して産業界委員の意見を反映するとともに、産業界委員のより最新のニーズも聴取できる。このような対処により、本委員会におけるテーマ設定やニーズ把握の適切性を確保できると考えられる。

つぎに、②「情報交流の実績構築」については、現在も実施している年6回の委員会の開催時に研究会も併催し、講演者に最新トピックスについて話題提供をいただくとともに、講演内容に対する質疑応答を行うことによって技術情報の交流を活性化できている。したがって、今後もこのような運営を継続し、さらなる実績の積み上げが可能となる。

また、③「若手技術者・研究者の人材育成」に関しては、十分な対応がなされていないのが現状である。若手の育成は、技術の伝承や研究の継続性維持の観点から不可欠であると同時に、本委員会を今後さらに発展させていく上でも、極めて重要な課題である。この課題に対しては、まずは、産業界委員の所属する企業からは委員以外の若手技術者・研究者に、また学界委員の所属する研究機関からは若手研究者および学生に、本委員会に自由に参加してもらえるようなシステム作りが必要と考える。これにより、産業界側では新技術に関する研修に、また学界側では「モノづくり」への関心を高めることに、それぞれ効果があると期待される。

さて､1999年（平成11年）6月に制定された男女共同参画社会基本法により、男女共同参画社会の実現が唱われて久しい。最後の課題は、本委員会委員に占める女性の割合は微増傾向にはあるものの、絶対数は依然として低迷していることである。このような状況において、④「女性委員の参加促進」の課題をいかに克服するかが大きな鍵となる。本課題の解決に向けては、まずは社会全体として女性研究者が増えない限り困難を極めるが、女性の技術者や研究者を対象にした講習会等を企画し、「モノづくり」への関心を徐々に高める地道な努力が必要である。

以上に述べた①~④の課題の解決に加えて、学界委員側から提供するシーズと産業界委員側のニーズとのマッチングを行うことにより、産学連携強化に一層貢献できる。このようなマッチングを視野に入れたポスター展示会を定期的に開催することも､将来計画の一環として検討に値する｡ポスター展示会でマッチングが成立した研究テーマについては、調査研究助成を行い、産学協力研究を創出できる。

さらに、中長期的には加工法、デバイス材料および評価法について、本委員会が中心となって標準化を行い、3基盤技術を包括した標準的な規格の構築を指向していくことも必要になる。それには、まず標準となるデバイス材料を選定し、その標準材料に対して候補となる加工法や評価法を適用した本委員会委員によるラウンドロビン試験を実施する。これにより、標準材料に適した標準となる加工法や評価法を確立し、最終的には規格化を目指していくことが必要である。以上に述べた本委員会の今後の活動ビジョンを図式的にまとめると、図1のようになる。

3.3　今後の研究展開

今後50年は生産・加工工程における環境負荷低減に対する要請がより一層厳しくなると予想される。将来、本委員会で目指す加工技術の革新によって、環境負荷低減やコスト削減に対して大きく貢献し、ひいては地球環境保護に大きく寄与することを指向する必要がある。また、これからの技術開発は、単独

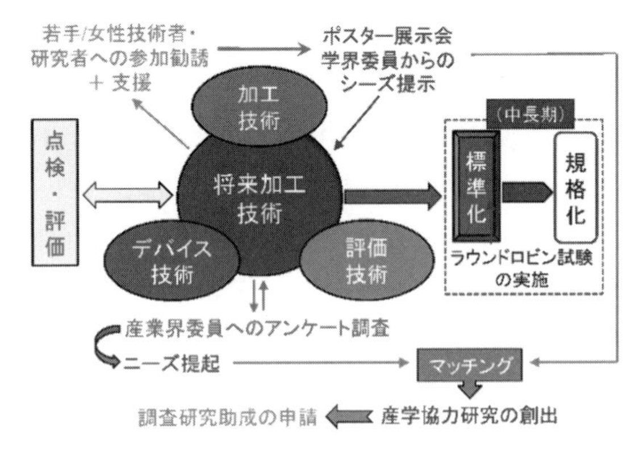

図1　今後の活動ビジョン

のハードウェアではなく、ハードウェア／ハードウェア、あるいはハードウェア／ソフトウェアのハイブリッド化技術システムを応用することによって展開していくと予想される。本委員会では、生産活動に携わっている産業界委員と基礎・応用研究を行っている学界委員との連携を通して、常に「将来」を見据えた加工技術のさらなる発展を期すとともに、上記のような変革にも対応できるような加工技術を革新していく必要がある。

上述のような加工技術革新には種々のアプローチがあるが、ここでは加工の究極ともいえるナノ加工ならびにその評価に限定して、以下に述べることにする。

近年、原子間力顕微鏡（AFM：atomic force microscope）および走査型トンネル顕微鏡（STM：scanning tunneling micro-scope）の開発により、観察分解能がナノレベルに達し、原子や分子の状態が明らかにされつつある。AFM、STMのいずれも試料表面とプローブの相互作用を測定することによって、画像化し、観察に供するものである。そのような両者間の相互作用を強くするような状況を積極的に発現できるようにすれば、試料表面そのものを変形させたり、さらには破損させたりすることも可能になる。すなわち、AFMやSTMを単なる観察手段として用いるだけでなく、原子レベルでのナノ加工に積極的に用いることができる。図2は、本委員会のNews Letterの表紙を飾っている図であり、原子レベルにおける加工をイメージした模式図を表している。

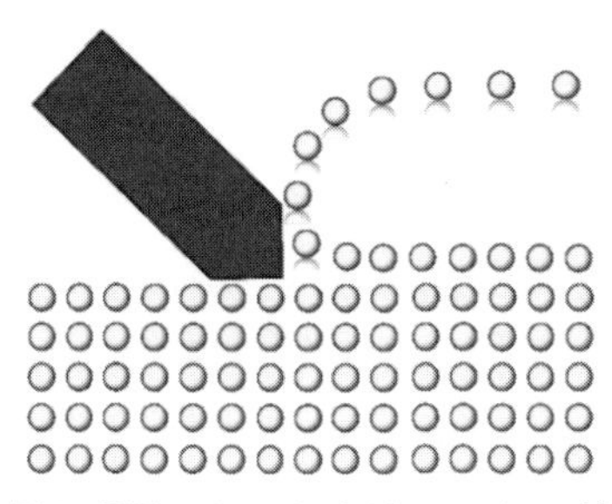

図2　原子レベルにおける加工のイメージ

しかし、現状では、単位時間あたりに原子を除去できる量がごく限られているのに加え、試料表面に存在する原子に対する「加工」に限定されている。すなわち、原理的には試料表面下にある第2層、さらには第3層にある原子の除去は非常に困難であるという大きな課題がある。将来、単位時間あたりの除去量を飛躍的に増大させるような研究が進み、さらには表面原子を所用の形状に逐次除去できるような加工操作技術が確立されれば、AFMやSTMにおける画像形成要素としてのプローブを加工ツールに変えうる。

さらに、AFMやSTMの加工機能と、それら本来の用途である観察機能とをハイブリッド化すれば、加工と評価を同時に達成できる可能性もある。商業生産レベルで再現性のよい位置決めや加工精度の同時計測ができるコストパフォーマンスの高いシステムを開発できるようになれば、ATMやSTMをナノ加工機として量産化することも可能になる。

走査型プローブ顕微鏡（SPM：scanning probe microscope）についても、現状ではSPMの基本的なモードの開発やカーボンナノチューブ（CNT：carbon nanotube）プローブなどの要素技術の進歩によって、高精度な立体計測や表面粗さ計測などに応用されている。将来的には、ナノ表面物性の評価ツールとして、多機能を有するSPMの開発も大いに期待される。なお、SPMにおいてはプローブとして用いられるCNTについては、素子としての特性も安定化、均一化するという課題を克服していくための研究が今後一層必要となることが予想される。

一方で、デバイス等の機能的要素についても、その長期耐用性を保証する上で、それらの強度や信頼性を評価する必要がある。そのような評価には、ハイブリッド化した新しい微視的計測・解析法、例えば実現性が高いと考えられる電子線後方散乱回折（EBSD：Electron backscatter diffraction）法とAFM観察法を統合した手法を用いることが有用となる。このような手法を用いることにより、従来法では解明が困難であった損傷機構が明らかにされると期待される。損傷機構が解明されれば、それを踏まえたより高精度な強度評価が可能となり、長期耐用性に直接的に関与する寿命の向上にも寄与しうると予想される。また、EBSD法を適用することによって、強度特性に係わる結晶粒径・粒界や結晶方位などが明らかになれば、それを考慮して、優れた強度特性を発現しうる微視構造を探究できるようになる。さらには、そのような微視組織構造を有する新材料の創製にも発展していくことが期待される。

4. おわりに

本書の以下の構成は、「モノづくり50年を振り返って」、「モノづくりハイテク五十周年史に学ぶ」、ならびに各部会における「先端加工技術－過去、現在、そして未来へ」、「先端デバイス技術－過去、現在、そして未来へ」および「先端評価技術－過去、現在、そして未来へ」の章からなる。

本書が読者諸賢の参考となれば、望外の喜びである。

私の見た「136委員会」

My personal impression at participating in 136-Meeting

東京大学名誉教授（現：ファインテック社 会長） 中川　威雄
Takeo Nakagawa

Key words: Prof. S.Saito, Prof.A.Kobayashi

1. 斉藤進六委員長時代に初参加、後の筆者の研究分野を拡大

筆者が136委員会の委員として参加したのは、斉藤委員長が就任された時からで、1970年代に確か恩師の前田禎三東大教授に誘われ参加したように記憶している。筆者は東大の生産技術研究所で新しい研究室を持ち、新研究分野を模索していた頃で、塑性加工や機械加工以外の加工分野をやってみたいと思っていた。斉藤委員長は本委員会をそれまでの電気化学的新加工から、新材料や新素材にも重きを置いた新しい加工法を模索することへの舵を切られたのではと推察する。したがって、丁度筆者にとってはそれまで関係していた学協会とは別の世界の最新情報が得られる機会となった。若い時代は刺激に敏感であり、筆者が後に粉末成形やセラミックや複合材料に手を染めることになったキッカケとなった。斉藤進六先生には後にご自身が委員長を務める神奈川サイエンスパークのプロジェクトの委員に私を加えていただいた。まだ若輩であった筆者にとってあのようなお偉方の中に加わった最初の経験であった。

2. 研削砥石で有益な議論で、思わぬ成果が

22年に及ぶ斉藤委員長の後、京大教授山田敏郎委員長時代には、専ら埼玉大の小林昭教授が主査を務める第1部会（高機能・高精度加工）に参加させていただいていた。この部会には数多くの加工の専門の大学教官が参加されており、筆者には拝聴する加工技術も未体験のものがほとんどであったが、同時にそこでの議論が新鮮で刺激的であった。

当時筆者が取り組んでいた研削加工に関する委員会の議論は忘れられない。

私に講演する番が回って来て、その頃注目されていたマシニングセンターを使った鋳鉄ボンドダイアモンド砥石によるファインセラミックの高能率研削のビデオを見ていただいたところ、研削加工の権威である小林主査がびっくりされ、使われたのは“砥石とは言えない、研削工具と呼ぶように”とのお達しが出た。改めて自分の開発した砥石のユニークさが高いことを認識したものである。

また当時“電界研削”と称する方法で、固いセンダストが容易に加工できるとの講演を聞く機会を得た。当然のこととして“電界”と言う謎めいた効果に議論が集まったが、筆者は全ての実験結果が電気分解の効果で目立てが出来ているとすれば説明できることに気が付いた。そのことを発言した途端、他の先生からそれは極性が逆だからあり得ないとのお達し、私の幼稚な無知で恥をさらしてしまった。しかし、筆者自身が当時鋳鉄ボンドダイヤモンド砥石の目つぶれで困っていたこともあり、この時の議論が電気分解を併用して目立てを行う電解インプロセス研削法（ELID研削）を試みるきっかけとなった。後に判明した事だが、“電界”研削では、砥石構造が複雑で極性を含めどのように電流が流れているかは判明しないまま加工していたと聞いている。

我々は研究に没頭はしていても、案外上記のような議論をする機会は少ないものだ。こんな思わぬ議論から大きなヒントが得られたりするのは筆者自身の研究でもしばしば体験することで、そのようなざっくばらんな議論の機会は研究者にとっては貴重だと思う。

3. 学振の委員会制度に期待する

工学研究を志す大学教員にとって、工業の実態を知り工業の技術者と交流することは、不可欠の条件である。学振が早くから産学連携を目指してこのような委員会制度をつくり、今日まで長期にわたり世話をし、応援してきたことは高く評価したい。このあたりで、これまでの経験をもとにこの制度をもう少し自由化して、意欲のある個々の大学教員の自主性や個性を生かした運営に変えてみては如何なものであろうか。現在うまく運営されている活発な委員会はそのまま継続すればいい。しかし、この学振の委員会制度に関係していない圧倒的多数の多くの大学研究者にもチャンスを与えてほしいのである。

ものづくりは奥の深い技術であり、また改良の努力が報われる分野でもある。また技術の複雑化が進む中、大学研究者にとって産業界の技術陣との交流は不可欠なものとなっている。筆者も参加した他の学振の委員会はこの新加工技術以外にも2つの委員会があった。どちらも有名な高齢の方が委員長であったが、筆者も喜寿を迎えるこの歳になってみると、新しいものを開拓するのは若手研究者の役割であることを痛切に感ずる。産学連携を目指したこの学振の委員会が、委員長などの権威を誇示する場になっていたとしたら残念なことである。

加工技術はものづくり全体に関与するので非常に多彩であり、到底小人数の専門家でカバーできるものではない。もっと小分野ごとに多数の専門委員会があって当然である。類似の課題で個々の委員長が別々に競ってやってもらうのも大いに結構なことである。一つにまとめることをしないで、リーダに任せてその人の個性と実力に任せて自由に運営した方が良いのではないか。各リーダ毎に特徴が出てこそ、参加者は増え満足度も増し、いい成果が生まれると思う。同時に活発さに欠ける委員会はどんどん改廃していくべきであり、この委員会は大学研究とは違うので大いに新陳代謝を行えばよい。そうすれば大学教員の中に産業界に通用するタレント養成の役割も果たせる可能性は高いと思う。

通常の学会活動とは違って、どんな形であれ本来の真の産学連携の成果を求めて活躍して頂きたいものである。国家資金に頼る産学連携が全てではない。個々の大学研究者の意欲を応援するこの学振の体制を有効に活用しようではないか。草の根の努力を応援すれば、産業界からも評価される筈である。それこそ日本の製造業に係わる現場の人達が成果を上げているように。

先端技術の更なる発展に向けて

On the Further Development of Advanced Machining and Processing Technology

埼玉大学名誉教授　河西　敏雄
Toshio Kasai

Key words: Prof. Kobayashi, fine ceramics, grinding, polishing, dressing, ELID, CMP, semiconductor materials

筆者は、将来加工技術第136委員会の第1部会の一員として、また第1部会の主査・小林昭先生のときの幹事を、その後、第1部会主査を務めさせていただいた。

まず、最初の委員になった頃を振り返り、当時の先端的な加工の一例に触れてみたい。将来の構造用材料として有望視されていたファインセラミックスと、そのファインセラミックスが難加工性材料であるが故に新たな加工法の出現が期待されていた。新提案の加工法は、マスコミ等でも取り上げられ、テレビ放送の実演を目にすることができた。そこでは新提案の高剛性鋳鉄ボンドダイヤモンド砥石を工作機械のマシニングセンターに取り付け、アルミナ砥粒を混入した白濁加工液を供給しつつ効率よくセラミックス加工が行われていた。

研削盤でなくマシニングセンターを、砥石も研削砥石でなく研削工具を、また砥粒入りの白濁加工液を使用していたので、通常の研削とは異なる変則的な加工であって、新たな砥粒加工法が提案されたという印象であった。

難加工性材料の砥粒加工では、ダイヤモンド砥石が使用されるが、磨耗して鋳鉄ボンドからの砥粒の突出しがなくなる。加工を順調に進めるには、その突出しを加工中に適正な状態に維持することが必要であり、ここに粉末砥粒を混入した加工液を用いて加工中に機械的なドレッシングを行うようにしていた。

このような注目すべきファインセラミックスの砥粒加工も新たな加工に置き換わり、それが発展することになる。上記の加工中の機械的ドレッシングが電気化学的ないわゆる電解ドレッシングに代わった。加工名はELID（Electrolytic In-process Dressing）研削で、ダイヤモンド砥石のボンド材も鋳鉄に限ることなくさまざまな金属を用いることが可能になり、適切な加工液や電解条件によってファインセラミックスに限ることなく光学ガラスや半導体材料などにも適用できる新しい研削になった。しかも細かい砥粒の砥石になると鏡面研削も可能であり、適用範囲も広がっている。

加工が改善されたひとつの例をあげた。このELID研削は、部品材料の加工分野に新しい風穴を開け、新技術創出という点で世界に向けて大きく展開している。

さらに半導体デバイスウエハのCMP（Chemical Mechanical Polishing）技術にも触れたい。CMP技術を用いるデバイス案は日本発であるが、現実のデバイス化は米国から始まった。その状況にありながらも我が国では各機関の協力のもと、身近のPCは動作速度、容量等において夢のような高性能化を見せるまでになった。そのうえ関係者は、環太平洋CMP国際会議の開催を手始めに世界のこの種の技術の発展のための牽引役を担ってきた。

CMP技術では、Siウエハ上のデバイス化を終えた面に10層を超える層間絶縁膜を積み重ね、各層間絶縁膜面の平坦化研磨、配線金属研磨など、さまざまな材料や複雑構造の加工・処理を可能にした。そこでは自動化を含む高度研磨システム、研磨パッドや研磨剤などの研磨資材、クリーン研磨環境、各種計測・評価を含む周辺技術、そのうえ人材の育成・確保などが支えになっている。

このような高精度平面、高品質、無汚染、多種材料対応などで実績を重ねてきた高レベルの研磨であるから、今後に向けた新しい応用・展開を図る計画も出ている。現在のSiやGaAsなどの半導体デバイスに優るSiC、GaN、サファイヤ、ダイヤモンドなどを用いたデバイスが注目されていて、これらの基板材料は言うまでもなく難加工材料である。粗面~鏡面~超精密鏡面の仕上げに10時間要する現実を1時間以内で済ます高能率加工条件の解明は、ひとつの大きな課題である。

最先端の加工に類すると言われたものには、四半世紀もすると淘汰されるもの、あるいは更なる改善があって活用されているものがある。そこには経済性の問題があり、加工の高能率化、省エネルギー、環境保全などで技術改善に挑戦していかねばならないと思っている。

技術改善の引き金やエネルギーとなるものは明確なニーズである。

筆者は、半民半公の研究所に在籍したとき、幾つかの研究プロジェクトに関係した。電気回路に携わる方式担当、結晶材料育成担当、研磨を主とする加工担当が一体となって研究を分担・実行してきた。担当者間の意思の疎通やお互いの目標を明確にしておくことが重要であり、研究試作を上首尾に済ませ、達成感を分かち合った。

本委員会のメンバー間の結び付きは、企業研究所などの内部だけの場合と異なり、やや緩やかな状態にあるかも知れない。それでも産官学メンバーあるいは第1~3部会のより密接な関係のもと、将来の部品・システムとそれを支える加工テーマを持ち寄ること、調査研究を進めることが今後に課せられている。

将来加工技術第136委員会における回顧録と今後の委員会に期待すること

Memoirs in a committee and future's expectation to a committee

元AGC㈱　松本　勝博
Katsuhiro Matsumoto

Key words: Memoirs, Expectation, Committee

1. 委員会における回顧録

資料によると第136委員会とAGC株式会社（旧旭硝子株式会社）の関係は平成4年（1992）に委員名簿に弊社委員とし「菅野隆志氏」の名前が確認できる。菅野氏の所属は中央研究所となっている。今となっては当時のことを確認するすべは無いが中央研究所の先輩から弊社が第136委員会に参加することになった経緯を聞いた記憶がうろ覚えではあるが残っている。当時、第136委員会の幹事をなさっていた埼玉大学工学部教授の河西先生から弊社中央研究所ニューガラス開発研究所の国分所長に委員会への参画の依頼があり参画したとのことであった。河西先生と国分所長は懇意にしており依頼に応えた形で委員会と弊社の関係がスタートしたようである。参画開始の正確な年度は不明であるが四半世紀弱のお付き合いになっている。

私自身はと言うと、ガラスの加工技術開発に従事していたこともあり上司の指示で研究会に定期的に参加させて頂くことになって以来の関係でやはり四半世紀弱のお付き合いである。初めて参加した時の記憶は無くなってしまったものの記憶にあるのは河西先生が第一部会の主査で現委員長の土肥先生（九州大学）がまだ埼玉大学教育学部の助教授で幹事をなさっていたことである。河西先生には学振でお付き合いが始まる以前から半導体材料の加工技術に付いてご指導いただいており、また、土肥先生には後にガラス材料の研磨加工技術でご指導頂くことになり強い御縁を感じている。その後、しばらくは第1部会の研究会に参加させて頂きながら加工技術関連の最先端の技術や情報に触れさせて頂いた。加えて弊社研究所にフィードバックするとともに研究会でお会いした大学の先生や企業の方々に技術的な問題点や課題解決の相談をする機会が増えたことは弊社にとっても有益な参画であったと確信していた。

さらに、平成15年（2003）からは、これまで個別の研究会運営をしてきた第1部会・第2部会・第3部会が一緒に一つの研究会を運営することになりそれぞれが専門とする加工技術・半導体関連技術・セラミック関連技術の情報が一堂に会する現在の運営体制がスタート。企業参画者である弊社からすると大変ありがたい運営スタイルのスタートであったが、翌々年には恩恵を受ける立場から運営側に変わるとは思いもよらなかった。それは平成17年（2005）、当時の委員長である成蹊大学工学部教授の尾崎先生から第3部会の副主査にお誘い頂いたのである。当時、私は研究所所属で次世代リソグラフ用基板開発関連のテーマを任されており、お客様や関連のコンソーシャム参加等で多忙を極めていた。時間的にも精神的にも余裕が無くとても副主査と言った大役をお引き受け出来る状況ではなかったのである。尾崎先生が私にではなく弊社にお声掛け頂いたことは充分理解していたので即答は避け持ち帰ることにした。その後、関連部署に御伺いを立て私の状況を説明しせっかくのお誘いではあるがお断りしたい旨の報告を行ったところ意に反して「お断りしてはいけない」との指導でお引き受けすることになり現在に至っている。同年には弊社研究所で第10回研究会を10月28日に開催し企業会員としてほんの少しではあるが将来加工技術の発展に貢献できたのではないかと思っている次第である。

個人的な思い出としては、まだ現在の運営体制では無い第一部会主催の研究会で国立天文台にお邪魔したことである。当時天文台としては最先端の「すばる望遠鏡」開発でのチャレンジャブルなお話を伺ったことが心に強く残っている。特に反射鏡のガラス基板や集光コントロールシステム開発に関連した苦労話は大変興味深いものであった。加えてノーベル物理学賞受賞者の江崎玲於奈先生のご講演（平成6年）を聴講したことである。「技術革新と私の研究歴」と題した講演では真空管からTransistorに代わる技術革新と時代背景のお話や「ノーベル賞を取る為にしてはいけない五ヶ条」の紹介があり極めて感慨深いご講演でした。また、最近の話としてはこれもノーベル賞関連ですがノーベル物理学賞受賞に輝いた赤﨑先生・天野先生・中村先生の受賞記念講演と祝賀会への参加は、学術振興会と3氏の強い繋がりを知り誇らしく思ったことが記憶に新しい。

2. 今後の委員会に期待すること

現在、第3部会の副主査である立場で「委員会に期待すること」に付いて言及することは己の首を絞めることになるかも知れないがこの機会に思ったことを述べたいと思う。

一つ目は、最近強く思ったことを以下に述べる。第136委員会はこれまで委員会を運営してこられた諸先輩の努力の賜物としてめでたく50周年を迎えたわけであるが、一企業の委員として研究会に参画していた頃はあまり感じなかったが運営サイドになったことで最近殊に気にかかるようになったことがある。それは研究会への参加者の数である。運営サイドでなかったころは最先端の技術や最新情報を入手することに注力していた為、研究会の出席者の人数は全く気にしていなかった。また、運営サイドになってからしばらくは自分の担当する研究会の準備で手いっぱいで参加者の数など気にする余裕は無かった。参加人数が多い時は「研究会が盛況で良かった」「興味を持ってもらってありがたい」と思い、少ない時は「ご講演頂く講師の方々に申し訳ない」「この人数では恰好がつかない」といった具合である。しかしながら、創立50周年を迎えての記念シンポジュウムの開催や書籍作成にあたり強く思うことは「モッタイナイ」である。

私が思う「モッタイナイ」を昨年開催した50周年記念シンポジウムを例に取って説明すると以下のようになる。産学会を代表する方々の貴重なご講演を多くの人に公聴いただけなかったのではないかと言うことである。個人的な価値観で物事を判断して述べることはご容赦頂くとして、今回の講師皆様の様なトップの方々が一堂に会して各分野の最高峰の技術や研究成果をご講演頂くことはめったにない貴重な機会であり、より多くの方々に聴講頂き技術・知識を有意義にご活用いただけたのかと考えると必ずしも充分であったとは思えない。運営サイドの力不足もあり会場をいっぱいにすることができなかったことは残念である以上に加工技術の将来の発展に繋げると言った観点から本当に「モッタイナイ」ことであったと思うのである。

貴重な技術や情報を如何に多くの方々に届けるか?

どの様な手段を用いればより多くの方々にご利用頂けるのか?私も含めた運営委員と委員会にこの困難な課題の今後の改善を強く期待する。

二つ目は、今後の運営スタイルに付いて「期待」と言うよりは「提案」として述べたいと思う。

これまでは「話題提供」と言ったスタイルではあるもののご講演頂く内容は産学トップの方々の「業績・成果」の報告が主であったと思う。これはこれで素晴らしいことであり、聴講した出席者は貴重な知識・情報を手に入れることが出来るし持ち帰った先での共有化等により多くの方々の共通財産になる。ここからの発展ということについては入手先の状況がよほど特別なものでない限り期待は出来ない。

しかしながら、学術振興会の大きな目的としては日本の技術発展に貢献することであり知識の提供や共有化で留まってしまってはその目的を達成することは出来ない。

そこでこれまでの運営スタイルにほんの少しの追加を提案したいと思う。具体的には講演頂いた技術を応用して生産技術に採用された事例を報告・紹介することも研究会のテーマに上げることである。さらに、その目標件数を設定し当委員会のロードマップとすることである。目標件数の設定はあまり好ましくないかもしれないし暫くは目標を達成することはできないかもしれない。しかしながらその方向に舵をきる為には仕方ないことであり産業界への貢献度の尺度として利用できると思う。

以上、委員会について思ったことや期待することを述べてきたがどれも自分自身の首を絞めることになってしまうことは覚悟で提案させていただく。

第1章
モノづくり50年を振り返って

1.1　戦後日本のモノづくりと将来展望
Japanese Manufacturing system, After WW2, today and future

政策研究大学院大学　橋本　久義
Hisayoshi Hashimoto

Key words: monodukuri, 5S, Notorious MITI, The tentative law for promotion of special machinery industry, The tentative law for promotion of special electronics industry, The National Large Scale Technology Development Project, The Sun-Shine Project, US-Japan Trade Friction, The Musky Law, The late comer's advantage, Job-hopping

1. 戦後復興期の日本のモノづくり

戦後の日本の産業が立ち直るきっかけは、1946年12月の傾斜生産方式の導入である。「乏しい資金・資源を産業の基礎である電力、鉄鋼、石炭の三部門にのみ配分する」という方針が決定され、重点三部門は十分とはいえないが相対的に豊富な資金を得て、米欧の技術を導入して、徐々に技術力を獲得していった。また三部門に関係する電動機等の電気関係技術、圧延機、送風機等の機械関係技術も急速に向上していった。

ところで1948年頃から東西冷戦の進展を見て、米国の対日政策が変化した。すなわち、占領当初の「日本の非軍事化・産業の弱体化」の基調から、「日本の工業生産力を強化して共産主義勢力に対する最前線の防波堤としよう」という方向にシフトした。このため、傾斜生産三部門以外の分野でも生産活動が奨励され、また制限を受けつつも民間貿易が再開された。

この流れを決定的にしたのは、1950年6月の朝鮮戦争の勃発であった。米韓連合軍を支援するために日本に銃器・弾薬等軍需品のみならず、幅広い工業製品の供給が要請され自動車、精密工作機械等、従来は認めていなかった工業分野についても生産が再開された。

当時の日本の技術水準について言えば、有名な零式戦闘機に見られるような高度なエンジン技術、航空技術を一部で有しており、乏しい材料、乏しい生産機材で最大限の生産を行うという技術力は持っていたが、最先端科学の進歩から隔絶された環境の中で、欧米に比べて大きく遅れていた。このため米軍は日本の対し多くの近代技術を供与した。

この朝鮮特需の時期が戦後の高度成長を支える「量産のための基礎技術」に触れ、日本の技術力が大進歩を遂げた時期であったといえよう。

なお、1948年に中小企業庁が設立され、その後49年国民金融公庫、53年中小企業金融公庫（両公庫とも、2008年日本政策金融公庫に集約）が設立され、1939年に設立された商工組合中央金庫と合わせて、3つの中小企業専門金融機関が鼎立するという、世界でも珍らしい中小企業育成体制が築かれたことであろう。

1956年―

1956年になって、経済白書は「もはや戦後ではない」と書き、折からの復興ブームもあって、高度経済成長の時代に突入、日本経済は飛躍的な発展を遂げることになった。

1958年の皇太子殿下（現今上陛下）の御成婚を機にテレビが爆発的に売れたのをきっかけに家電ブームが起こり洗濯機、冷蔵庫、掃除機、炊飯器等が一般家庭に急速に普及していった。53年に東京通信工業（現在のソニー）が国産トランジスタ第一号の生産に成功、量産化して日本の技術力向上を印象づけた。

この時期は「岩戸景気」と呼ばれ消費も活発であったが、企業における設備投資も活発に行われた。この時期に日本の製造業は着実な技術基盤を確立したといえよう。

集団就職列車が上野駅に到着し、少年少女達が採用した企業の担当者に連れられて上野駅を後にした時代だ。この当時、日本はまだまだ貧しく、私の回りにも、優秀だが、学資が準備できずに高校進学をあきらめて就職する学友が沢山いた。彼らは地頭は良いから、生産現場でその能力を発揮し、日本の「強い現場」を築いていった。

この時期に特に強調したいのは、56年特定機械工業振興臨時措置法（機振法）、特定電子工業振興臨時措置法（電振法）等、中小企業の体質を強化し、技術力を強化するための、具体的で強力な施策が実行に移されたことだ。この二法は後に合併されたり、範囲を広げたり、狭めたりしながら、数次にわたって改訂され、「臨時措置法」と銘打っている割には、1985年まで29年間も続いた。

これらの法律は、経済政策上とくに育成振興を図る必要性の高い業種を逐次政令で指定し、指定業種ごとに「高度化計画」を策定し、業種毎に、企業のあるべき理想の目標値（生産規模、試験研究内容、性能、品質、合理化の目標）を定めていった。基本的には業界団体の自主性に任せるのではあるが、目標数値等を議論するときには通産省の担当官も出席して激しく議論したものだった。業界は目標数値をクリアし易いように低いめの数値にしようと努力し、通産省は国際競争に負けないように、高い理想にもとづく目標値を置きたがる。そのせめぎあいの中で「なんとか実現可能な一番高い目標値」に決まっていく。

指定業種に属する企業が、高度化計画に示された目標値をクリアするべく設備投資を行ったり、試験検査装置を整備しようという場合には、政府が税の減免、政府系金融機関による融資等をおこなうというものであった。

業種を指定するに当たっては、とくに輸出比率の高い業種、貿易自由化に伴う外国品の流入を防圧するため国際競争力を急速に培養する必要のある業種、産業構造の高度化に資する業種という観点から選定がなされた。

この法律による業種指定を受ける（受け続ける）ため、業界団体を中心に熱心な改善活動が行われた。最先端技術・関連技術の勉強会、コンピュータ利用の講習会等が開かれ、実務的な教育も広くおこなわれた。当時業界団体が日本の技術水準向上に果たした役割は極めて大きかったと言うべきだろう。その後ジャパンアズナンバーワンと呼ばれるような日本の技術状況を現出したのは、これらの法律によって企業が競って体質強化に努めたからだと思われる。

1960年代

1960年に池田勇人氏が首相になると、前岸内閣が安保条約問題でもめた経緯もあって、「寛容と忍耐」をモットーに低姿勢を貫ぬき、「国民所得倍増計画」等、もっぱら経済発展政策に重点を置いた政策を展開した。池田氏はド・ゴールフランス大統領に「トランジスタラジオのセールスマン」と揶揄されるようなことはあったが、経済面では大いに成果をあげた。

おりしも、欧州では欧州共同市場が発足し、また東南アジア諸国の経済発展など、国際環境の大きな変化とあいまって、日本に高度成長をもたらした。さらに所得水準の向上を背景として消費需要が旺盛化し、大量生産方式が普及していった。またこの時期に日本の中小企業は確固たる地位を固め、大企業の生産部隊としての地位を確立していった。

この時期の通産省は、外資法、外国為替管理法（以下外為法）の二法をタテにして、製品の輸入を制限し、国産化を強力に推し進めた。技術導入も厳格に規制し、世界中の類似技術を吟味した上で、最も有利なものに限って許可するが、その際、イニシャルペイメントも、ロイヤルティーも世界相場に比べて、非常に安いレート以外は許可しなかった。「この条件でないと、政府が許可をしてくれませんので……」という口実は、立場が弱い日本企業にとって見れば、外国企業と交渉する上で強力な武器となったと思われる。当時は欧米企業も、そのような無理な条件をも、しぶしぶながら受け入れてくれる傾向にあり、通産省は「ノートリアスMITI」と悪名を浴びることになった。

輸入制限をする一方で、通産省は戦略産業の育成を推し進めた。特にノーベル経済学賞をとったレオンチェフ博士のの産業連関表（投入ー産出表）を利用した政策は有効であった。当時はコンピュータが未発達で、投入ー産出表の計算には莫大な時間を要したが、各産業部門を①生産性向上基準（各部門の生産性向上にどれほど資するか）②所得弾性基準（ちょっとわかりにくいが、超訳すると「庶民の生活をどれほど豊にするか」）で評価して、得点の高い産業を重要産業部門を抽出した。その結果、鉄鋼、機械、電機、自動車、石油化学、化学等の産業が重点業種とされた。これらの産業が中心になったことで、「重化学工業化の時代」と呼ばれる。

この時期に生産性向上の中心になったのは、設備投資の高水準を反映した機械工業で、この分野は下請中小企業が広範に存在するため、好況を小規模企業にまで浸透させる要因となった。

おりしも、欧州では欧州共同市場が発足し、また東南アジア諸国の経済発展
など、国際環境の大きな変化とあいまって、日本に高度成長をもたらした。さらに所得水準の向上を背景として消費需要が旺盛化し、大量生産方式が普及し

ていった。また流通部門にも大量販売方式が出現した。

この時期に日本の中小企業は確固たる地位を固め、大企業の生産部隊としての地位を確立していった。

60年代は重化学工業化の時代と呼ばれるが、この時期に、鉄鋼、造船、家電、繊維、石油化学、時計、カメラ、等は世界的競争力を持つにいたり、自動車、工作機械、産業機械などの分野も急速に技術力を向上させた。

なお、輸出競争力の点で強調しておかなければならないのは我が国の輸出検査制度の充実だろう。日本は「安かろう、悪かろう」という評価を避けるために、かなり早い時期から輸出の多い分野で輸出検査機関を設立し、輸出品についての品質向上を図った。このような厳しい品質管理を実施し続けてきたことが、今日の日本製品に対する信頼につながっているものと思われる。

1970年代

71年ニクソン米大統領はドルと金の交換停止を発表し、ドル価格が急落、(ニクソンショック)世界経済は大混乱に陥った。円は1ドル=360円という固定レートから1ドル=308円に切り上げられた後、変動相場制に移行した。また、1973年のエネルギーショックによって、世界経済は大きな混乱に見舞われ、日本への影響はとりわけ深刻で、変動相場性による円高の影響と相まって、さしもの日本の高度成長の時代も終焉を告げた。

60年代の重化学工業化は、日本の工業化・競争力強化という点では成果を収めたが、一方で、公害の深刻化という負の副産物も生み出した。その痛烈な反省から、通産省は戦略産業を選定するに当たり再度投入-産出表を用いたのであるが、評価の基準に従来の

①生産性向上基準②所得弾力性基準に加えて、

③公害安全性基準④労働環境負荷基準

の2つを追加し評価した。その結果、コンピュータ、マイクロエレクトロニクス、ファインセラミックス、等が高評価を受けたのであるが、それらを総称して、「知識集約化産業」と呼び、戦略的産業技術として70年代を通じて重視されることとなった。

ところで1966年から欧米との技術ギャップを埋め、戦略技術で世界的にリードしていくために通産省は大型プロジェクト制度を発足させた。これは、民間の力だけでは開発が困難な大型の重要技術開発テーマについて、国が資金を負担し、産学官の力を糾合して開発していこうというもので、1テーマについて当時の金額で1,000億円近くが予定された。これは現在価値換算では1兆円に相当する。初年度には超高性能電子計算機、脱硫技術等が取り上げられ、以降海水淡水化プラント、電気自動車、超高性能ジャットエンジン、レーザー鷹揚複合生産システム等々毎年テーマが追加されていったが、74年にはサンシャイン計画と称して太陽熱、地熱、風力、波力等再生可能エネルギー開発プロジェクトが発足した。

当時ローマクラブのレポート等で、石油資源の枯渇が警告されていたことから、通産省が72年頃から準備を進め、73年9月に予算要求をしたのだが、何とその2ヶ月後の11月に、石油危機が勃発し通産省の見通しの良さが賞賛された。結果としては、当初の予算要求額に対し、約倍額の増査定という異例の結果になった。

その後も76年から医療福祉機器技術研究開発制度、78年からムーンライト計画（省エネルギー技術開発）等々と、続いてゆく。

これらのテーマの中で、特に大きな成果があったと評価されているのが、超高性能コンピュータ開発プロジェクトと、超LSI開発プロジェクトであろう。

1970～80年ごろには、米国にはIBM以外にバローズ、ユニバック、NCR、ハネウェル等のメーカーがあり、欧州にも数社のコンピュータメーカーがあったが、21世紀までにほぼ完全に淘汰され、2010年代においてコンピュータを作り続けている国は、アメリカと日本しかない。日本がコンピュータに関して高い技術を持っていたことを示すものであり、その状況を作り出す上で大型プロジェクト制度をはじめとする政府の政策が効果を発揮したことは疑い得ない。

超LSI研究プロジェクトもIC製造関係のライバル6社を集めて共同研究をするということで、「お互いにノウハウを出さないのではないか、どの社も本気で協力しないのではないか」と危ぶまれたが、結果的には大きな成果を収め、その後の日本のIC産業発展の基盤を作った。今日、ICの生産は台湾、中国、韓国に移り、かってのIC王国日本の面影はないが、この時培った技術をベースにしたIC製造装置については現在に至るも日本製品が圧倒的なシェアを持っており、世界のIC産業を支えていると言える。

ところで、1970年年代の日本の技術力を象徴するのが、米マスキー法に対する日本の自動車各社の対応であろう。「5年後に排ガス中の有害成分を1/10以下にせよ」という米当局に対し、ビッグスリーをはじめ欧米メーカーは「基準をクリアするのは不可能だ」として、技術開発よりも法案廃止のロビー活動を続けた。一方日本各社は果敢に技術開発に挑戦し、72年にホンダがCVCCエンジンを開発してクリア、その後マツダ、トヨタ等もマスキー法基準をクリアするエンジンを開発して、世界に日本技術のレベルの高さを見せた。これ以降日本がクリーンなエンジンに関し高い技術を持っていることが知れ渡り、日本車が欧米市場特に米国市場に進出していった。

1980年代

1980年代は、産業の多くの部分で日本の技術力が世界水準に達し、急激に輸出が伸びていった時代である。このために相手国＝特に米国＝との間で種々の分野で貿易摩擦が起こった。

最初の摩擦は1960年代にはじまる日米繊維摩擦であり、その後鉄鋼・カラーテレビなどの輸出自主規制などがあったが割愛する。

最も影響が大きく、日米が激しく激突したのが、日米自動車摩擦であった。

1970年代末の第2次石油危機によるガソリンの高騰により、アメリカ国内でも中・小型車の人気が高まり、低公害で燃費の良い日本車がシェアを広げた。逆に中・小型車メニューが貧弱で、しかも燃費の悪い車が多い米ビッグスリーは窮地に陥った。米国メーカーの窮状を見かねた米政府は「自由貿易に反する措置はとりたくないが、放置すれば日本からの集中豪雨的輸出で、米国メーカーが全滅してしまう」ということで、日本政府に要請し、「日本側が勝手に輸出規制を行う」という形で決着した。

これにより81－84年にかけて第一次の自主規制（日本政府が日本メーカー各々に輸出台数を割り当る）が行われその後約10年間＝現地生産が進み、輸出台数が割当台数を下回り、実質的に意味が無くなるまで継続された。

結果として言えば「需要があるのに、供給が制限される」という状態であるから､米国で日本車はプレミアム付きで販売される状態になって､日本メーカーは大きな利益をあげ、研究開発体制を充実させ、体質の強化が可能になった。

その後、工作機械（1987年）で同じようなスキームで輸出自主規制が行われたが､自動車と同様､日本側は得られた利益をベースに研究開発を強化して､技術水準を向上させ、一方米側の当該産業は、自主規制がおこなわれている間に競争力を回復させるのが目的であったはずだが、結局立ち直ることは無かった。

もう一つの典型的な貿易摩擦は半導体であった。1985年に日本の半導体企業（NEC）が世界売上高ランキングで一位になり､86年には世界のIC生産トップ10の多くが日系企業に占められるようになって、日本の輸出攻勢を問題視する米国政府との間で1986年に日米半導体協定が結ばれた。

日米半導体協定は自動車等の輸出自主規制スキームとは異なり､「日本政府が日本のユーザーに外国製半導体の使用を推奨する」という内容（具体的には､外国製半導体のシェアを20%以上にすることを目標とする）になった。日本の半導体メーカーは幸い半導体の大口ユーザーでもあったので、政府の要請に各社がこたえて努力を重ね、92年には外国製が20%を越え、2000年には30%に達した。しかし実際にもたらされたのは米国製半導体ではなく、韓国製半導体の急伸であった。

米国市場においても、韓国の進出が著しく、たとえばDRAMについてみると87年から2001年にかけて､日本のシェアは75%から20%へと激減する一方で､韓国製が約5%から40%へと躍進した。これは当時の日本メーカーがメインフレーム用に「25年品質保証」というような過酷な保証条件を科せられていたのに対し、韓国は当時急拡大していたPC用に、安い、小さい、使いやすい半導体（DRAM）で勝負できたためである。

2. 2000年代の日本のモノづくり力

2000年以降日本のモノづくり力が問われている。

かって世界を席巻した日本のIC、テレビをはじめとする電子・電気機器が中国・韓国製品の激しい追い上げを受け、市場からの撤退を余儀なくされつつある。

中国・韓国・台湾などのメーカーは、洗練され、使いやすくなった製造装置（多くは日本製）を大規模に導入して、安い土地代、人件費により価格面で圧倒的優位に立ち、日本メーカを苦境に陥らせてきた。

たとえば半導体や液晶であるが、1980年代、90年代に日本のメーカーは製造装置メーカーと苦労を重ねて生産機械の中に製造過程における重要なノウハウを組み込んできた。こうして職人技を機械に置き換えることに成功し、歩留まりを向上させ、生産性を向上させてきた。

しかしこのような「オペレーターの技術や知識に依存せずに良品を製造できる機械」は発展途上国への生産移転をも助けることになった。日本の生産機器業者はユーザーの要望を徹底的に聞き、製品に反映させるうえ、ユーザーがどの国の企業であろうと分け隔て無く完全に自分自身で製造できるようになるまで手取り、足取り、徹底的に教えてサービスするから、中韓台等の諸国は、最新鋭の機械を大量に設備して、効率よく生産することが可能になった。いわゆるレートカマーズアドバンテージである。後発メーカーは先発メーカーのような開発負担をせずに済むので当然安上がりになる。

日本のメーカーは開発の初期段階で試行錯誤しながら開発するので、性能的には中途半端な設備が残るのだが、税法上耐用年数が長く設定されていて、長期的に減価償却をしていかなければいけないし、実際のところ「全く使えないわけでもない」から「思い切って捨てる」という判断もできない。かくして日本企業は、新興国に比べて性能的に劣った設備をかかえたままで競争していかねばならなくなる。

しかも新興国企業はオーナー型で、意志決定が早く、大胆な投資を厭わない。日本企業は合議制が基本だから意志決定が遅い上に、大胆な決定はしにくい構造になっている。

★

しかし、電機関係企業の惨状をみて日本のモノづくり力が全面的に崩壊したかのように考えるのは大きな間違いだろう。

消費財、特に弱電の分野で日本が苦戦しているのは事実であるが、ロボット、工作機械、半導体製造装置、化学プラント、等々の生産機材の分野では今なお世界的な競争力を有している。敗退が目立つ電子の分野においても、スマホでは苦戦をしているが、中味の部品は圧倒的に日本製が多い。また、液晶に使われる機能性フィルムという類もほとんど日本製だ。かくのごとく、日本メーカーは健闘しており、研究開発力も決して衰えてはいない。

また日本はいわゆるベンチャー型の中小企業は決して多くないと思うが、地道にコツコツ名人芸を発揮する職人型の町工場は今も健在で、ジョブホッピングが少ないからこそ、優れた職人が育つ。日本は辛抱強く努力する人を評価する社会が厳然として存在する。これは他国には見られない日本の強みだ。

モノづくりとひと言でいうが、それがいかにむずかしいか、ある金型屋の社長のひと言が耳に残っている。「中学校を卒業してから四十数年、私は金型ひと筋でやってきました。金型については、誰にも負けない自信があります。しかし、そんな私ですら、今でも毎月ひとつくらいはびっくりするようなことに出くわします。私が『絶対うまくいくはずだ』と思ってやった金型が失敗作だったということも、まれではありません。それを従来の経験・ノウハウを総動員し、いろいろ工夫しながら直して、仕上げていくんです。この私ですらそうなんです。だから、発展途上国の若い企業に『いい金型が作れるようになりました』といわれても、なかなか納得できません」と言っておられた。この人は「どうしてもうまくいかないときは、機械のそばで寝るんだ」とも言っておられた。心が通じて翌日は不思議に良いアイデアが出てくるんだとのこと。「そんなことを言っているから日本は発展途上国に負けるんだ」という批判が聞こえてくるが私にいわせれば、所詮人間がやっていることだ。命がけでやるか、やらないかで結果は100倍違うこともある。特にアイデア勝負のような場面では「頭のてっぺんに脳みそから染み出た血が滲むぐらい考える」かどうかだ。

もしも設備を買って、本に書かれていたことをそのままやってうまくいくようだったら、日本の町工場などとっくに閉鎖に追い込まれているはずだ。

では日本が将来もこのような「モノづくりの力」を維持していくために何がポイントになるだろうか。

第一は人材の育成だ。新しいモノを生み出すような革新的な人材教育を進めなければならない。

第二に国際化の推進だ。日本ほど注文されたモノを誠実に作る国はない。それ故世界には日本企業に依頼したいと考えている企業が山ほど存在する。日本の企業は海外からの注文に対してあまりにも臆病だ。日本企業の多くは英語や、中国語の手紙が来ると読まずに机の上に放置する傾向がある。せっかくの機会を失っているのだ。今後国際的な取引を拡大してゆけばまたチャンスも増えてくるに違いない。

第三に技術開発の推進だ。新しい分野にチャレンジして行かねばならない。

近年日本は技術面で追撃されており、アジア諸国に対する優位性が少なくなってきていることから、日本の技術が盗まれないようにすべきだという議論があるが、もともと技術には国境が無い。日本から技術が流れなくなれば、欧米から流れるだろう。日本の技術がマネされれば、むしろ日本の技術の影響範囲が広がったと肯定的に捕らえるべきだと思う。真似され、学ばれる以上に新しいモノを生み出していくことが必要だ。

2015年のノーベル賞を大村智博士と梶田隆章博士が受賞した。大丈夫。日本には潜在力がある。現在のモノづくりの力を最大限発揮させるよう、これからも頑張っていこうではないか。

1.2　モノづくりハイテク五十年史
Historical Fifty Years in High-Tech for "Mono-Zukuri"

日本大学　山本　寛
Hiroshi Yamamoto

Key words: history, high-tech, micro-technology, nano-technology,electronics, semiconductor

学振・将来加工技術第136委員会は設立50周年を迎えたが、超精密加工技術に着目しながら、「加工技術・デバイス・材料」の視点に立ち、委員である産学官メンバーによって常に時代の革新的技術イノベーションをフォローアップしてきた。本書では、そうしたハイテク技術開発の歴史について当該分野のエキスパートに執筆いただいた。その歴史の一端にふれることは、将来のハイテク技術のさらなる発展に処する指針を得るためにも意義深いと思う。ここでは、第2章から第4章において詳しく述べられる各技術分野における五十年史の導入部として全体像を把握しながら、社会、経済のエポックや動向と併せて俯瞰してみたい。

まず半世紀にわたるハイテク技術史一覧を図1.2.1に示した。ここでは、エレクトロニクスの基幹となる半導体技術ならびにその応用や関連技術について特に着目して、関連分野における革新的技術のエポックを年代順に記している。

トランジスタの集積回路（IC）化は60年代に始まったが、当時その集積度については3年で4倍になるというロードマップ、いわゆるムーア（Moore）の法則が指摘されていた。70年代に入ると本格的な中央演算素子（CPU）としてマイクロプロセッサーが登場した。情報処理の中枢としてのプロセッサーのマイクロ化の進展は驚異的であった。その間、10年ごとに集積回路の呼び名は、LSI（配線幅10 μm級、メモリ容量＜256Kbit、16bitCPU）、VLSI（配線幅1 μm級、メモリ容量Mbit級、32bitCPU）そしてULSI（配線幅100 nm級、メモリ容量Gbit級、64bitCPU）と呼ばれ、2000年代に至るまでその集積度、性能の向上はまさにムーアの法則通りとなった。最近の20年間では素子自身

		1970	1980	1990	2000	2010
技術開発例						
半導体デバイス・応用						
		< マ イ ク ロ テ ク ノ ロ ジ ー ・・・			< ナ ノ テ ク ノ ロ ジ ー ・・・・	
集積回路・CPU	Mooreの法則 ・・・・・・	< L S I >・・・・・・・・・・	<V L S I> ・・・・・・・・・	<U L S I>・・・・・・・・・・・・・・・・・・・・・・・・・・・・・		
マイクロプロセッサー		< 16 bit >		< 32 bit >	< 64 bit >マルチコア化	(GPU) マルチスレッド
クロック周波数			4MHz　16MHz	25MHz　192MHz　500MHz	1.25GHz　3.8GHz	
最小線幅		<10μm ・・・	<1μm ・・・		<100nm ・・・	32nm
メモリ		SRAM, DRAM <キャッシュメモリ>	<フラッシュメモリ>	FeRAM	ReRAM	大容量フラッシュNAND & SSD
DRAM容量		1Kb	256Kb　1Mb　4Mb	16Mb　256Mb	1Gb　2Gb	4Gb
高周波デバイス	GaAs Gunn発振	GaAs PD	AlGaAs HEMT	GaAs HBT(171GHz)	AlGaN/GaN HEMT(550GHz)	
パワー半導体		Si MOSFET < Si系 >	プレーナ構造　低電圧MOSFET　IGBT	トレンチゲート構造　SiC SBD（高速・低損失）　スーパージャンクションMOSFET	<SiC, GaN系>	SBDハイパワー
半導体レーザ		GaAs系 DFB　VCSEL	（フォトニック結晶）	GaN LED, InP系　DWDM 高密度波長多重通信		
太陽電池	c-Si & a-Si ・・・・・・	< 結晶性Si	ウェハの大型化・薄型化　低コスト化 >	<光変換効率：c-Si(25%) p-Si(20%) a-Si(10%) 化合物(30%) ペロブスカイト系(20%)>		
			有機pn太陽電池	<有機半導体　移動度μ〜1cm^2/Vs・・・・・単結晶μ〜40cm^2/Vs・・・>		ペロブスカイト系
エレクトロニクス						
フラットパネルディスプレイ	TN LCD	LCD電卓	LCD TV（カラー）　有機EL(OLED)	パッシブ有機EL　フルカラー	カラーFED &PDP　有機EL TV商品化 < 大 画 面 化 >	
磁気記録（情報ストレージ）	カセットテープ　磁気テープ（〜1Kbit/inch^2）	VTR磁気テープ　垂直磁気記録	薄膜ヘッド（リソグラフィ加工）　GMRヘッド	・・・長手記録の限界>	<垂直記録HDD商品化・・・	HDD (1Tbit/inch^2)
超伝導エレクトロニクス	SQUID		Nb JJ	SFQ回路　量子ビット	NB系JJ10V電圧標準	50GHzプロセッサ
電子部品・センサー	リードレス受動素子	磁界センサー	Siマイクロマシニング　MEMS	リチウム2次電池商品化		集積化受動素子
デバイス実装技術	セラミック基板		樹脂系配線板　部品内臓配線板 <基板微小化>	3次元ワイヤボンディング	CSP, WL-CSP	3次元積層
精密加工技術	CMP　MCP	EEM <非接触研磨法	<場援用研磨法　MCP用Cr_2O_3	CMP注目<超微細研磨用砥石開発・・・		プラズマ融合CMP
	<形状・結晶学的品位要求・・	<超硬度材料加工技術開発>		<VLSI用多層配線　平坦化技術・・・超硬度化合物半導体加工・・・		
革新的材料の発見		導電性ポリマー	SiC　GaN　セラミック高温超伝導体	ナノカーボン系材料　<生体バイオマテリアル ・・・		
情報・通信		<移動通信システム・・・	第1世代（1G）	第2世代（2G）	第3世代（3G） IMT-2000	第4世代（4G） IMT-Adv.
	CS	<大容量光ファイバー通信、GPS衛星		<携帯電話・スマートフォンの急激な立ち上げと世界規模での発展・・・地上デジタル放送への移行完了		
		<パーソナルコンピュータ・・	<量子コンピューティング・・・	<ネットワーク、PCの爆発的普及・・・	<ディープラーニング/AI 応用展開・・・	
		<スーパーコンピュータ・・・		デジタル家電　SUICA		<IoT・・・
時代背景	<知識集約化産業（コンピュータ、マイクロエレクトロニクス、ファインセラミックス・・・）			<グローバルネットワークサービス産業（仮想店舗、インターネット、検索エンジン・・・）		
象徴的企業		（インテル）　（アップル）　（マイクロソフト）		（アマゾン）　（グーグル）　（フェイスブック）		
産業・経済		<資本主義の本質的変革・・・	<高 度 情 報 化 社 会>	<国際資本の自由化・・・	<グローバル資本主義・・・	
		ニクソンショック	日米半導体貿易摩擦	日本バブル崩壊		リーマンショック　<SDGs採択
		オイルショック		韓国半導体産業急成長	電子・電子機器　中国（台湾）韓国の台頭	ソサイエティ5.0
			<日米英国債の金利低下・・・		<資源価格の高騰・・・	

図1.2.1　ハイテク五十年史一覧

の開発の勢いにはやや陰りが見えるものの、マルチコア化あるいはマルチスレッド化といったシステムの大規模化・並列化技術の進歩により、情報処理能力はますます向上している。この展開に呼応して、半導体関連分野である高周波デバイスやパワーデバイス、光関連分野の発展も著しかった。

通信の周波数帯域の拡大に伴う要望に応える形で、60年代から通信衛星（CS）を用いた宇宙通信も始まり、GaAs系化合物半導体を中心に高周波デバイスの開発が進んだ。70年代の終わりにはGPS衛星が本格的に動き始めている。デバイスとしては、80年代には高品質エピタキシャル薄膜成長技術を用いた高移動度トランジスタ（HEMT）が発明され、マイクロ波帯素子開発のブレークスルーとなった。2000年代にはGaN系HEMTによる動作周波数550 GHzの素子も出現した。こうした高周波デバイスの進歩は第3世代以降の移動体通信システムの実現普及に大きく貢献している。

パワー半導体分野では、それまでのサイリスタに代わって、70年代のSi系MOSFETが新しい展開の始まりとなった。その電極構造はプレーナ構造から90年代には電極部を深堀するプロセスを適用したトレンチ構造、さらに2000年代にはスーパージャンクションMOSFETへと移行しながら高電圧・高電流化が実現した。80年代半ばには絶縁ゲートバイポーラートランジス（IGBT）による大電力インバータ応用、さらに2000年代半ばにはワイドギャップ半導体素子の開発も本格的に始まり、次世代省エネルギーデバイスとして大きな期待が寄せられている。

光エレクトロニクスの発展にも目覚ましいものがあった。70年代には、大容量光ファイバーによる基幹通信システムを支える高安定な単一波長半導体レーザとして分布帰還形（DFB）方式が開発され、急速に技術開発が進展し、以後2000年代の高密度波長多重通信（DWDM）に至って現在の有線通信インフラが構築された。一方、90年代に入り、発光ダイオード分野では画期的なGaN青色ダイオードさらに白色ダイオードの開発が進展し、現在では白色電球、蛍光灯による照明分野は半導体に置き換わりつつある。太陽光発電に関しては、60年代～70年代にかけて、単結晶Si（c-Si）あるいはアモルファスSi（a-Si）

薄膜pn接合型太陽電池の開発研究が行われた。70年代の数度のオイルショックによって、石油代替エネルギーとしての太陽光利用への期待は一段と高まり、国の積極的支援を受けていた研究開発が進展した。2000年当時、太陽光変換効率を見ると、c-Si（25%）、多結晶Si（20%）、a-Si（10%）、化合物半導体（30%）となり、世界の太陽光総発電量は50 GW（ほとんどc-Siによる）にも達している。太陽電池は低炭素社会実現を目指す自然エネルギーのトップランナーとして位置づけられている。一方、有機物半導体系pn太陽電池は80年代半ばに開発されたが効率的にはSi系に比べて数分の一程度であった。しかし、2010年代半ば、20%級の変換効率を示すペロブスカイト系太陽電池が新たに発見され、コスト面での大幅な低下の可能性から今後の展開に期待が寄せられている。

半導体技術の急激な進展に付随するように、エレクトロニクスの基盤となる関連のシステム・応用技術も進歩してきたが、60年代はその萌芽時期であった。当時ICや受動電子部品を実装するセラミック基板が普及し始め、ファインセラミックの市場規模は急速に拡大した。また、大量の情報を蓄える要求に応えるために磁気記録開発が本格的に始まり、超伝導エレクトロニクス応用として超伝導量子干渉素子（SQUID）が開発された。これらの技術分野におけるその後の半世紀についても概観する。

磁気記録分野では70年代のVTR時期テープや80年代のハードディスク（HDD）の開発を通して記録の高密度化が進行した。その中で、マイクロプロセス技術を駆使した薄膜磁気ヘッドあるいは巨大磁気抵抗（GMR）ヘッドの開発が進み、記録媒体の材料の革新と相まってHDDの性能は劇的に向上した。その過程でリソグラフィあるいは超精密加工技術の貢献は極めて大きかった。2000年代に至ると、従来の長手記録方式には限界が見えてきた。そこで、我が国で培われてきた新技術、垂直磁気記録方式のHDDが商品化され、さらなる性能アップが実現した。半世紀の技術開発の結果、現在では1Tbit/inch^{2}級の巨大なデータストレージ技術が確立され、開発当初の数Kbit/inch^{2}に比べて実に10億倍の性能向上がなされた。

こうしたエレクトロニクスの進歩発展を支える重要な基盤技術として加工技

術にふれておく。Siテクノロジーの発展に伴って、60年代半ばには超硬度材料の精密加工技術の開発が始まった。従来の形状加工だけでなく、デバイス特性を発揮させる上で結晶学的高品位性を担保する高度な加工技術の開発が強く求められる時代となった。ケミカルメカニカルポリシング（CMP）、メカノケミカルポリシング（MCP）がその代表例である。その後、80年代前後には非接触研磨法や場援用研磨法などの新プロセス、90年代に前後にはMCP用のCr_2O_3粒あるいはVLSIプロセスにおける多層配線平坦化のための超微細研磨用砥石の開発も進み、あらためてCMP技術が注目されることとなった。2000年代に入ると微細加工のスケールはnm領域に達し、ナノテクノロジー時代に突入した。ここに至り、材料特性に優れた、高品質な超硬度材料の加工にも対応できる、スループットのより高い加工プロセス技術の開発は急務の課題となっている。

半世紀の間には、ハイテク技術を加速する新材料の発明発見が相次いでなされ、その応用展開、社会実装が進められてきた。例えば、70年代には導電性ポリマーが見いだされ有機系材料の爆発的な研究が始まった。80年代に入るとワイドギャップ半導体が着目されるようになり、中でも高品質GaN膜成長技術の確立は画期的あった。80年後半、特異なセラミック材料である銅酸化物高温超伝導体が発見され、それを契機として現在に至るまで様々な新規超伝導物質の開発が活発に続けられている。一方、90年代にはC_{60}などのフラーレンやカーボンナノチューブ、あるいは最近ではグラフェンといった一連のナノカーボン系材料が発見され、今後の応用展開が期待されている。こうした革新的材料の発見と実用化は高く評価され、いずれもノーベル賞の対象となったことは材料技術開発に携わる者にとって示唆に富むものであろう。

エレクトロニクスにおける情報・通信・ネットワーク技術は世界を変革する極めて大きな原動力であった。大型中型のコンピュータの性能向上は半導体技術の発展とともに目覚ましかった。クレイに代表されるスーパーコンピュータはその象徴的存在であった。一方、70年代後半からはパーソナルコンピュータ（PC）を実現できるCPUの性能アップに伴って、インテルをはじめ新しい

PC企業が立ち上がり、ハードな「モノづくり」に大きなイノベーションが始まった。同時に、ハードを活用するコンピュータソフトの発展が重要な意味を持つこととなった。ソフト開発はマイクロソフトに代表される新たなIT企業の成長を促した。コンピューティングに関するエポックとして、80年代には量子コンピュータの実現に向けた動きが加速した。また、90年代に入ると、第2世代に入った移動通信システムならびにPCの格段の性能向上を背景として、グローバルなコンピュータネットワークシステムは爆発的に普及した。2000年代半ばにはグーグルの開発したディープラーニングが一躍注目され、現在では人工知能（AI）の新しいブームが起こっているが、これらはすべて先に述べた半導体ならびにICT技術の着実かつ驚異的な発展に負うものであるといえる。

ここまで技術の五十年史、「モノづくり」に関わるハイテク技術の半世紀を概観してきたが、60年代はエレクトロニクス時代の幕開けであったと位置づけられ、本格的なエレクトロニクス革命は70年代から始まり、その技術の発展に伴い世界は大きく様変わりしてきた。60年代半ばから80年代にかけての半世紀前半は、すでに述べてきたコンピュータ、マイクロエレクトロニクス、ファインセラミックなどを製造する、知識集約化産業が主体であった。我が国の産業はそれまでの重化学工業から軸足を電子電気・機械分野を中心とする、知識集約化産業へと移行する時代であった。いみじくも80年代へかけて、機械工業・電子工業振興臨時措置法のもとで、国を挙げて技術の育成、研究開発支援が進められた。その間、世界経済は高度情報化社会を実現してきた技術の進歩発展とも符合して、何度も大きな試練を受けてきた。ニクソンショックやオイルショック、70年代半ばから始まる先進国の金利低下や80年代の日米半導体貿易摩擦などに見られるように、90年に至るまで、資本主義の本質的な変革が顕在化する時代となった。

その後、エレクトロニクスのハード面での発展は目覚ましく、90年代に入るとULSIや高密度実装された電子部品を積載した高性能PCあるいは携帯電話が爆発的に普及し始め、デジタル世界の扉が大きく開かれた。そして、世界規模で情報を繋ぐネットワークシステムが構築され、アマゾン、グーグル、フェイスブックに象徴される企業がインターネットサービス、クラウドあるいは検索エンジンと言った、全く新しい「モノ」やサービスを創り出し、提供して世界を牽引している。社会はグローバルネットワークサービス産業が先導する新しい時代へと急激に移行した。2010年代に入ると、モノのインテ―ネット（IoT）あるいはソサイエティ5.0などが提唱され、新しい社会の実現に向けて動き出している。こうしたICTインフラの発達に呼応して、経済の世界では国際的資本の自由化が加速された。90年代末のリーマンショックを経て、2000年代には激流に翻弄されるグローバル資本主義とも呼ばれる混迷する社会に突入している。

本書で紹介されているハイテク技術の五十年史は、革新技術がそれぞれの時代の要請に応えつつ、同時にまた、新しい時代を力強く先導する役割を果たしてきたことを明確にしている。奇しくも、2015年には世界の持続的発展を目標とするSDGsが国連で採択され、私たちには新時代を切り拓く技術開発の基本的指針が提示されている。次なる半世紀が想像を超えた技術の展開に基づく、輝かしい幸福な世界をもたらすものであることを望みたい。

第2章

先端加工技術
ー過去、現在、そして未来へ

2.1　研磨加工における50年間の技術動向と最新技術
Progress of polishing technology in recent 50 years and the new trends

元東海大学　安永　暢男
Nobuo Yasunaga

Key words: polishing technology, chemical-mechanical polishing, chemomechanical polishing, mechanochemical polishing, field-assisted fine finishing, bonded abrasive polishing

1．半世紀前までの研磨技術の概要

今から丁度50年前の1965年、「砥粒加工技術便覧[1)]」が日刊工業新聞社から刊行された。砥粒加工研究会（現砥粒加工学会）の発足10周年記念事業として、初代会長熊谷直次郎（敬称略、以下同様）を編集委員長、小林昭（当時電気試験所）を編集幹事として、佐藤健児（東北大学）、竹中則雄（東京大学）、谷口紀男（山梨大学）、田中義信（大阪大学、関西砥粒加工研究会会長）、岡村健二郎（京都大学）など当時日本の砥粒加工技術に携わる第一線の研究者約80名の総力を挙げて編纂された1,100頁以上に亘る大書で、半世紀前における最先端砥粒加工技術の集大成とも言えるものである。この便覧の総論編の目次を見ると、「砥粒加工の定義、種類」の項は「固定砥粒による加工法」と「遊離砥粒による加工法」に大分類され、前者は「研削加工」、「ホーニング」、「超仕上」、「電解研削」、「研磨布紙加工」に、後者は「ラッピング」、「超音波加工」、「噴射加工」、「バレル加工」、「バフ加工」に細分類されている。驚いたことに「研磨加工」とか「ポリシング」という項目はこの中に含まれていない。「ラッピング」編の中で、例えば「非金属材料のラッピング」あるいは「電子部品のラッピング」の中の小項目として「ラッピング」と「ポリシング」が併記されているだけである。この便覧の全体概要ともいえる「砥粒加工の定義、種類」の項を執筆した佐藤健児は、「ラッピング」を精密部品の最終仕上げ法と位置付け、その対象部品としてブロックゲージ、鋼球、燃料噴射ポンプ、光学部品を挙げている。つまり、半世紀前までは精密加工を必要とする部品の多くは金属材料であり、仕上加工法としては「ラッピング」で十分間に合っていた、というこ

とではなかろうか。

1960年代に入ると単結晶シリコンを初めとする半導体を利用した固体電子回路技術が台頭し、エレクトロニクス時代が幕を開けることになる。“産業のコメ”がそれまでの「鉄」から次第に「半導体」へと替り始めた。加工ニーズとしても平坦度や平滑度などの幾何学的形状精度だけでなく結晶学的損傷の残留しない高い表面品位も同時に満足することが求められるようになる。半導体生産技術としては機械的歪の残留が避けられないラッピングでは不十分であり、最終仕上げ法としての研磨技術の高度化が不可欠となった。正にこの50年は、急速に進化するエレクトロニクス用素材の研磨技術の発展の歴史そのものと言っても差し支えないのではなかろうか。

なお技術用語としての「研磨」と「ポリシング」は、現在はほぼ同義語的に使用されている場合が多いようであるが、「研磨」とは「圧力制御方式で行う精密表面仕上げ法の総称」と捉えて、これを「粗研磨」と「精密研磨」とに分けるならば、「粗研磨」には遊離砥粒方式の「ラッピング」と固定砥粒方式の「超仕上げ」、「ホーニング」、「研磨布紙加工」などが、一方の「精密研磨」には遊離砥粒方式の「ポリシング」と固定砥粒方式の「砥石研磨」などが含まれる、とするのが分かりやすい分類のように思われる。本稿では精密研磨法としての「ポリシング」を主対象としてこの半世紀の技術動向を概観する。

2．精密ポリシング技術のルーツはガラス研磨

前述したように半世紀前までは、精密加工を必要とする対象がゲージや機械部品など金属材料が主体であったためにラッピングが研磨技術の中心をなしていた。一方最も表面精度を要する部品としては戦前からレンズやプリズムなどの光学部品があり、ガラス研磨において高度なポリシング技術が発達していた。1960年代以降に台頭した水晶、半導体を初めとする電子用高機能材料のポリシング技術はこのガラスの研磨技術をベースにして発展したと考えられる。

ガラスのポリシング技術やそのメカニズムの研究は、20世紀に入って当時光学技術大国であったドイツを中心に精力的に進められたようである。20世

紀前半には、既に宝石としての水晶研磨に実績のあった酸化鉄（ベンガラ）砥粒の水スラリーとピッチあるいはフェルトポリシャとの組合せによるポリシング技術が定着していたが、20世紀後半になりセリア（CeO_2）砥粒がガラスに対して特異的に高い研磨性能を示すことが見出されて以来、セリア砥粒の使用が一般化した。

研磨メカニズムとして、①微小切削作用、②熱流動作用、③化学作用 の関与が主張されることが多い。①は砥粒先端の機械的微小切削作用で生じる塑性変形により研磨が進行するというメカニズムで、脆性材料であっても負荷圧力の小さい場合には塑性変形主体の材料除去が進行し得るとの解釈である。②は、ガラスの研磨においてラッピング後の酸化鉄砥粒によるポリシングで塑性変形によりシワ寄せされた突起部分が摩擦熱により軟化流動して凹部に運ばれて凹凸がならされる、という熱流動説に由来する（この表面流動層がいわゆるBeilby層で微結晶層とも非晶質層ともいわれる）[2)]。ガラスの研磨メカニズムに関して特筆されるのが③で、従来唱えられていた①および②の作用よりも、化学的作用の方が重要な役割を果たす場合のあることを認識させる契機となった。そのさきがけとなったのがF.W.Prestonで、水の作用でガラス表面にケイ酸ソーダが形成され、これがコロイド状ケイ酸塩となってポリシャに付着する、という説を示した（1930）。その後Grebenshchikov[3)]も、水の作用で軟質のケイ酸ゲル層が形成され、このゲル層が砥粒により容易に切削除去されると再び新たなガラス表面が現れる、というサイクルを繰り返すことで研磨が進行するとした（1931）。さらにA.Kallerが化学的仮説を発展させて、水、ポリシャ、砥粒のそれぞれの作用および相互作用について考察した（1956）[3)]。60年代に入り、詳細な実験を通して系統的にガラスの研磨メカニズムに迫ったのが泉谷徹郎（保谷ガラス）で、各種のケイ酸塩ガラスとホウ酸塩ガラスに対してセリア砥粒による研磨実験を行い、研磨能率はガラス自身の硬さや軟化点には依存せず（微小切削説や熱流動説では説明できないことを示唆）、ガラスの耐酸性や表面水和層の硬さと相関を持つことを示して、「水和層の形成」と「砥粒による当該水和層の切削除去」がガラスの研磨メカニズムの本質であることを明らかにした[4)]。これは後述するケモメカニカルポリシング法の代表例と位置付けられる。

3．水晶や半導体など電子材料の登場

1950年代以前は、オプティカルフラットや水晶製ブロックゲージのポリシングにはベンガラ砥粒とピッチポリシャの組合せが一般化していた。1950年代以降水晶に対して振動子としてのニーズが出て来ると、米国では初めのうちはベンガラ砥粒／ピッチポリシャを採用していたが、50年代後半になると次第にセリア砥粒に置き換わったようである[5)]。我国では50年代後半から井田一郎を中心とする電気通信研究所のグループが精力的な研究を開始し、35μm厚の薄片に対して平面度0.2μm、平行度0.1μm以内で高精度研磨を実現した。

一方SiやGeなどの半導体材料については、赤外用光学部品としてのニーズが先行してあったためか、ガラス研磨の延長で技術開発が始まったようである。50年代後半に入り、米国で微粒のアルミナ系砥粒Linde AやLinde Bを用いた研磨法が開発され、日本では60年代に入って井田らのグループが、セリアやクロミア（Cr_2O_3）砥粒とピッチポリシャを用いた光学的ポリシング並びにダイヤモンド砥粒とクロスポリシャを用いた金相学的ポリシングについての研究結果を報告している[6)]。但しこれらの機械的研磨法では、微粒とはいえ砥粒の引掻き作用が主体となるために、加工変質層を1μm以下に抑えることは難かったようである。

このような機械的研磨法の極限的発展を指向したのが津和秀夫（大阪大学）らの「液中研磨法」（1968）やJ.M.Benettらの「Bowl Feed Polishing」（1966）で、0.1μm以下の超微粒スラリーを用いてジャブ漬け状態でポリシングすることにより、X線トポグラフィーによる観察では加工変質層の検出が困難なレベルにまで研磨性能を向上させた[7)]。

因みに、“超精密加工” なる用語が登場したのもこの頃で、米国で “millionths of an inch” 即ち0.025μmの加工精度の要求が生まれ、“Ultra-precision machining” の必要性が叫ばれるようになった状況を受けて、津和が「超精密

加工」と訳したのが最初のようである[8]。

4．CMP（Chemical and Mechanical Polishing）の発展

60年代に入ると、SiやGeにトランジスタやICなど電子デバイスとしてのニーズが生まれて来た。この新たなニーズに対しても当初は前述の機械的研磨法が適用されたが、加工変質層の残留が避けられず、その除去のためにさらにフッ酸系エッチャントによるエッチングが施された。但しこのような「機械的研磨」とその後の「化学的研磨」の組合せプロセスでは、折角機械的研磨で寸法形状や表面粗さを確保しても、次の化学研磨でそれを崩してしまうというジレンマから逃れられなかった。これを解決する画期的研磨法としてIBMが提案したのが、0.01～0.05μmのSiO_2微粒子とpH 10～11のNaOH水溶液を混合したスラリーを用いて機械的研磨と化学的研磨を同時に作用させる複合研磨方式（1967）[9]で、これをCMP（Chemical and Mechanical Polishing）と称した。このCMP技術は、その後NaOHをKOHに替えるなど時代と共に高度化を図りながら現在に至るまで、半導体研磨のスタンダード技術として大口径・高平坦度シリコンウェハの大量生産を支えている。但し越山の解説[10]によれば、CMP技術そのものは、米国ベル研のP.H.SchmidtがPbTe化合物半導体の研磨に適用した1962年の論文が最初とのことである。わが国ではこのベアウェハのCMP技術のことを、なぜか導入当初から“メカノケミカルポリシング”と呼ぶことが慣習化してしまったようで、生産現場だけでなく学会レベルでも“CMP”という用語はほとんど用いられていなかった。

この“CMP”がにわかに脚光を浴びるようになったのは、IBMがVLSIの多層配線技術にこのCMP技術が有効であることをVLSI関連国際会議で発表した1991年のこととされる[11]。シリコンデバイスの高集積化の進展に伴って層間絶縁膜の高平坦化のニーズが高まり、ここにベアウェハの生産工程で既に一般化していたCMP技術を援用して平坦化（planarization）に成功したという報告で、このニュースをきっかけとして我が国のデバイスメーカーもこぞってこのCMPの実用化に傾注し始めた。精密工学会にも土肥俊郎（埼玉大学）を

中心とする研究協力分科会が設置される（1994）など産学連携も進み、現在では高集積デバイスの製造に不可欠の加工技術に成長している。

5．新たな超精密研磨法の展開

半導体デバイスという新たな技術革新の起きた60年代前半は、「レーザ」というこれまた大きな光学技術が芽吹いた時期でもある。これらの新しい分野で使われる単結晶素材だけでなく、それらの製造装置や部品にファインセラミックスなどの高強度、高硬度、高耐熱性、高耐食性材料が必要とされるようになり、従来の加工技術では対応の難しいこれら難加工材料に対する加工ニーズも急速に高まり、さらに要求される加工精度も年を追って厳しくなっていった。80年代に入るとHDD（ハードディスクドライブ）が実用化され、また放射光利用施設など先端的大型光学技術も登場して来た。いずれの新規産業・技術においても共通的に要求される加工特性は、平坦度・真円度などの「形状精度」、鏡面性を示す「平滑度」、表面品位としての「無擾乱性（加工変質層なし）」であり、これらの加工ニーズを3点セットで高度にしかも同時に達成する必要に迫られて来た。それを可能とする研磨技術をとくに「超精密研磨法」と位置付けるならば、表2.1.1に示すような超精密研磨法が1960～80年代に提案された。

表2.1.1　超精密ポリシング法の種類と特徴

作用原理	名称	砥粒硬さ	加工機構の特徴	適用対象例
メカニカル＋ケミカル	ケミカル・メカニカルポリシング（CMP）	砥粒≧加工物	砥粒の微小切削＋加工液のエッチング	シリコンベアウェハデバイスウェハ
	ケモメカニカルポリシング	砥粒≧加工物	酸化膜・水和膜の生成＋砥粒の微小切削	ガラス，金属，化合物半導体
	メカノケミカルポリシング（MCP）	砥粒＜加工物	砥粒との固相反応と反応層除去，触媒作用	サファイヤ，SiC シリコン，セラミックス
	EEM（Elastic Emission Machining）	砥粒＞加工物	砥粒衝突による化学結合と付着除去	半導体，ガラス，金属
ケミカル	ハイドロプレーンポリシング	砥粒レス	動圧浮上による非接触エッチング	化合物半導体
	p-MAC ポリシング		接触→非接触段階的移行	

CMPについては前項で述べた通りである。ケモメカニカルポリシング（Chemo-mechanical Polishing）は、加工液との化学反応でワーク表面に形成された酸化膜や水和膜などを砥粒の機械的切削作用により除去するというプロセスで、第２項で述べたガラスの研磨メカニズムはその代表例とみることができる。GaAs単結晶やCdTe単結晶もケモメカニカルポリシングが適用される好例で、酸化性漂白剤を付加した加工液を用いて単結晶表面に軟質の酸化膜を形成させ、この形成膜が砥粒の機械的擦過作用により除去される形で研磨が進行すると解釈されている。

一方、メカノケミカルポリシング（MCP）法は筆者（電総研）らが開発した手法で、ワーク（加工物）よりも力学的に軟質でかつワークとの接触点で化学反応を起こし得るような砥粒を用いると、真実接触点で固相反応が生じ、ワーク表面に生じた極微小反応層が砥粒表面に付着して除去されるという形で研磨が進行する[12)]。砥粒の方が軟いためにワーク表面への砥粒の押込み・引掻き作用が生じず、したがって機械的歪としての加工変質層が残留しない。しかも比較的硬い材質のポリシャが利用できるので形状精度も確保できる。とくに硬質脆性の高機能単結晶材料の研磨に適するという特徴が見出された。硬質単結晶として知られるサファイアは鋼や石英ガラスと摩擦すると容易に摩耗する。これは粉体工学分野で良く知られたメカノケミカル現象に起因するメカノケミカル効果である。上記の研磨法はこの効果を積極的に応用したものである。最初はSiO_2砥粒によるサファイアの高能率、高精度研磨の可能性が見出され、さらに水晶やシリコンウェハへも適用可能であることがわかった。その後H.Vora（ハネウェル）らがSi_3N_4セラミックスへの、また須賀唯知（東京大学）らがSiC単結晶への適用可能性を明らかにして以降、各種硬脆材料への応用研究が拡がった。

EEMは森勇蔵（大阪大学）らが開発した手法で[13)]、ポリウレタン製の弾性体球を加工物表面に押付けながら0.1μm以下の超微粒子スラリー中で高速回転させると、動圧効果で球が浮上がり、生じた隙間にスラリーが流入して微粒子が接線方向からワーク表面に衝突して極微少量ずつ除去する、という研磨法である。加工原理として当初は、微粒子衝突による数～数十原子オーダーの弾性破壊（Elastic Emission）を考え、塑性歪を残さず無擾乱性が確保されるとしたが、後に原子論的考察等を通して接触界面における化学反応起因の原子単位の除去加工と結論付けている。このEEMはその後難波義治（大阪大学）がフロートポリシングとして、また渡邉純二（武蔵野電通研）が非固体接触研磨法として平面加工にも適用させ、光学素子やシリコンウェハの超高精度研磨を可能にした。最近は山内和人（大阪大学）らがX線光学素子研磨への展開を図っている。

ケミカルポリシングは砥粒の機械的除去作用を排除し、エッチング効果を有する加工液による化学的溶去作用のみを利用する研磨法である。化学作用は一般に結晶欠陥や加工歪のあるところで早く進行するためにエッチング作用だけで形状精度を確保することは困難である。しかし、ハイドロプレーンポリシング[14]ではポリシャを高速回転させることにより動圧を発生させて非接触状態で研磨することで、またP-MACポリシング[15]は非腐食性のダミー材料を同時に研磨し、ワークを最終的に非接触状態で研磨することで、それぞれ超精密ポリシングを実現させようとするものである。いずれも化合物半導体ウェハ研磨への適用例が報告されている。

なお余談であるが、表2.1.1にあるような「メカニカル・ケミカル」、「メカノケミカル」、「ケモメカニカル」など似かよったネーミングの研磨法は、ほぼ同時期に登場している。しかもそれぞれの定義は必ずしも明確ではなかったために専門家の間でも用語に混乱がみられた。ある学会の席で精密工学の権威として知られる谷口紀男先生から、この分野の用語が混乱しているようなので整理すべきではないか、と苦言を頂いたこともあり、後に筆者が主査を務めた精密工学会の分科会（1988年発足）の総括として出版した単行本[16]の中で以下のように違いを明記した。参考にして頂ければ幸いである。

・メカニカル・ケミカル（＝ケミカル・メカニカル）：砥粒などの工具の力学的作用と雰囲気の液体あるいは気体の化学的作用との複合効果による加工の進行

・ケモメカニカル：雰囲気の液体あるいは気体の作用で界面に生じた反応生成物を工具の機械的作用で除去する（ケミコメカニカルとも呼ばれる）
・メカノケミカル：工具の力学的作用で接触点局部に化学反応が誘起され、その反応生成物を工具の機械的作用で除去する
・ケミカル：雰囲気の液体あるいは気体との化学反応による材料溶出あるいは蒸発

6．1980年代以降の新たな潮流

80年代以降に開発され、発展しつつある新たな研磨技術の流れとして2つの方向が注目される。1つは今中治（金沢大学）が“FFF（Field-assisted Fine Finishing）”[17]と名付けた「場援用研磨法」であり、他の1つは「固定砥粒研磨法」である。両者とも現在に至るまで様々な形態の手法が提案され、図2.1.1に示すような各種の期待効果を念頭に研究開発が進められている。

「場援用研磨法」とは、これまでの研磨法の主体であった機械的エネルギーあるいは機械･化学複合エネルギーを直接的に利用するだけでなく、磁場、電場、高温場、電磁波（紫外線）など他のエネルギー場の中で作用させることにより研磨性能の向上を図ろうとするもので、今中らが80年代初頭に公表した磁場

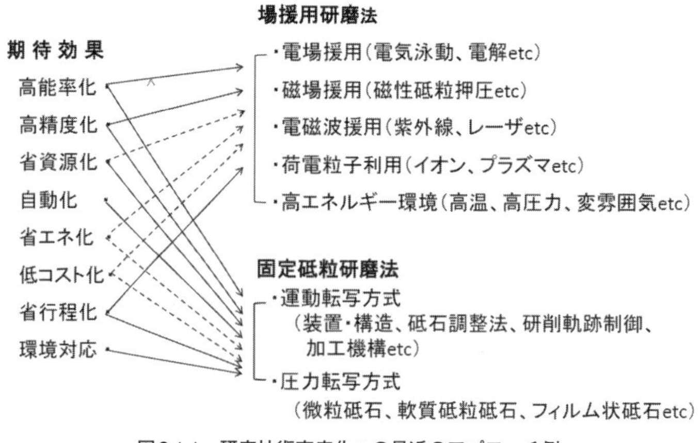

図2.1.1　研磨技術高度化への最近のアプローチ例

援用研磨法がその先がけのように思われる。これはポリシャの下に磁性流体を封入して磁場により研磨圧力を発生させる方法で、単に平面だけでなく自由局面への適用可能性をも示した。その後電場を利用した電気泳動研磨法やプラズマ利用研磨法も提案している。磁場利用技術としては進村武男（宇都宮大学）らも磁性砥粒、あるいは磁性粉と一体化させた非磁性砥粒を磁力で圧力を発生させて工作物に押付ける方式の磁気研磨法を開発し、さらに電場利用については清宮紘一（機械技研）らが遊離砥粒研磨に電解作用を重畳した電解砥粒複合研磨法を開発した。いずれもステンレス鋼やチタンの曲面あるいは円筒内面の鏡面研磨への適用、実用化に成功している。一方高温場利用の研磨法としては、吉川昌範（東京工業大学）らが、約800℃以上の高温場でFeやNi等の金属にダイヤモンドが急速に拡散する現象を利用した砥粒レスの熱化学加工法を提案し、筆者らもサファイアやSiC（セラミックスおよび単結晶）に対してα-Fe_2O_3による高温研磨の有効性を確認している。鈴木清（日本工業大学）らによる高負荷圧力・高速摺動時の摩擦発熱を利用したダイヤモンドの高能率研磨法も高温場利用の研磨技術の一つと位置付けられよう。他方、紫外線照射効果に着目したのは渡邉純二（熊本大学）らで、TiO_2砥粒の光触媒効果により、あるいは紫外線照射のみによってもSiC単結晶やダイヤモンドの研磨性能向上が期待できることを示唆している。この外、難研磨材料とされるサファイアやSiC単結晶の研磨能率の大幅な向上を狙った山村和也（大阪大学）らの大気圧プラズマ利用研磨法や土肥俊郎（埼玉大学）らの高気圧酸素ガス雰囲気中研磨法など、雰囲気の反応活性化を期待した手法も検討されている。さらに、「場援用」とは若干異なるアプローチではあるが、山内和人（大阪大学）らが進めている化学エッチングに触媒効果を重畳させることにより高平坦化と高平滑化を同時に達成可能とする触媒基準エッチング法（CARE）も今後の進展が期待される超精密研磨法の一つであろう。このような多様なエネルギー場を援用・複合化した研磨技術の進展は今後も大いに注目される。

一方の「固定砥粒研磨法」に関しては、古くは天然砥石が、また1940年代以降には超仕上砥石やホーニング砥石が仕上げ用砥石として実用に供されているが、対象のほとんどは金属機械部品に限られていた。近年、高機能材料に対しても固定砥粒による無歪鏡面研磨を実現しようとする気運が高まりつつある。これは、従来型の遊離砥粒研磨法がスラリーやポリシャなど消耗品コストの増大、廃棄スラリーの処理難・環境破壊の恐れ、加工プロセスの自動化難、など幾多の問題を抱えているに対して、固定砥粒方式の研磨法に代替できればこれらの課題が解決される可能性が高くなるからである。とくにサファイア、SiC、GaNなど今後更なる需要の拡大が予想される高機能材料はいずれも超高硬度材料であり、これらに対してはかなりの強度・硬さを有する砥石でも超精密研磨用工具として利用できる筈である。工具としての砥石が硬ければ当然縁ダレなどの形状不整も生じ難くなり、形状精度のさらなる向上も期待できる。具体的には、80年代後半に須賀（東京大学）らがSi_3N_4やSiCのメカノケミカルポリシング用にCr_2O_3砥粒をアクリルニトリルなどの樹脂ボンドで固めた研磨砥石を開発し、さらに90年代に入って池野順一（東京大学）らが電気泳動現象を利用して超微粒シリカ砥粒とアルギン酸ナトリウム樹脂を結合させたシリコンウェハ研磨用EPD砥石を試作した辺りから研磨用砥石に対する関心が高まり始めた。相前後して、超微細砥粒砥石、メカノケミカル効果併用砥石、軟質ボンド砥石、など多様な観点から研磨用砥石の開発が進められつつある。とくに「超精密研磨」を目的とする砥石では、砥石作業面から砥粒が適度に脱落排出されて遊離砥粒的に作用することが必須要件となる場合も多く、強靭な砥粒の刃先でガリガリ削り取るタイプの従来型の研削砥石とは全く異なる発想で砥石のあり方を考える必要がある。現状では遊離砥粒研磨法における研磨能率や表面性状を凌駕するレベルの研磨砥石は未だ実用化されておらず、今後にブレークスルーが期待される発展途上の技術分野といえよう。

7．おわりに

20世紀前半に盛んになった光学技術、後半に新たな産業として急成長した電子技術、夫々に対応して研磨技術も著しい高度化が図られてきた。勿論現在の製造業を直接支えている従来方式の研磨技術においてもスラリー、ポリシャ、研磨装置などそれぞれの分野で弛まぬ技術の改良・改善や新たな開発が日々進められており、今後も多様な技術の発展がもたらされるものと期待される。研磨性能を更に向上させるためには、本稿で述べた仕上工程としてのポリシング技術の高度化だけでなく、その前工程も含めた研磨工程全体の高度化を図ることが不可欠となろう。例えば現在の高機能ウェハの生産プロセスでは、ポリシングの前工程として遊離砥粒ラッピングを実施しているのが一般的と思われるが、これに替えてクラックレスの超精密研削加工を導入すれば、エッチング工程を省略でき、しかも最終ポリシングにおける研磨代も小さくできるため、研磨性能の大幅な向上が期待できる。

以上、近年約半世紀における研磨技術の発展経緯と最近の研究開発動向について概要を紹介した。

参考文献

1）砥粒加工研究会編：砥粒加工技術便覧，日刊工業新聞社（1965）
2）E.Bruche & H.Poppa：The Polishing of Glass, IDR Vol.18, No.207, 1958, 29（＝井田一郎訳，砥粒加工研究会報，Vol.3, No.1）
3）今中治：精密加工における化学現象に関する研究の歴史，ナノメータスケール加工技術，1993, 12
4）T.Izumitani & S.Harada：Glass Technology, Vol.12, 1971, 131
5）井田一郎：結晶材料の精密仕上げ，機械と工具，Vol.5, No.11, 1961, 77
6）井田一郎：半導体材料の精密仕上機構，金属表面技術，Vol.14, No.1, 1963, 3
7）安永暢男：日本機械学会誌，Vol.87, No791, 1984, 1131
8）津和秀夫：精密加工技術，マシニスト，1967年1月号，19
9）E.Mendel：SCP & Solid State Technology, Vol.10, 1967, 27
10）越山勇：半導体シリコン単結晶のポリシングスラリーの変遷と今後の課題，ABTEC2007講演論文集，17
11）前田和夫：CMP技術の歴史的経緯，CMPの科学，サイエンスフォーラム，1997, 26
12）安永暢男・今中治：メカノケミカル現象を応用した結晶材料の精密研磨法，セラミックス，Vol.9, No.4, 1974, 219
13）森勇蔵ほか：EEMと超精密数値制御加工法，高精度，Vol.6, No.1, 1975, 32
14）J.V.Garmley et.al.: Rev. Sci. Instrum., Vol. 52, No.8, 1981, 1256
15）河西敏雄：機械と工具，Vol.37, No.2, 1993, 101
16）精密工学会加工界面における化学現象とその利用に関する調査研究会分科会編：ナノメータスケール加工技術，日刊工業新聞社，1993, 3
17）今中治：FFF，超精密生産技術大系基本技術編，フジテクノシステム，1995, 348

2.2　研削加工における50年間の技術動向と最新技術

Trend over the past 50 years and latest technology in grinding

京都工芸繊維大学　太田　稔
Minoru OTA

Key words: grinding technology, technological trend, grinding mechanism, grinding wheel, grinding process

1. はじめに

研削加工における過去50年間の歩みを振り返り、それを取りまとめるために、学会誌や学会発表等を中心に様々な資料を調査し整理を試みた。多くの諸先輩方の主要な業績や成果を網羅できたとは言えないが、著者ができる範囲で著者の視点で技術動向をまとめた結果と最新技術について報告する。

2. 時代ごとの研削加工の研究課題の推移

研削加工の50年間の技術動向をまとめる視点として、時代ごとの変化を把握することを試みた。図2.2.1に時代ごとの研削加工技術の研究課題の推移を示す。日本において初めて「研削」という術語が用いられたのは、1925年の松田の「研削砥石」と題する講義とされている[1)]。1957年には砥粒加工研究会の第1号が発行された。また、1965年に研削理論の調査・研究を目的に「研削理論分科会」が発足し、1970年に研削機構に関する基礎理論について「研削理論分科会報告」として要約が報告された[2)]。50年前の1965年頃には現在でも引用される基本的な研削理論が構築されていたことに驚かされる。その後、研削抵抗や研削熱、びびり振動等に関する研削現象に関する研究も進展した。一方で、1963年頃から、一般砥石による高速研削[3)]やダイヤモンド砥石、セラミックス研削に関わる研究が報告されていることから、このころから徐々に新しい研削プロセスや被削材に関する研究が拡大したと思われる。1980年代前半から、いわゆるセラミックスフィーバーの時代が10年以上続き、硬脆材料の研削加工に関する研究が飛躍的に進展した。1980年代後半には、これ以

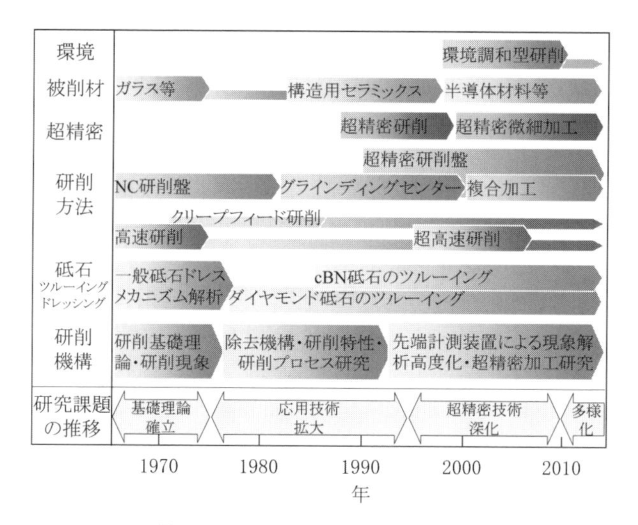

図2.2.1　研削加工技術の研究課題の推移

前のNC工作機械の進化を受けて、超精密研削盤が開発され、脆性材料の延性モード研削などの超精密加工技術の研究が始まった。また、cBN砥石による高能率研削技術の開発も進み、1990年代前半には、超高速研削盤が開発され、その後自動車部品を中心に高速研削技術の実用化が進展した。1990年代後半になると、情報通信分野のニーズが急激に拡大し、半導体や光学部品などに関わる超精密加工技術に関する研究が拡大した。また、このころから環境問題に対する意識が高まり、環境にやさしい加工技術の研究が進展した。精密加工の分野では、1974年にCIRPで谷口により提唱された「ナノテクノロジー」に関する研究は、1980年のSTMおよび1986年のAFMの発明などを受けて急激な発展を遂げ、超精密加工の時代が到来した。現在では、最先端の加工・計測機器を駆使して、多様化したニーズに対しての研究が行われている。

3. 研究分野ごとの研削加工技術の進展

ここでは、研削加工技術を分類し、分野ごとの研削加工技術の進展を振り返る。

3.1　研削機構

研削機構に関する基礎研究は1965年以前は研削加工の中心的な研究課題であった。約50年前ころから、岡村ら[4]によって砥粒切れ刃と工作物の干渉現象に関する研削幾何学として発展し、その後の松井ら[5]の研削現象に関する基礎理論の報告と合わせて、現在の研削理論の根幹をなすものになった。図2.2.2に砥石、研削現象および研削結果に関わる研削機構の研究課題を示す。最近では、超精密測定機器や材料分析装置の進歩により、従来では困難であった砥粒切れ刃の3次元分布や3次元表面粗さの解析、材料の除去機構等の解明が、nmオーダーの極めて高い精度で可能になり、研削機構の研究の深化につながっている。

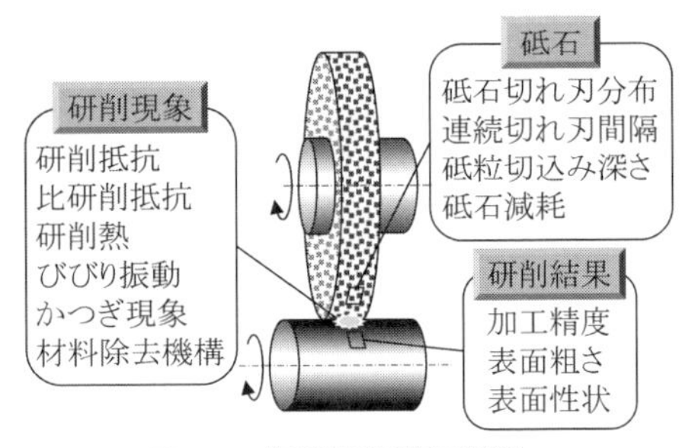

図2.2.2　研削機構の研究課題

3.2　研削砥石とツルーイング・ドレッシング

1901年に米国ノートン社によって人造砥粒のアランダムが開発されてから、種々のアルミナ系砥粒や炭化ケイ素系砥粒が開発され、これらの砥粒をレジノイドやビトリファイドなどをボンドとして結合した研削砥石（これらを一般砥石と呼ぶ）が、長い間、研削加工の主流の砥石であった。また、1980年代にアルミナ系SG砥粒が開発され、焼入れ鋼の研削などに威力を発揮している。さらに、一般砥石による高能率研削法としてドイツで開発されたクリープフィード研削法があるが、わが国でも少し遅れて1983年頃から松井ら[6]や荒木ら[7]の報告が行われた。後者では連続ドレッシングについて報告されている。

一方で、1953年にダイヤモンド砥粒が、1957年にcBN砥粒がいずれも米国ゼネラルエレクトリック社により開発され、研削加工技術に大きな変革をもたらした。ダイヤモンド砥粒およびcBN砥粒を超砥粒と呼び、超砥粒を用いた砥石を超砥粒砥石と呼ぶ。超砥粒砥石は優れた特性を持つ反面、高価であり、ツルーイング・ドレッシングが困難という課題がある。図2.2.3に各種砥石と

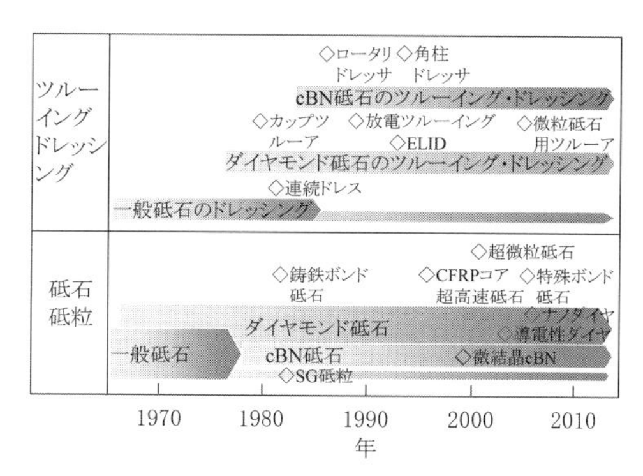

図2.2.3　砥石とツルーイング・ドレッシング技術の進化

ツルーイング・ドレッシングに関わる主な技術の開発経過を示す。1980年代から様々な超砥粒砥石の開発が相次いだ。例えば、1987年に萩生田ら[8]が開発した鋳鉄ボンドダイヤモンド砥石はセラミックスの研削加工に変革をもたらした。また、1993年に大森[9]らは鋳鉄ボンド砥石のドレッシング法として、ELID（Electrolytec inprocess dressing）研削法を開発した。ELID研削法は現在でも超精密研削の有力な方法の一つとなっている。また、庄司ら[10]の研究にあるように、ダイヤモンド砥石のツルーイングに関する研究も活発化し始めた。

cBN砥石に関わる技術のトピックスは、1980年代前半に開発されたビトリファイドボンドcBN砥石と1990年代前半の超高速研削砥石であろう。前者は、ロータリードレッサによるツルーイング・ドレッシング技術の進歩により、鉄鋼材料製部品の量産における高能率研削に一大変革をもたらした。1994年に横川[11]らによって開発された角柱ドレッサによるビトリファイドボンドcBN砥石のドレッシング技術は、その後の量産技術に大きな影響を与えた。後者は、研削加工能率の概念を打ち破る高能率加工を実現する重要な技術となった。

また近年では、超精密加工ニーズの高まりとともに、超微粒砥石に関わる技術の開発が主体となっている。2000年代のナノダイヤや導電性ダイヤの出現はさらに高性能な超砥粒砥石の開発につながるものと思われる。

3.3　研削プロセス、新しい研削法

研削プロセスの研究開発の歴史について、加工能率、加工精度および環境の側面から述べてみたい。

⑴　高能率研削加工技術

高能率研削を行うためには、砥石半径切込み量と工作物送り速度を大きくすれば良い。両者をそれぞれ大きくすると研削抵抗が大きくなるため、砥石周速度を大きくすることによって研削抵抗を低減できる「高速研削」が有効であると言われている。図2.2.4に高速研削による高能率加工法の位置付けを整理した。1966年にOpitzら[12]が高速研削理論を発表してから、しばらくは進展は見られなかったが、1990年にWernerら[13]が高能率深切込み研削（High Efficiency Deep Grinding: HEDG）を開発し、1991年にはKönigら[14]が砥石周速度340m/sの超高速研削を実現した。さらに、2005年に山崎ら[15]が砥石周速度350m/sでの研削切断に成功した。現状では、砥石や研削盤の実用性から、砥石周速度80～160m/sの高速研削が自動車部品等の製造業で普及している。

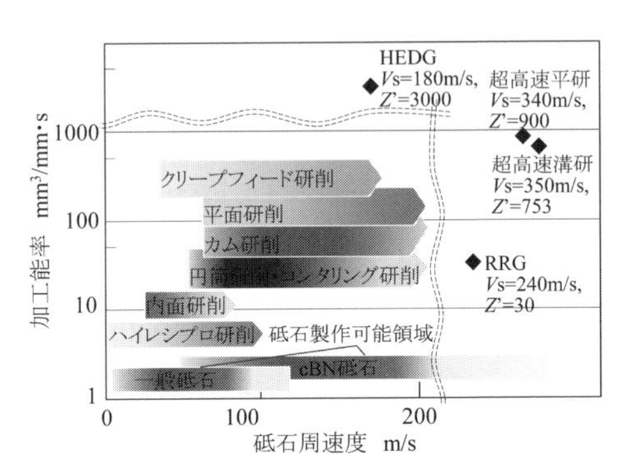

図2.2.4　高速研削による高能率加工法

一方で、工作物速度を大きくすることも高能率研削に有効であり、ハイレシプロ研削法として精密研削の高能率化に使われている。 さらに、2007年に中山ら[16]は砥石周速度と工作物速度をともに高速化する研削（Rapid Rotation Grinding: RRG）法を開発し、高能率加工と表面性状の両立に成功した。

⑵　超精密研削加工技術

50年前の超精密加工においては、いわゆる圧力転写原理による研磨加工が一般的であったが、1980年代から始まった脆性材料の除去機構の研究や超精密研削盤の開発により、運動転写原理による超精密研削加工が可能になってきた。1982年に宮下ら[17]は脆性材料に対しても運動転写原理に基づき延性モード研削が可能であることを示した。現在の脆性材料の超精密研削、延性モード研削の端緒となった研究と言える。

一般に精密加工あるいは超精密加工における寸法や表面粗さの値は、加工される部位の大きさによって変わるものである。図2.2.5に代表的な超精密研削加工技術の位置付けを示す。1990年代の超精密平面研削盤の開発により、1mを超す長さの超精密部品を1μm程度の形状精度で研削加工することが可能になった。また、前述のELID研削法は今では代表的な超精密研削法として広く知られている。さらに最近では、機械的な除去作用では到達できる表面粗さに限界があるため、ポリシングで用いられていた化学的除去作用を重畳した固定砥粒研磨法の研究が行われている。

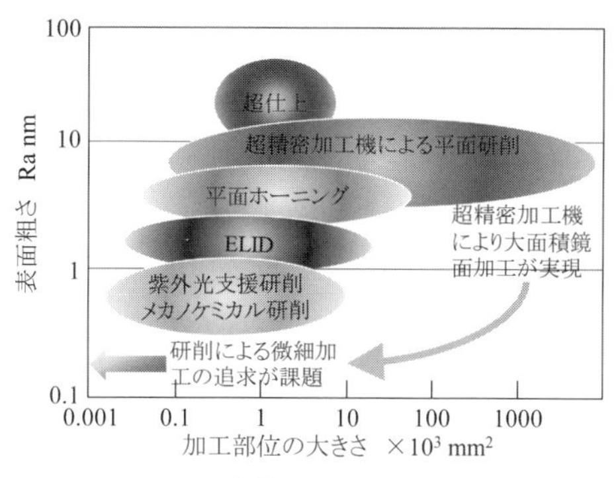

図2.2.5　超精密加工の現状と課題

単純な平面や円筒外周面などの超精密研削の拡大に対して、微細加工という面ではまだまだ単結晶ダイヤモンド工具による超精密微細加工には及ばない。研削加工には砥粒の大きさに起因する切れ刃の鋭利さの問題があるためであり、この対策として最近では、ナノダイヤやPCDを工具として利用することによって、さらなる微細加工を追求しようとする研究が行われている。現状において最も硬いダイヤモンドを工具として考えた場合、切削と研削の加工領域の棲み分けは意味がなくなりつつあり、固定砥粒研磨の進化によって、研削と研磨の境界もあいまいになりつつあると言える。

(3)　環境調和型研削加工技術

加工分野において、地球環境問題や加工における環境負荷の低減について真剣な議論が始まったのは1997年のCOP3京都会議の頃からであろう。図2.2.6に環境にやさしい加工を環境調和型加工として、その歩みについて示した。1990年頃に極微量潤滑油供給（Minimum Quantity Lubricant: MQL）加工が開発されてから、1996年代半ばには研削加工への応用研究が行われた。また、1997年に横川ら[18]は潤滑油を使わない冷風研削を発表した。しかしながら、切削加工に比べて研削加工は砥石を高速で回転させるため、研削熱対策が困難な課題であった。そのため、2000年代にはより実用的な研究として、効率的なクーラント供給法の研究が進んだ。また、2000年代前半には少量のクーラント供給とMQLを併用したミニマムクーラント供給法が開発された[19]。一方で、ラッピングやワイヤーソーなどの遊離砥粒による加工から固定砥粒工具を用いた加工法の研究が進んでいる。

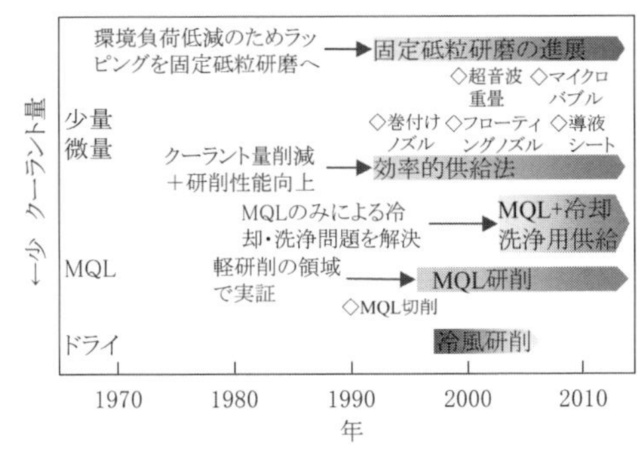

図2.2.6　環境調和型研削の変遷

3.4　新材料への対応

難削材や新材料の研削加工も重要な課題分野である。基本となる技術は材料除去機構であり、脆性—延性モード研削の研究などに代表されるように、過去に多くの研究が行われてきた。一方で、これらの材料の難削性を克服するためには新しい研削技術が不可欠である。図2.2.7は材料の硬さと脆さの視点で主な研削加工技術についてまとめたものである。ダイヤモンドから軟質金属まで全く異なる性質の材料に対して、それぞれ図に示したような研削技術が代表例として開発されてきた。難削材の加工においては、課題を一つの手法で解決できるわけではなく、加工方法と砥石を同時に改良する等の複合技術による解決策が重要になるものと考えられる。

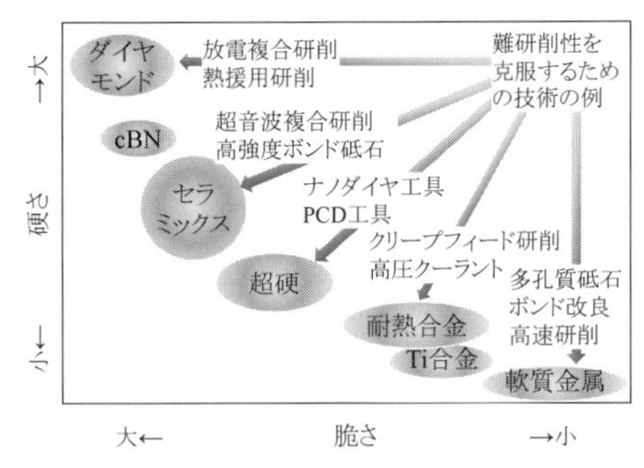

図2.2.7　難削材に対応する研削加工技術の例

4. 最新の研削加工技術と展望

ここでは、研削加工技術の現状を考えながら、今後の技術展望やこれからの研削加工技術への期待について述べてみたい。図2.2.8に新しい研削加工技術への期待として、これからの加工ニーズに対応して新たな進展や開発が期待される加工技術シーズについて示した。研削加工技術のみならず加工技術にとって、高能率化・高精度化・新材料対応は普遍的なニーズである。また、環境にやさしい加工技術も避けて通れない重要な課題である。さらに、生体模倣技術などの進展に対応した機能創成加工がますます重要な分野となるであろう。一方で、高度情報化時代にあって、米国発のIoT（Internet of Things）やドイツ発のIndustry 4.0などに代表される、ICT（Information & Communication Technology）と融合した研削加工技術が望まれる。図2.2.8から読み取れるように、新しい加工技術のキーワードは複合化、融合化と考えられる。エネルギー、システム、情報等々、様々な技術の複合化・融合化による新たな加工技術の展開を期待したい。

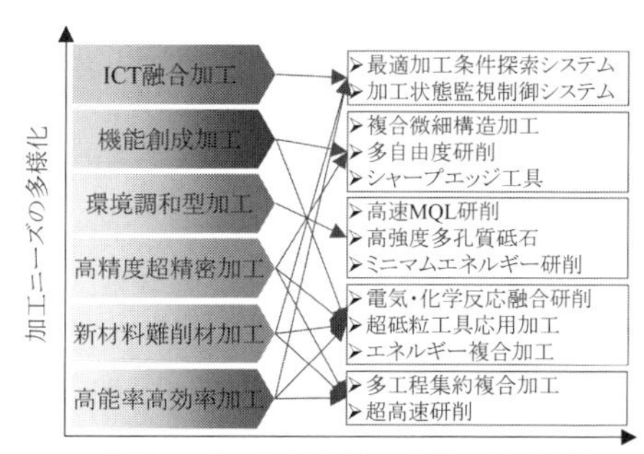

図2.2.8　新しい研削加工技術への期待

5. おわりに

これまで、50年間の研削加工技術の歴史を紐解きながら、筆者なりの解釈のもとで技術動向の概略を述べさせていただいた。過去50年で加工技術は華々しい進化を遂げ、今日の社会を支える基盤技術として確固たる位置付けを占めている。また、未来を創る技術として、研削加工技術のますますの発展を次世代の若手に託して結びとしたい。

参考文献

1） 佐藤健児:日本における研削機構研究の進展，精密機械，32巻1号（1996）9.
2） 佐藤健児ら：研削理論分科会報告，日本機械学会誌，第73巻，第615号，512.
3） 佐々木外喜雄ら：高速研削の研究，日本機械学会前刷集，N0. 92，4（1963）707.
4） 例えば，岡村健二郎ら：砥粒切れ刃による研削現象の研究（第1報）－研削加工における切りくず形状の幾何学的解析－，精密機械，Vol. 32，No. 4，（1966）287.
5） 例えば，松井正己ら，研削砥石の有効切れ刃に関する研究，精密機械，Vol. 34，No. 11，（1970）743.
6） 例えば，松井正己ら，砥石工作物接触弧内における研削油剤の供給状態，クリープフィードに関する研究（第1報），精密機械，Vol. 49，No. 6（1983）772.
7） 荒木裕ら，連続ドレッシングを伴うクリープフィード研削，日本機械学会論文集（C編），51巻，467号（1985）1851.
8） 萩生田善明ら：鋳鉄ボンド砥石の製作，精密工学会誌，Vol. 53，No. 10（1986）1562.
9） 大森整ら超精密鏡面加工に対応した電解プロセスドレッシング（ELID）研削法，精密工学会誌，59，9（1993）1451.
10） 例えば，庄司克雄ら，ダイヤモンド砥石のツルーイング及びドレッシングに関する研究（第1報），ステレオ写真による砥粒突出し量の測定と研削性能に及ぼす砥粒突出し量の影響，精密工学会誌，Vol. 55，No. 5（1989）865.
11） 横川宗彦ら：単結晶角柱ダイヤモンドドレッサのドレッシング性能，精密工学会誌，Vol. 60，No. 6（1994）803.
12） H. Opitz, et. al. : High Speed Grinding, Ann. CIRP, 16（1968）61.
13） W. Werner, et. al. : High-Efficiency Deep Grinding with CBN, Ind. Diamond Rev., 50, 4（1990）177.
14） W. König et. al. : CBN Grinding at Five Hundred m/s, Ind. Diamond Rev., 51, 543（1991）72.
15） 山﨑繁一ら，周速350m/s用超高速研削切断ブレードの開発，第3報　超高速研削切断に関する研究，砥粒加工学会誌，Vol. 49，No. 9，（2005）506.
16） 中山達臣ら：Rapid Rotation Grindingによる高品位・高能率加工　第2報:工作物高周速度域の研削現象，砥粒加工学会誌，51，6（2007）345.
17） M. Miyashita, et. al. : Development of Ultraprecision Machine Tools for Micro-cutting of Brittle Materials, Bull. of JSPE, Vol. 16, No. 1（1982）.
18） 奥村成史ら，公害防止のための研削油剤を用いない在来砥石による冷風研削の研究，砥粒加工学会誌，Vol. 41，No. 12，（1997）465.
19） 吉見隆行ら：研削加工における少流量クーラント供給技術の開発，精密工学会誌，Vol. 75，No. 6（2009）686.

2.3　レーザ加工技術の50年間の技術動向と最新技術

Technical trends for 50 years and current development in laser processing technology.

中央大学　新井　武二
Takeji ARAI

Key words: laser trends, laser applications technology, laser processing, current laser development, short-pulsed laser

1. はじめに

レーザは誕生から59年を迎える。日本におけるレーザ加工技術の開発は、1980年を境にハイパワーレーザによる切断や溶接を中心に従来の熱加工の代替技術として本格化した。レーザがもつ高密度エネルギーが、薄板から厚板までの高速加工を実現し、新たな加工技術の革新をもたらした。その後、従来技術の代替技術から脱却してレーザで成し得る新しい加工技術を模索する時代に突入した。その間に、薄板などの切断加工では精度面で機械加工に匹敵するか、それを凌ぐまでに発展した。また、レーザ発振器の短波長化や短パルス化に伴いレーザの特徴を生かした微細加工が開発され、新しい独自の加工技術が発展した。レーザによる応用の模索は続き、最近では、レーザを応用して材料表面に新しい機能を付加するレーザ表面改質や表面機能化処理などの技術が注目を浴びるようになってきた。また、ものづくりの歴史を塗り替えると思われる三次元光造形技術などが台頭した。このように急速に発展するレーザ応用技術にあって、本稿ではレーザ加工における50年間の技術動向をレビューし新たな展開をみせる最新技術を展望する。

2. レーザ加工技術の変遷

2.1　前期の四半世紀における加工技術

レーザを用いた応用技術の本格的な模索は、1970年代に公的な研究機関や大学を中心に始められた。わが国では、1972年に産学官を網羅してレーザ技術の発展及び普及を目的とした「加工研究会」がスタートした。その後に、

1978年には当時の通産省を主体に国家プロジェクトが組織され、日本における本格的なレーザ加工技術における研究開発の幕開けとなった。学会や産業界で加工技術として顕著化した応用技術のキーワードをもとに、わが国のレーザ加工技術の変遷を図2.3.1に示す。この流れはドイツ、アメリカなどの諸外国と大きな時間的な遅れや隔たりはない。

国産の加工機としては、1975年以前には既にYAGレーザ加工機が、また、1980年前後にはCO_2レーザ加工機がそれぞれ開発された。レーザ加工技術の大きな分類では、1978年から1995年頃までのレーザ加工が第一世代、その後2010年までを第二世代、さらに2010年以降を第三世代と、大きく特徴づけることができる。

レーザ加工の第一世代を代表するレーザはCO_2レーザ、YAGレーザおよびエキシマレーザである。このうち、CO_2レーザでは、軟鋼を主体にシート材（板金）の切断が主流を占めた。そのため切断可能な板厚を競っていた時代でもある。当初は2 kWが主流であった。これに対してYAGレーザは数100 Wと比較的低出力であったので、薄板の切断や穴あけや溶接に用いられた。紫外線レーザとしてはエキシマレーザが当時の代表であり、これを用いて金属の薄板や高分子材料の穴あけ加工などが盛んにおこなわれた。第一世代の特徴は従来の既存技術と比較しながらレーザの適用を見出そうとした時代で熱加工の代替技術の模索でもあった。

その後、第二世代に入ると、装置が安定し性能が向上するにつれてレーザは高出力化した。レーザ加工機は加工制御ソフトの開発や機械駆動系にリニアモータが採用されることによりアイドル時間が減少し、加工速度は飛躍的に高速化した。その結果、トータル加工時間の大幅な短縮が図られ、加工精度も機械加工の領域に迫ってきた。

レーザ加工は、主にCO_2レーザやYAGレーザなど赤外線の波長領域では厚板志向であったが、その後に紫外線領域まで発振波長の範囲を広げ、それに伴って加工の適用範囲も拡大した。短波長化、短パルス化技術が発展し、従来の加工では不可能な微細領域の加工を可能にし、吸収波長の異なる樹脂、セラミッ

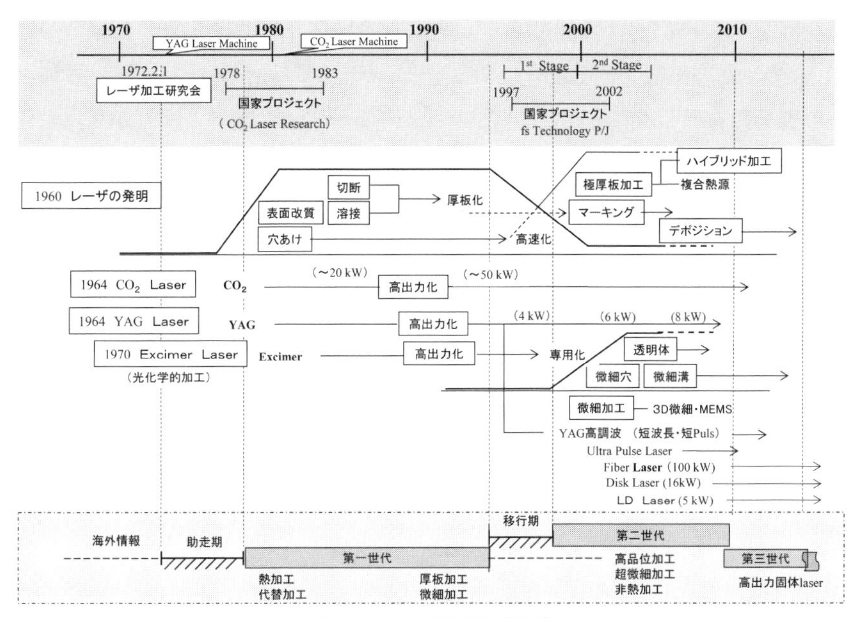

図2.3.1　レーザ技術の変遷[1)]

クス、脆性材料まで幅広く加工の選択範囲を広げた。また、IT関連技術では基板などで必要とされる高精度な微細穴加工を実現し、高密度実装技術に対しても適用を可能にした。

2010年を境に高出力固体レーザ加工機が台頭してきた。これを第三世代と特徴づけることができる。この時期には、半導体であるレーザダイオード(LD)が単体でも出力特性が向上し、多くのLDを並列に並べてアレー化し、その列を上下に重ねてスタック化することでの出力向上が図られた。これらを用いて直接的に加工に供することのできる高出力DDL（直接加工用レーザダイオード）として加工の専用機が構築され、半導体レーザ加工機が生産手段に加わってきた。また、ファイバーレーザが高出力化し、従来のCO_2レーザの領域にまで進出した。特に、ファイバーレーザは高出力化が容易であることから100 kWまで商品化され日本にも導入された。他にも円盤状の発振媒質を特徴とするディスクレーザがドイツ・トルンプ社独特の技術として発展した。出力は

16 kW以上の高出力が可能である。高出力の固体レーザは装置の発振効率は30～40%と高く、ファイバーによるビームデリバリーが可能なことから加工機の構築に有利とされる。特に、ファイバーレーザと半導体レーザが高出力化し、多様な産業分野に用いられるようになった。

2.2　後期の四半世紀における加工技術

後半に入ったレーザ技術は、接合加工の分野ではステンレスやアルミの溶接・ロウ付け、ハイブリット溶接が多く、除去加工の分野では非鉄金属や非金属の切断・穴あけの高精度加工が続き、モリブデンやチタンのレーザデポジションや表面処理などが応用の対象になってきた。さらに、YAG基本波、YAG高調波による短波長レーザ、チタンサファイヤなどによる超短パルスレーザ、またKrF、ArFなどのエキシマレーザによっても微細な加工処理が可能となり、微細穴加工、表面微細加工、デポジション加工、ナノファブリケーションなどに多用されるようになってきた。加工対象の材料も各種金属並びに、シリコン、アルミニウム、ポリマー、ガラス、セラミックスなどの非金属、その他アルミ、チタン、マグネシウムなどの非鉄金属の薄膜にまで広がった。

従来の加工に対しては、モニタリング・センシングなどと共に現象解明のための加工シミュレーションや高速度カメラによる観測がなされるようになってきた。また、マイクロ加工では、超短パルスによる加工、微細溶接加工、微細穴加工、表面加工などが続き、アブレーション加工やガラスなどの脆性材料の加工がおこなわれるようになってきた。

加工に用いられている発振器の種類別ではCO_2レーザとファイバーレーザの占める割合が高くなってきている。2000年以降はファイバーレーザが高出力化し溶接などに用いられたが、ビームの集光性に優れていることから、切断用に利用されることが多くなってきた。今後はCO_2レーザと市場の割合が拮抗することが予想される。また、短パルス・超短パルスのレーザも産業応用の模索が盛んになってきた。レーザ加工の大きな変化を図2.3.2に示す。加工の流れは、従来加工から応用加工へ、さらに短パルス、超短パルスレーザによる精密・微細加工へとシフトしていて、加工としてはマクロ加工、マルチ加工、マイクロ加工へと移行している。その特徴を述べる。

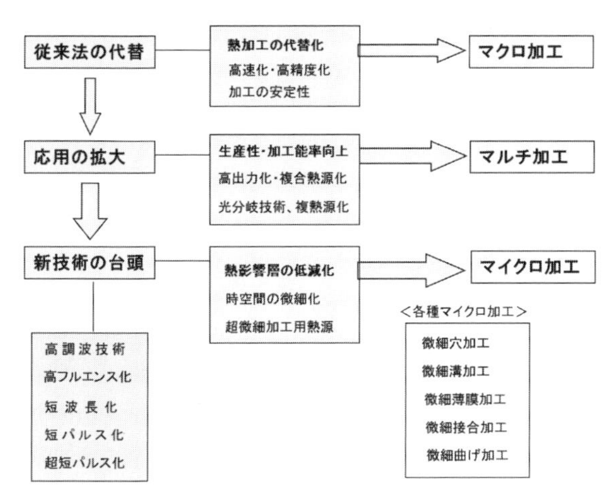

図2.3.2　レーザ加工の流れ

(1)　マイクロ加工化

発振波長を短くする短波長化は、固体レーザによる波長変換技術の発展で実現した。現在では第五高調波まで取り出しが可能となった。高調波レーザの出力が向上し、第二高調波（グリーン光：$\lambda=532$ nm）ではシングルモードで50 W、第三高調波（ブルー光：$\lambda=355$ nm）では30 Wまで取り出されている。結晶母材はYAG、YLF、YVO_4とさまざまであり、それぞれ特徴を持っている。短波長化によって、加工では材料固有の吸収波長の違いから異なった加工特性が得られる。また、短波長により集光特性は著しく改善される。このような理由から、短波長レーザを利用した微細加工への応用が活発化した。特に、材料表面の微細な穴加工や溝加工および表面加工への取り組みが盛んにおこなわれるようになり、レーザ応用のマイクロ加工化へ拍車が掛かった。

パルス発振の持続時間を短くする短パルス化技術の発展も大きく加工のマイクロ化に貢献した。現在の産業用レーザ加工装置でのパルス幅（発振持続時間）は、ナノ秒（ns：10^{-9}秒）、ピコ秒（ps：10^{-12}秒）、フェムト秒（fs：10^{-15}秒）

までが用いられている。パルス幅がフェムト秒の代表的なレーザはチタンサファイヤレーザ（λ=800nm）で、特に、ピコ秒、ファムト秒などは超短パルスレーザと称している。材料表層の原子（自由電子）がレーザ光を吸収して振動し、この原子振動で熱が周辺に伝わり熱反応を起こす熱的緩和時間は数十ピコ秒と言われている。フェムト秒はそれより短いため熱が周辺に拡散する前に中心で吸収が終了し、活性化し膨張した光吸収層は周囲が壁となり行き場を失って上面に爆発的に飛散するアブレーション加工が可能となる。その特徴から“非熱加工”と称されている。この場合、極めて時間が短い分、加工量はごく僅かであり周辺は熱の影響を殆ど受けないため低熱である。加工の立場から見れば、局部的でごく短時間照射の加工の場合で、実際は、通常の加工過程で起こる熱加工のごく初期の瞬間的な過渡現象であって、それを加工に利用しているに過ぎないのである。光子による原子・分子結合の切断でない限り、正しくは非熱ではなく、従来の「熱加工に非ず」の意味と捉えたい。現在産業用に用いられている主要なレーザを図2.3.3に示す。また、超短パルス加工の応用としてフェムト秒加工の具体的事例を図2.3.4に示す。超短パルス現状では波

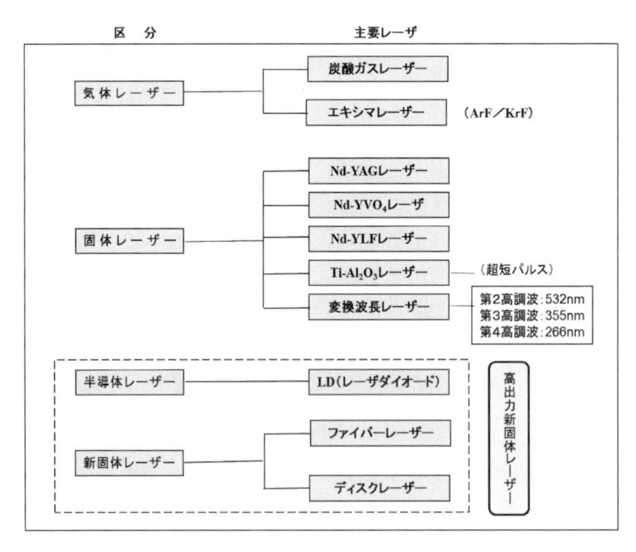

図2.3.3　産業用レーザの種類

長変換効率など技術的な問題から高出力化はあまり望めないので、ごく薄板の材料か表層の光照射加工が中心となる。その意味では表面の処理や改質への応用が期待される。

産業応用での微細加工用レーザは超短パルスレーザに限らない。コストパフォーマンスの関係で中出力のファイバーレーザなどの赤外光レーザも使用されている。加工の一例として、中出力ファイバーレーザで従来の切削加工で達成できなかった薄肉の微細加工の一例を図2.3.5に示す[2)]。肉厚0.5 mmのステンレス鋼材（SUS304）に段差やフック状の精密加工をレーザでおこなったもので、切削工具の場合は材料の振動と曲げを伴うため加工精度を維持できないばかりか加工すら困難であった。これに対して、レーザでは複雑で微細な構造の加工を可能にしている。これはレーザならでは可能な加工法でもある。このようにレーザによる微細加工は圧倒的な技術的優位性を持つが、今後の課

熱拡散の抑制の利用	アブレーション効果の利用
・脆性材料加工 ・高分子材料加工 ・微細穴あけ加工 ・微小スクライビング	・回折限界の加工 ・波長以下の微小加工 ・表面プラズモン ・ナノサイズ加工
高ピーク強度の利用	**高時間分解能の利用**
・非線形多光子吸収 ・透明材料の内部加工 ・屈折率などの内部改質 ・表層スクライビング ・光学デバイス（回折格子）	・材料内部の加工 ・表層ナノ３Ｄ構造加工 ・周期構造の加工 ・バイオチップ・素子 ・フォトニック結晶

図2.3.4　超短パルスレーザの加工

材質　SUS304 長さ 45mm
直径 9mm,　肉厚 0.5mm

図2.3.5　薄肉円筒の微細加工[2)]

題としてスループットなど生産性や経済性では改善の余地がある。

(2)　表面処理加工

前述のような特徴が利用されて、レーザによる表面加工への適応が広範囲に発展した。レーザ表面処理は、材料本来の性質を維持しつつ材料の表面および表層の局部的性質をレーザによって改善し、性質や物性値を変化させて新しい機能を表面に付与するレーザ技術である。これらは表面改質とも言われるが、その適用範囲が広がり必ずしも材料的に改質でないものを含むようになってきたことに加え、広く表面に機能を付加する技術であるので表面処理ということにする。レーザによる表面処理は、加熱プロセス、溶融プロセス、蒸発プロセス、化学反応プロセスに分類される。また、表面処理の分類には大きく外部表面付加処理、材料表面溶融処理、表層内部変質処理などがある。

レーザ表面処理では機械特性の向上、光学特性の傾斜分布、物理的性質の変化、化学的性質の変化、などのレーザ特有の効果が期待される。一方、レーザ表面加工は潤滑、摩耗などの機能と関係が深く、殆どのレーザによる表面処理はトライボロジーに帰着すると言えなくもない[3)]。

①　表面機能化

レーザによる表面処理の歴史は長いが、新しいレーザや各種材料の出現によって日々新たな発展を見せている。レーザ表面処理は表面硬化、表面改質、表面形成により耐摩耗性や耐蝕性など材料特性を改善することにある。すなわち、新たなトライボロジー特性を表面に付加することでもある。加熱プロセスでは、表面を焼入れ（硬化）や焼なまし（残留応力除去）が可能であり、溶融プロセスは、溶融によって異なる成分を混入・付加する処理で、なかでもレーザクラッディングは、レーザ溶融で特定の材料の堆積層を基板表面に形成して所望の性質を確保する加工法で、優れた腐食性や耐摩耗性、耐熱性などを得ることができる。化学反応プロセスは、母材に蒸発物質を堆積させる方法で、表面に薄膜の層を形成することができる。ポリカーボネート（PC）の表面にピコ秒でレーザ照射し、表面の濡れ性を改善することもできる。

② 表面平滑化

レーザを用いた平滑化するレーザ技術もある。レーザポリシング（研磨）技術として紹介されている[4]。材料表面にレーザを照射して極表面に溶融状態の液相を形成し、凝固によって固化させる方式により新しい平滑な表面を生成する技術である。一般に、機械加工された材料表面は一様ではない。多くは加工法に相応した表面が形成される。そこにレーザ光を照射することで、表面の凹凸は平準化して表面あらさを極めて小さい状態にすることができる。その結果、機械研磨されたような表面を作り出すことができることから、レーザポリシングと称している。いわば擬似的な加工である。マクロなポリシングには連続発振のレーザが、またミクロなポリシングにはパルス発振レーザが用いられる。溶融深さはマクロでは20～200 μm程度、ミクロでは0.5～5 μmが得られ、また、表面あらさはRa = 0.05 μmまで低減できるとしている。微量ずつ削り込んで粗さを極力小さくするのではなく、表層を溶融させて凹凸を平坦化することで鏡面を得る。本来の機械的研磨加工とは異なるが、結果的に類似の効果をもたらす。図2.3.6にその一例を示す。鏡面のような加工面が得られ、グラスの鋳型にも利用できている。また、工具としてシャープに加工できるように、工具の精密仕上げにも用いられている。図2.3.7に加工例を示す[5]。

a）特殊鋼のレーザ研磨

b）ワイングラスの型内面研磨

図2.3.6　レーザによる鏡面仕上げ[4]

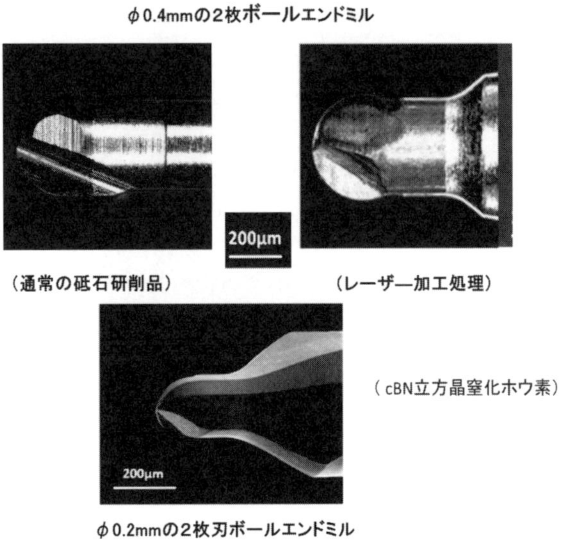

φ0.4mmの2枚ボールエンドミル

200μm

（通常の砥石研削品）　（レーザー加工処理）

200μm

（cBN立方晶窒化ホウ素）

φ0.2mmの2枚刃ボールエンドミル

図2.3.7　超短パルスレーザによる工具の精密加工[5)]

③　レーザテクスチャリング

レーザにより材料表面に凹凸のあるパターンや突起構造（バンプ）を形成するレーザテクスチャリングがある。形状は多種多様であり材料と波長の親和性が考慮され、波長も第二、第三高調波などが用いられる。突起の高さや加工深さはマイクロオーダで、穴、矩形・菱形の窪み、格子状の模様や溝などが形成される。また、規則性のある微細突起や周期構造をもった紋様を、フェムト秒レーザで材料表面に形成する試みがなされている。超硬合金のリング状の領域にレーザにより周期構造を形成した例などがある[6)]。この場合、レーザによってつくられる穴径は数～数十μmと小さいことが特徴であるが、レーザアブレーションによる微細形状やビームの強度分布を利用したレーザ表面テクスチャリング加工、ナノサイズの周期構造をもつバンプなども検討されている。

一方、従来の高出力赤外レーザを用いて一部の表面を溶融させ、冷却凝固のタイミングをみながらつぎつぎと溶融金属柱を積層、或いは堆積して表面に放熱の大きい突起を形成する試みもなされている。図2.3.8にその例を示す[7)]。

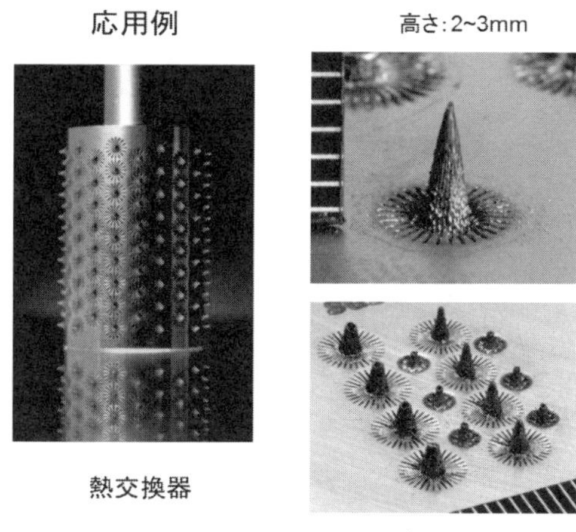

図2.3.8　表面突起の生成[7)]

この方法によれば、高さが1 mm程度の突起物の生成も可能である。レーザテクスチャリングは、金属材料はもとよりセラミックス、ガラス、樹脂などほとんどの材質で可能であり、表面に均一な微小バンプをダイレクトに形成することができる。形状やパターンの深さおよび幅の変化に対する自由度は大きい。図2.3.9に、石英ガラス表面に吸収波長のほぼ一致する金属薄膜を付けて加工後、腐食で微細なディンプルを形成した著者らの例を示す。マイクロレンズの型などへ適応例もある。

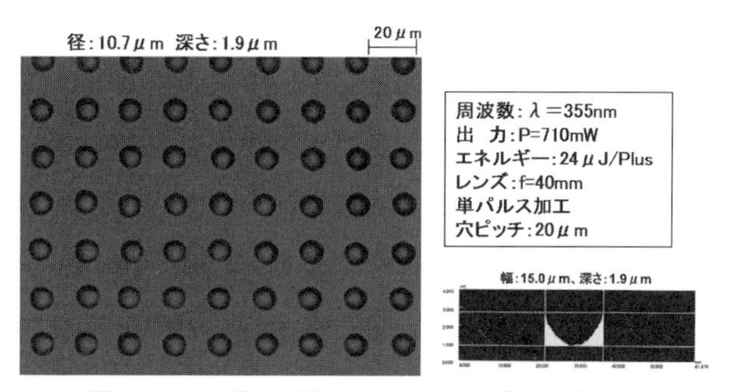

図2.3.9　ナノ秒レーザによる石英表面のディンプル加工

④　アディティブマニュファクチャリング

AM（Additive Manufacturing）が2000年を境に注目を浴びてきた。これはいわゆる“3Dプリンティング”技術で、光造形または光積層造形である。従来の加工は、工具で材料を削り取る「除去加工」と、材料に外力与えて変形させる「成形加工」であったのに対して、積層で材料を付加して立体構造物を製作するのがAM（付加加工）法である。最近ではCADなどのコンピュータ上の図形モデルからAM工法を用いて立体を造るプロセスに発展しアディティブマニュファクチァリングと称されるようになった。レーザを用いるAM装置には、（ⅰ）貯められた液状の光硬化性樹脂モノマーを光によって選択的に硬化させる固体（UV）レーザなどによる液槽光重合、（ⅱ）粉末を敷いた領域を赤外レーザなどの熱によって選択的に溶融結合させる粉末床溶融結合、（ⅲ）ノズル先端から金属粉末を吐出しながら、同時にファイバーレーザなどを照射して金属を溶融凝固させる「指向性エネルギー堆積加工」（レーザーデポジション）などがあり、複雑形状の一体造形を可能としたが、表面粗さや精度面の悪さゆえに試作品や面粗度を要さない部品以外に活用できなかった。しかし現在では、切削工具などにより後処理加工を施すことで高精度な表面に仕上げる機能を有する装置と化した。工具による切削加工を組み合わせることにより高精度の複合加工が可能となった。図2.3.10に「AM＋工具」の新しい発想の加工法を示す。右がAMだけによる加工、左はその後に、ミーリングの工具による仕上げ加工を施した例である[8)]。

図2.3.10　AM加工と切削加工の融合[8)]

3. 今後のレーザ加工

3.1　レーザ加工の高度化

新しいレーザ発生装置の発展は次なる応用技術をもたらす。ファイバーレーザは波長が短くビーム径が小さいために、CO_2レーザに比べて溶接加工では高速加工を維持していた。また、切断加工でも高速加工は可能でとされてきた。しかし、切断加工での高速域は4.5 mm以下の薄板の範囲まである。それ以上の板厚では殆ど加工速度に変化はなく、さらに十数mm以上の厚板になると切断が不可能で長年の課題とされてきた。その後、この領域でCO_2レーザと同等の切断性能を得るための研究が重ねられ、JIMTOF2014を境に、出射端の光学系の工夫と2重ノズルによる流体挙動の改良によって切断性能が改善された。この技術改良によって精密加工はもとより、一定の範囲までの厚板加工も実現できるようになってきた。その加工例を図2.3.11に示す[9)]。これによって、高出力化と発振器以降の光伝送が容易なファイバーレーザが見直され、ファイバーレーザ発振器の純国産化の動きも既に始まっている。また、ファイバーレーザで疑似パルス化や短波長化も進んでいて、今後は、純国産の高出力ファイバーレーザとその搭載加工機が本格的に市場投入される模様である。

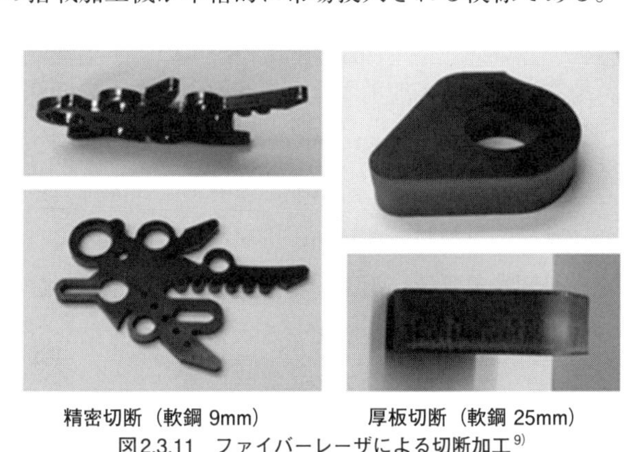

精密切断（軟鋼 9mm）　　厚板切断（軟鋼 25mm）

図2.3.11　ファイバーレーザによる切断加工[9)]

レーザという光のツールによって可能な加工を表2.3.1に示した。一つの加工ツールでこれだけ多様な加工が可能なのはレーザを置いて他にないものと思

表2.3.1　各種レーザ加工技術の多様性

加工の分類	加工内容	主な対象材料
除去加工	切断、穴あけ、溝掘り、割断、	各種材料（薄板～厚板）
接合加工	溶接、溶着、ハンダ付	金属・樹脂・非鉄金属
表面加工	表面処理、マーキング、テクスチュアリングetc.	金属・非金属・樹脂
曲げ加工	曲線、直線、円形	金属・非鉄金属・樹脂
付加加工	3D光造形、肉盛り、Additive Manuf.,	金属・非金属・樹脂 金属粉末、

われる。

加工は長年の間、実験して加工サンプルから原因を推測し、良否を判断していた。そのことから脱してレーザ加工をより高度化するための動きが2000年以降に始まった。産業界での加工技術が急速に進む中で、加工現象の完全な解明がなされているとは言えない。そのため新技術の開発には加工現象の解明が不可欠であり、加工性に及ぼす加工因子の相互関係、加工場における光と材料の相互作用、それに対する多方面からの学際的なアプローチがなされ始めた。さらに、光の発生装置の安定化が不可欠で、その上で、加工データの蓄積と加工理論の整備が必要である。レーザは加工手段が光であるので、光の発生から伝送・集光まで光の特性を正確に把握し管理する光マネージメントが必要である。これによって加工の量と精度を制御するため、より正確なシミュレーションなどのコンピュータ予測技術の開発が必要となる。

3.2　将来展望

レーザ加工技術は、近い将来よりさらに高度な加工技術に発展する可能性を秘めている。そのためには光学部品を含めたレーザ加工装置の出力安定化と性能改善がなされる必要がある。そのような中で、現在ある各種レーザは共存すると思われるが、レーザ加工技術では応用や用途によっては波長選択の時代が始まり、レーザ発生装置は経済性や加工能率の面から用途の限定やそれに伴う自然淘汰がなされるかも知れない。萌芽的な研究の一部は実用化研究に変わり、部分的には実用化されるだろう。短波長レーザの加工装置は益々精密光学機器のようになり、コンピュータ制御により操作され高性能な上に高度化すると思われる。将来の産業用レーザでの技術開発の方向性を表2.3.2に示す。

表2.3.2　レーザ加工の将来と可能性

	加工の広がり	加工の特徴
(1)	「加工方式の多様性」	単体加工、複合加工、無接触
(2)	「加工領域の拡張性」	マクロ加工からマイクロ加工まで
(3)	「対象材料の多様化」	金属の厚板から金属箔、非金属まで
(4)	「光ツールの多機能性」	空間の利用、光分岐、リモート
(5)	「加工材料の自在性」	あらゆる材料の加工が可能
(6)	「表面処理の多様性」	表面の活性化、機能化、平滑化
(7)	「光造形の可能性」	3 D-Additive Manuf., デポジション

今後はミクロン、サブミクロンオーダーのマイクロ加工技術の発展と、カーボンナノチューブや分子構造の操作などのナノテクノロジーへの支援技術の開発や、歯科や内科などといった医療関係への応用を目的とした医工連携の応用分野を含めた多様な発展が見込まれる。

4. おわりに

今世紀の光技術として、情報コミュニケーション技術、光センシング技術、医学&バイオロジー、そして光応用生産技術が挙げられている。光応用生産技術は、まさにレーザ加工技術でもある。レーザ技術が発展するためには「光発生技術」「光制御技術」「光利用技術」の強力なコラボレーションが必要である。

レーザ加工はこれらの技術の延長上にあり、大きく依存し影響される。そのため、レーザの潜在的な可能性は、新たなレーザの出現と共に、さらに大きな広がりを見せる。

50年を経た現在、多くの産業で応用されるようになり、レーザでしか成し得ないような加工法もかなり出現した。レーザ技術は今世紀に大きく花開するものと思われる。

参考文献

1）新井武二：レーザ加工の基礎工学，丸善出版，p.521（2013.12）
2）提供：シチズンマシナリー㈱，JIMTOF 2014
3）新井武二：トライボロジスト，第35巻，第11号，p783（2010）
4）Edgar Willenborg:Industrial Laser Solutions, Jan.（2010）22
5）提供：三菱マテリア㈱，JIMTOF 2014
6）沢田博司：精密工学会会誌，72-8，p.951（2006）
7）Graham Wylde：第32回レーザ協会セミナー（2008.11）
8）提供：㈱松浦機械製作所，JIMTOF 2014
9）提供：三菱電機㈱，JIMTOF 2014

2.4　イオンビーム加工における50年間の技術動向と現状

Overview of past 50 years ion beam machining technology and current status

東京理科大学　谷口　淳
Jun Taniguchi

Key words: ion beam, etching, sputtering, deposition, lithography, machining, FIB

1. はじめに

イオンビーム（ion beam）を用いた技術は、除去加工（etching, machining）、付着加工（deposition）、注入（doping）、露光（lithography）、表面改質（modification, mixing）などに広く用いられている。また、イオンビームの発生のさせ方や、ビームの集束などに関しても様々な方式が開発されてきた。さらに、反応性ガス雰囲中でイオンビームを基板に照射させることにより、加工速度の増大、機能性薄膜の付着なども可能となる。本稿では、まずイオンビームにより可能となる技術全般について説明し、その後、開発の歴史を概説する。最後に、応用例を紹介する。

2. イオンビーム技術[1)]

イオンビームが固体に衝突すると、図2.4.1のような現象が発生する。スパッタリングは、入射イオンのエネルギーが数100 eV ～数10 keVで起こり、基板の原子（図2.4.1の黒丸）を弾き飛ばし、除去することができる。スパッタされる経路は複数あり、入射イオンによって直接弾き飛ばされた一次スパッタ原子（図2.4.1の黒丸＋点線丸）や、入射イオンが基板原子を弾き飛ばし、その原子が他の基板原子を弾き飛ばし基板から飛び出した二次スパッタ原子などがある。また、入射イオンが基板原子に衝突し、そのまま反射されて反射イオンとなる場合もある。また、このときの衝突で基板原子が移動し、その移動により反発スパッタ原子となり基板から飛び出してきたり、基板内に空孔を作ったり、変位原子となったりする。イオンのエネルギーが数eV ～数100 eVの範囲

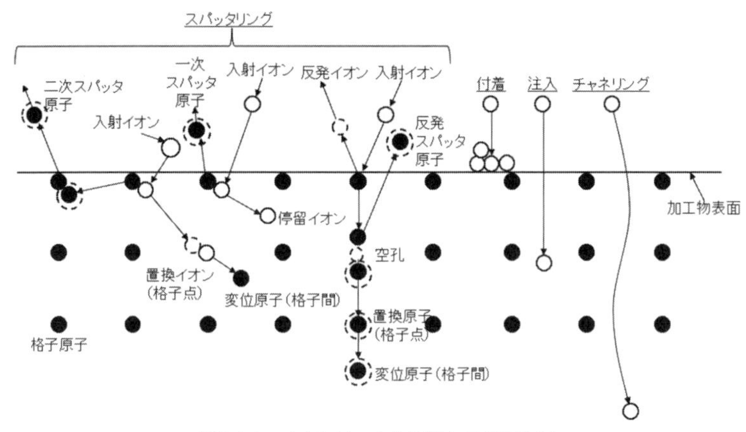

図2.4.1　イオンビームと固体との相互作用

では、付着が起きスパッタされずに基板上にイオンが中性となり原子として付着する。イオンエネルギーの範囲が、10 keV ～ 1 MeVでは、イオン注入が起こる。これは、イオンが基板原子内に中性になり留まる現象である。

これは、スパッタによる変位原子とは違い、異種の原子を入れることが可能となる。チャネリングは、結晶面によっては、原子間隔が広い場所があり、この空間をイオンが侵入すると基板原子からの影響を受けず深くイオンが侵入する。この現象を利用すると、単結晶の結晶性などを評価することができる。結晶性が高い場合は、チャネリングが多く発生し、戻ってくるイオンが少ない。一方、結晶性が悪い場合は、チャネリングが少なくなり、戻ってくるイオンが多くなりこの差により結晶性が判断できる。

イオンと固体の相互作用のうちで、主に加工に関係する技術は、スパッタによる除去と付着による成膜である。注入に関しては、半導体製造工程において硼素（B）やリン（P）などをイオン化しシリコン基板に注入することにより、P型領域やN型領域の活性層を形成するのに使用されるが、除去や付着加工の範疇ではない。また、スパッタを用いても成膜することが可能である。例えば、半導体製造工程においては、アルミニウム基板にArイオンビームを照射し、アルミニウムをスパッタで飛ばしシリコン基板上に成膜して配線層として用いられている。また、スパッタが生じるエネルギー範囲で、窒素イオンを基板に照射して表面を窒化させ硬く表面を改質したり、イオンにより表面付近の原子を混ぜたりする（イオンミキシング）ことも可能である。また、半導体で用いられるレジスト材料へイオンを照射することにより、露光をすることも可能である。露光自体は、光や電子ビームを用いても行うことができるが、イオンビームの場合、感度が良くなるという利点もある。

次に反応性ガス雰囲気でのイオンビームと基板との相互作用について説明する。基板と反応するガス雰囲気中でイオンビームが照射されると、ガス雰囲気のみでの加工速度より増速する。これを、イオンビーム援用加工という。例えば、シリコン基板の場合、フッ素系ガス雰囲気中でイオンビームを照射することにより加工速度が10倍となる。この加工のメリットは加工速度の向上だけでなく、イオンビームによる損傷（スパッタなどの衝突による表面照射損傷層）が化学反応により除去され少なくなる点も挙げられる。さらに、基板に付着するガスを用いることで、イオンビーム援用成膜なども可能となる。例えば、フェナントレンの蒸気を入れながら、集束させたイオンビームを照射することによって、炭素分が分解され基板上にダイヤモンドライクカーボン（Diamond like carbon：DLC）膜が成膜できる。

次にイオンビームの種類について述べる。イオンビームは大きく分けてブロードなシャワー状のビームと、集束させたビームの二つがある。シャワー状のビームは、ある程度大きい面積を一括で処理でき、集束ビームは局所的に処理を行うことが可能である。また、イオンビームは通常、原子の外側の電子が飛ばされてプラスイオンになる場合が多いが、逆に電子を付与することで負イオンビームも発生可能である。原子の外側の電子を多数個剥がすと、多価イオンビーム（例えば、Ar^{3+}など）となる。この場合、加速電圧が同じでも価数により、加速エネルギーが変わる。また、原子が何個か集まったクラスター状のイオンビームなども発生可能である。クラスターイオンビームの場合、同じ加速電圧でも、原子数が多いので原子一個当たりのエネルギーは小さくなる。

ここまで、イオンビーム加工を理解するのに重要なイオンビームと固体との相互作用とその応用技術、および様々なイオンビームについて俯瞰してきた。次の節ではイオンビームの具体的な発生方法と50年間の技術動向について見ていく。

3. イオンビーム発生方法と50年間の技術動向

シャワー状のイオンビーム発生装置の例として、電子サイクロトロン共鳴(Electron cyclotron resonance:ECR)型イオン銃についてみていく。図2.4.2は、ECR型イオン銃を備えたシャワー状のイオンビーム加工装置の模式図である。

まず、イオンビームを発生させるために、プラズマ生成室でプラズマを発生させる。プラズマの発生のためには、真空引きしたチャンバーへガスを導入し、ガスを電離してプラズマ状態を作る。電離を行うためには、電子が効率よくガス原子に衝突する必要があるが、通常の放電などでは効率が悪い。そこで、電子をサイクロトロン共鳴させ、電子とガスの衝突回数を増やすように工夫した構成がECR型イオン銃になる。ECR条件を満たすには、磁場が875Gで、マイクロ波周波数が2.45 GHzであればよい。次に、プラズマ室で発生したプラズ

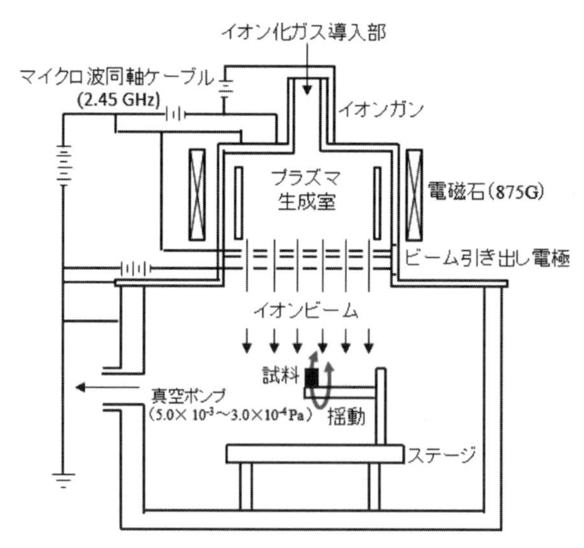

図2.4.2　電子サイクロトロン共鳴型イオン銃を備えたイオンビームシャワー装置

マから引き出し電極によりイオンビームを引き出す。この引き出し電極は穴が開いた金属板でできており、ここに電圧を印加してイオンを加速し、穴からイオンビームが出てくるような構成となっている。図2.4.2の電極の構成は、プラズマ室の電極はプラズマと同電位であり、下側の電極はアース（0 V）となっている。この結果、プラスの電荷を持ったイオンは、アース側に加速されイオンビームが下のステージ側に照射されることになる。イオンビームの大きさはプラズマ生成室の大きさで決まる。

このシャワー型のイオンビーム装置は、50年以上前に大体各種方式が提案されている。代表的なものには、カウフマン型イオン源、フリーマン型イオン源、ホローカソード型イオン源などである。これらのイオン源は主にシャワー型のイオンビームに用いられるが、ここ50年の開発事項（1965年以降）としては集束型に用いられる形式として、液体金属イオン源を用いた形式が1970年代に開発された。これは、ガリウムや金シリコンなどの共晶合金などを加熱して電界を印加すると、電界方向にテーラーコーンという微小突起が形成され、そこから電界蒸発し、イオンが発生する[2)]。この方式の場合、イオンが点光源に近い状態で発生するので、集束性が良い。このため集束イオンビーム（Focused ion beam：FIB）として広く用いられている。実用化している例としては、半導体のフォトマスクの修正に用いられている。フォトマスクは石英上にクロムの遮光体がパターニングされたものであるが、クロムがはみ出ている場合は、集束イオンビームを用いてスパッタで除去する。集束イオンビームはナノオーダーまでビームを絞ることができ、数10 nmのマスクパターンの修正などが可能となる。また、マスク上に遮光すべきクロムが無い場合は、反応性ガスを導入しながらのFIB援用加工により局所的に遮光物質を堆積させてマスクを修復する。このように、FIB 1台でクロムの除去、遮光物の堆積がナノオーダーで可能なため1990年代から使用されている。また、2000年には、反応性ガス雰囲気中で堆積速度とFIBの走査速度を調節することにより、ナノオーダーの三次元形状が作製できることも示されている[3)]。この技術により、外径2.75 μmのワイングラスをナノオーダーの形状精度を持って作製できている。1980年代からは、負イオンビームやクラスターイオンビームの発生方法と応用などが研究されている。

次に、2000年以降開発研究が進んできた、ヘリウムイオンビームとリチウムイオンビームについて説明する。これらは、従来の液体金属イオン源ではなくレーザー冷却法や電界電離型ガスイオン源を用いており、それぞれの特徴を生かした観察・加工手法が提案されている。

ヘリウムイオン源の原型はProf. Erwin Müllerによって1951年に発明された電界イオン顕微鏡（Field Ion Microscope：FIM）がもとになっている。2005年に当時のALIS社（現在はCarl Zeiss社に吸収）によってヘリウムイオン顕微鏡が発表され、翌2006年に学術誌に掲載された[4)]。図2.4.3にヘリウムイオンビーム顕微鏡装置概略図を示す。極端に先鋭化されたタングステンエミッタ電極に5 V/Å程度の強電界を印加すると電界蒸発現象によって図2.4.3右に示すようなtrimer先端形状が形成される。その後、印加電界を3 V/Åにすることで電界蒸発は起きなくなる。ここで、エミッタを極低温に冷却しつつヘリウムガスを導入する。強電界によって分極したHe原子は冷却されたエミッタに引き付けられ、衝突を繰り返す内にエネルギーを失っていき、最後には正イオン化され正電界のかかっているエミッタとの反発力によって離脱し集束光学系へと飛んでいく。理論スポットサイズは0.25 nmであり、電子ビームよりも収束角が5倍小さい。輝度も1.4×10^9 A/(cm^2 sr）とショットキー電子源より約30倍、液体金属イオン源より約500倍高い。これまでに、金膜を除去加工して3.5 nm幅ギャップの形成、$(CH_3)_3Pt(CPCH_3)$ 前駆体を用いたナノピラーの堆積ができることなどが報告されている。露光にも応用され、Hydrogen silsesquioxane（HSQ）膜に対して4 nm線幅と4 nmのスペース幅（ラインアンドスペース：line & space：L&S）の描画ができている。HSQレジストは、電子ビーム露光において用いられてきた無機のネガ型レジストである。ヘリウムイオンビームは電子ビームに比べて、近接効果が少なく後方散乱も抑えられるためこのような密なパターンの形成が可能となった[5)]。電子ビームの場合は、4 nm L&Sパターンの描画は難しい。HSQは主成分がSiO_2で、通常の有機のレジストより硬いため、4 nm L&Sパターンをそのまま金型に用いることが可能である。この金型でUV硬化性樹脂にナノインプリントリソグラフィ（Nanoimprint lithography：NIL）でパターン転写にも成功している。また、顕微鏡用途として用いた場合も利点がある。観察には2次電子像と後方散乱イオンの両方を使用できる。この後方散乱イオン発生確率は原子番号が大きいほど高くなるという性質を利用して、試料内の異なる元素の高コントラスト撮影が可能である。さらに、電子シャワーを照射しながら観察することでチャージアップが抑えられ、生体試料の観察なども可能である。

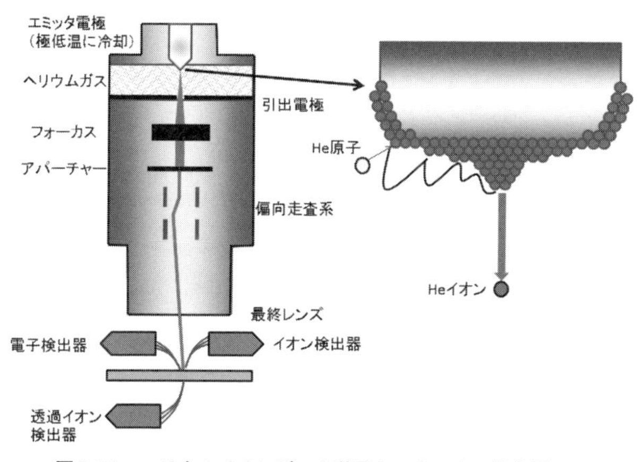

図2.4.3　ヘリウムイオンビーム装置とエミッター拡大図

図2.4.4にNational Institute of Standards and Technology（NIST、米国）のグループによって開発されたリチウムイオンビーム装置の構成図を示す（2011年頃開発）[6)]。磁気光学トラップ（magneto-optical trap：MOT）を用いたイオン源を用いている。この装置は、2 keVという低エネルギーのビームにおいても27 nmのスポットサイズを実現しており、700 eVにおいても100 nm以下のビーム径が可能である。MOTのレーザーは4極配置され、中性リチウム原子は600 μK程度にレーザー冷却される。上部電極はITO透明電極になっており、下部電極はレーザーを反射するようにアルミニウムミラー電極（膜厚

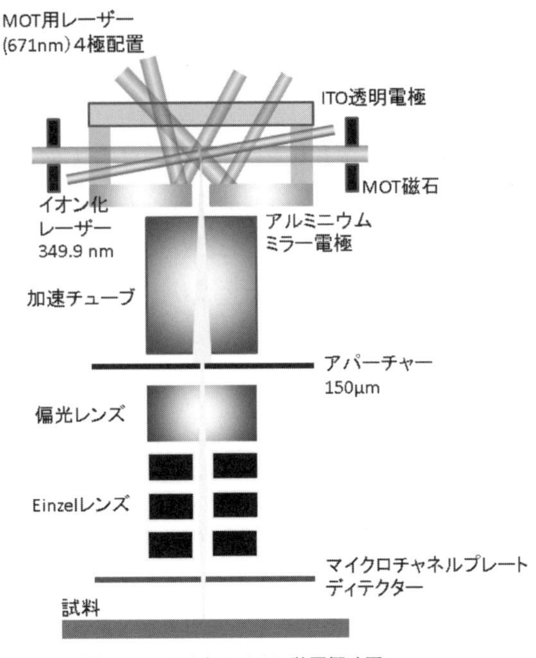

図2.4.4　リチウムイオン装置概略図

100 μm）となっている。冷却された原子は、レーザー光によってイオン化され上下電極にて発生した電場により下部中心穴より光学系へと導かれていく。また、冷却することによりコヒーレントで高輝度なビームが得られる。この装置の光学系は既存のFIB装置のものが流用されている。輝度は0.6×10^4（A m^{-2} $sr^{-1}eV^{-1}$）であるが冷却原子生成量とイオン化率の向上によって改善の余地があると述べている。二次電子もしくは後方散乱リチウムイオンの検出は環状のマイクロチャネルプレート（厚さ3 mm）によって検出される。後方散乱イオン検出による可視化は絶縁物の観察に有効である。リチウムイオンビーム観察が特に効果を発揮するのが、サンプル表面の組成観察であると報告されている。図2.4.5はNILによって作製したパターンを用いてエッチングを行う際の観察応用例を示している。NILでは残膜（金型の突起部分と基板との間の薄い膜）を過不足なく正確にエッチングする必要があるが、電子ビーム観察では表

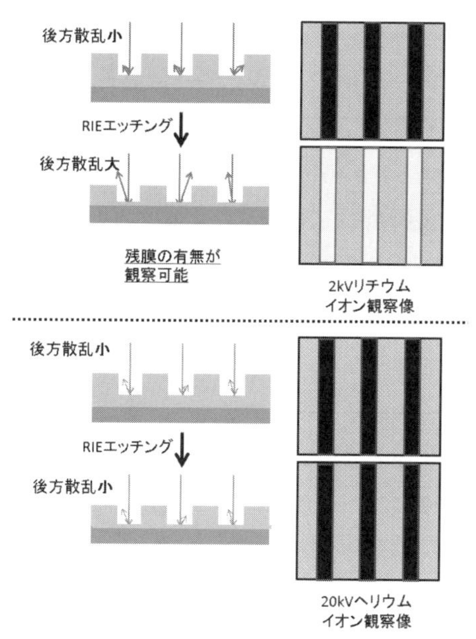

図2.4.5　レジスト残膜検出への応用例

面コーティングが必要となり、その後の加工が困難となる。これに対して、低加速リチウムイオンビームによる観察では、後方散乱イオンの数が10 nm以下の残膜厚さによって変化することがシミュレーションによって示されており、実験でも高コントラスト観察が可能であることが確認されている。先に述べたヘリウムイオンビームを用いた場合、残膜が薄くなっても後方散乱係数の変化が少なく、残膜量によりコントラストが取れず観察が難しい（図2.4.5参照）。

4. イオンビーム応用加工例

ここまで、イオン源の開発と主に集束イオンビームにおける加工技術動向をみてきたが、ここではシャワー型のイオンビームの加工例を紹介する。反応性ガス雰囲気中でイオンビームを照射することにより援用加工となり、加工速度が増速されるが、イオン自体が反応性を持つ場合も増速可能である。例えばシリコン基板に対してはフッ素系のイオンを照射することでアルゴンなどの不活性ガスに比べて加工速度は速くなる。ここでは、ダイヤモンドに酸素イオンビームを用いてダイヤモンドナイフを先鋭化した例を具体的に見ていく。図2.4.6は、ダイヤモンドと各種イオンによるイオン入射角と加工速度のグラフである。

加工速度はアルゴンよりも酸素イオンの方が速いことがわかる。また、アルゴンイオンビームは入射角が大きくなると加工速度が極大を取るのに対して、酸素イオンビームでは、入射角の依存性はあまりない。1980年代には、このアルゴンイオンビームでの加工速度の入射角依存性を用いて、ビッカース硬さ試験機のダイヤモンド圧子の先鋭化などに用いられてきた。これは、圧子が摩耗したところは平らになり、その部分の入射角は低く、圧子の側面部分は入射角度が高いため、この入射角が高いところの方が入射角の低いところに比べて加工速度が速く、側面から加工が進んでいくため、平らな部分が減っていき、先鋭化されるというメカニズムである。この加工の欠点は加工時間が長いことであるので、酸素イオンを用いて増速できるとよい。しかし、酸素イオンビームを用いた場合、加工速度の入射角依存性が使えないため、先鋭化のためには、ダイヤモンド試料側を動かす必要がある。図2.4.2のECR型イオン銃を用いたイオンビームシャワー装置に、図2.4.7のような揺動ステージを用いてダイヤモンドナイフを先鋭化し

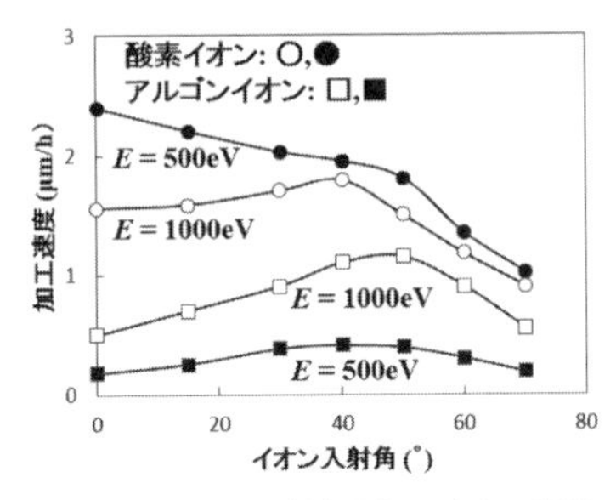

図2.4.6　イオン入射角と加工速度の関係

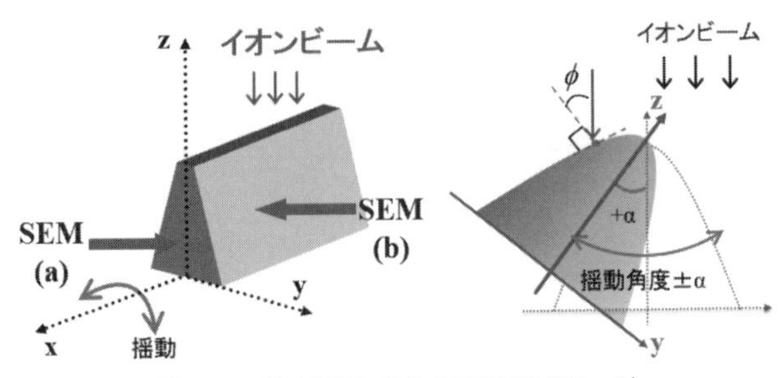

図2.4.7　ダイヤモンドナイフ用揺動ステージ

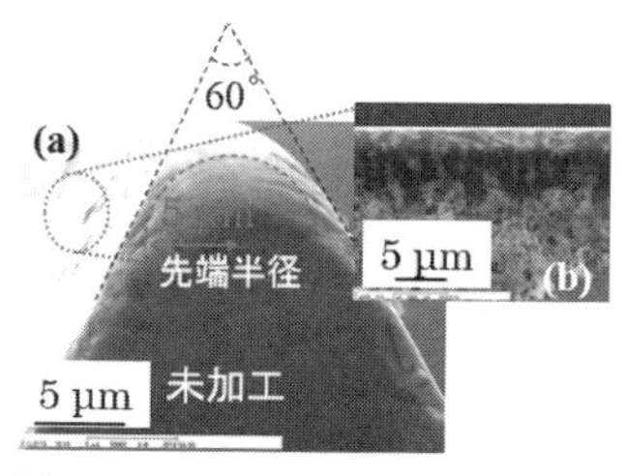

未加工のダイヤモンドナイフのSEM写真．
頂角 60°，先端半径 5 μm

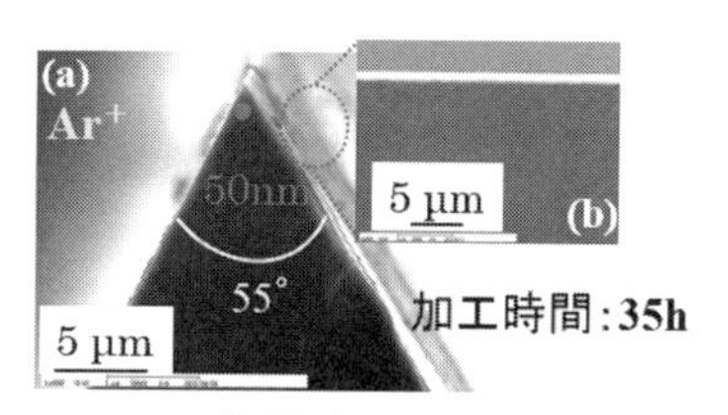

1.0 keV Ar+，揺動角度 ±30°で35時間加工した
先端形状

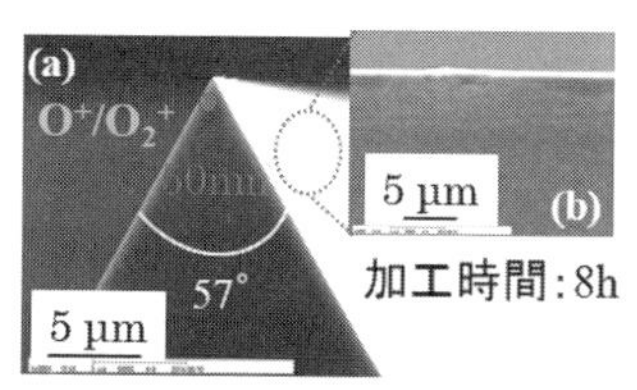

0.5 keV 酸素イオンビーム，揺動角度 ±30°で8時間加工した先端形状

図2.4.8　ダイヤモンドナイフ先鋭化の結果

た結果を図2.4.8に示す[7)]。

図2.4.8の走査型電子顕微鏡（SEM）写真により、アルゴンイオンビームでは35時間かかっていた先鋭化が酸素イオンビームでは8時間で先鋭化が完了している。先端半径も5 μmから50 nmまで先鋭化している。このようにイオンビームを用いることで機械加工では難しいダイヤモンドなどの難加工物質の形状創製が可能である。

参考文献

1）例えば，電子・イオンビーム工学，電気学会，1995年；谷口紀男，ナノテクノロジの基礎と応用，工業調査会，1988年
2）V. E. Krohn and G. R. Ringo, Appl. Phys. Lett., 27（1975）479
3）S. Marsui et al., Three-dimensional nanostructure fabrication by focused-ion-beam chemical vapor deposition, J. Vac. Sci. Technol., B18（2000）3181
4）B. W. Ward et al., J. Vac. Sci. Technol. B 24（2006）2871
5）Wen-Di Li et al., J. Vac. Sci. Technol. B 30（2012）06F304
6）B Knuffman et al., New Journal of Physics 13（2011）103035
7）R. Fukuyama and J. Taniguchi, Microelectron. Eng. 141（2015）245

2.5　放電加工における50年間の技術動向と最新技術
Development of electrical discharge machining in the past 50 years

増沢マイクロ加工技術コンサルティング　増沢　隆久
Takahisa MASUZAWA

Key words: electrical discharge machining, EDM, history, development

1. はじめに

放電加工（electrical discharge machining、EDM）は1943年に旧ソ連において開発された。従って、産業革命以来工業生産の場において主要な生産手段となってきた多くの加工法に比べると新しい加工法の一つである。放電加工の70年ほどの歴史を考えると、本稿の主題である50年はその大部分を占めることになる。

1961年に発行された「改訂放電加工」[1]によると、当時、放電加工機のメーカとして8社があり、技術的に共通しているのは１軸送りで放電間隙制御が自動化されている点である。それを除けば発明時の技術と大きな違いは無く、ようやく実用化を達成した段階ということができる。

上の文献に現れる放電加工はいわゆる形彫り方式であるが、現在広く知られるもう一つの方式、細線電極で切り抜き加工を行うワイヤ放電加工は、現れるのが1960年頃であるから、その殆どの発展をこの50年間に負うことになる。

当時の放電加工機は主として金属の穴明けに用いられていた。もちろん金属の穴明けといえば既に多くの加工技術が存在していたわけであるが、放電加工は熱処理硬化した鋼に直接加工が可能であることと、角穴などの異形状加工が可能であるという特徴があったので、加工時間、加工精度、加工面品質の点で切削等の既存の加工法より劣っていたにも拘わらずいくつかの現場においては固有の役割を担っていた。

現在、放電加工といえば、金型の加工などに広く使われる精密加工技術とされているが、そこに至るには幾つもの重要な技術開発が関与している。その殆どがこの50年間になされたわけである。実際、どのようなブレークスルーがあったのか、形彫り放電加工、ワイヤ放電加工それぞれについて簡略に述べてみたい。

2. 形彫り放電加工技術の発展

まず、形彫り方式の放電加工についてその発展を顧みてみよう。電極（放電加工では工具のことを電極と呼び習わしている）の形状をそのまま工作物に転写するのが形彫り放電加工である。放電加工では図2.5.1に示すように、工具である電極が工作物に接近するとそこで放電が起こり、その熱により電極近辺の工作物材料が溶融・除去される。そして電極を送り込むことにより、電極形状に倣った形状が工作物上に形成される。この際、電極と工作物は接触してはならない。接触すると電流は電極から工作物へと無駄に流れてしまい、放電が起こらない。また、電極と工作物の距離が長すぎると両者は絶縁状態であるため、放電が起こらない。即ち、電極と工作物の間に常に放電が起こりうる小さな間隙を保ちつつ電極を送り込む必要がある。

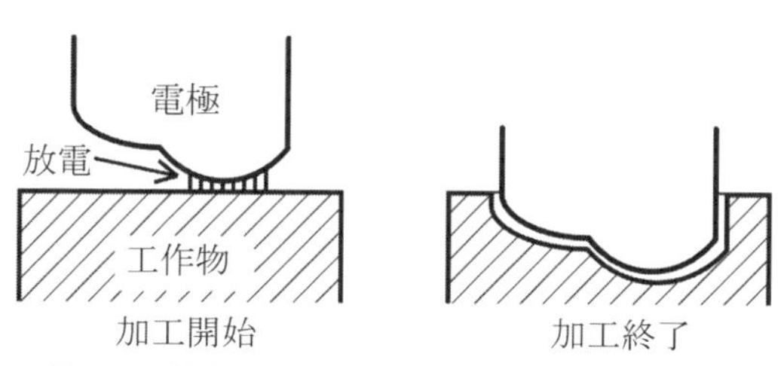

図2.5.1　放電加工の工程（加工は絶縁液中で行われる）

間隙の制御は放電加工における必須技術であり、初期の放電加工機においても稚拙ながらこの自動制御機能は備えていた。しかし、それだけでは高精度と高い生産性が求められる金型加工に適用するには不十分であった。そこで、以下のような技術開発が次々と行われることとなった。

2.1　放電パルス発生技術

発明時の放電パルス発生法は、コンデンサに充電した電荷を絶縁破壊時に自然に放電させる方法（このようなパルス発生回路をRC回路と呼ぶ）であった。しかし、この方法ではパルス波形を自由に制御することができないため、増幅素子を用いて自由な電流波形を得る方法が研究された。最初は真空管が用いられたが、大きな電流を得ることが難しく、実用化は進まなかった。次いで半導体素子、特にサイリスタの出現により、大電流のスイッチングが可能となり、ようやく実用的なパルスの発生が可能となった。しかし、本格的な波形制御ができるようになったのは大出力のトランジスタが開発されてからである。

トランジスタにより放電電流の波形を自由に制御できるようになったことは、形彫り放電加工に大きな転機をもたらした。それは、放電加工における最も大きな問題であった電極消耗を劇的に小さくすることができるようになったことである。1960年代後半、多くの研究者が、従来のような鋭いパルスの電流で加工するより、電流値がやや小さく持続時間が比較的長いパルスで加工すると電極消耗が小さくなることに気づいていた。しかしそのようなパルスを安定に発生させるためには大電力トランジスタの出現を待たなくてはならなかった。そして、それが可能となったことにより、放電加工は一躍精密加工としての能力を発揮できることになったのである。

半導体回路の発展は、放電加工に対してもう一つ大きな恩恵をもたらした。それは一回一回の放電パルスのエネルギを一定にすることができるようになったことである。

図2.5.2aに示すように、電極と工作物の間に一定のパルス幅のパルス電圧を与えても、放電がいつ開始するかはギャップの様々な状況によって一定ではない。そのため、与えた電圧のパルス幅は一定でも、実際に放電電流が流れる時間はまちまちと

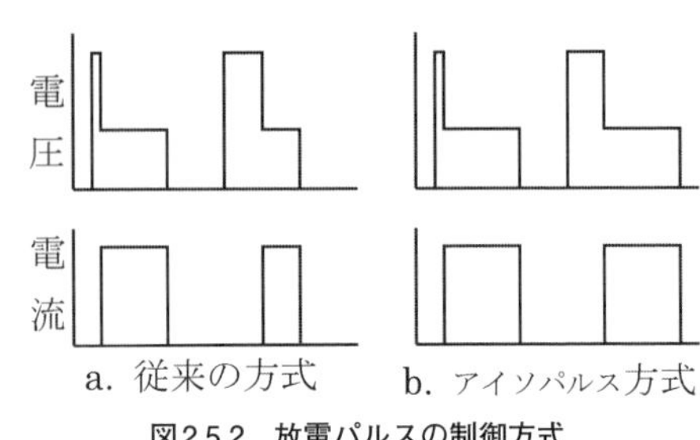

図2.5.2　放電パルスの制御方式

なってしまう。このため、放電1発の除去量はばらつき、総合的な除去スピードは低下することになる。

これに対し、スイスで開発されたアイソパルス技術は、放電開始を検出し、それから一定時間後に電流をオフにする、というもので（図2.5.2b）、これにより全ての放電パルスのパルス幅を一定にすることができるようになった。これは加工速度の向上に寄与すると同時に、加工面の均一化と電極消耗の低減をもたらし、今日ではほとんど全ての形彫り放電加工機にこの技術が導入されている。

2.2　主軸の高速化

前述したように、放電加工において電極と工作物の間隙を適当な距離に保つ制御は必須である。そして、その動作の応答が速ければさまざまな良い効果をもたらす。

一つは放電の繰り返しそのものをより安定にすることができることである。放電間隙の状態は時々刻々変わるので、これを常に放電し易い状態に保つ必要がある。その対応速度が速いほど、良い放電の繰り返しを維持できるわけであるから、加工の能率向上に効果が大きい。

ごく初期のものを除き、この主軸送り制御には油圧制御が多く用いられた。しかし、その後高性能なモータが出現するに及んで、モータによる高速制御が行えるようになった。これにより、放電間隙の安定化が容易に行えるようになった。

高性能のモータは間隙の制御に役立つと同時に、放電加工機の重要機能の一つである電極ジャンプ制御を行う上でも大きく貢献している。

電極ジャンプとは、加工中に定期的に電極をある程度引き戻してやる動作である。これにより、溜まった加工屑を外に排出して、安定な加工状態を維持することができる。このジャンプ動作は電極の動きが速くないと効果が薄い。特に電極底面の面積が小さく、加工深さの大きい加工においてはこのジャンプを頻繁かつ高速に行う必要がある。モータによる高速制御の導入により、十分なジャンプ効果が発揮されるようになったのである。そして、現在ではリニアモータの導入によりさらに高い効果が得られるようになっている。

2.3　CNC化と適応制御

放電加工機は放電間隙の制御を行う必要上、開発初期の段階から電極の自動送り機構を備えていた。しかし、貫通穴加工が主体であったため、電極の位置制御というよりは、主として微少な送り込みと引き戻しを行う機能に重点が置かれていた。

その後、電極消耗が改善され、金型加工の分野への適用が進むにつれ、電極位置の正確な制御が重要となってきた。それを支えたのがCNC技術である。1970年代になると一般の工作機械のCNC化が進み、放電加工技術もその恩恵を受けることなる。

放電加工では回転切刃による加工と異なり､電極のあらゆる面が切刃となる。従って、CNCにより電極を三次元的に移動させると、どの方向に向かっても切り込んでいくことができる。即ち自由形状の創成に対してCNCは強力な武器となった。

その応用の一つとして重要となったのが揺動加工である。形彫り放電加工においては通常所定の形状に成型された電極を1軸方向に送り込んで形状の転写加工を行う。しかし、所定の寸法より小さい電極を用いても、小さい分だけその寸法の足りない方向に電極を動かしてやれば、所定の寸法まで拡大することができる（図2.5.3a）。このように追加的に寸法拡大を行う手法が揺動加工である。

また、例えば底付きのキャビティの加工などで、電極の消耗によりコーナーに丸みが付くことが多いが、仕上げ用の電極で（図2.5.3b）のように揺動をかけてやるとシャープなコーナーとすることができる。それと同時に電極側面で加工することにより、水平方向の寸法精度も出

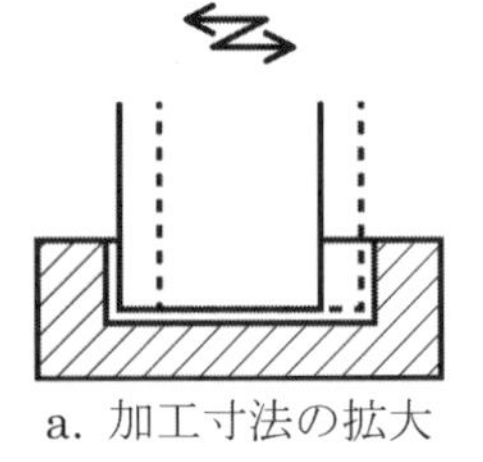

a. 加工寸法の拡大
b. コーナー部の修正

図2.5.3　揺動加工

しやすくなるのである。現在多くの形彫り放電加工機において揺動加工の機能は標準装備となっている。

コンピュータ制御が導入されたことにより、もう一つの重要な技術が登場した。それが適応制御である。放電加工では解放電圧、放電電流、パルス幅、デューティファクタなど、多くの電気的パラメータを最適にすることによって、加工の能率や精度を向上させることができる。ただし、それらのパラメータ設定を行うには加工状況の的確な把握とそれに基づいての複雑な最適条件検索が必要となる。これらの作業をオペレータが直接行っていたのでは状況変化に追随しての制御は困難である。しかし、コンピュータによってそれが可能になった。

内外の多くの研究者による放電加工状況の解析研究を通じて、放電時の電圧波形、電流波形と加工状況との関連が徐々に明らかにされて行った。一例を挙げると、図2.5.4に示すように、与えられた電圧パルス波形の立ち上がり部分の違いによって、正常に加工に寄与する放電か(a)、同一箇所に連続的に放電してしまう異常アーク放電であるか(b)の識別が可能となる。波形解析技術の高速化と、コンピュータのフィルタリング、データ蓄積及び統計処理機能により、こうした波形解析を連続的に行いつつ、正常放電回数が最大となるようにパラメータや電極位置を制御することができるようになったのである。

このような適応制御によって、放電加工制御の難しい部分をコンピュータに任せることができるようになり、従来特殊な加工法として認識されてきた放電加工も、一般の工作機械に近い感覚でのオペレーションが可能になったのである。

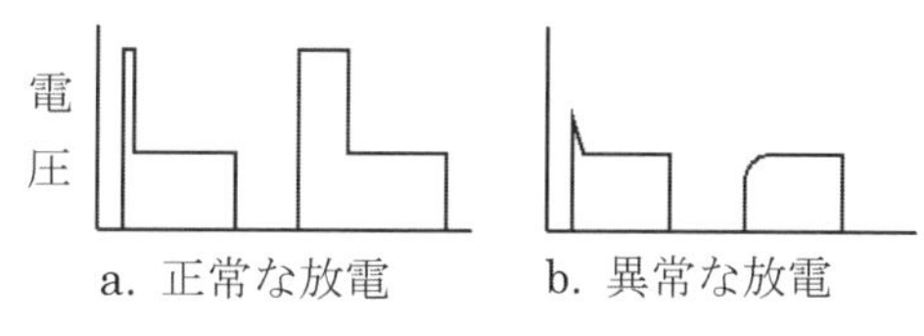

図2.5.4　放電状態の識別

2.4　電極ホルダの進歩

規格化された単純形状の工具を用いて加工形状を創成するタイプの工作機械と異なり、放電加工では工具である電極に予め形状を与えて、それを工作物上に転写するという加工方式が多く用いられる。その場合、電極を放電加工機の主軸上に取り付ける際の精度が極めて重要となる。電極に形状を与えるための加工を行う時と、その電極で放電加工を行う時とで、しっかりした基準面を共有していないと、精度の高い加工は困難となる。従って、正確な基準面を確保できる電極取り付けシステムが必要となる。

この点に関して、主として欧州の専門メーカのたゆまざる技術開発が大きく貢献している。現在、これら数社を中心とした製品により、電極成型、取り付け、放電加工といった一連の作業が高精度で行えるようになっている。

3. ワイヤ放電加工の技術の発展

既述のように、現在広く普及している方式のワイヤ放電加工はその技術が登場してから50年強しか経過していない。しかし、ワイヤを用いて放電加工により金属を切断する技術は形彫り放電加工と同じくらいの長さの歴史をもっている。

単純に切断に適用する場合は、電極であるワイヤをガイドに沿って走行させさえすれば、後は形彫り放電加工と同じく1軸の送りによって加工を行うことができる。しかし、2次元的切り抜き加工に拡張しようとするととたんに技術的困難に遭遇することとなる。そうした困難に対して多くの研究・開発が行われた結果、現在では複雑な2次元～2.5次元的形状加工が自由自在に行われるようになっている。

以下、その主な経緯について述べてみる。

3.1　CNC化

ワイヤ放電加工が世に出始めるころ、ちょうどコンピュータ制御技術も大きな発展を見せていた。ワイヤを用いて1次元的な切断から2次元的な加工に拡張しようとする時、大きな問題となるのは電極の引き戻し動作である。

直線的に切断する1次元的加工では、例えば電極と工作物が接触してしまった場合、短絡が解除されるようにワイヤ電極を送りと逆方向に単純に引き戻してやればよい。しかし、2次元的な加工を行っていると、引き戻す方向は、それまで辿ってきたパスを逆方向に辿る形で2次元的に引き戻さなければならない。さもないと今度は逆方向で短絡してしまうからである。

このように、辿ってきたパスを記憶し、複雑な引き戻し制御を行うのにはどうしてもコンピュータによる制御が必要で、まさにＣＮＣ技術によって初めて2次元的なワイヤ放電加工が可能になったということができる。そうした理由から、ワイヤ放電加工は1970年代になってやっと本格的な形状加工法として参入してくることになる。

3.2　自動結線

一旦CNCにより送りの自動化が実現すると、形彫り放電加工と異なり電極消耗が精度に及ぼす影響が少ないワイヤ放電加工は急速に実用化が進んだ。そして、加工形状をデータとしてインプットしてやると、あとは全く自動で切り抜き加工を任せることができる機械となったのである。細い線で加工するため、大きなエネルギのパルスを用いることはできないので、加工には長時間を要することが多い。しかし、自動運転のため、一旦セットすれば、夜間など、オペレータが不在でも加工を継続できた。また、加工液にイオン交換水を用いるため、安全面でも安心であった。

しかし、図2.5.5aのような一筆書き様の形状であればよいが、（図2.5.5b）のように、分立したパターンを次々と加工するとなると、一つのパターンを加工したところで、加工を中断し、ワイヤを改めて下穴に通してやる必要が生ずる。従ってこうした加工は無人で継続的に行うことが困難であった。

そこで開発されたのがワイヤの自動結線技術である。一つの加工パスが完了すると、ワイヤを一旦切断する。そして、新しい側のワイヤ先端を次の加工開始穴の位置まで移動し、穴を通したうえで、巻き取り機構に接続する。この一連の作業を自動的に行うのが自動結線のシステムである。

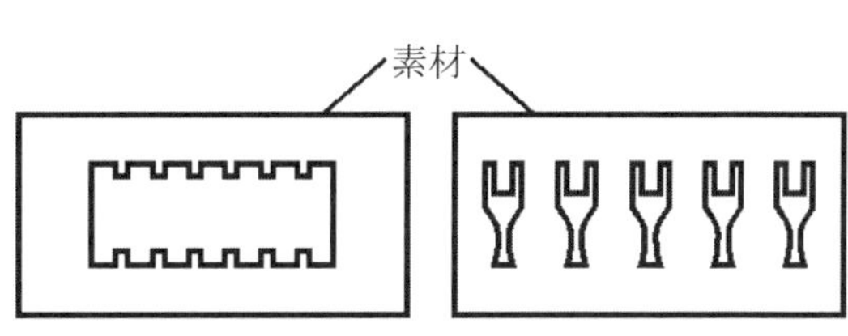

a. 一筆書き形状　　b. 分立形状

図2.5.5　ワイヤ放電加工における切り抜き形状例

加工開始穴への挿入

はワイヤガイドを用いて直接行う方式と、ワイヤと同軸の位置にあるノズルから噴出する液流で流し込む方式とある。どちらも大きな技術向上を遂げ、現在では直径数十μmの細線に至るまで、高い確率で自動結線ができるようになっている。

3.3　パルス技術

ワイヤ放電加工では電極が細線であるため、パルス幅の長い放電を起こさせると容易に溶融／破断してしまう。一方エネルギの大きい放電パルスでなければ加工の速度が上がらない。この相反する問題の解決には半導体の性能向上が大きく貢献した。高耐圧・大電流で、しかも周波数応答の優れたトランジスタが次々と開発された結果、1 μs以下の非常に短いパルス幅で数十Aの大電流を流せる技術が確立し、それにより細線でありながら大きなエネルギレートで加工を行うことが可能になった。

3.4　断線対策

加工部分が2次元的広がりをもつ彫り放電加工に比べ細いワイヤを電極とするワイヤ放電加工では放電が集中的に発生する傾向となる。このためちょっとした状況変化によりワイヤの局部が過熱して溶断することがある。このようなトラブルは生産性を大いに阻害するだけでなく、工作物に損傷を与えてしまうこともある。

そこで、どのような状況になるとワイヤの断線が起こるかについて幅広い研究が行われた。その結果放電の状況を詳しくモニタリングすることで、断線の予兆をとらえることができるようになり、対応して放電の繰り返しを減少させたり、送りを遅くさせるなどの防止対策を取れるようになった。また、工作物の段差部分など、加工条件が大きく変動する位置では放電の条件を予め調整することで断線の予防をするといった対策もとられるようになっている。

4. マイクロ加工

4.1　WEDG

放電加工で微細形状の加工ができることは歴史上早い時期から知られてい

た。しかし、微細電極の製作と把持の効果的手段が無かったために、広く工業的に応用されるには至らなかった。

この問題に答える手法としてワイヤ放電研削法（Wire electro-discharge grinding、WEDG）が開発され、これにより安定かつ高精度で微細電極の製作が行えるようになった。

WEDGとは固定されたガイドに沿ってスライドするワイヤを電極とし、そのワイヤがガイドに接している部分で放電加工により円筒状の工作物を成形する手法である（図2.5.6）。ワイヤ放電加工と同様、電極であるワイヤは常に移動しているので、加工による電極消耗の影響を受けることが無い。また、細線電極と微細ピンが交差する位置で放電が起きるため、放電間隙が小さく、加工精度を高く保つことが可能である。これにより、直径数μmまでの微細電極の成形が自動的に行えるようになった。

さらにこの手法では放電加工の性質上、工作物を回転させなくても加工できるので、円筒形状以外の様々な形状の微細ピンの加工にも適用できる。このことからPCD製の微細切削工具の成形など、放電加工以外の分野への応用も広がりつつある。

現在では、微細加工専用の放電加工機においては電極成形機能としてWEDGが標準的に装備されるようになっている。

4.2　高速微細穴明け

ワイヤ放電加工では、素材の端部から加工を開始する場合を除き、加工を始めるための下穴を必要とする。加工形状が微細な場合、この下穴も微細でなくてはならない。しかも板厚対穴径の比（アスペクト比）が大きい穴を要求されるケースも多々ある。このような微細穴の加工では加工屑排出が難しいので、棒状電極を用いた普通の穴明けでは時間が掛かり過ぎたり、場合によっ

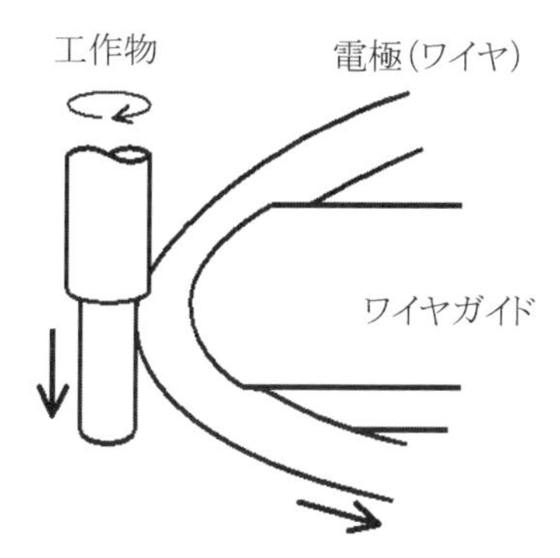

図2.5.6　ワイヤ放電研削（WEDG）

ては貫通することすら困難となる。

一方、このような穴は断面形状の精度や、内面の粗さは重要でない。そこで、こうした細穴を高速に加工する方法として、パイプ電極を用いた高速穴加工専用の放電加工機が開発された。

パイプ電極からは加工液を噴出させ、それにより穴底からの加工屑を効率的に排出する。また、穴精度の要求が緩いことから、大きなエネルギのパルスを供給することができる。

この方式の微細穴加工では多くの場合ドリルによる穴加工より高速の穴加工が可能となるため、ワイヤ放電加工の下穴加工などにはこの方式の放電加工機が広く用いられるようになっている。

5. 新材料への対応

放電加工は材料の機械的強度などに依存しない加工法であるため、熱処理硬化した材料、超硬合金、弾性材料などに対して特に優位性を発揮してきた。この特質は時代が流れても変わることがなく、最近開発された難加工材料に対しても有用な加工手段として注目されている。例えば、SiC、形状記憶合金、PCDなどに対する適用が検討され、また、徐々に実用化されつつある。

今後もこうした面での生産加工に対する貢献は放電加工の一つの特徴であり続けるであろう。

参考文献

1）鳳誠三郎，倉藤尚雄：改訂放電加工，コロナ社（1961）
その他：
電気加工学会誌（ISSN 0387-754X）
電気加工技術（ISSN 0389-1550）
International Journal of Electrical Machining（ISSN 1341-7908）
Proceedings of ISEM's
精密工学会誌（ISSN 0912-0289）
Precision Engineering（ISSN 0141-6359）
CIRP Annals - Manufacturing Technology（ISSN 0007-8506）

2.6　超精密加工（切削）における50年間の技術動向と最新技術

Technical trend of ultraprecision machining (Cutting) over 50 years and recent technology

中部大学　鈴木　浩文
Hirofumi SUZUKI

Key words: ultraprecision machining, diamond cutting, technical trend, recent technology

1. はじめに

機械加工の歴史は産業革命を経て急速に発展した。それらは主に切削加工が主であり、母性原理に基づく加工である。すなわち工具を駆動して母材を切りくずの形で除去し、その工具の軌跡を工作物に転写し、必要な形状を創成するものである。木材の加工用の旋盤が最初に開発され、機械剛性のより高い工作機械と、フライス盤などの様々な形態の工作機械が開発され、様々な産業用の機械が生産されるようになった。また、炭素工具鋼から、高張力鋼、超硬合金、セラミックなどのより硬い工具の開発により、鉄などの金属から焼入れ鋼などのより硬い工作物が切削加工できるようになった。また、NCが1960年代に発明され、そのスケールの高精度化により位置決め精度も向上してきた。特にクローズドループ制御方式の開発により加工精度の飛躍的な向上と、複雑形状の加工も可能になった。1970年代には米国で鏡面加工ができる初期の超精密旋盤、ダイヤモンドバイト、超精密切削技術（プロセス）が開発され、光学部品の加工の研究が行われるようになった。本稿ではこれまでの超精密加工装置と加工技術の発展の経緯を振りかえり、現在開発中の技術の最新動向や、今後開発が要望される技術について述べる。

2. 超精密加工装置の発展の経緯

米国において主に軍事目的で開発された超精密機械加工技術は、1980年代に日本に導入され、光学デバイスなどの民生品に広く応用され、注目されはじめた。

当初は総型研削や研磨加工により素材から球面レンズを直接加工し、眼鏡やアナログカメラ、望遠鏡などに用いていたが、1980年代中ごろから電機メーカでも光学部品のニーズが増大し、CO_2レーザ用軸外し放物面ミラー、背面投射型大画面テレビ、CDプレーヤのピックアップ用非球面レンズの金型を超精密加工するために、大手電器メーカ数社が米国から日本に超精密旋盤（ムーア社M18、図2.6.1参照）を最初に導入した。米国では主に軍事目的で開発されたものであるが、レーザ用産業機器などの光学ミラーや赤外系光学部品が加工された。我国ではAV機器やレーザ用産業機器などに転用され、球面収差が低減できるなどの理由で急速に展開することになった。初期は転がり案内のX、Z軸（横軸）とB軸により構成されていた。測長はHe-Neレーザ測長で10 nmの分解能があったが、温度や気圧の変化に対して非常に過敏で、オイルシャワーなどによる温度制御も行われた。当時はダイヤモンドバイトの輪郭度精度も十分でなく、B軸を利用したシングルポイント切削法が主流であった。工具の位置決めの調整に苦しんだのは懐かしいことである。当時の超精密旋盤は為替レートの関係もあるが約3億円もした。さらに、電器メーカではガラスレンズ成形用の金型の研削加工においては、エアータービンをB軸に搭載して、パラレル研削が行われていた。一方、アルミニウム製のVTRのドラム、ハードディスク、ポリゴンミラーの平面切削用に安価な国産加工機が開発され、量産された。国産初となる豊田工機㈱（現㈱ジェイテクト）の正面旋盤によりハードディスクなどの生産に用いられた。

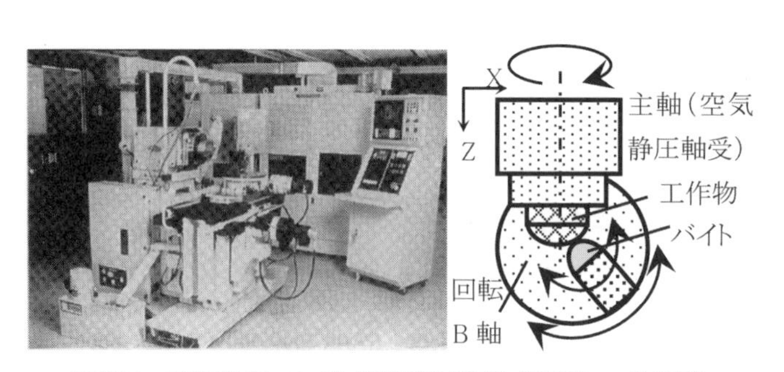

図2.6.1　同時3軸（X、Z、B）制御超精密旋盤（米国Moore社M18）

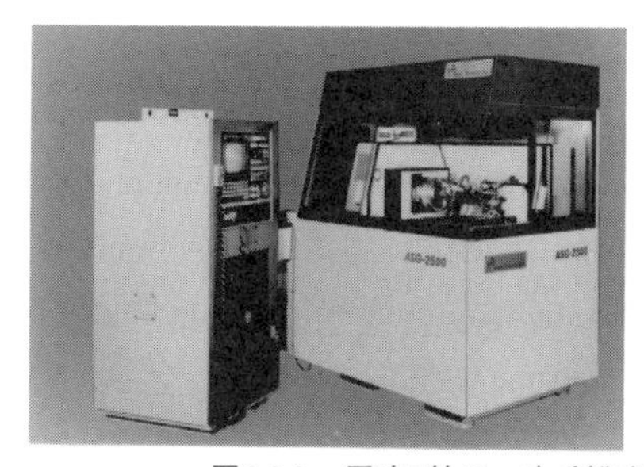

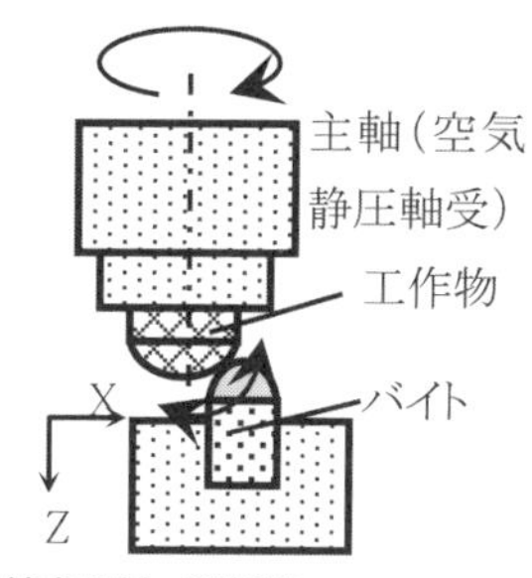

図2.6.2　同時2軸（X、Z）制御超精密切削・研削盤
（米国Pneumo社ASG2500）

その後、1980年代末に、油静圧案内の超精密研削装置（米国Pneumo社ASG2500、図2.6.2参照）などが開発され、B軸を用いない超精密非球面切削が可能となった。ダイヤモンドの研磨技術が向上し、アールバイトの輪郭度精度が0.1 μm以下になったことが背景にある（図2.6.3）。また、高精度の縦型の空気静圧スピンドルが搭載された非球面クロス研削法が開発され、B軸の誤差の影響や工具の成形誤差の影響を受けないために、0.1 μmP-Vレベルの非球面研削が可能となった。機械構成はX、Z軸の同時2軸制御であり、いずれも軸対称非球面の加工が対象であった。

図2.6.3　ダイヤモンドRバイト

1980年代から2000年頃まで、プロジェクター、CD/DVD、ビデオカメラ、インスタントカメラやデジタルカメラでは大量のプラスチック製非球面レンズが必要となり、非晶質の無電解Niめっき金型をダイヤモンドバイトで旋削加工し、射出成形することで非球面レンズが量産された。

また暗視野カメラや赤外線センサ用の赤外光学系非球面レンズのニーズも増大した。単結晶Si、単結晶Ge、単結晶ZnSなどは赤外光に対して光学特性が優れているが、硬質脆性材料でへき開性も強いが、ダイヤモンドバイトのすくい角を－20～－30度とすることにより鏡面切削が可能となった[1)]。

3. 非軸対称非球面加工機（多軸制御加工機）の登場

1990年前後になると国産の比較的安価な超精密軸対称非球面加工装置機が出現した。油静圧案内や転がり案内で10 nm精度の分解能が実現された。豊田工機㈱（現㈱ジェイテクト）では同時3軸制御の超精密加工機が開発され、f θレンズ成形用の金型の加工が可能になった。東芝機械㈱では剛性を重視しMoore社に倣い転がり案内を採用している。

樋口、山形ら[2)] はアクチュエータ・センサ、非接触浮上技術、超精密加工技術などのメカトロニクス要素技術、バイオメカトロニクスシステム、ヒューマンインタフェースデバイスの研究開発のために、図2.6.4に示すような多軸制御（X、Y、Z、C同時4軸）超精密加工装置を世界ではじめて開発した。画期的であったのが、リニア（ガラス）スケールを採用したことにより、⑴温度や気圧の変化の影響を受け難い、⑵1 nm制御が可能となったことである。その結果、従来は半導体加工プロセスに依存していたマイクロ3次元形状部品の超精密加工も、後にダイヤモンド切削、研削、シェーパ加工により高能率に実現することができるようになる。図2.6.5に示すように円筒形のマイクロ静電

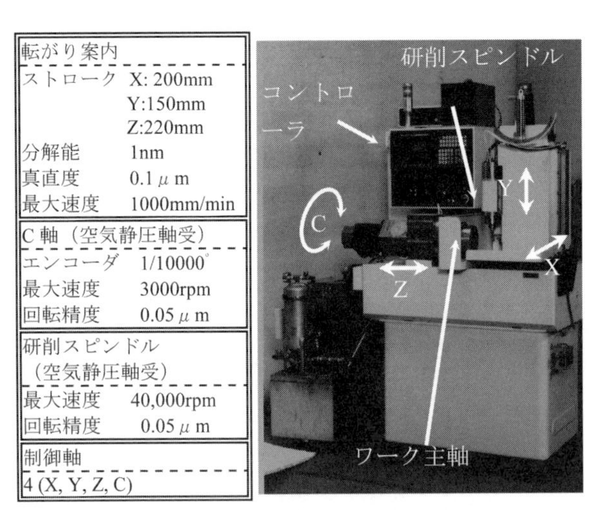

転がり案内	
ストローク	X: 200mm
	Y:150mm
	Z:220mm
分解能	1nm
真直度	0.1 μm
最大速度	1000mm/min
C軸（空気静圧軸受）	
エンコーダ	1/10000°
最大速度	3000rpm
回転精度	0.05 μm
研削スピンドル（空気静圧軸受）	
最大速度	40,000rpm
回転精度	0.05 μm
制御軸	
4 (X, Y, Z, C)	

図2.6.4　世界初の多軸制御（X、Y、Z、C同時4軸1nm制御）超精密加工装置（樋口極限メカトロニクスプロジェクト、1993年）

アクチュエータ、マイクロ光学部品、マイクロ振動子、マイクロサージェリー用のグリッパーなどの開発に用いられた。また、図2.6.6に示すように、自由曲線群で構成される回折格子や非球面非対称レンズの金型の加工を行うことができる方法を開発し、CD/DVDで求められる多波長多焦点レンズなどの超精密加工を実現した。また液晶導光板の金型ではシェーパ加工が行われるようになった。

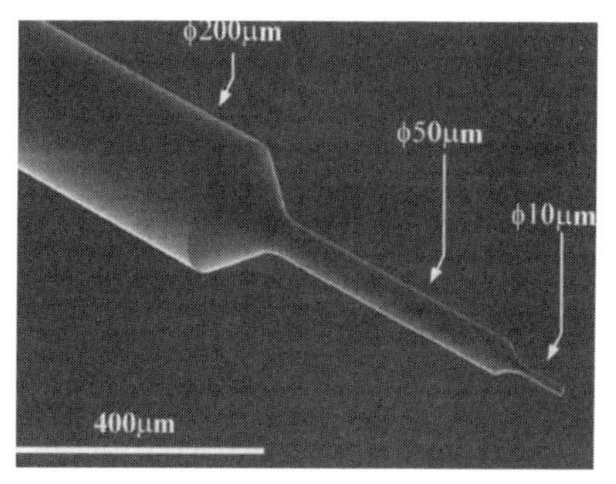

図2.6.5　超精密切削されたマイクロ円筒部品

今日、日米の超精密加工機メーカの多数で油静圧案内、転がり案内、空気静圧案内駆動など、各種多軸制御超精密加工装置が開発されているが、多くは本加工装置が基点となっているといえる。プリンター用に大型で樽型形状のfθ（エフシータ）レンズが用いられ、これらの金型は図2.6.7に示すように工具を

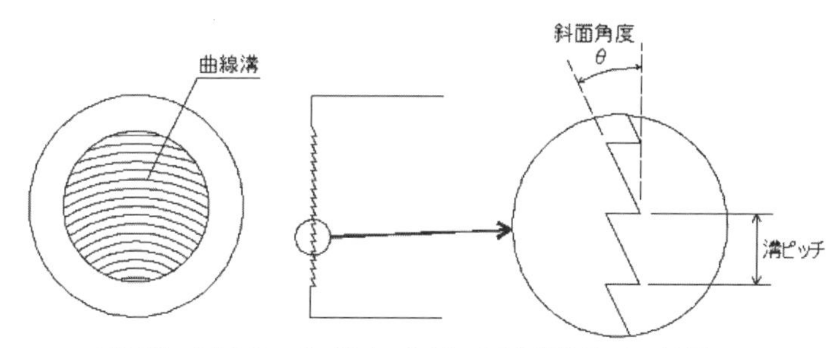

図2.6.6　ミクロン～サブミクロンピッチの回折格子レンズ金型

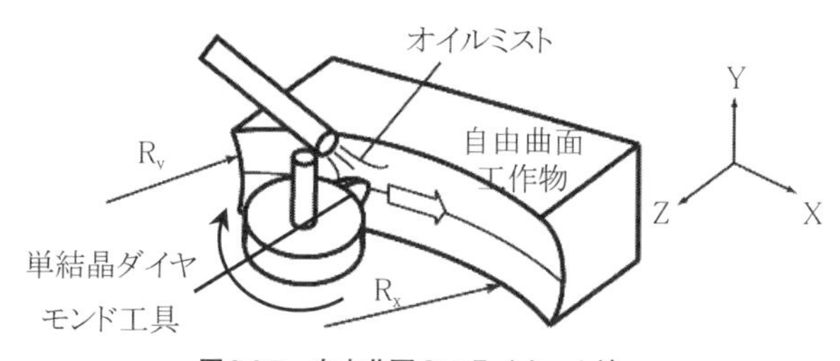

図2.6.7　自由曲面のフライカット法

旋回させながら工作物を走査するフライカット法が用いられ、長尺の自由曲面金型を比較的に高速に高精度加工できるようになった。

4. 超精密加工の最新の動向

当初は比較的に大きい軸対称非球面光学部品のニーズが中心であった。1990年代になり、高屈折率、小さい複屈折、高温での高強度を特徴とするガラスレンズのニーズが高まり、特に光通信用デバイス用にマイクロ非球面ガラスレンズの需要が急激に増大した。近年はガラス成形法により量産するため、超硬合金やSiC製金型の超精密研削技術が重要となっている。さらに、図2.6.8に示すように、デジタルデバイスのニーズが急激に増大し、特にデジタルカメラ、カメラ付き携帯電話、DVDピックアップにおいて、傾斜角の大きな軸対称非球面ガラスレンズの需要が急激に伸びている。使用波長のブルーレーザ化（短波長化）や光学デバイスのコンパクト化のために、レンズの最大傾斜角が70°に達するものも必要となった。また光学デバイス／システムのコンパクト化、高機能化のために、記録デバイス、モジュールなどの光通信用デバイス、バーチャルリアリティデバイス、表示デバイス用の光学部品の複雑形状化（自由曲面化）、微細化、小型化、高精度化が要求されるため、これらのキーパーツの加工に不可欠な超精密・微細加工技術（切削・研削・研磨）の研究開発が不可欠である。特に、近年は光学部品の海外へのシフトが促進し、さらに付加価値の高い光学部品やその加工技術の開発が望まれている。そのために加工装置お

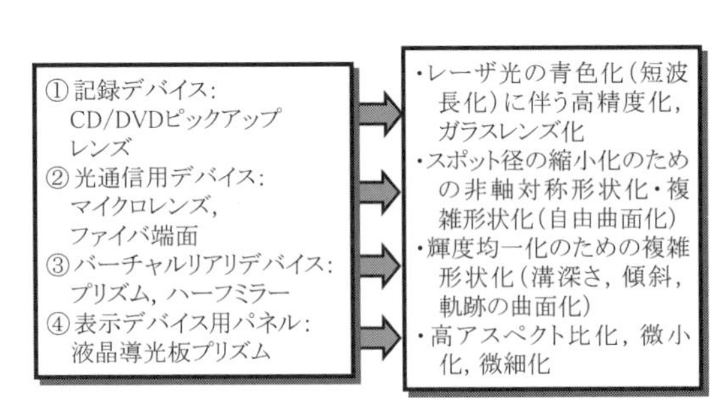

図2.6.8　複雑形状非球面の光学部品のニーズの増大

よび周辺技術、加工材料、工具および工具技術、プロセスにおいて以下の技術が必要となった[2)]。

(1) より高速駆動が可能な多軸制御加工機

・より高精度な測長方式（アッベの原理に忠実）

・軽量で高速駆動可能な案内、回転軸

・低熱膨張セラミック部品で構成される機械

・低摩擦駆動可能な案内

・高剛性・高分解能の回転軸

・より高精度で高速駆動可能なリニアモータシステム

(2) 加工装置の周辺技術

・工作物の自動調芯技術、バランス調整

・複雑非球面形状の高能率加工CAMソフト

(3) 緻密な材料

・超平滑加工可能な無電解Ni、バインダレス超硬、SiC（配向性の高いCVD-SiC）基板

・成形寿命の長い離型膜（ハードコーティング）、型材

(4) マイクロ工具と工具技術

・ダイヤモンド製マイクロフライス工具（断続切削）

・マイクロダイヤモンド切削工具の高精度・高能率の機上研磨技術

・ダイヤモンドホイールの高精度・高能率ツルーイング（成形）技術

・マイクロ回転工具の高精度チャッキング法（サブμm）

・工具（バイト、研削ヘッド）の高速駆動アクチュエータ

(5) 高精度・高能率プロセス

・マイクロ非球面の仕上げ研磨技術

・高硬度材の超精密切削技術

・高精度・低歪・高能率のプラスチック成形技術

・高能率・長寿命のガラスレンズプレス成形技術

・高NA非球面対応の高速機上測定システム

4.1　自由曲面の精密旋削加工

多軸加工機に搭載し、独自のピエゾ素子によりダイヤモンドバイト工具台や高速研削ヘッドを高速駆動することが可能な高速駆動アクチュエータ（ファーストツールサーボ）を図2.6.9に示す。超精密加工装置の座標情報を直接取り込み、高速ピエゾステージを駆動可能であり、加工変位テーブルは最大1,600万点まで処理可能ある。ピエゾステージは、切削加工のみならず研削加工でも最大変位が100 μmまで可能であり、非軸対称非球面形状や複雑非球面形状が高速に加工可能である。図2.6.9(d)、(e)に非軸対称非球面（アス）の金型を加工した結果を示す。高精度な加工が可能となった。また、ワーク主軸の回転と同期させてZ軸方向に高速で走査することにより、アレイ形状や自由曲面な

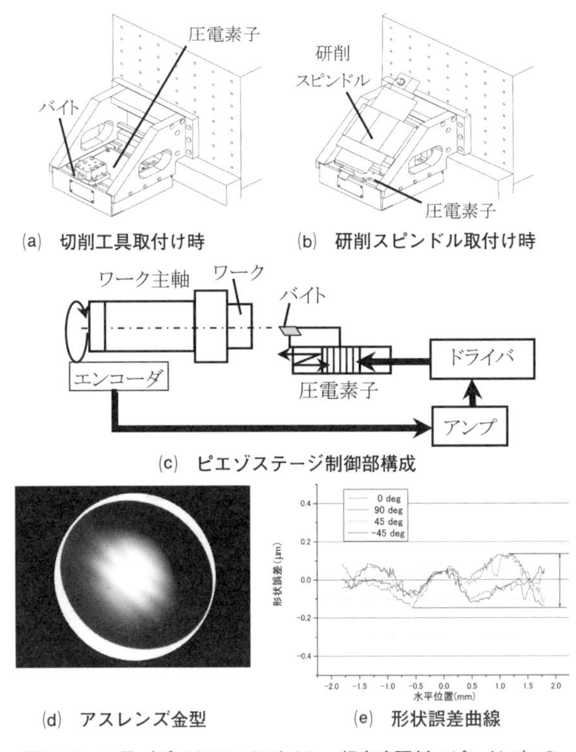

図2.6.9　工具（ダイヤモンドバイト、超高速研削スピンドル）の高速駆動アクチュエータ（ファーストツールサーボ）

どの切削も可能である。また、Z軸をワークの回転に同期させて駆動するスローツールサーボなども開発された。Z軸方向の変位／X軸方向の変位が小さければスローツールサーボで自由曲面の旋削加工が可能である。

近年では様々な用途で微細な形状の非球面金型のニーズが増大している。例えば、(1)非球面レンズを搭載したカメラモジュールを大量に生産するため必要なウェハレベルカメラ（WLC）用に大口径のマイクロアレイレンズ金型が要求されている。(2)車載用のヘッドランプ用のレンズはLED化によりプラスチック化が進み、輝度のコントロールのため非球面上にエンボス加工を施す必要が生じている。このような大型で、微細な形状の金型加工にファーストツールサーボやスローツールサーボが有効である。

4.2　硬質脆性材料の超精密加工

融点の高いガラス製のレンズは超硬合金（WC)、炭化珪素（SiC)、グラッシーカーボンなどの高硬度のセラミックス型でプレス成形される。セラミック型はダイヤモンドホイール（砥石）を用いて超精密研削加工し、その後に、遊離砥粒を用いて研磨加工する必要がある。しかし砥石の整形や摩耗が大きいなどの問題点がある。最年はダイヤモンドを用いた切削加工が試みられ、実用化されようとしている。

単結晶ダイヤモンドを図2.6.10に示すように超音波楕円振動させて、断続切削と背分力減少効果などで、焼入れ鋼や超硬合金の鏡面切削が可能となった3)。また断続切削の効果を利用して多刃回転工具によりセラミックの超精密切削が行われている。PCD（多結晶ダイヤモンド）はダイヤモンド砥粒とタングステン（W）やコバルト（Co）などの金属を高温で焼結したものである。このPCDに溝を入れたマイクロフライス工具を用いて超硬合金の鏡面切削が行わ

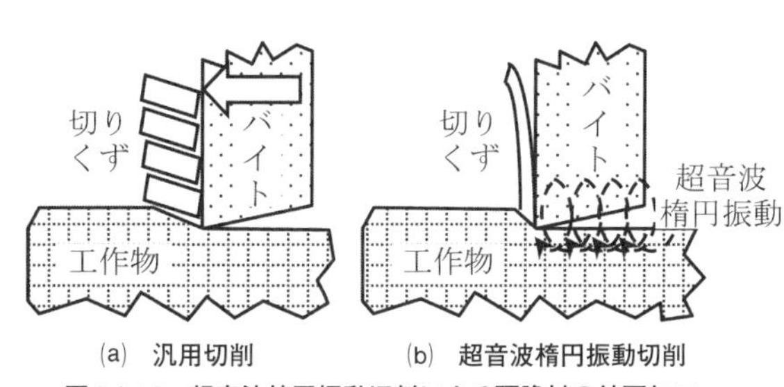

図2.6.10　超音波楕円振動切削による硬脆材の鏡面加工

れている[4]。図2.6.11に示すようにワイヤ放電によりPCD基板を切断し、超硬製シャンクに接合し、外周を研削加工したあと、放電加工で刃付けしている。単結晶ダイヤモンドは導電性がないため図2.6.12に示すようにレーザ加工により刃付けを行った。超硬製シャンクにろう付けされた単結晶ダイヤモンドを、3軸制御駆動テーブルに固定してレーザビームを3次元制御して多数の切刃を創成する。

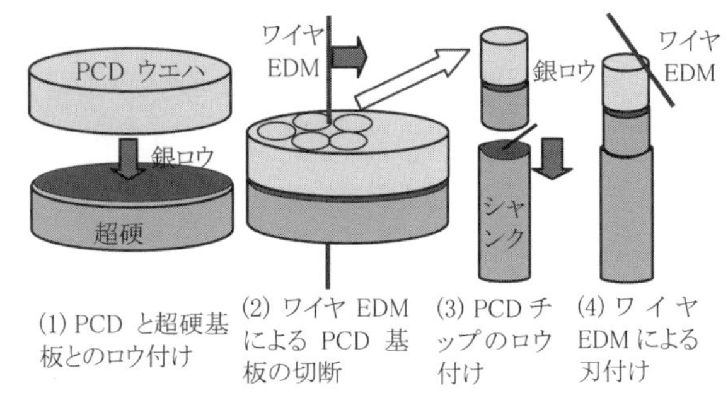

図2.6.11　PCD工具の放電加工プロセス

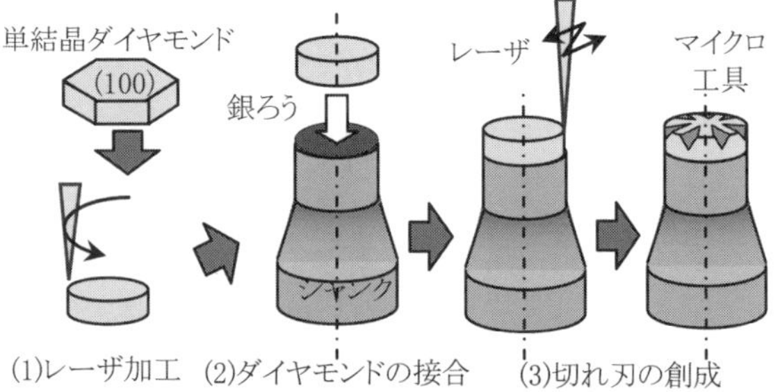

図2.6.12　単結晶ダイヤモンド工具のレーザ加工プロセス

放電加工やレーザ加工で加工されたマイクロ回転工具を図2.6.13に示す。熱加工により多数の鋭利な切れ刃を創成することができる。最後にPCD工具で微細な型を加工した例を示す。図2.6.14は同時4軸制御駆動法で超硬合金製マイク

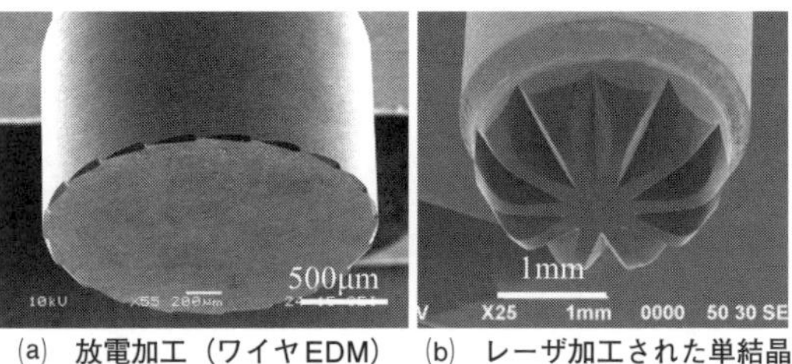

(a)　放電加工（ワイヤEDM）で加工されたPCD工具　(b)　レーザ加工された単結晶ダイヤモンド工具

図2.6.13　セラミック切削用ダイヤモンド製マイクロ回転工具

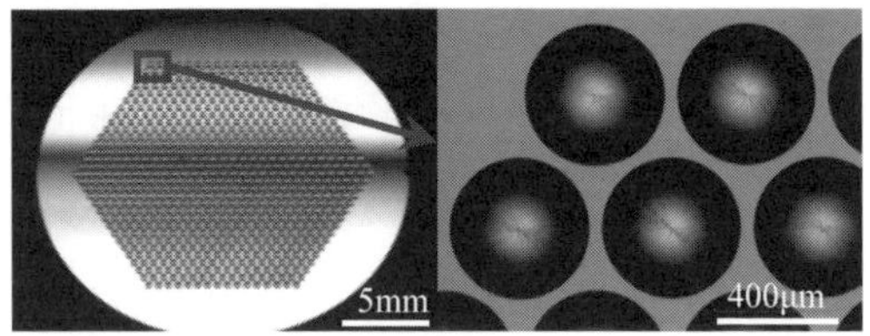

図2.6.14　切削された超硬合金製マイクロレンズアレイ型

ロ球面レンズアレイ成形型を加工した結果である。断面が45°と傾斜のあるPCD工具と、この工具により加工したフレネルレンズ金型の写真を図2.6.15に示す。Y-Z軸同時2軸制御している。

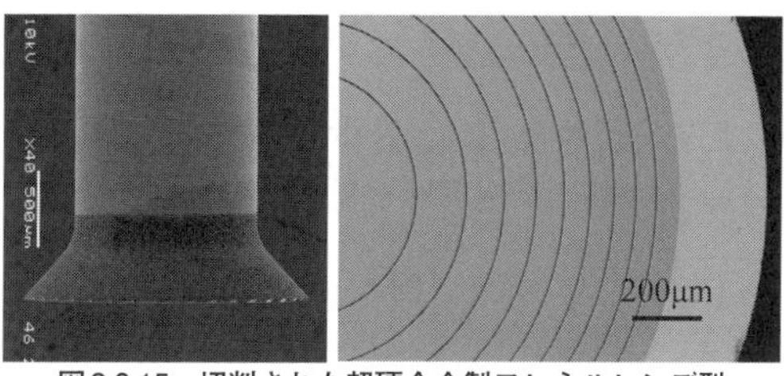

図2.6.15　切削された超硬合金製フレネルレンズ型（段差6 μm）

4. おわりに

本稿ではこれまでの超精密切削加工技術の発展の経緯を振りかえり、現在開発中の技術の最新動向についても一部述べた。今後はさらに形状が複雑で高精度な加工技術が要求されており、超精密機械の多軸化、高精度化、高速化、高剛性化と、工具の高硬度化、高精度化、そして材料のより緻密化などにより高機能材の切削技術の発展が期待される。

参考文献

1）鈴木浩文，山形　豊，樋口俊郎：精密加工システムの最新動向，精密工学会誌，72，4（2006）417-421.

2）山形豊，樋口俊郎ほか：精密切削加工による微細構造形成の試み－微細スパイラル電極の形成－，電気学会論文誌E，117，1（1997），33-38.

3）例えばT. Moriwaki, E. Shamoto: Ultraprecision diamond cutting of hardened steel by applying elliptical vibration cutting, Annals of the CIRP, 48, 1（1999）441–444.

4）H. Suzuki, M. Okada, K. Fujii, S. Matsui, Y. Yamagata: Development of micro milling tool made of single crystalline diamond for ceramic cutting, Annals of the CIRP, 62, 1（2013）283-286.

2.7　塑性加工における50年間の技術動向と最新技術
Technical Trend and Latest Technology for 50 Years in Metal Forming Technology

兵庫県立大学　原田　泰典
Yasunori HARADA

Key words: metal forming, plastic deformation, plasticity, stress-strain relationship, numerical analysis

1. はじめに

日本塑性加工学会は2011年に創立50周年を迎えた。歴史的には1951年に前身となる研究会がすでに開催されているので、今年で約68年が経っていることになる。この半世紀以上の歴史の中で、塑性加工技術の発展の組織として重要な役割を果たしてきた。現在、わが国は産業化の高度な水準を達成した国であり、塑性加工技術も国際的に極めて高い評価を受けている。現在も新素材に対する金型や潤滑材の開発が盛んに行われ、また新しい塑性加工用機械の開発も行われている。筆者が塑性加工と関わり始めたのは、広島大学の博士課程に入学した1986年だった。指導教授の大森正信先生の研究室に入り、金属の塑性加工について学んだ。この時期はちょうどバブル時代で空前の好景気であったので、充実した研究環境と潤沢な研究費があり、塑性加工技術は産業界における技術開発の中で大きく発展した。とくにコンピュータという技術革新もあり、シミュレーションによる加工解析が注目され利用され始めたのもこの時期であった。大学の研究室にもソニー製UnixワークステーションNEWSが入り、塑性変形の解析を行っていた。今から約30年前のことであるが、現在までに飛躍的に進歩した半導体産業は生産技術におけるさまざまな課題を事前検討するために大きく貢献している。本稿では、塑性加工技術について、関連の深い日本塑性加工学会における50年間の技術動向と最新技術について紹介する。

2. 塑性加工技術に少なからず影響を与えた名著

塑性加工技術は、塑性学や塑性力学の進歩とともに発展してきた。関連の深い日本塑性加工学会は1961年3月に創立されたが、その前身は1951年4月に開催された第1回塑性加工研究会であった[1)]。当時では世界に類を見ない学会であった。1960年2月には季刊ではあったが学会誌が発刊されている。学会誌名は現在と変わらない「塑性と加工」である。発刊の辞として、塑性加工研究会会長の山内弘先生が「本誌の最大の使命は、従来未知の技術に対する方向を示すとともに、さらに技術者の進むべき道を開拓するものである。」と述べている。現在もこの使命は引き継がれている。また、塑性加工の専門書として1950年に世界的に名著とされるR. Hill著の「塑性学」が発刊され、数年後に邦訳本も発行された[2)]。

表2.7.1　名著「塑性学」の主な内容

項目	内容
理論の基礎	理想塑性体、降伏条件、ひずみ硬化、応力—ひずみ関係式
一般定理	塑性ポテンシャル、与えられた境界条件の下における応力分布の唯一性、停留原理と変分原理
弾塑性問題	薄肉円管のねじりと引張りの組合せ、丸棒のねじりと引張りの組合せ、平面ひずみ条件下での圧縮、平面ひずみ条件下での曲げ、断面一様な梁のまげ、断面一様な棒のねじり、断面が一様でない棒のねじり、球殻の押拡げ、円管の押拡げ、自緊法の理論
平面塑性ひずみとすべり線場の理論	平面塑性ひずみ問題における剛塑性材料の仮定、直角座標における平面ひずみ問題の基礎式、すべり線を座標とする平面ひずみ問題の基礎式、すべり線場の基礎式、すべり線場の数値計算、速度分布の数値計算、平面ひずみ問題の方程式の解析的積分法、応力の不連続
定常運動の二次元問題	薄板の引抜き、薄肉底付き容器のしごき加工、板の押出し、穿孔加工、帯板の圧延、切削加工
非定常運動の二次元問題	幾何学的相似と単位線図、くさびの押込み、平面ダイスによるくさびの圧縮、粗い平板間のブロックの圧縮、切欠き棒の引張りによる降伏、孔の周辺の塑性降伏、押込み・硬さ試験の理論
軸対称問題	収縮する円筒形容器からの押出し、ある分布荷重による円柱の圧縮、軸方向引張りと内圧を受ける円管、管細め加工、引張試験片のくびれ部における応力分布、粗い板間の円柱の圧縮
塑性異方性	降伏条件、応力とひずみ増分の関係、圧延薄板の塑性異方性、管のねじりにおける長さの変化、深絞り容器の耳の発生、冷間加工中の異方性パラメータの変化、異方性金属に対する平面ひずみ理論

現在、邦訳本は絶版になっているが、洋書は販売されている。初心者にはとても難しい内容だが、貴重な専門書として扱われている。当時の塑性加工に携わる技術者と研究者に多大な影響を及ぼした専門書であると云われている。表2.7.1に本に書かれている主な内容を示す。この専門書が出版されて約10年後の1964年に東京オリンピックが開催され、1970年に大阪万国博覧会が開催された。日本経済が飛躍的に成長を遂げた時期である。この高度経済成長とも呼ばれる時期とともに塑性加工技術も大きく成長した。

3. 半世紀における技術動向

塑性学や塑性加工学が学問的体系を整え始めた時期は1950年頃であったことを前章で述べたが、実はそれよりも約80年前の1870年代にはすでに金属の塑性現象を数学的に取り扱っていた。1950年代の塑性加工工業会では塑性加工に携わる研究者の学問的業績から、加工設備と操業が行われ始めた時代でもあった。その後、塑性加工は基盤産業のものづくりの中で発展し、好景気を背景とした技術開発で成長し、現在では世界を牽引する立場になって高付加価値のある製品化を行っている。この発展の歴史は日本塑性加工学会の歴史と密接な関係にある。

3.1　日本塑性加工学会について

日本塑性加工学会は、2015年5月末現在、正会員3166名、学生会員　171名、名誉会員44名、賛助会員365社431口の会員数である。全会員の約8割が企業の会員であることが大きな特徴であり、このことが塑性加工技術の中心にある学会とされる所以である。周辺技術の進歩によって新しい加工技術が開発され、新しい加工分野に進出している。例えば、超音波応用加工、ナノ・マイクロ加工、積層複合材精密抜加工、生体医療材料加工の分野である。また、新素材の開発に伴う成形技術の開発も行われている。例えば、省エネ社会構築を背景とした自動車や航空機などの搬送機器の軽量化に対して、鉄鋼材料では1,200 MPa以上の超高張力鋼板、非鉄材料では高耐食性マグネシウム合金、高分子材料では繊維強化プラスチック（FRP: Fiber Reinforced Plastics）がある。

3.2　1960年代の動向[3)]

筆者が塑性加工技術と関わった1986年は、日本塑性加工学会が創立されてすでに約25年経っていた。それ以前の塑性加工技術の動向については塑性加工関連の資料を参考にさせていただきたい。上述したように、塑性加工技術の発展は日本塑性加工学会の歩んだ歴史と密接であることを述べた。それゆえ、学会から発刊されている会誌「塑性と加工」における研究や技術などの内容から動向について調べてみた。表2.7.2に発刊当時の会誌の内容を示す。多くの

表2.7.2　日本塑性加工学会創立当時の主な会誌の内容

項目	内容
総説	圧縮変形抵抗について、超高圧下の塑性変形について、コールドホビング法について、金属の破断について、光塑性の原理と応用
解説	高エネルギ高速度加工、Plasticineを用いる塑性加工の実験法、純酸素転炉鋼の鋼質について、打抜き型の設計、曲げ型の設計、絞り型の設計、軟鋼板の時効性、圧延工場の潤滑管理、不銹鋼の脱スケール法
技術論文	周辺加熱深絞り法、薄肉パイプの引抜加工における座屈、エキスパンダ加工、鋳鉄の直接圧延、圧延潤滑油に関する研究、変形抵抗について、光弾性によるC形プレスフレームの応力計算、深絞り性の迅速計算、深絞りにおけるしわ押え方式の設計基準
技術ニュース	レール用ショットピーニング装置、塩化ビニル被覆鋼板について、U-Oプレス方式大径溶接鋼管
技術ノート	鋼管の爆発カシメ実験、フォトグリッドにカーボンチヒ紙を利用する試み、鋼板の爆発成形実験、アルミニウム板材の機械的性質におよぼす板厚の影響、鍛造がSS41、SF54、S45Cの機械的性質におよぼす影響の実験結果、爆発加工材の金属組織について
報文	熱間圧延のロールキャンバ、第4回塑性加工シンポジウム
資料	冷間圧延の肉厚自動制御について、圧延ロールについて、わが国の非鉄金属生産と需要、ピアノ線について、塑性加工用工具鋼、プレス加工用潤滑油の基礎的実験、プレス加工用潤滑剤、最小打抜き径、防振ゴム、最近の液圧鍛造プレスについて
講義	押出加工の塑性理論
展望	ドイツプレス界の印象、アメリカにおける薄板のプレス作業、欧・米・ソにおける薄板のプレス成形技術
説苑	ストリップ・ミル雑感
データシート	薄板のせん断
新製品紹介	2,000tフリクション鍛造プレス、アンダドライブプレス、1,800トントランスファプレスライン
研究室めぐり	八幡製鉄所、日本鋼管、理化学研究所、東京大学、東京工業大学、名古屋大学

項目に分類されて、ページ数の制限もなく報告が行われており、当時の会員のものづくりに対する飽くなき探求が伝わってくる。報告されている内容のほとんどは、現在でも最新技術によって取り組まれているもので、大きく異なるのはコンピュータによる数値解析がない点である。ほかにも、外国文献抄録が数ページに亘って紹介してあり、また編集委員会による板金加工関係文献題目集が掲載してあった。

3.3　1986年頃の動向[4)]

日本塑性加工学会が創立25周年を迎えた1986年における会誌について調べてみた。会誌300号は記念特集号として発刊され、編集委員会による報告によると、社会全体がハイテク時代として技術革新の流れで動いているので塑性加工に携わる研究者と技術者も時代の流れに常に目を光らせる必要があることが記述してあった。1962年にすでに月刊誌となっているため、この年の会誌には多くの解説や論文が掲載されていた。まず、約30件の解説では、自動車用高強度鋼板、金属系超塑性材料、セラミックス粉末、プラスチック粉末、超微粒子などの新素材に関する塑性加工技術の動向が多く見られた。また、レーザに関する記述も多く、レーザによる切断、溶接、表面処理、マイクロ加工などの応用技術の報告が見られた。次に、約70件の論文では、数値解析では鍛造シミュレーションや弾塑性有限要素法が、また加工法ではホットプレス、爆発成形、バニシ加工、レーザ、電磁圧力、静水圧が報告されていた。また、加工材料や治具材料では、超塑性、結晶粒微細化、セラミック工具、アモルファス合金に関する報告があった。解説と論文以外の報告の分類として、説苑、企画趣旨、展望、年間展望、研究ノートでまとめられていた。この中の展望では、剛塑性有限要素法、加工熱処理、CAD/CAM、粉末冶金と粉末成形、高エネルギ速度加工法、レーザ加工などの報告があり、現在の塑性加工技術には重要な内容である。また、年間展望では、分科会や専門分野の代表者によって、前年度における塑性加工技術の動向について専門分野毎に報告した内容である。表2.7.3に専門分野を示す。ほとんどの専門分野が現在も引続き同じ項目の動向について報告が行われている。以上より、会誌の創刊から25年が経つと、塑性加工技術は半導体産業の発展に伴う加工法や解析法の開発が大きく進んでいることが分かる。

表2.7.3　1986年会誌における年間展望の専門分野

分科会による報告	塑性力学
	引抜き
	板材成形
	鍛造
専門分野代表者による報告	材料の塑性
	潤滑（摩擦・摩耗を含む）
	押出し・高圧加工
	圧延
	ロール成形
	チューブフォーミング
	転造・スピニング
	せん断加工
	曲げ
	矯正
	高エネルギ速度加工
	プラスチックの塑性加工
	粉末の塑性加工

表2.7.4　2015年会誌における年間展望の専門分野

分科会による報告	ロール成形
	圧延
	プロセス・トライボロジー
	チューブフォーミング
	板材成形
	鍛造
	高エネルギー速度加工
	プラスチックの成形加工
	半溶融・半凝固加工
	粉末成形
	接合・複合
	押出し
	超音波応用加工
	金型
	プロセッシング計算力学
	ナノ・マイクロ加工
	引抜き
研究委員会による報告	ポーラス材料
	積層複合板紙材の型抜加工
	サーボプレス
	炭素繊維強化複合樹脂成形
	生体医療材料加工技術

4. 最近の技術動向

今日の塑性加工技術は、戦後の何もない状態から再出発し、半世紀以上という歴史の中で先人の積み重ねた努力の上に成り立っている。現在も塑性加工技術は新しい取り組みが行われている。精密小型部品製造用の粉末射出成形、異種金属板の電磁圧接や爆発成形、プラスチックのブロー成形、パルス通電焼結、積層造形、強ひずみ加工法（ECAP: Equal channel angular pressing）、超音波溶接、ナノ・マイクロ加工、ナノポーラス構造の創製、サーボプレス利用技術、熱硬化性炭素繊維強化プラスチック（CFRP: carbon-fiber- reinforced plastic）の成形、生体医療材料加工などがある。表2.7.4に2015年の日本塑性加工学会誌掲載の年間展望における専門分野を示す[5)]。現在は幅広い専門分野があることが分かる。

一方、現在では製品の軽量化と高剛性化が強く求められているため、過去では得られなかった素材の開発が盛んに進められている。例えば、車体パネル用超高張力鋼板、航空機用難燃性マグネシウム合金部材、建材用樹脂複合材などが開発されている。このような次々と開発される新素材に対する塑性加工を行うため、新しい成形技術も開発されている。また、塑性加工技術と関連の深い3Dプリンタと呼ばれる三次元造形も盛んである。樹脂が対象であった研究は金属へと移っている。以下、新しい成形技術として、板材成形分野で行われているインクリメンタルフォーミング、接合分野で行われているメカニカルクリンチングについて紹介する。

4.1　インクリメンタルフォーミングについて

インクリメンタルはコストのかかる金型を用いずに薄板を成形することが可能なため、新しい板成形技術として注目されている。ダイレスフォーミングや逐次張出し成形法とも呼ばれる技術である。3Dデータを用い、所要の形状を容易に成形できることが特徴である。通常のプレス成形に比べて成形限界が大幅に向上するといった報告もある。最近の研究では、製品軽量化の観点から、アルミニウム合金やマグネシウム合金の系金属材料のインクリメンタル成形が行われている。しかし、これらの材料は室温での成形性が低いため、局所加熱式成形が試みられている[6)]。

図2.7.1に、局所加熱インクリメンタル成形の原理を示す。大がかりな加熱装置は不要で、工具反対側からの熱風ヒータ併用も加工性向上に有効な成形法として開発が進んでいる。

図2.7.2に、局所インクリメンタル成形による円錐形状成形品の外観を示す。ブランクは厚さ1 mmで250 mm角のアルミニウム合金A5058である。加工条件は、工具温度600 ℃で工具速度1 mm/sである。成形性は良好であることが分かる。

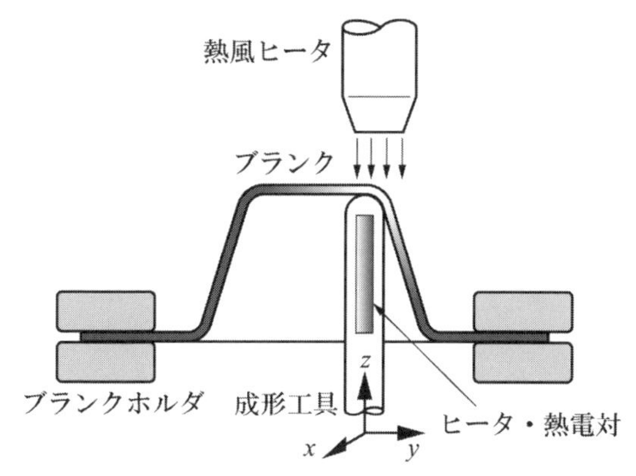

図2.7.1　局所加熱インクリメンタル成形方法

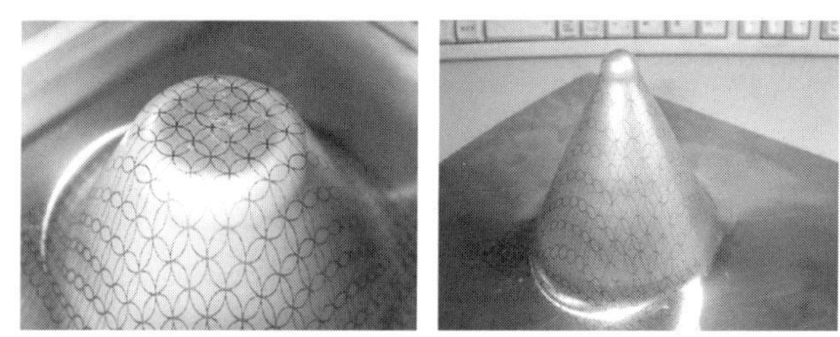

図2.7.2　成形品の外観

4.2　メカニカルクリンチングについて

メカニカルクリンチングは、パンチとダイによって重ねた板材同士を変形させてかしめる接合法であり、リベットなど結合部材が不要なことが特徴である。生産性が高くリサイクル性も優れているため、自動車部品や建築部材などで実用化が進められている。図2.7.3に、メカニカルクリンチングによる接合原理を示す。積層した板において、パンチでダイ側に押し込み、板同士が噛み合う形状（インターロック）を成形して機械的に接合が達成する方法である。

図2.7.4に、590 MPa級および780 MPa級の厚さ1.4 mmの高張力鋼板に対して厚さ1.5 mmのアルミニウム合金A5052板を接合した断面形状をそれぞれ示す。いずれの板の組合わせでも異種金属板同士を接合できている。

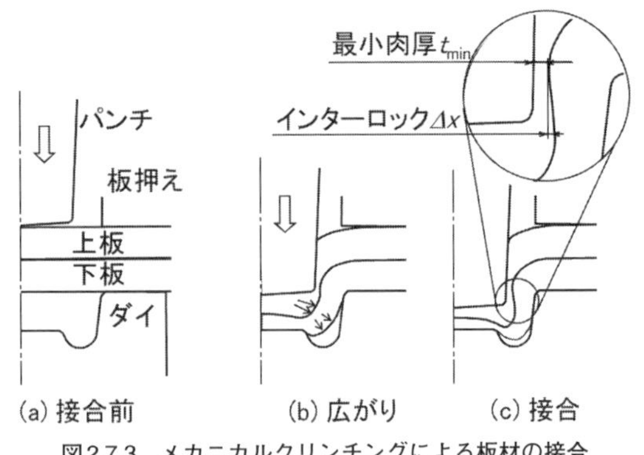

図2.7.3　メカニカルクリンチングによる板材の接合

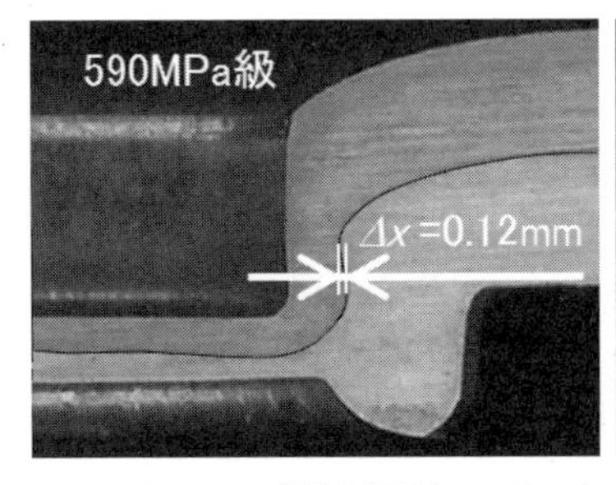

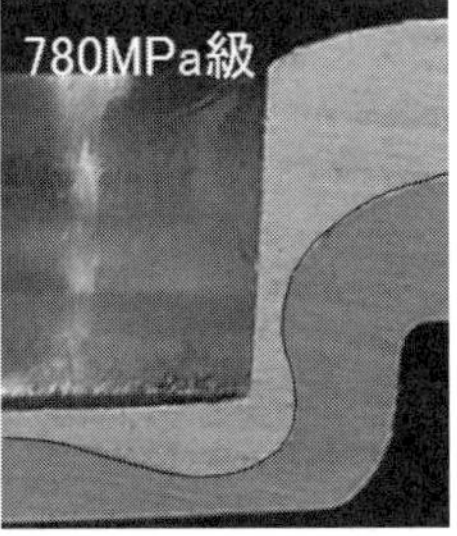

図2.7.4　高張力鋼板とアルミニウム合金板の接合断面

5. おわりに

塑性加工も含めた加工分野に携わる技術者と研究者は、現在から未来にかけて、地球環境にやさしいものづくりへの取り組みを求められ続けられる。これまでの半世紀に亘る塑性加工技術の役割を見て、この塑性加工は省エネルギ・省資源や環境保護に十分貢献できる技術であることが分かる。今後、産業界と学会が共同で貴重な技術資源である“ものづくり”への取り組む姿勢を保つことがとても大事である。

最後に、本稿をまとめるにあたり、一般社団法人日本塑性加工学会の関係各位の皆さまに深く感謝申し上げます。また、図面資料の提供をいただいた広島大学の日野隆太郎先生と豊橋技術科学大学の安部洋平先生に感謝の意を表します。

参考文献

1）http://www.jstp.jp/：一般社団法人日本塑性加工学会，2015年現在.
2）鷲津久一郎ほか：塑性学，培風館，(1954).
3）日本塑性加工学会：塑性と加工，Vol.1, No.1-5,（1961）.
4）日本塑性加工学会：塑性と加工，Vol.27, No.300-311,（1986）.
5）日本塑性加工学会：年間展望，塑性と加工，Vol.56, No.655,（2015）.
6）日野隆太郎ほか：塑性と加工，Vol.51, No.591,（2010），p.27.
7）安部洋平ほか：塑性と加工，Vol.52, No.603,（2011），p.3.

2.8　微細加工（MEMS）における50年間の技術動向と現状

Technical Trends for the Last 50 Years and Current Situation in Microfabrication (MEMS)

九州大学　澤田　廉士
Renshi Sawada

Key words: MEMS, NEMS, マイクロマシン，マイクロファブリケーション

1. はじめに

MEMSは、Micro Electro Mechanical Systemsの略で、半導体製造技術など各種の微細加工技術を応用し、微小な電気要素と機械要素をひとつの基板上に組み込んだセンサ、アクチュエータ等のデバイスやシステムである[1)]。

MEMSは各種の最終製品に組み込まれ高付加価値化のキーデバイスである。MEMSは主にフォトリソグラフを用いる半導体微細加工（一括加工）技術により作る。多くの構造を同時に作りこむことができることから、量生産による低コスト化が可能である。また、MEMSはLSIとは異なり、1つの基板にセンサ、信号回路やアクチュエータなどが搭載されることから、超小型で、非常に高精度・高品質な3次元機構部品が得られ、入出力がエネルギー、機械変位や物理量など、電気信号以外の出力があるのが特長の一つである。

これまでのMEMS開発の推移はしばしば3つの波によって表わされる。1960年代にマイクロマシン概念が芽生え、国際学会Transducers' 87を契機として起こった「驚きの時代」（1987～1994）が最初の波である。この時代のMEMSには、後述の表面マイクロマシニングで作製されたものが多く、3連マイクロ歯車、静電気モーターやシリコンチップ上の空間光学系など、夢に満ち溢れた内容が発表された時代である。

1995年頃からは、私たちの身の回りでもMEMS応用製品が使われ始め、第二の波の「働きの時代」に入った。この頃のMEMS応用製品の代表例としては、トランジスタとの集積型の加速度センサやディスプレイ用デジタルミラーデバイス（DMD）などがある。

このような動きに呼応して、日本では1991年にマイクロマシン技術プロジェクト（1991～2000）がスタートし、1992年には財団法人マイクロマシンセンターが設立され、MEMS開発を促進するため、幾つかのMEMSプロジェクトが続けて立ち上げられた。

最近では、スマートフォン等モバイル機器に用いられるモーションセンサ、脈波センサ、血流量センサ、自動車用部品などに用いられる圧力センサ、加速度センサ、光通信分野などで用いられる光スイッチ用ミラーデバイス、原子間力顕微鏡に用いられるカンチレバー（梁）、またさらには無線通信機器などに用いられるRF（Radio Frequency：高周波）MEMSスイッチなどの開発品や製品がある。2000年台は、まさしくセンサを中心とした第三の波が押し寄せた時代である。

2. バルクマイクロマシニングとサーフェスマイクロマシニング（表面マイクロマシニング）

MEMSには、表面マイクロマシニングとバルクマイクロマシニングの2つの作り方があり、ともに半導体プロセスフローを基本としている（図2.8.1）。

表面マイクロマシニングでは、まず、熱酸化法、スパッタ法、CVD（Chemical Vapor Deposition）法などにより、シリコンなどの基板にエッチング（食刻）のためのマスク材となる薄膜が形成される。次のフォトリンッソグラフィ工程

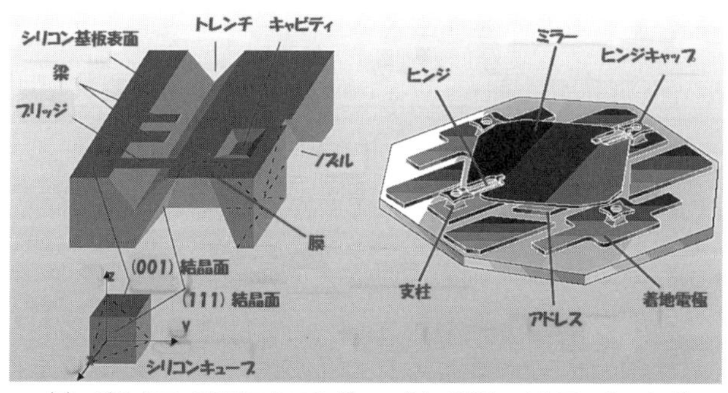

(a) バルクマイクロマシニング　(b) 表面マイクロマシニング
図2.8.1 MEMS加工技術

（写真製版工程）では薄膜上面にレジスト（感光性樹脂）の塗布、フォトマスクを介した光照射（露光）や現像工程により所望のパターンを同時に数多く形成する。続くエッチング工程では薄膜、あるいはシリコン基板などの不要部分をイオン、反応性ガスや薬液を使って削り取る。フォトリングラフィー工程やエッチング工程を繰り返す過程で構造体と一緒に犠牲層も形成しておく。最後にこの犠牲層をエッチング除去し、空間の層を形成してMEMS構造体を作る。可動部を実現するにはこの犠牲層が不可欠である。表面マイクロマシニングは、半導体製造技術との親和性が高くCMOS回路との集積化に適しており、加速度センサやDMD[2] の製造に適用されている。図2.8.2に表面マイクロマシニングの代表例としてDMDのプロセスを示す。

一方、バルクマイクロマシニングでは、基板自体を深く掘り込むなどの加工を施しMEMS構造体を作る。特長として自由度の高い３次元構造体が実現できる。初期基板として酸化膜を活性層シリコンと支持シリコンでサンドイッチした構造のSOI（Silicon On Insulator）がしばしば用いられる。

バルクマイクロマシニングでよく使われるシリコン異方性エッチング技術は、ウエットエッチ（結晶異方性エッチ）とドライエッチ（D-RIE：Deep-Reactive Ion Etching）に大別される。酸化膜はエッチングのストッパーあるいはエッチングで除去する犠牲層膜として機能させている。

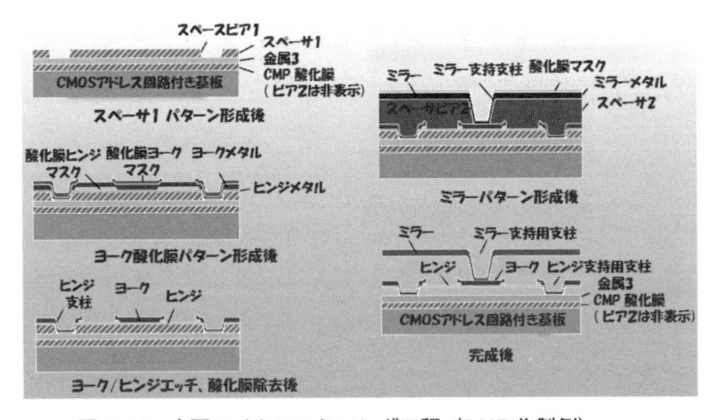

図2.8.2　表面マイクロマシニング工程（DMD作製例）

ウェットエッチングはKOH、TMAHと呼ばれるアルカリ水溶液でシリコン基板を結晶面に沿って溶かし除去する。犠牲層、エッチング液の組合せで様々な材料をMEMS構造体に用いることができる。図2.8.3に、シリコン結晶を異方性エッチングしたときの形状を示す。このウェットエッチングは（111）面が他の方位と比べエッチング速度が遅いことを利用することにより、出来上がりの構造がシリコン結晶方位に強く制限されるが、平滑な側面が特殊な製造装置が不要でしかもバッチ処理により得られることから、以前から幅広く利用されている。また、レーザでアシストすることによりエッチングを高速にできる（図2.8.3(f)）。日本では、バルクマイクロマシニングによる圧力センサ、加速度センサ、ミラーなどが主に開発されている。また台湾ではCMOS混載集積化のファウンドリビジネスが中心となっている。

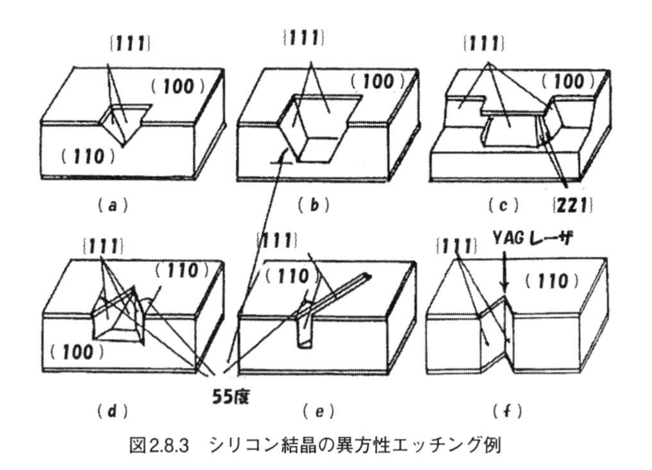

図2.8.3　シリコン結晶の異方性エッチング例

BOSCHプロセスと呼ばれる深堀のエッチング（D-RIE）技術は半導体プロセスで一般的に用いられるRIE（反応性イオンエッチ）技術を改良したICP（Ion Coupled Plasma）[3] によるエッチングとエッチング側面への膜堆積とを交互に繰り返し、シリコンを垂直に深掘りする技術で、MEMS構造体を形成する強力な加工ツールである（図2.8.4）。

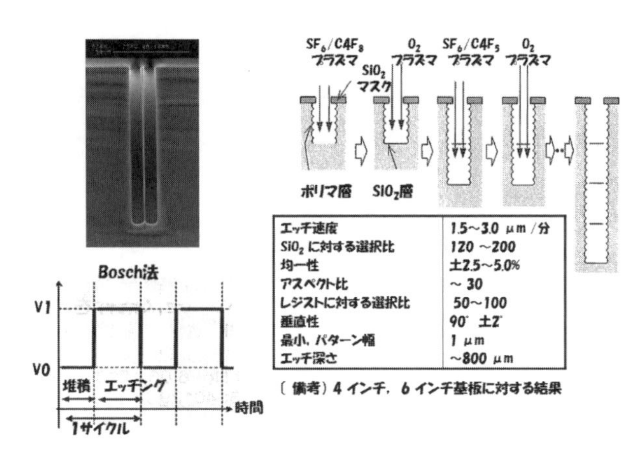

エッチ速度	1.5～3.0 μm / 分
SiO_2 に対する選択比	120 ～200
均一性	±2.5～5.0%
アスペクト比	～ 30
レジストに対する選択比	50～100
垂直性	90° ±2°
最小、パターン幅	1 μm
エッチ深さ	～800 μm

〔備考〕4 インチ，6 インチ基板に対する結果

図2.8.4　BOSCHプロセスによる深堀りドライエッチング（D-RIE）

バルクマイクロマシニングではこれらの基本プロセスに加えて接合工程（ボンディンング工程）で複数基板を貼り合せることもある。最後に基板の切断（ダイシング）とパッケージングをおこないMEMSデバイスを完成させる。図2.8.5にレーザダイオードやフォトダイオードチップなどの光学素子を異方性エッチング（表面実装）で作製したシリコンキャビティの中で位置決めしてボンディングすることにより実現したマイクロエンコーダ[4]を示す。

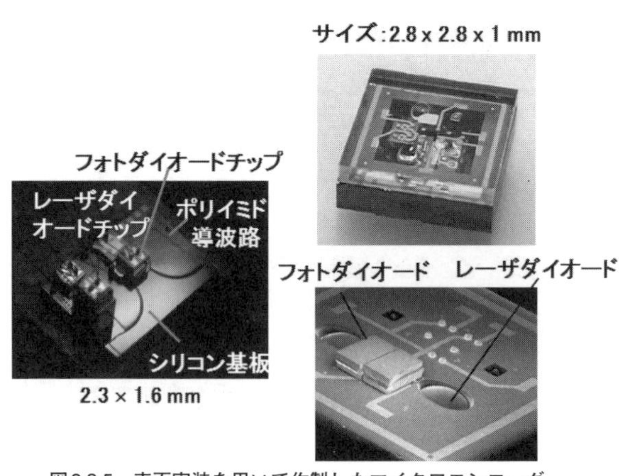

図2.8.5　表面実装を用いて作製したマイクロエンコーダ

また、MEMSよりもさらに小さい構造をNEMSと呼ぶNEMSの作製にはMEMSがトップダウンによる加工法に対し、結合しやすいパートナーを形成しておくことにより、自然とパターンが形成される自己組織化（SAM：Self Assemble Molecular）などによるボトムアップと呼ぶ方法で作製する場合がある。官能基が特別な物質と反応することからパターンを形成する（表2.8.1）。

表2.8.1　自己組織化（SAM）に寄与する官能基

機　能	主な官能基
電気化学活性	フェロセン、キノン、Ru(HN3)62+
光(電気)化学活性	ポルフィリン、Ru(bpy)32+
触媒活性	Niサイクラム、金属ポルフィリンなど
SHG活性	フェロセニルニトロフェニルエチレン
センサー	キノン、シクロデキストリン、各種酵素・タンパク質など
構造異性化	アゾベンゼン、スピロピランなど
メディエーター	フェロセン、ピリジンなど
親水・疎水性	カルボン酸、水酸基、スルホン酸、メチル基など
結合性	カルボン酸、アミン、リン酸、チオールなど

3. 応用例

3.1　圧力センサ

我が国でのMEMSの圧力センサの研究開発の歴史は古く、我が国が世界に先駆けて手がけたMEMSセンサもあり、自動車エンジンなどの圧力測定、血圧計、気圧計、ガス圧計などに広く普及している。受圧部のシリコンダイヤフラムが圧力を受けたときに発生する力・変位を電気信号に変換し圧力を計測するもので、ピエゾ式、静電容量式と振動式がある。

3.2　加速度センサ

MEMS加速度センサは加速度によって発生する慣性力が梁などの支持構造によって支えられた重りに加わることから支持構造を変形させ、その変形を圧力センサ同様に静電容量の変化、ピエゾ抵抗効果、圧電効果などによって検出する。静電容量の変化により加速度を検出する基本原理を図2.8.6に示す[5)]。自動車エアバックの衝撃検知、携帯電話、ハードディスク落下検知やアミューズメント分野などに応用展開がされている。

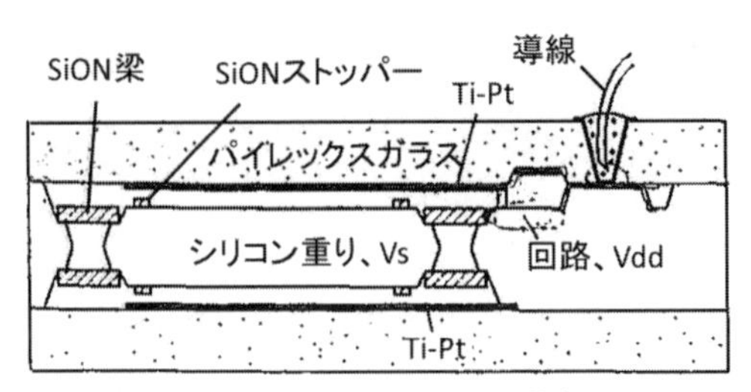

図2.8.6　静電方式加速度センサの基本原理図

3.3　DMD（デジタルミラーデバイス）

表面マイクロマシニング技術により作製した前述のディスプレイ用のDMDはMEMS開発の初期より研究がなされ、最初で最も成功したMEMSの一つである。ディスプレイ画像の画素に相当する部分がマイクロミラーから構成され、各ミラーの大きさは十数ミクロン角程度と極めて小さいミラーからなっている。ディスプレイ画素の明るさはミラー反射光量を制御して調節し、各ミラーの傾きはミラー部分の下に配置されたCMOSのメモリ素子からの命令により静電引力により制御されている。色は3色をタイムシェアリングで与えることにより実現している。現在ではプレゼンテーション用の小型プロジェクタだけでなく。背面投影型TVや大画面ビデオシアターなどに広く使われている。

3.4　光スイッチ

光スイッチは、信号の高速化、光電変換のコストと煩雑さの問題を抱えている電子式に代わって、波長依存性がない上に、光信号の経路を光のまま切り替える素子として光通信網の中継点での使用が期待されている。扱う光信号の規模などにより2次元型と3次元型が選択されるが、いずれも従来の光電変換方式に比べて省スペース、省エネルギーなどの特長がる。

図2.8.7に示す2次元型ミラー[6]の作製では、初期基板はSOI基板にBOSCHによるエッチングをし、ミラーやアクチュエータ可動部における下地の酸化膜部（犠牲層として利用）をエッチングして除去している。ファイバーの先端付近にあるマイクロミラーが静電気力によって動きスイッチングする。ミラーは座屈を利用したアクチュエータにより保持力がある。BOSCHによるエッチン

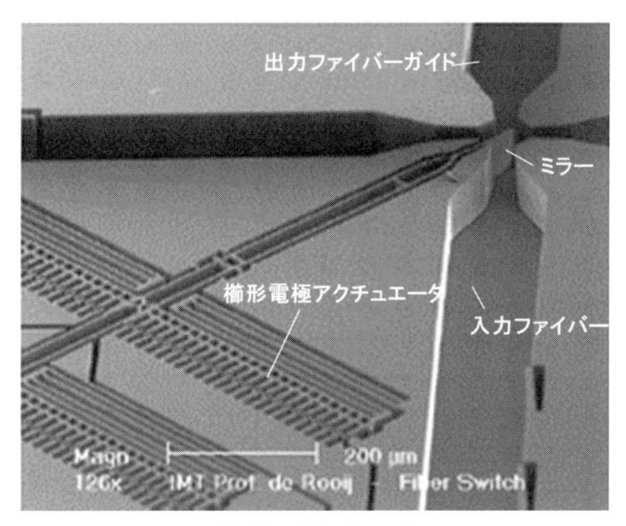

図2.8.7　2次元スイッチ

グした側面（エッチド面）の表面粗さはRa 36 nmである。犠牲層がエッチングで除去されると、内部の歪み蓄積アクチュエータがミラーを押し上げ、ヒンジが曲がり多数のミラーが同時にポップアップされる。また、図2.8.8に示す３次元型スイッチ[7]の作製では、犠牲層がエッチングで除去されると、内部の歪み蓄積アクチュエータがミラーを押し上げ、ヒンジが曲がり多数のミラーが同時にポップアップされる。

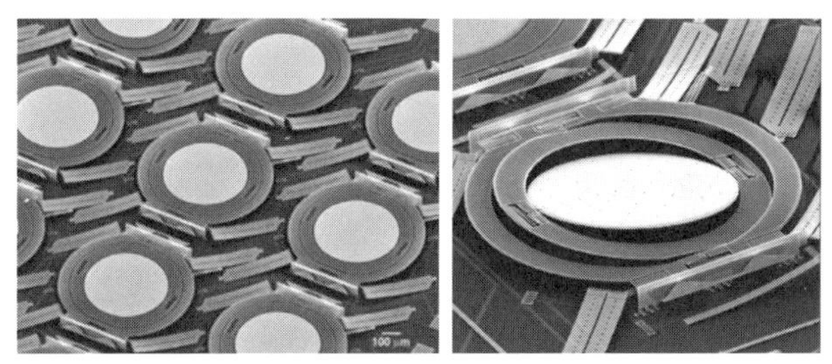

図2.8.8　3次元スイッチ

3.5　RF-MEMSスイッチ

RF-MEMSスイッチは電子式というよりむしろ時代を遡った機械式である。しかし、優れた高周波特性、低消費電力、絶縁性、優れた挿入損失、高SN比の特性を有するから、高速無線通信機器や第4世代携帯電話向けの多周波対応デバイスへの展開が期待されている。容量型(capacitive type)と接触型(Ohmic type)の2種類がある。接触型のRF-MEMSスイッチは、可動する金属切片（可動電極）を媒介して、2本の信号線を流れる信号のON/OFF切替えを行うことで、DCからGHz領域までの周波数特性が得られる。

3.6　共振器（レゾネータ）

高周波無線機器などでは特定の周波数のみを通す機能をもつフィルタの帯域設定に共振器が必要となる。MEMS共振器は、シリコン基板内に共振するシリコン製の梁を埋め込まれた信号処理回路を集積化することで小型、低消費電力などの特長を有する。

3.7　液体を送り込むマイクロポンプ

吐出圧力が大きく、気泡の影響を受けにくい、2つの逆止弁とアクチュエータで駆動する可変圧力室からなるMEMSダイヤフラム型ポンプが報告されている。

3.8　高い混合効率のマイクロミキサ

小型のMEMS構造のミキサーは、相対的に表面積の割合を高くできることから、複数の反応液の高い混合比を実現できる。MEMS加工を用いることにより、液の接する界面の面積をなるべく大きくし、かつ両液層の厚さを薄くした高混合効率の流路構造の開発がされている。

4. MEMS技術を用いたシステム作り

本来MEMSの目的は、システムを小型化することでもある。そのMEMS技術を用いたシステムについて以下に述べる。

4.1　MEMSデバイスとμTAS（Micro Total Analysis System）センサとアクチュエータの集積化

ポンプ、バルブ、混合器（ミキサ・リアクタ）や分離器などが集積されたμTASは、ひとつのチップ上で化学分析、化学反応、化学合成などを行うことができるで、分析システムの小型高速化、ならびに省薬品、省スペースを可能にする技術として研究開発が盛んに行われている。

4.2　スマートフォン

多機能MEMSが開拓したアプリケーションにはスマートフォンがある。小型、高機能、低価格なMEMSデバイス無しではスマートフォンは存在し得ない。位置を検出するモーションセンサは絶対圧が測定可能な圧力センサが加わり、建物の何階にいるかを検出できる。騒音対策として複数のマイクが搭載され、プロジェクタ内蔵スマフォも姿を現しつつある。

4.3　インフラモニタリング＆センサーネットワーク

社会インフラの老朽化、少子高齢化社会の到来、農畜産業の競争力強化、ますます迫られる省エネルギー化と我が国が直面している課題への画期的な対応策の一つとしてスマートモニタリングの実現がある。センサとしては電流・磁界センサ、塵芥量センサ、ガス（CO_2、VOC）濃度センサ、赤外線アレーセンサ、脈波センサがある。

4.4　自動車用MEMSセンサ

現代の自動車には、エアバッグの衝撃感知には加速度センサが、横滑り防止装置には加速度センサ・ジャイロセンサが、タイヤ空気圧監視に圧力センサが、MEMSセンサが搭載されている。

4.5　ヘルスケア・医療

MEMSの小型という特長を生かして携帯可能デバイス、生体内挿入デバイスの展開が行われている。研究段階であるが、眼球運動センサ、指輪型パルスオキシメータ、内視鏡、血流量センサ、経皮貫通針、脈波センサ、サブミリの狭い場所での局著圧力の測定が可能な極細径光ファイバー圧力センサ、マイクロミラーを用いたOCT、携帯可能な超音波血圧計、血中乳酸濃度モニタリング可能な皮下刺入式皮膚貼付型生体成分計測パッチ、血糖値センサ、カテーテル、低侵襲（頭皮上）脳波計測のための電極針などの報告がある。

5. おわりに

MEMS技術は社会の様々な場面で活用されている。MEMSの小型化の利点を生かして既存の装置の一部にキーデバイス・部品として導入されているMEMS、すなわち圧力センサ、加速度センサ、インクジェットプリンタヘッドなどの製品が大きな市場を形成して成功していると言える。さらに、自動車、情報通信、安全･安心、環境、医療等の分野におけるニーズに対応し、超小型･高機能･高信頼性な多機能MEMSデバイスの実用化が進んでいる。

MEMS技術の発展はロボティクス技術に基づく認識アルゴリズムなどのソフトとMEMSとの融合による新たな高性能のセンシングシステムの実現、ナノテク材料技術やバイオ技術との融合による新たなライフスタイルの創出、環境･エネルギー、健康･医療、快適生活空間などの分野における画期的な製品の登場が我々の生活を豊かにし、同時にわが国産業の国際競争力強化に貢献していくことが大いに期待される。

参考文献

1） 産業のマメ：MEMS（メムス）Micro Electro Mechanical systems、一般財団法人マイクロマシンセンター出版、2015年4月改訂
2） L. J. Hornbeck, et al., Digital Micromirror Device-Commercialization of Massively Paralleled MEMS Technology, Microelectronics Systems, DSC, 62（1997）3.
3） J.K. Bhardwaj, H.Ashraf, Advanced Silicon Etching Using High Density Plasma, proc.SPIE, 2639,（1995）224.
4） R. Sawada, E.Higurashi, H.Jin, Integrated Hybrid Microlaser Encoder, J. Lightwave Technol. 21（2003）pp.815.
5） Y. Matsumoto, M. Esashi, Integrated silicon capacitive accelerometer with PLL servo technique, Sensors and Actuators A, 39（1993）209.
6） C. Marxer et al., Micro-opto mechanical 2x2 switch for single-mode fibers based on plasma-etched silicon mirror and electrostatic actuation, J. Lightwave Technol., 17（1999）2-6.
7） D.T.Neison, et al., Fully provisioned 112x112 micro-mechanical optical cross connect with 35.8 Tb/s demonstrated capacity, proceedings of the OFC2000,（2000）FD12-1.

2.9　切断加工における50年間の技術動向と最新技術

Technical trends over the last 50 years and the latest technology in the field of cutting

横浜国立大学　坂本　智
Satoshi Sakamoto

Key words: slicing, dicing, scribing, wire saw, blade saw, hard and brittle materials

1. はじめに

「切断加工」は、素材から各種部品等を作製する上で最初に行われる加工方法の一つであり、古くは石器時代にまで遡る。人類は黒曜石、硬質頁岩、サヌカイト（讃岐岩）等を利用して「切断加工」を行っていたと考えられ[1]、人類の出現とともに「切断加工」の技術開発は始まったものと思われる。

「切断加工」は生活に密接した加工方法の一つでもあり、現代においても包丁やナイフ類を用いて食材等の「切断加工」やハサミを用いて紙類等の「切断加工」を日常的に行っている。また、ノコギリで「切断加工」を行い、趣味の日曜大工を行う等、身近な「切断加工」は多岐にわたり、それぞれの切断加工法が時代とともに進歩してきている。特に精密切断加工技術は、半導体産業の発展とともに急速に進歩してきており、1990年代半ばには高能率・高精度切断加工に関する専門の書籍も刊行されている[2]。

本稿では、機械部品や電子部品等を製作する上で行われる「切断加工」を中心に、先達の功績を参考にさせて頂き、50年間の技術動向と最新の切断技術について紹介する。各切断加工法の詳細な部分については、誌面の都合もあるため、それぞれの文献に譲ることとしたい。

2. 切断加工の分類

切断加工法の主な分類を図2.9.1に示す。切断加工法には多種多様な方法があり、その全てを網羅することは難しい。本稿では利用エネルギの違いから機械的、電気、光・電磁波、熱、化学的、高圧流体、超音波等のエネルギを利用

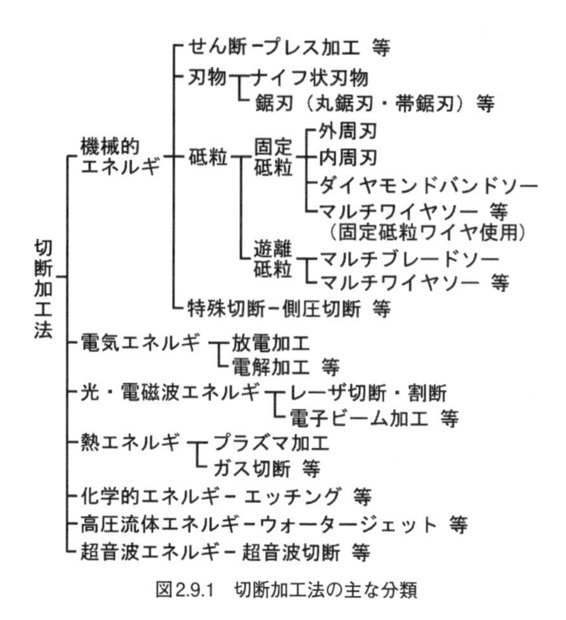

図2.9.1　切断加工法の主な分類

する切断加工に分類し、主な加工法について示している。

近年の特許・実用新案の出願件数等から見てみると、機械的エネルギを利用した切断加工に関する出願が大部分を占めており[3]、現在も切断加工の主流であると考えられる。次節以降では、機械的エネルギを利用した切断加工を中心にいくつか代表的な切断加工法の技術動向等について紹介する。

3. 刃物（鋸刃状工具）による切断加工

鋸刃状工具による切断加工は、丸鋸刃や帯鋸刃を使用して行う切断加工法であり、古くから素材を所定の寸法に切り出すのに利用されている。また、図2.9.2に示す様な帯鋸刃をベルト状にし、一方向に高速回転させるロータリーバンドソーも多用されている。

従来、鋸刃状工具による切断加工では、加工能率に関する研究報告は多いものの、加工精度に関する研究報告は少なかった[4) 5)]。しかし、1980年代半ばから高速切断に主眼を置きながらも高精度加工に関する研究報告が見受けられる

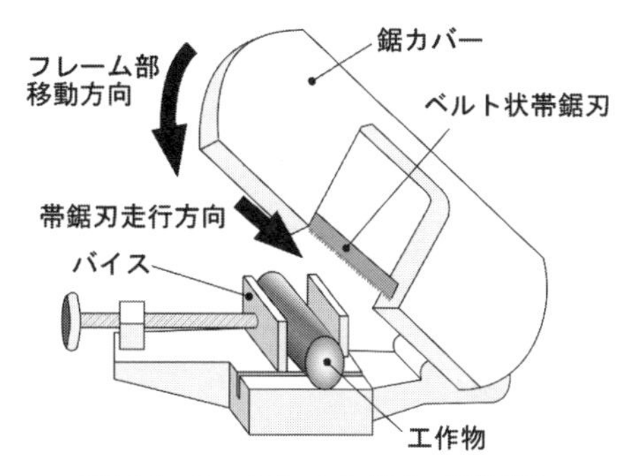

図2.9.2　ロータリーハンドソーの模式図

ようになり[6]、切断誤差の解析等も行われた[5]。また、加工音に着目した研究報告も行われた[7] [8]。2000年代に入ると丸鋸刃の高剛性化に関する系統立てた研究が行われ[9]、丸鋸刃親板のテンショニング（腰入れ）と加工特性についての様々な知見が得られた。

4. 砥粒による切断加工

1950年代の人造ダイヤモンドおよびcBNの登場によって、様々な材料に対して砥粒による切断加工が行われるようになった[10] [11]。1960年代後半には、半導体材料の主役がGeからSiへと交代するとともに[12]、Siが砥粒による精密切断の加工対象として注目を集めるようになった。砥粒による切断加工法は、砥粒を固着した工具を利用する固定砥粒方式と砥粒を加工液に懸濁させたスラリー（砥粒懸濁液）を用いる遊離砥粒方式とに大別することができ、両者には一長一短がある。

4.1　外周刃（ODブレード）による切断加工

図2.9.3に外周刃切断の簡単な模式図を示す。外周刃切断は定寸切断による切り出しや溝入れ加工等に多用され、1960年代には半導体用の切断加工機も登場した[12] [13]。また、1960年代後半には厚さ40 μmの超極薄砥石が開発され、1970年代にはアポロ11号が持ち帰った「月の石」がスライスされた[14]。さらに、1980年代後半から外周刃による精密研削に関する系統立てた研究が行われる

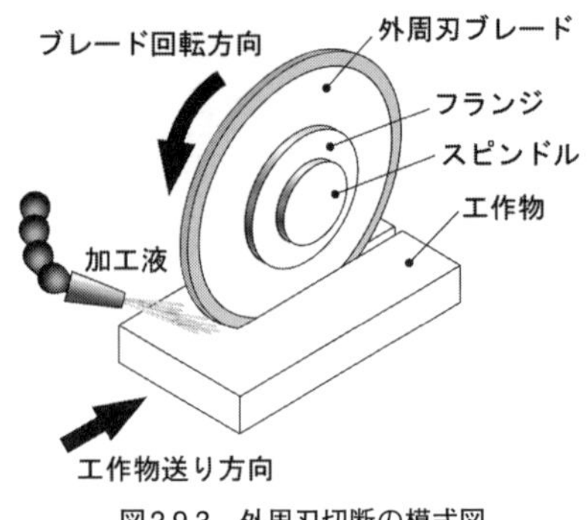

図2.9.3　外周刃切断の模式図

ようになり[15]、1990年代に入るとチッピングの発生やブレードの蛇行現象に関する研究報告[16]やブレードのたわみを一定にして偏摩耗の影響を除去する手法[17]、工作物を振動させて切断する手法[18]が提案され、外周刃切断の高精度化が加速された。

1990年代後半には、大口径ウェハ（300 mm）に対応したダイシングソーが開発された[14]。また、研削抵抗低減の一手法として主軸回転数の高速化が進められ、2000年代に入るとスライシング用で40,000 rpm、ダイシング用で60,000 rpmもの高速回転が可能となった[19) 20]。主軸の高速化に伴い、超高速ブレードに関する研究も行われた[21]。その他、低コストで製作可能な極薄ブレード[22]や加工液にメガヘルツ帯域の超音波振動を重畳させたメガソニッククーラント装置が開発され[23]、砥石寿命の延長や切断面粗さの向上が報告された[24]。

4.2　内周刃（IDブレード）による切断加工

1960年代初頭に内周刃切断加工機が開発され[12]、Siインゴットのスライシングに最もよく利用される切断方法の一つとなった。図2.9.4に内周刃切断の簡単な模式図を示す。内周刃切断では、ドーナツ板状の鋼板内周部にダイヤモンド砥粒を電着した工具を用いて切断加工を行う。内周刃の開発当初は、ブレードの台金にベリリウム銅やリン青銅が用いられたが、工作物の大径化に伴い、1980年代以降はSUS304やSUS301等のステンレス鋼が用いられている[25]。

内周刃は外周方向に張力をかけることで剛性を高め、高精度切断加工を可能

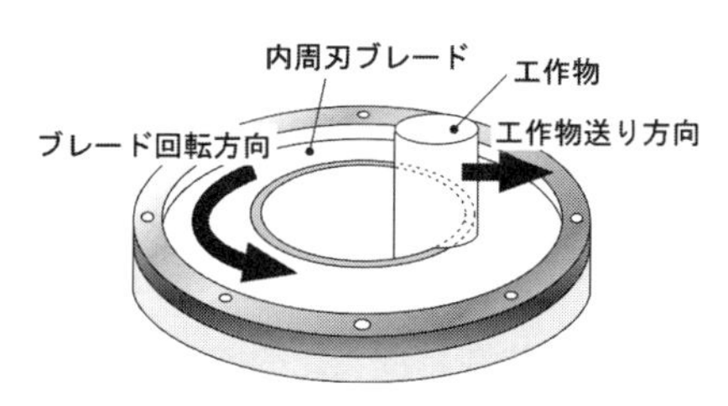

図2.9.4　内周刃切断の模式図

としている。1980年代前半に張力をかける際の刃部変位の不均一性を是正するための研究が行われ[26]、1990年代にはブレードの変位量を検知して局所的なドレッシングや強制的にブレードの変位を抑制するシステムが実用化された[27]。また、工作物に揺動や楕円振動を与える内周刃切断加工機も提案された[27) 28)]。

内周刃切断加工機の構造上、大口径インゴットのスライシングへの対応は難しく、1990年代後半に大口径インゴットに対応可能な内周刃が登場するものの[29]、大口径インゴットのスライシングは後述するマルチワイヤソーに移行していく。

4.3　マルチブレードソーによる切断加工

マルチブレードソーは1963年にアメリカのNorton社により開発され[30]、その後スイスのMeyer & Burger社によって若干の改良が加えられ現在に至っている[31]。マルチブレードソーは図2.9.5に示すように複数枚の帯状ブレードをスペーサと共に組んで張力をかけ､往復運動を行わせることで切断加工を行う。

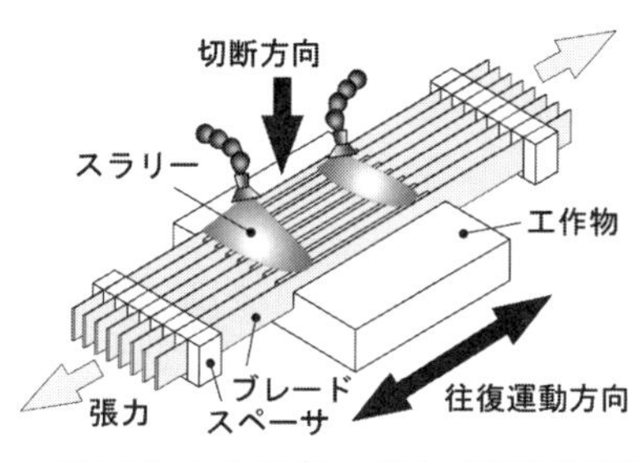

図2.9.5　マルチブレードソー切断の模式図

1980年代には、電子部品用素材の切断や溝加工に広く利用されており、少量のスラリーで効率的にスライスするための有効な砥粒供給時期について明らかにされた[32]。また、工作物に振動を付与することで加工効率を向上させたマルチブレードソーも提案された[33] [34]。しかし、マルチブレードソーによる切断精度はマルチワイヤソーの切断精度に比べて低く[35]、内周刃切断同様、次第に後述するマルチワイヤソーによる切断加工に置き換わっていく。

4.4　マルチワイヤソーによる切断加工

図2.9.6にマルチワイヤソー（遊離砥粒方式）による切断加工の簡単な模式図を示す。高速走行（往復走行または一方向走行）するワイヤ工具を工作物に押し当て、複数枚のウェハを同時に切断可能である。

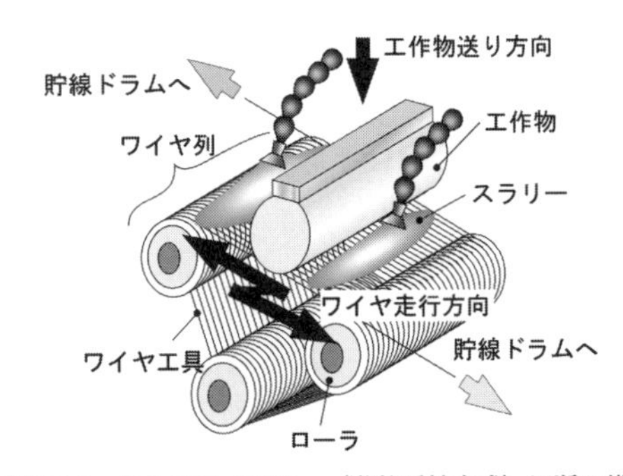

図2.9.6　マルチワイヤソー（遊離砥粒方式）切断の模式図

マルチワイヤソーは1960年代にフランスのSEA社で発明され[36]、1960年代後半に国内に導入された技術であり、1970年代初頭には Ge単結晶の切断特性に関する研究が行われた[37]。マルチワイヤソーによる切断加工は、1980年代前半までは小径工作物が切断対象であったが[38]、1990年代後半からは大口径インゴットの切断にも利用されている。

マルチワイヤソー本体に関する技術開発に関しては、1980年代後半から2000年代初頭にかけて活発に行われ、ワイヤ走行速度の高速化およびワイヤ工具の摩耗抑制のためにワイヤ工具の走行方向を一方向にしたマルチワイヤソー[39]、高精度で高効率なスライシングを実現させるために工作物を回転させるマルチワイヤソー[40]、ワイヤ工具を振動させるマルチワイヤソー[41]、工作物を揺動円弧運動させるマルチワイヤソー等[42]の様々な方式が提案され、一部が実用化されている。また、工作物の送り方向についても、大口径インゴットのスライス時に精度維持が容易な下降方式への移行が進んだ[43]。

マルチワイヤソーで使用されるワイヤ工具も進化しており、1990年代には加工部へのスラリーの供給性を向上させるため、スパイラル状溝付きワイヤ工具が提案された[44]。1990年代後半になると固定砥粒ワイヤ工具の需要が高まり、高速で長尺物の製造が可能なレジンボンドやレジンボンドに金属粒子を添加し、耐熱性や砥粒保持力を向上させた結合剤による固定砥粒ワイヤ工具[45][46]、チップポケットを有するスパイラル状固定砥粒ワイヤ工具等が提案された[47]。2000年代に入ると、ダイヤモンド電着縒り線ワイヤ工具[48]や従来のレジンボンドよりもさらに高速製造が可能な紫外線硬化樹脂を用いた固定砥粒ワイヤ工具が提案された[49]。ワイヤ工具自体の開発とは異なるが、ワイヤ工具の状態が変化する半固定砥粒ワイヤ方式も提案された[50]。2000年代後半には数十kmにおよぶダイヤモンド電着ワイヤ工具が量産化されるようになり[51]、現在では主流となりつつある。また、カーフロス（切溝損失）低減のため、ワイヤ工具は細線化の一途を辿っている。半導体材料のスライシングでは線径160-180 μmのワイヤ工具が主流であったが[52]、2000年代後半には線径120-140 μmのものが主流となり[53]、最近では線径30 μm程度のワイヤ工具による加工例も紹介された[54]。また、固定砥粒ワイヤ工具においても線径150 μm程度のものも量産化されるようになった[51]。

5. その他のエネルギを利用した切断加工

電気エネルギを利用した代表的な切断加工法の一つである放電切断は、1940年頃にロシアで硬質材料の放電切断に成功し[55]、国内でも古くから研究が進められてきた[56]。1990年代後半から半導体材料のスライシングも試みられ[57]、2000年代にはマルチ・スライシング技術も開発された[58]。

光･電磁波エネルギを利用した切断加工法の一つとして、レーザ切断がある。

レーザ切断は1970年代に入ってCO_2レーザの実用化に伴い、広範囲な材料の切断に利用されるようになった。1980年代後半になると、硬脆材料を局部的に高温に加熱し、材料の線膨張率に起因する熱割れを利用した割断法が提案され[59]、1990年代には熱源としてレーザを利用したレーザ割断が登場した[60]。

割断の際に工作物表面に筋入れを行うスクライビングでは、安価で量産効率が高く、信頼性も高いホイール型工具によるスクライビングが最も多用されてきている[61]。しかし、ホイール型工具によるスクライビングでは原理上、工作物にマイクロクラックやチッピングを生じやすい等の問題点も抱えている。

2000年代半ばには、工作物表面のダメージやカーフロスが生じないステルスダイシングが実用化され[62]、注目を集めてきている。図2.9.7にステルスダイシングの簡単な模式図を示す。ステルスダイシングは、工作物を透過する波長のレーザ光を工作物内部に集光させ、割断の起点となる改質層（SD層）を選択的に形成し、工作物内部から割断加工を行う手法である。

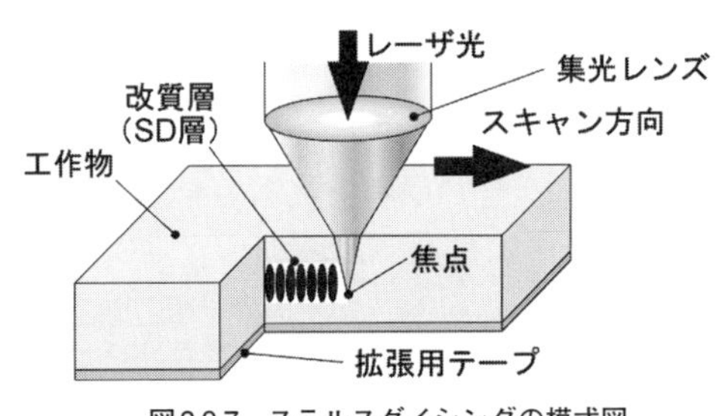

図2.9.7　ステルスダイシングの模式図

6. 近年の研究動向

図2.9.8に過去13年間（2003～2015年度）の精密工学会および砥粒加工学会における切断加工関連の口頭発表件数と発表年度との関係を示す。精密工学会春季大会は年度末に開催されているが、次年度の発表件数に算入している。発表件数は2009年度まではやや減少傾向にあったが、近年では発表件数は持ち直しており、年15~20件程度の研究発表が行われている。半導体製造分野におけるアジア・欧州の台頭[63]および2008年がシリコン・サイクルの谷[64]となっ

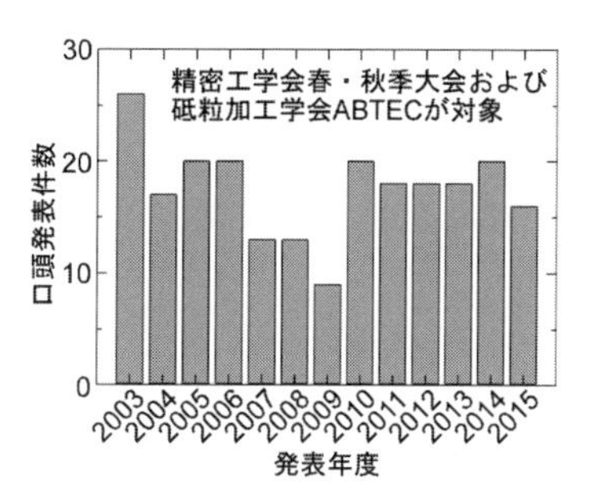

図2.9.8　精密工学会・砥粒加工学会における口頭発表件数

たこと等が影響し、発表件数が一時的に減少したものと推測される。

研究テーマの動向としては、遊離砥粒加工ではスラリーや砥粒に関する研究が継続的に行われている。固定砥粒加工では2000年代中頃から固定砥粒ワイヤ工具の高速製造に関する研究が多数行われた。その他にも外周刃切断の高精度化やワイヤ工具の細線化、振動や揺動を援用した切断加工等に関する研究が行われている。近年では、SiCやサファイア等の高硬度材やCFRP等の機能性材料を対象とした切断加工に関する研究報告が増加してきている。また、砥粒レス・スライシング方式等の従来の切断加工とは異なる原理を利用した加工法[65]やスライス後の研磨工程の負担を激減させることが可能な樹脂コーティングワイヤ工具等の新しいワイヤ工具も提案されてきており[66]、今後の研究成果が期待される。

7. おわりに

各種製品等の高精度化に伴い、今後も切断加工の精度向上に対する要求は高まっていくものと考えられる。不断の努力に基づいた切断技術の進展が期待される。

本稿では、切断加工の技術動向および最新技術について紹介した。他にも紹介すべき「技術」はあるものの、誌面の都合で割愛させて頂いた点についてはご容赦願いたい。

参考文献

1）尾上卓生，矢野　宏：刃物のおはなし，日本規格協会，（1999）12.
2）石川憲一編著：硬脆材料の高能率・高精度スライシング加工，㈱アイピーシー，（1995）.
3）特許庁HP：https://www.jpo.go.jp/shiryou/s_sonota/map/kikai22/1/1-1-3.htm.
4）隈部淳一郎，高橋忠夫：超音波振動金のこ切断に関する研究，日本機械学会論文集（第4部），25，154（1959）472.
5）安井武司，佐藤晶夫，稲村豊四郎：帯のこ盤による切断加工の誤差の解析と抑制，精密機械，51，7（1985）1428.
6）吉川　浩，笠松　勇：高速切断法に関する研究（第1報）－被削性に及ぼす切削速度の影響－，精密機械，50，3（1984）579.
7）松久　寛，佐藤　進：石材切断用丸のこの振動・騒音に関する研究（第1報，振動解析），日本機械学会論文集（C編），51，461（1985）35.
8）石井岳彦，鎌倉友男，青木健一：金属切断状況での音響的診断-バンドソーでの一例-，電子情報通信学会技術研究報告，102，604（2003）53.
9）大山　啓，升田雅博，岩田　弘，橋本浩二，大久保和男：チップソーによる鉄鋼材料の切断加工に関する研究（第1報）－新しいテンショニング法と親板の特性－，精密工学会誌，68，1（2002）108.
10）岡田昭次郎：研削砥粒および砥石-開発の歴史・現状・将来への展開-，精密機械，39，2（1973）155.
11）石田泰弘：ダイヤモンド研削の進展，精密機械，39，2（1973）166.
12）㈱東京精密HP：https://www.accretech.jp/company/brand/index.html.
13）鈴木政男，今村明弘，松下彰孝：半導体用スライシング機の試作について，精密機械，29，5（1963）364.
14）㈱ディスコHP：http://www.disco.co.jp/jp/corporate/history/index.html.
15）松井正巳，庄司克雄，寺本　仁：薄形外周刃砥石による精密研削切断に関する研究（第1報）-研削抵抗と砥石の摩耗について-，精密工学会誌，53，7（1987）1051.
16）宮嶋　敦，稲崎一郎，関家臣二：ダイヤモンドブレードを用いたガラスの精密切断加工，日本機械学会論文集（C編），56，521（1990）212.
17）水野雅裕，井山俊郎，遠藤嘉之，森由喜男：コンピュータ制御による高精度スライシングに関する研究，精密工学会誌，59，7（1993）1169.
18）石川憲一，諏訪部仁，桝田一也，畝田道雄：振動を利用した外周刃切断の加工特性に関する研究，精密工学会誌，62，3（1996）438.
19）田中克敏，山下武志，濱田智和：超精密スライサによる溝入れ・切断の現状，砥粒加工学会誌，46，11（2002）544.
20）東　正幸：対向式Twinスピンドル搭載ウエハダイシングマシン，砥粒加工学会誌，46，11（2002）548.
21）山崎繁一，庄司克雄，厨川常元，岡西幸緒，小倉養三，福西利夫，三宅雅也：超高速研削切断ブレードの応力解析（第1報 超高速研削切断に関する研究），砥粒加工学会誌，47，1（2003）28.
22）李承福，谷　泰弘，榎本俊之，柳原　聖，彭偉：紫外線硬化樹脂を用いた極薄切断ブレードの開発，日本機械学会論文集（C編），69，684（2003）2180.
23）三代祥二，穴戸善明，原　琢磨，鈴木　清，植松哲太郎：メガソニッククーラント装置の試作と特性，砥粒加工学会学術講演会講演論文集，（2000）281.
24）鈴木　清，植松哲太郎，岩井　学，二ノ宮進一：除去加工のための新加工技術（メガソニッククーラント加工法及びフローティングノズル法について），先端加工，22，1（2004）36.
25）杉田忠彰 編著：セラミックスの機械加工，養賢堂，（1985）211.
26）大和田国男，尾田十八，伊庭剛二，山崎光悦：Siウエハスライシング用内周刃工具の刃部変位の均一化，日本機械学会論文集（C編）50，451（1984）588.

27)　本田勝男：内周刃切断加工技術，精密工学会誌，60，2（1994）173.
28)　石川憲一，諏訪部仁，畝田道雄，倉田直人：楕円振動を利用した内周刃スライシングに関する力学的研究－楕円振動スライシングの加工メカニズムと切断抵抗の挙動について-，精密工学会誌，65，11（1999）1605.
29)　松崎裕明，福田宏一，川島一夫：46インチ内周刃による300mmシリコンインゴットのスライシング，1998年度砥粒加工学会学術講演会講演論文集，（1998）286.
30)　G. C. Hunt：Multiple blade power hacksaw，U. S. Patent，No. 3079908，（1963）.
31)　A. Stauffer：Reciprocating saw，U. S. Patent，No. 3678918，（1972）.
32)　花岡忠昭，樋口静一，守友貞雄：ガラスの砥粒切断における砥粒供給時期に関する一考察，精密機械，48，7（1982）949.
33)　石川憲一，市川浩一郎：振動多刃方式による材料の切断に関する研究，精密機械，49，12（1983）1607.
34)　市川浩一郎，稲田安雄：多刃切断加工技術，精密工学会誌，60，2（1994）178.
35)　藤沢政泰：ワイヤソー加工技術，精密工学会誌，60，2（1994）182.
36)　B. A. Dreyfus：Machine for sawing samples of brittle materials，U. S. Patent，No. 3155087，（1964）.
37)　宮崎利磨，渡辺忠彦，竹内正俊：Ge単結晶のワイヤ切断実験，精密機械，37，6（1971）456.
38)　石川憲一：切断加工のすべて，砥粒加工学会誌，51，1，（2007）23.
39)　小嶋正康，富澤　淳，高瀬順一，服部英男，三谷充男：一方向走行ワイヤソーによる高精度・高能率切断技術の開発，精密工学会誌，56，6，（1990）1052.
40)　坂本　智，小幡文雄，田中久隆，鳥居弘稔，能登成美：ワーク回転型マルチワイヤソーに関する基礎的研究-装置の原理と基礎実験-，精密工学会誌，66，12（2000）1948.
41)　石川憲一，諏訪部仁：振動マルチワイヤソーに関する研究（第1報，装置の原理と基礎実験），日本機械学会論文集（C編），54，502（1988）1176.
42)　㈱タカトリHP：http://www.takatori-g.co.jp/core/cutting.html.
43)　牧野国雄，福田紘二：最新のワイヤソーの構成と性能，砥粒加工学会誌，45，8（2001）370.
44)　諏訪部仁，石川憲一，植田　治：スパイラル状溝付きワイヤ工具による高能率スライシングに関する研究，精密工学会誌，58，9（1992）1545.
45)　小川秀樹：固定砥粒ダイヤモンドワイヤソー「PWS®」，砥粒加工学会誌，45，8（2001）384.
46)　榎本俊之，島崎　裕，谷　泰弘，鈴木真理，神田雄一：金属粉末を添加したレジンボンドダイヤモンドワイヤ工具の開発，日本機械学会誌（C編），65，631（1999）1235.
47)　諏訪部仁，石川憲一，山坂庄英：フッ素樹脂を用いたスパイラル状ダイヤモンド電着ワイヤ工具の開発，砥粒加工学会誌，43，10（1999）431.
48)　諏訪部仁，石川憲一：細線ダイヤモンド電着ワイヤ工具と高能率切断法，砥粒加工学会誌，45，8（2001）381.
49)　榎本俊之，谷　泰弘，武原徹裕：紫外線硬化性樹脂を用いたレジンボンドダイヤモンドワイヤ工具の開発，精密工学会誌，68，11（2002）1481.
50)　坂本　智，近藤康雄，尾崎士郎，臼杵　年，山口顕司，村上　昇：新しいスライシング方式の提案とワイヤ工具の試作，日本産業技術教育学会誌，50，1（2008）27.
51)　間仁田佳尚：電着ダイヤモンドワイヤによる半導体・ソーラー用シリコンの切断事例，砥粒加工学会誌，53，11（2009）659.
52)　長尾一郎：マルチワイヤソー用細線の技術，砥粒加工学会誌，45，8（2001）378.
53)　星山豊宏：薄型ウエハ加工技術への対応，砥粒加工学会誌，53，11（2009）655.
54)　S. Sakamoto et al.：Microgrooving using an ultrafine wire tool，Advanced Materials Research，652-654，（2013）2164.
55)　三谷喜男：放電切断および研削の応用，精密機械，29，10（1963）793.
56)　倉藤尚雄，須田　孝，七田弘道，清水寛亮：放電切断法に関する研究（第1報）－加工条件の影

響一，精密機械，20，11（1954）421.
57）岡田　晃，宇野義幸，岡本康寛，伊藤　久，平野爲義：単結晶シリコンインゴットの放電スライシング法，電気加工学会誌，34，75（2000）14.
58）宇野義幸，岡本康寛，岡田　晃：シリコンインゴットのマルチワイヤ放電スライシング技術，砥粒加工学会誌，53，11（2009）663.
59）今井康文，森田英毅，高瀬　徹，古賀博之：ぜい性材料の熱応力による割断加工の可能性，日本機械学会論文集（A編），55，509，（1989）147.
60）沖山俊裕：レーザ割断，精密工学会誌，60，2（1994）196.
61）森田　昇：硬脆材料の割断加工の原理，砥粒加工学会誌，45，7（2001）335.
62）渥美一弘：シリコンウエハにおけるステルスダイシング（SD）技術と実用化，日本機械学会誌，110，1068（2007）856.
63）NEDO：太陽光発電ロードマップ（PV2030+），（2009）33.
64）山口隆弘：シリコン・サイクルと研究開発，群馬大学科学技術振興会セミナー資料，（2011）.
65）土田剛史，村田順二，谷泰弘，張宇，桐野宙治：ウェットエッチングによる太陽電池Siの新規切断技術の開発，2012年度精密工学会秋季大会学術講演会講演論文集，（2012）387.
66）諏訪部仁，浦塚昭典，上野智尚，服部崇将：樹脂コーティングワイヤを用いた鏡面スライシング加工に関する研究，砥粒加工学会誌，55，12（2011）733.

2.10　溶接・接合における50年間の技術動向と最新技術

Technology trends of welding, joining, bonding in the past 50 years

大阪大学　中西　保正
Yasumasa Nakanishi

Key words: welding, Joining, bonding, welded structure, welding procedure, NEDO, ISMA

1. はじめに

ものづくりにおいて、接合加工（溶接）はなくてはならない重要な加工方法である。「接合加工における50年間の技術動向と現状」をまとめるに際し、ここでは大形構造物における「溶接技術」の適用とその技術変遷について述べる。大形構造物における接合（溶接）の主な目的は、素材の大面積化（板継ぎ）、立体化、部材の強度・剛性向上などである。そのため、大形構造物では鉄鋼材料に限らず、リベット接合（鋲接）が主に用いられていた。しかし、材料を溶かして接合する溶接技術（融接）が普及し、ものづくりは大きく変化した。リベット接合の他に材料を溶融させない機械的接合にはボルト接合（高力ボルトまたはハイテンボルト接合）もあり、現在も適材適所に用いられているが、ここでは省略する。

2. 日本における溶接の歴史[1)]と溶接法の種類[2)]など

筆者に与えられたテーマは50年間の技術動向であり、時代的には1965（昭和40）年代以降となるが、先に日本の大形構造物における溶接の歴史と溶接法の種類を簡単に述べる。最初に溶接が本格的に適用されたのは船舶であり、第二次世界大戦前には戦艦「大和」をはじめとした大形艦船、鉄道車両、潜水艦などにも適用されていた。貯槽に溶接が適用されたのも第二次世界大戦前である。さらに、戦後には鋼材の高性能化・高品質化と併せて溶接技術は大きく発展し、橋梁、建築鉄骨、火力発電ボイラ、ペンストック（水圧鉄管）、海洋構造物、原子力圧力容器など溶接技術がなくては製作できない各種大型構造物が製作されてきたことは言うまでもない。

溶接には材料を溶融させることが必要であり、図2.10.1にエネルギにより分類した溶接法の例を示す。初期の溶接法はアセチレンを用いるガス溶接が主であり、既に第一次世界大戦中には鋼管・羽布構造の飛行機がガス溶接で製造されていた。その後、図2.10.2に示す溶接棒に塗布したフラックスから発生するシールドガス雰囲気中のアーク放電を利用する被覆アーク溶接（SMAW：Shield Metal Arc Welding）が発明され、溶接技術は大きく発展した。なお、ガス溶接に用いるガス炎の温度は約3,000 ℃であるのに対し、アークの温度は10,000 ℃以上である。被覆アーク溶接法は短くなった溶接棒を交換する必要があり、自動化が困難であるため日本では時代遅れとされる溶接法である。しかし、シールドガスが不要であるのと、風に強い（風速：約8 m/sまで防風不要）ため、小規模な現場や架設などで多く使用されている。図2.10.2に示したグラ

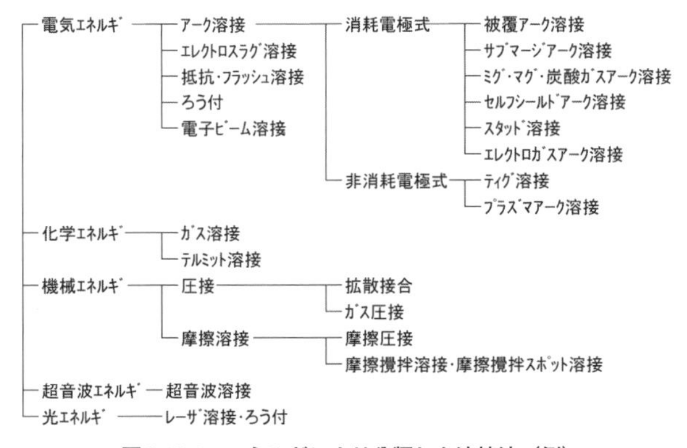

図2.10.1　エネルギにより分類した溶接法（例）

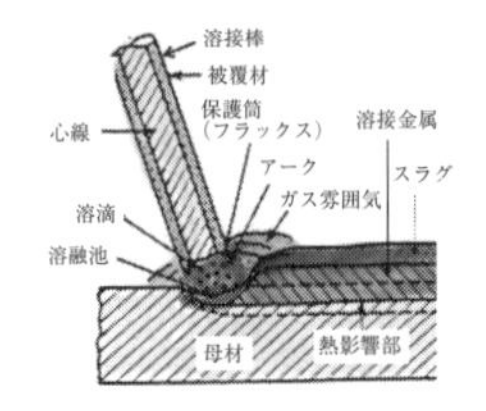

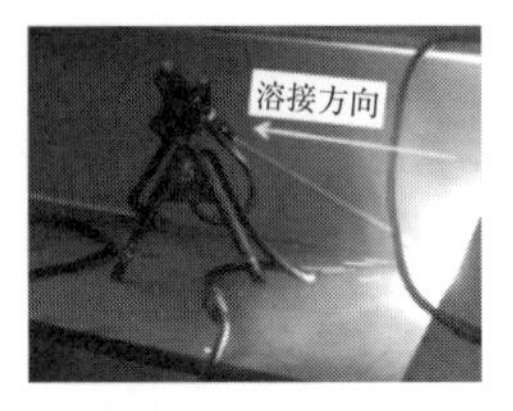

図2.10.2　被覆アーク溶接（SMAW）と自動化（グラビティ溶接）

ビティ溶接は第二次世界大戦頃に日本が考案したとされる最古の自動溶接であり、今も造船工場などで使用されている。また、レールの周囲を水冷銅板で囲んで溶接を行う「エンクローズ溶接」も新幹線などで使用されている。

3. 溶接技術の進歩

3.1　各種構造物の主な材料と溶接[1)、2) など]

構造物の設計･使用環境に合わせ、高強度や高温、低温向け材料が開発され、それに合わせて溶接材料および溶接技術が開発された。溶接技術には､高能率･高品質施工法の開発、溶接割れ防止、ぜい性破壊や疲労損傷などの破壊防止も含まれる。例えば、船舶向け高張力鋼は降伏点（YP）：315～395 MPa級が主であり、主にTMCP鋼（Thermo-mechanical Control Process Steel：熱加工制御鋼）である。近年、コンテナ船にYP460MPa級高張力鋼が適用された。また、有人潜水調査船および潜水艦にはより高強度な材料（引張強さ（TS）：780～980 MPa級高張力鋼）が用いられる。チタン合金が使用されたこともある。海洋構造物には低温仕様も多く、－60～80 ℃仕様などがある。常温貯槽および橋梁向け高張力鋼はTS：590～780 MPa級が用いられているが、とくに780 MPa級高張力鋼は既に昭和30年代から適用されており、第二次世界大戦中の艦船向け装甲板がルーツとされる。橋梁は工場で溶接製作したブロックを架設して完成し、現場継手は高力ボルトが主体であるが、厚板を用いる少数主桁橋梁の増加に伴い現場溶接が増加した。寒冷地向け橋梁としては、－50 ℃仕様橋梁が建設されたことがある。水圧鉄管（ペンストック）は常温仕様であり、TS：950または980 MPa級高張力鋼が適用されたことがある。

低温貯槽（タンク）も多く開発され､設計温度は例えばLPGタンクは－45 ℃、LNGタンクは－162 ℃である。LPGタンクにはアルミキルド鋼や1.5～5%Ni鋼（主としてTMCP鋼）が、液体酸素（－183 ℃）や液体窒素（－196 ℃）タンクなどの地上タンクには主に9%Ni鋼が使用される。さらに低温の液体水素（－253 ℃）や液体ヘリウム（－269 ℃）タンクには、オーステナイト系ステンレス鋼やアルミニウム合金が用いられる。一方、軽量化が求められる

LNG船のタンクはアルミニウム合金（主として球形タンク）またはオーステナイト系ステンレス鋼（メンブレンタイプ）が主であり、メンブレンにはインバー材（36Ni鋼）が使用されることもある。設計温度が800 ℃に達するボイラ材には耐クリープ性が求められ、設計温度および設計応力により異なるがCr鋼（～9%Cr鋼）およびオーステナイト系ステンレス鋼が用いられる。鉄道車両は炭素鋼製からオーステナイト系ステンレス鋼およびアルミニウム合金に移行し、最近の新幹線はアルミニウム合金製である。水門の現場組立では長い間リベットが用いられていたが、溶接精度を克服して2001年頃に溶接が採用された。また、供用下の変動荷重下における補修・補強溶接（橋梁）や低温部材に対する溶接施工（シールドトンネル）、レーザクラッディング（肉盛溶接：原子力構造物）などの開発例もある。

3.2　開発・発展した主な溶接技術

3.2.1　アーク溶接

⑴　サブマージアーク溶接（SAW）

図2.10.3にサブマージアーク溶接（SAW：Submerged Arc Welding、潜孤溶接）の模式図を示す。

フラックス中でアークを発生させる溶接であり、日本への導入は1950年頃である。自動溶接が可能であるほか、高電流および多電極（多ワイヤ）により厚板の1ラン高能率施工が可能である。造船のほか、原子力圧力容器、化工機などの各種構造物に適用されている。裏当て材を用いることにより厚板の片面

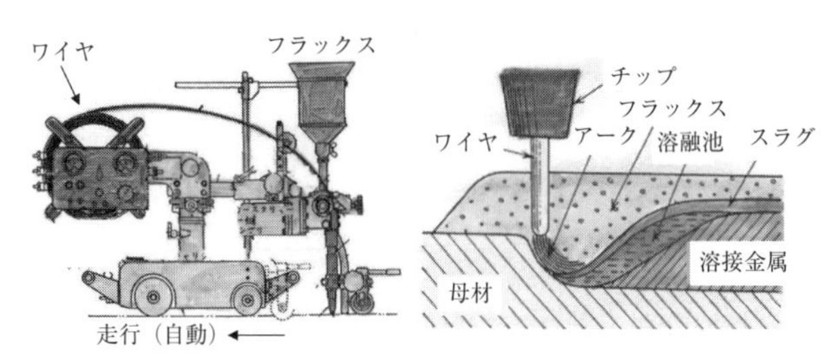

図2.10.3　サブマージアーク溶接法（SAW）

溶接も可能であり、大入熱溶接用鋼材、同溶接材料の開発により高能率化に大きな貢献をした。

(2)　ガスシールドアーク溶接法

溶接では、前述のようにシールドガスによりアークを大気からシールドする必要がある。図2.10.4にガスシールドアーク溶接法の模式図を示す。図2.10.4(a)はガスシールド消耗電極式アーク溶接法（GMAW：Gas Metal Arc Welding）である。シールドガスには、アルゴン（ミグ溶接、MIG：Metal Inert Gas Welding）、炭酸ガスおよびアルゴン－炭酸ガス混合ガス（マグ溶接、MAG：Metal Active Gas Welding）が用いられる。現在、炭酸ガス、マグ溶接ともに「マグ溶接」と総称される。ワイヤはソリッドワイヤのほかに作業性が優れるフラックス入りワイヤ（FCW：Flux Cored Wire）が開発され、安価な炭酸ガスのシールドガスとの組合せによる半自動溶接（運棒：作業者）の普及により造船や橋梁などのコストダウンに大きく貢献した。一方、高じん性が求められる高級鋼にはミグ溶接が用いられる。溶接トーチを走行台車に乗せた自動溶接機も多く開発された。アルミニウムは被覆アーク溶接では溶接が困難であり、ミグ溶接が主に適用される。

また、ワイヤに内包したフラックスでガスを発生させることによりシールドガスが不要なセルフシールド溶接（FCAW-S：Self-Shielded Flux Cored Arc Welding）も開発され、10 m/s程度まで防風対策が不要のため建築鉄骨、海洋構造物や鋼管杭などの屋外溶接に用いられている。

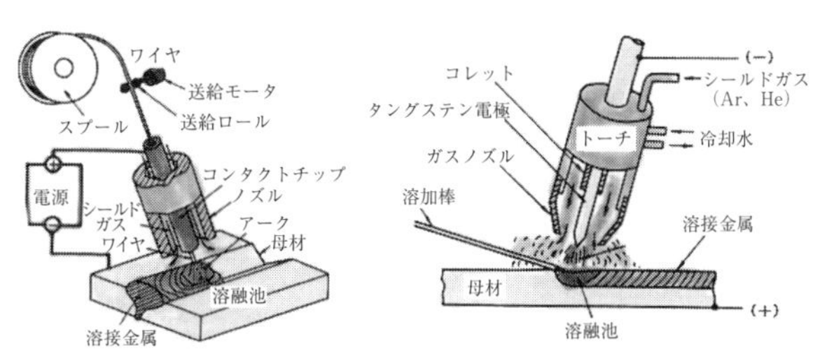

(a)　消耗電極式（GMAW）　(b)　非消耗電極式（GTAW）

図2.10.4　ガスシールドアーク溶接法

図2.10.4(b)はガスシールド非消耗電極式アーク溶接法（GTAW：Gas Tungsten Arc Welding）であり、ティグ溶接（TIG：Tungsten Inert Gas Welding）とも呼ばれる。能率はマグ溶接と比較して劣るが、溶接部の特性は高品質・高じん性であり、ロケット（液体酸素および液体水素タンク）、LNGタンク、ボイラなどで自動溶接を中心に適用されてきた。

図2.10.5にプラズマアーク溶接（PAW：Plasma Arc Welding）の模式図を示す。ピンチ効果を利用してアークを絞ることによりエネルギ密度が大きく、薄板～中板厚を開先なしで溶接ができる。身近な例では、魔法瓶に使用されている。また、粉体プラズマアーク溶接が開発され、原子力圧力容器などの肉盛溶接に適用されている。肉盛金属をワイヤで添加する場合もある。

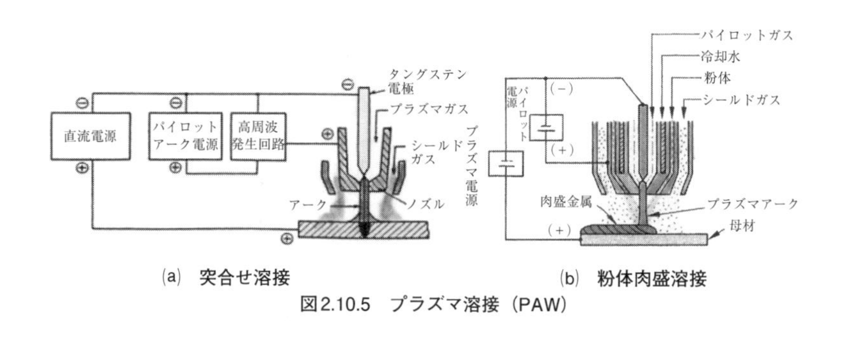

(a)　突合せ溶接　　(b)　粉体肉盛溶接

図2.10.5　プラズマ溶接（PAW）

3.2.2　立向専用溶接法

図2.10.6に立向専用溶接法の例を示す。図2.10.6(a)はエレクトロガス溶接法（EGW：Electro Gas Arc Welding）であり、炭酸ガス雰囲気内のアーク溶接である。鋼材表面に水冷銅板を取り付け、厚板（～80 mm）の高能率溶接が可能である。貯油タンク、VLCCやコンテナ船、橋梁などに適用される。EGWに似た立向専用溶接にエレクトロスラグ溶接（ESW：Electro Slag Welding）があり、フラックスから生成した溶融スラグ中の抵抗発熱を利用する。一般に水冷銅板を用い、ワイヤ数を増やすことにより板厚：～1,000 mmの極厚板の溶接も可能である。図2.10.6(b)はその1種の消耗ノズル式エレクト

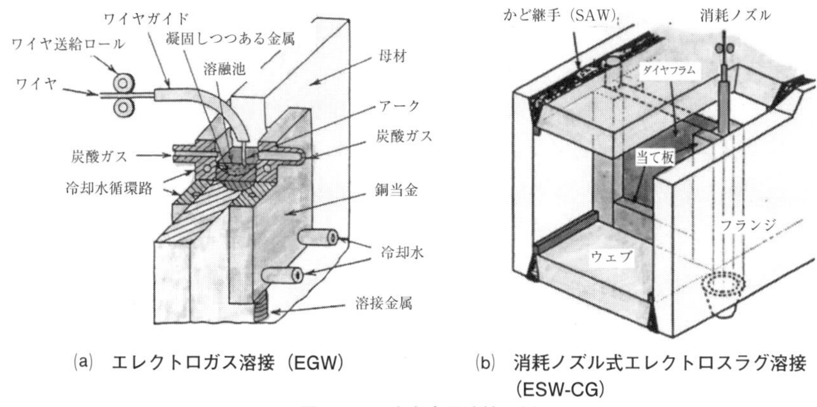

(a)　エレクトロガス溶接（EGW）　　(b)　消耗ノズル式エレクトロスラグ溶接（ESW-CG）

図2.10.6　立向専用溶接の例

スラグ溶接（ESW-CG：Consumable Guide Electro Slag Welding）であり、予めセットした当て板も溶融して一体化させる。建築鉄骨などに使用される。EGW、ESWともに溶接入熱が非常に大きく（≒最大100万J/cm）、鋼材および溶接材料の大入熱対策の開発とともに実用化されている。

3.2.3　電子ビーム溶接（EBW）

図2.10.7に電子ビーム溶接（EBW：Electron Beam Welding）の模式図を示す。

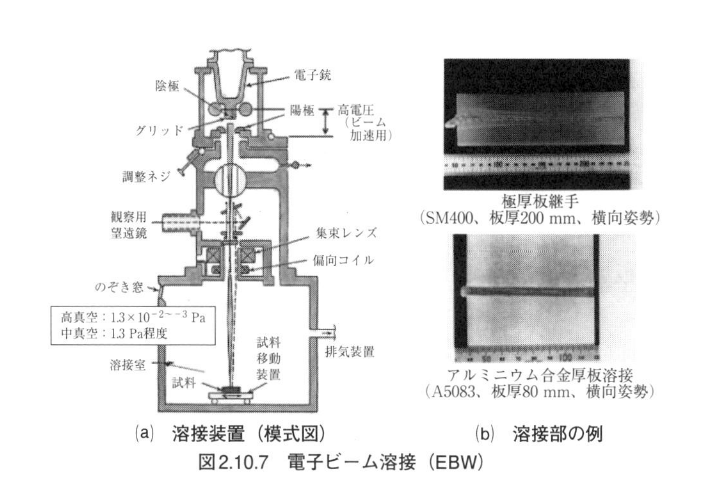

(a)　溶接装置（模式図）　　(b)　溶接部の例

図2.10.7　電子ビーム溶接（EBW）

実用化は1948年頃と古いが、重要構造物に適用されている。メカニズムは真空中で高速の電子ビームを形成させ、電子流の保有エネルギを熱源とする融接法である。厚板の1パス溶接が可能であるが、真空が必要であり、用途は限られる。航空エンジン部品（圧縮機、タービンなど）、ロケット、人工衛星スラスタなどのほか、しんかい「6500」のチタン合金耐圧殻にも使用された。

3.2.4　抵抗溶接（RW）

図2.10.8に抵抗溶接（RW：Resistance welding）の例を示す。図2.10.8(a)は抵抗スポット溶接（RSW：Resistance Spot Welding）であり、被溶接材をはさんだ電極間に大電流を流して抵抗発熱により接合する。鉄道車両（とくに、ステンレス車両）や自動車車体などに適用されている。図2.10.8(b)は円盤状電極を用いる抵抗シーム溶接（RSEW：Resistance Seam Welding）であり、RSWの溶接部が点状であることに対し、RSEWは連続溶接が可能であり、ステンレス鋼メンブレンLNGタンク、自動車燃料タンク、電車の屋根、ビールタンクなどに用いられる。

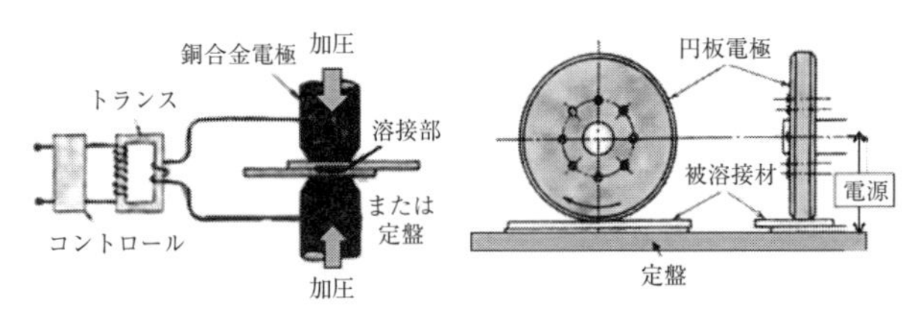

(a)　抵抗スポット溶接（RSW）　(b)　抵抗シーム溶接（RSEW）

図2.10.8　抵抗溶接

3.2.5　フラッシュ溶接（FW）

図2.10.9にフラッシュ溶接（FW：Flush Welding）の模式図を示す。熱源は抵抗発熱であり、鎖、鉄道レール、航空機の脚柱、パイプラインなどに使用される。

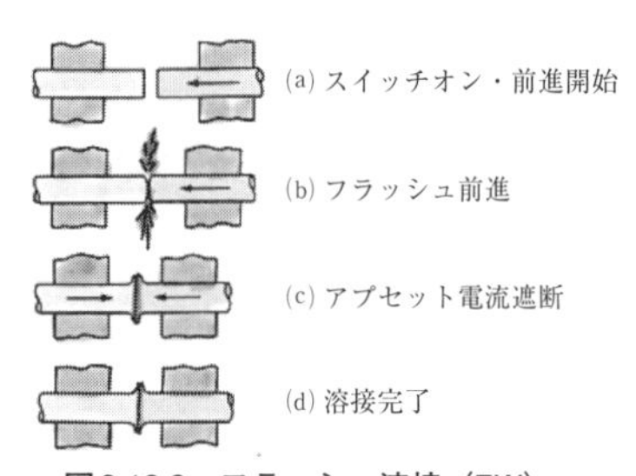

図2.10.9　フラッシュ溶接（FW）

3.2.6　イナーシャ・ボンディング

図2.10.10にイナーシャ・ボンディングの模式図を示す。イナーシャ・ボンディングは摩擦圧接（FRW：Friction Welding）の1種であり、フライホイールに被接合物を固定して回転させ、固定側の被接合物にスラスト圧力を付与して摩擦熱を発生させる。フライホイールが停止すると接合が完了する。ジェットエンジンのシャフト、圧縮機などに適用されている。

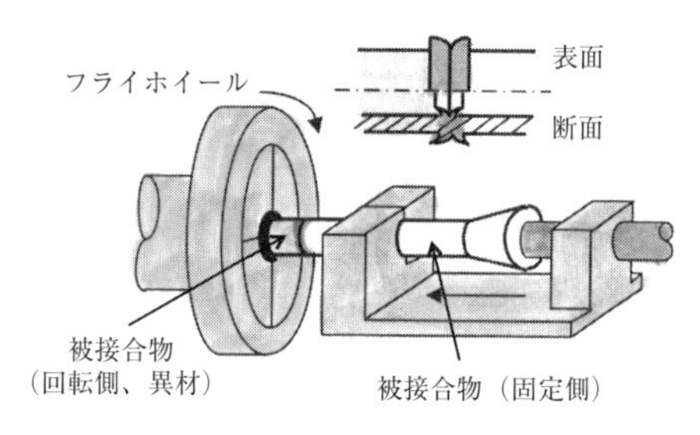

図2.10.10　イナーシャ・ボンディング

3.2.7　ガス圧接

ガス圧接（PGW：Pressure Gas Welding）は被溶接物をガス炎により加熱し、圧力を付与して行う接合法である（図：略）。鉄筋、鉄道レールなどの溶接に用いられる。

3.2.8　拡散接合

図2.10.11に拡散接合（DFW：Diffusion Welding）の模式図を示す。融点直下まで加熱して圧力を付与すると、界面が塑性変形して再結晶が生じ、材料を溶融させることなく固相状態で最小限の変形で接合することができる。界面にインサート材（バッファ材）をはさむ場合や界面が局部溶融する場合もある。後者は、とくに液相拡散接合と呼ばれる。溶融を伴わないため、難溶接材の接合が可能である。ジェットエンジンのファンブレード、タービン翼、蒸気タービン部材、ロケットなどに適用される。

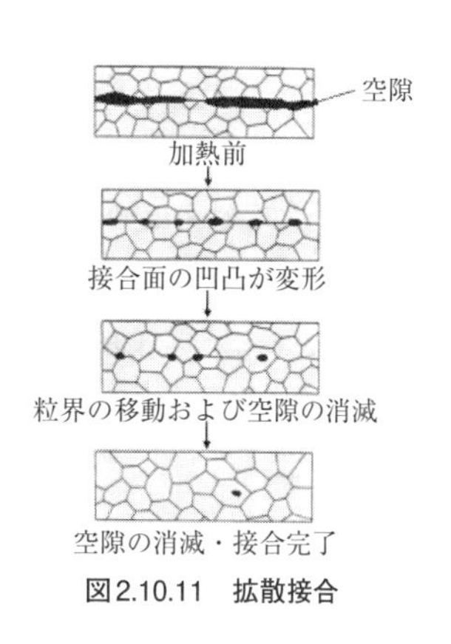

図2.10.11　拡散接合

3.2.9　ろう付

「はんだ付」はろう付（Brazing、図：略）の1種である。ろう付は熱交換器、ロケットエンジン、自動車（トランク、屋根）などの重要部材にも多く適用されている。

3.2.10　テルミット溶接

図2.10.12にテルミット溶接（TW：Thermite Welding）は次式に示すテルミット化学反応を利用する溶接法である。

テルミット反応：$8Al + 3Fe_3O_2 = 9Fe + 4Al_2O_3 + 702.5\ kcal$

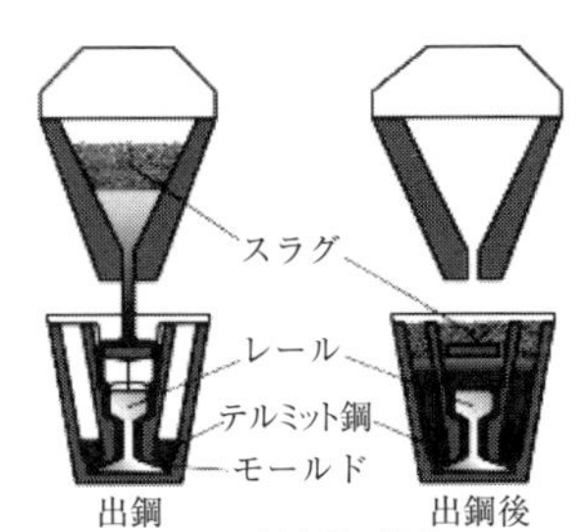

図2.10.12　テルミット溶接

微細アルミニウム粉末と酸化鉄との混合物をるつぼに入れ、上に酸化バリウム、マグネシウムなどの混合粉末を乗せて点火すると、約2,800 ℃の純鉄の湯とアルミナになる。鉄道レールの溶接などに用いられている。

その他に、ケーソンなどに用いるスタッド溶接（SW：Stud Welding）、パイプの製造に用いられる高周波抵抗溶接法（UW-HF：High Frequency Upset Welding）、高周波誘導溶接法（UW-I：Induction Upset Welding）、クラッド鋼の製造に用いるロール溶接（Roll Welding）などもあるが、ここでは詳細は省略する。

3.3　近年発展した溶接・接合技術と今後の動向

近年デジタル制御化によるアーク溶接電源の発展は著しく、高能率および高品質化に大きく貢献している。また、センサー技術の進展に伴い、ロボット溶接を含む自動溶接システムの発展も著しい。

近年発展した溶接法にレーザ溶接（LBW：Laser Beam Welding）がある。レーザ溶接は1960年代に開発され、当初は気体レーザである炭酸ガスレーザであったが、近年は固体レーザに置き換わり、YAGレーザからさらにファイバーレーザ、半導体レーザ、ディスクレーザが実用化されている。これらは波長が短くファイバ伝送が可能であり、ミラー伝送が必要な炭酸ガスレーザと比べて発振器、溶接装置の自由度が大幅に増した。最近は、アークと組み合わせたレーザ／アークハイブリッド溶接が多く用いられるようになった。

レーザ単独溶接も含めて、ジェットエンジン（ファンケース、燃焼器、タービンブレード）、航空機機体（胴体）、自動車車体、船舶、橋梁、鉄道車両（構体）などに用いられるようになった。NEDO国プロ「鉄鋼材料の革新的高強度・高機能化基盤技術研究開発」（2007～5年間）では980 MPa級高強度鋼に対するレーザ／アークハイブリッド溶接の適用研究が行われ、疲労強度を含めた設計応力の向上の成果が得られた[3)]。今後の高強度鋼の適用拡大が期待される。本プロジェクトでは、従来は困難であった純アルゴンをシールドガスに用いるクリーンミグ溶接の実用化成果も得られ、980MPa級高強度鋼の設計応力、予熱なし施工の目途が得られた[4)]。

図2.10.13に摩擦攪拌溶接（FSW：Friction Stir Welding）を示す。1990年頃にTWI（英、The Welding Institute）で開発されたFSWは塑性流動を利用する固相接合であり、船舶、新幹線を含む鉄道車両、自動車などに適用されている。非溶融状態で接合が可能であり、溶接ひずみが少ないなどの特徴を有する。また、図2.10.14に示す摩擦攪拌スポット溶接（FSSW：Friction Stir Spot Welding またはFSJ：Friction Spot Joining）は、従来困難であったアルミニウム合金／鉄鋼材料の異材溶接も可能であり、従来の抵抗スポット溶接に替わる施工法として自動車を中心に適用が拡大している。航空機機体のリベットに

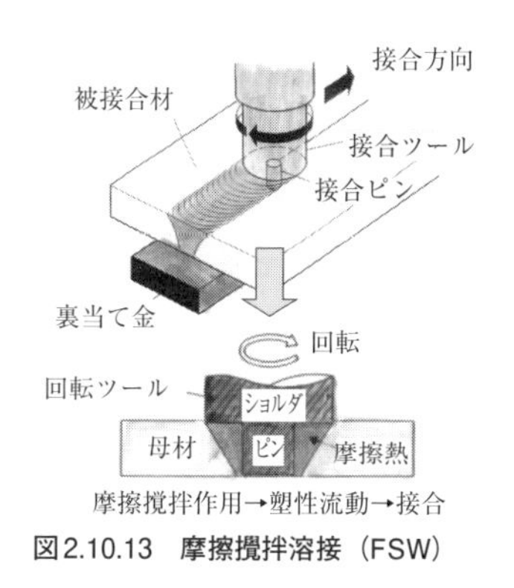

図2.10.13　摩擦攪拌溶接（FSW）

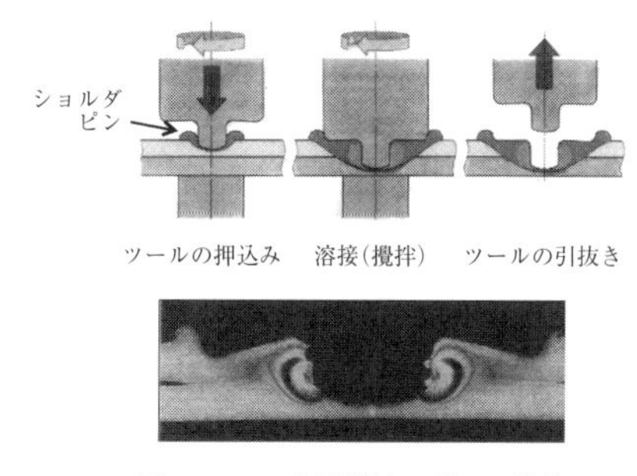

図2.10.14　摩擦攪拌スポット溶接（FSSWまたはFSJ）

替わる接合法としても期待されている。

現在大規模な国プロ「革新的新構造材料研究開発プロジェクト」（ISMA）が進行中であり[5)]、主目的は自動車の軽量化である。本プロジェクトには非常に多くのサブプログラムがあるが、接合技術は非常に重要な位置を占めている。その中で、FSWおよびFSSW（FSJ）は新しい高張力鋼（中・高炭素1.5GPa級鋼）に対する溶接技術として期待されている。抵抗スポット溶接技術の改良も行われている。また、マルチマテリアル化のためのアルミニウム合金／CFRPおよび鉄鋼／CFRPの異材接合も重要テーマであり、FSWを応用した重ね摩擦攪拌接合（FLJ：Friction Lap Joining）およびレーザ溶接は主要接合法として期待されている。さらに、接着技術も注目されている。

かつて溶接関係のシミュレーションは残留応力、溶接変形解析など力学関係が主であったが、近年アーク現象、溶融凝固現象などへの適用が進んでいる。可視化技術の発展と併せて、溶接プロセスの改善・発展が期待される。

参考文献

1）中西：溶接技術者から見た日本の大型構造物の歴史日本の大型構造物の歴史,溶接学会誌，74，6（2005），5.
2）溶接学会・日本溶接協会編：溶接・接合技術総論,産報出版（2015）.
3）中西：NEDOプロジェクト「鉄鋼材料の革新的高強度・高機能化基盤技術研究開発」，溶接技術，60，1（2012）.
4）中西：最新接合技術の可能性　第2回　鋼板を高清浄度で溶接できるクリーンMIG(2)，NIKKEI MONOZUKURI,MAY（2013）.
5）ISMAホームページ.

2.11 微粒子ピーニングの開発動向と最近の話題
Recent Trend of Surface Modification by FPP （Fine Particle Peening）

慶應義塾大学　小茂鳥　潤
Jun Komotori

Key words: surface treatment, fine particle peening

1. はじめに

身の回りで利用される機械や構造物の使用環境は、年々過酷になってきている。それに伴い、これらの機器に利用される素材にも高い信頼性が求められるようになってきた。この要求に応えるためには、新しい素材の開発が一つの有力な手段となる。しかし例えば、高性能な金属を実現しようとする場合には、レアメタルなどの高価で貴重な添加元素が必要となり、その結果として、部材そのものが高コスト化する。そこで最近では、表面のみを高性能化しようとする『表面改質』が注目されている。

構造用鋼の高性能化を目的とした表面処理は数多くあり、そのなかでも、浸炭、窒化や表面焼入れ、ショットピーニングなどは、幅広い産業分野ですでに実用化されている。ここでは、その表面処理の中でもとくに微粒子ピーニング(Fine Particle Peening：FPP）に注目し、その開発動向と最近の話題についてふれることにする。

2. FPPとWPC

FPP処理の歴史はWPC処理®にふれずには語ることができない。このWPCはWide Peening and CleaningもしくはWonder Process Craftの略称である。そもそもWPC処理®という語は登録商標でもあり、本来、このような場で取り上げることは不適切かもしれないが、この処理に関して出願された基本特許の権利期間が2006年に満了となっているということに免じてお許しいただきたい。

WPC処理®は、金属の表面に対して、比較的高硬さの微粒子（40～200 μm程度）を、秒速100 mを超える速度で投射するものであり、国内で開発された技術である。著者自身は確認できていないが、金属表面に微粒子を投射することにより、被投射面が局所的に変態点以上の温度に加熱され、それによる熱処理効果も出現することが報告されている。

本稿ではこれ以降、このWPCのことをFPPと呼ぶことにするが、両者は全く同じ技術である。また、FPB（Fine Particle Bombarding）と呼ばれることもあるが、これも同じ処理のことを指している。

3. FPP処理による疲労特性の改善

鋼の疲労特性の改善は、多くの産業分野で必要とされている事柄である。その意味で、FPP処理の効果により鋼の疲労特性が向上するという事実は特筆すべき重要事項である。とくに単独のFPPではなく、別の表面処理との組み合わせにより、1+1が2を超えるようないわゆるハイブリッド表面改質に関する研究が国内を中心に多くの研究者に行われてきた。

例えば、真空浸炭を施したクロムモリブデン鋼（SCM415）に対してFPP処理を施すことにより、その疲労特性が向上すること、またその理由は、2つの表面処理の効果により表面硬さと生起する圧縮残留応力が上昇ことであると報告[1)][2)]されている。このほかにも国内を中心に疲労に関する数多くの研究成果が報告[3)～12)]されている。

鋼材のみならず、チタン合金に対してFPP処理を施し、疲労特性に及ぼすその効果を検討した例もある。チタン合金に対して、窒化や浸炭などにより高硬さ化合物層を付与すると、耐摩耗性は向上するものの疲労強度は低下することがある。このことが幅広い実用化への妨げとなっている。この点を解決するためにもFPP処理が用いられた例がある。具体的にはプラズマ浸炭を施したチタン合金の表面に、SiC粒子を用いたFPP処理を施すことにより、疲労強度の低下が抑制可能となることが報告[5)][6)]されている。

4. FPP処理のもたらすいろいろな効果

FPP処理を施すことにより、被処理面には転位が導入され、それにより様々な元素の拡散能が変化することに着目して、この処理を窒化の前処理とするハイブリッド表面改質処理が提案されている。例えば、鋼にFPP処理を施した後に窒化を施すと、安定した化合物層と窒素拡散層が形成され、優れた疲労特性を実現できることが明らかとなっている[11)][12)]。このような試みは、通常のガス窒化が困難とされているオーステナイト系ステンレス鋼に対しても試みられている。実際、前処理としてFPPを施し、予め微細でかつ高転位密度の組織にすることにより、窒化層の形成が可能となることが報告[11)]されている。

FPP処理(ここではFPB処理もしくはWPC処理®と称するべきかもしれない)が被処理面の特性もたらす効果は、このほかにも様々なものがある。例えば、アルミナやチタンの表面に対して金属チタン粉末を用いたFPPを大気中で施すことで、その表面には酸化チタン膜が形成され、その結果として光触媒効果が発現するとの報告[13)]もある。実際に、この表面処理が施された素材には、消臭効果や水の浄化作用があることも検証されている。

微粒子を高速で被処理面に投射するFPP処理は、いわゆる強加工である。その効果により、被処理面では、結晶粒が極めて微細なものになることが報告[14)～22)]されている。一般に、微細結晶粒を持つ鋼は、耐疲労特性に優れることから、強度部材への利用も期待されている。

FPP処理を施すことにより、摺動特性も向上するため、すでに自動車用エンジン部品として実用化されている一方で、まったく別の観点から生体材料への応用を検討した例もある。実際に、FPPにより凹凸が形成された表面では、細胞増殖性が向上するという報告[23)][24)]もある。

5. 高周波誘導加熱と組み合せた新しいFPP処理

これまで述べてきたように、微粒子ピーニングは幅広い可能性を含んだ処理と言える。とくに前章で述べた投射粒子が被処理面に移着、拡散する現象[25)～27)]は、FPPの新しい展開として極めて興味深い事柄である。

FPP処理により、被処理材の表面温度が上昇するという解析結果も報告[28]されているが、実測することは極めて困難である。このFPP処理を600℃から1,000 ℃を超える高温下でしかも不活性雰囲気で実施する装置が開発され、これを利用した研究が複数報告[29)～40)]されている。ここではそのいくつかを紹介する。

5.1　AIH-FPP処理システムの概要

タイトルにあるAIH-FPPとは雰囲気制御高周波誘導加熱微粒子ピーニングの英文（Atmospheric controlled Induction-Heating Fine Particle Peening）の略称である。図2.11.1にシステムの構成図を示す。真空チャンバー内にはIHコイルと粒子投射ノズルが具備されており、内部を真空にした後に所定のガスに置換し、その状態で加熱された金属に粒子投射を行うことができる。

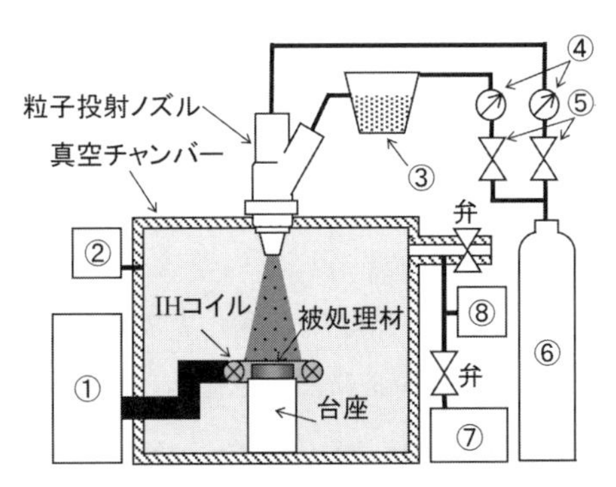

図2.11.1　AIH-FPP処理システムの構成説明図[40)]
（①IH電源装置、②真空計、③パーツフィーダー、④流量計、⑤ガス噴射圧調整弁、⑥ガスボンベ、⑦真空ポンプ、⑧酸素濃度計）

5.2　Cr粒子投射による構造用鋼の耐食性の変化

図2.11.2は900 ℃に保持された構造用炭素鋼（S45C）の表面にCr粒子をアルゴン雰囲気中で30秒間投射した試験片の断面をEDXにより分析した結果である。白い破線は試験片の表面を表している。この図から、わずか30秒の処理にも関わらず、表層にはCrの拡散層が形成されていることがわかる。図2.11.3はこの試験片に対して電気化学試験を行った結果である。比較のために、未処

理のS45Cとオーステナイト系ステンレス鋼（SUS316）の分極曲線も示されている。同図から、Cr粒子を用いたAIH-FPP処理によりS45C鋼の耐食性は改善されていることがわかる。しかしながら、SUS316と比較した場合には、不働態保持電流密度も孔食電位も卑側に位置している。これに関しては、投射粒子にMoを混入させるなどの工夫をしており、最近では、スーパーステンレスに匹敵するような耐食性示す可能性が示されている。

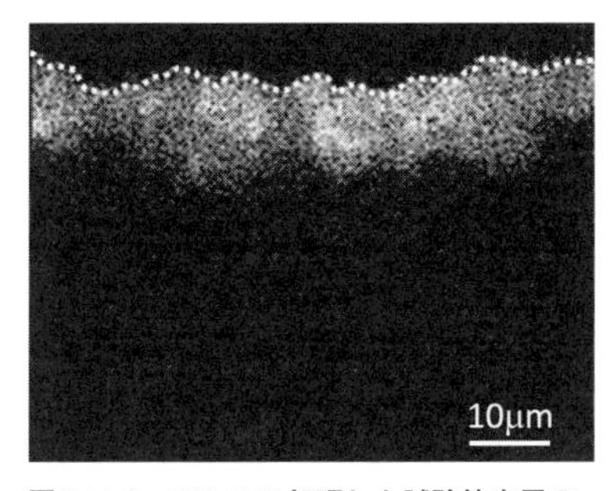

図2.11.2　AIH-FPP処理した試験片表層のCr拡散状況[30]

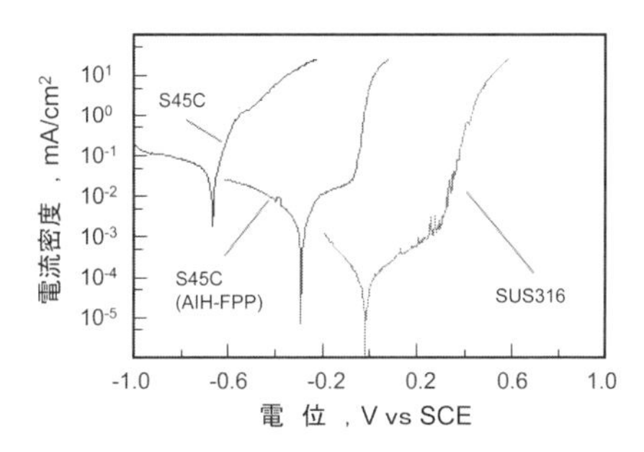

図2.11.3　AIH-FPP処理による電気化学特性の変化

5.3　AIH-FPP処理による金属間化合物層の創成

金属間化合物はその種類にもよるが、耐熱性、耐食性や耐摩耗性などに優れるために、過酷な環境で使用される、様々な部材への利用が期待されている。しかしながら、加工が困難なため、表面改質により金属間化合物層を創成しようとする試みが行われている。その手法の一つとして、コールドスプレー法[41) 42)]が提案されているが、AIH-FPPを用いても金属間化合物の創成が可能[39)]なことが最近明らかにされている。

図2.11.4は、IHにより600 ℃に加熱した構造用鋼（S45C）の表面にAl粒子を投射し、その後同じ温度を30秒維持した後に冷却した試験片の断面を光学顕微鏡により観察した結果である。表面近傍に、基材とは様相の異なる層が形成されていることがわかる。XRDにより分析を行ったところ、この層が金属間化合物（Fe_2Al_5）であることが明らかにされている。この層のビッカース硬さ測定を行った結果が図2.11. 5である。同図から、厚さ100 μm程度の領域で

高硬さとなっていることがわかる。なお、写真の最表面は、処理の最後に不可避的に形成されたAlの溶着層であり、本来これは除去する必要がある。

また最近では、投射粒子をメカニカルミリングにより作製し、それをAIH-FPP処理により投射し、構造用鋼表面に高温酸化特性に優れるNi-Al金属間化合物を創成しようとする試みや、基材をチタン合金として、Ti-Al金属間化合物被膜を創成しようとする研究が行われており、さらなる新しい展開が期待される技術と言える。

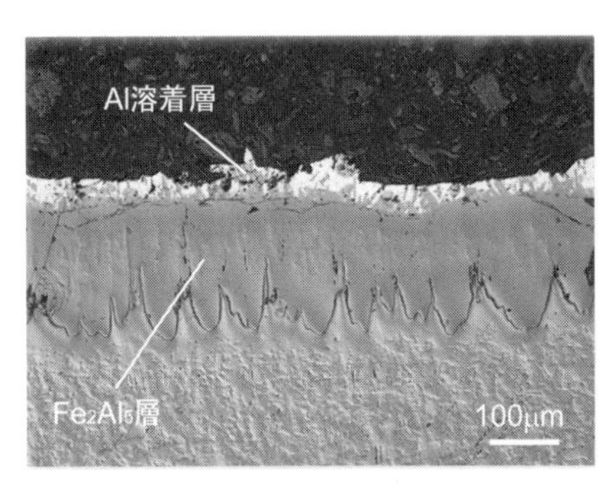

図2.11.4　Al粒子投射により創成された金属間化合物層[39]

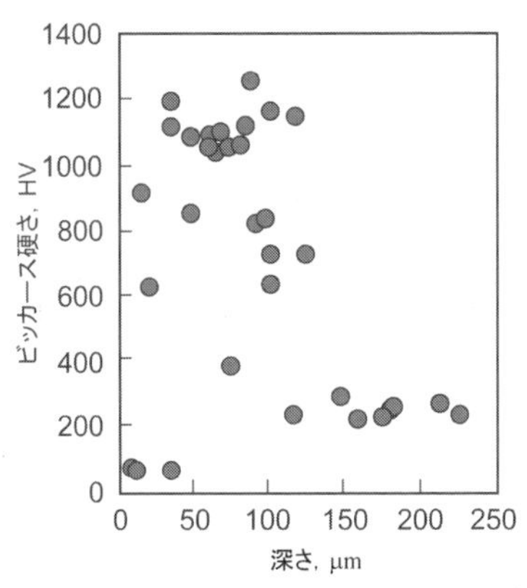

図2.11.5　Fe_2Al_5層のビッカース硬さ[39]

5.4　窒化処理との複合化

鋼の耐摩耗性の向上を目的として、窒化が施されることがしばしばある。しかしこの窒化には、合金元素を添加したいわゆる窒化鋼が用いられるのが一般的であるが、このような合金は、レアメタルを多く含有しており、通常は高価である。これを通常の構造用鋼に置き換えることができれば、その使用用途は拡大するものと考えられる。

例えば窒化の前処理としてCr粒子を用いたAIH-FPP処理を施し、そこに窒化を施すことにより表面を高硬させることが可能になることが報告[36]されている。図2.11.6はその結果の一例であり、前述の表面処理を施した試験片の断面における硬さ分布を測定したものである。研磨仕上げをした試験片に窒化を施した場合には（図中、Nシリーズ）硬化層は形成されていないが、予めAIH-FPPによりCr拡散層を形成させ、それに対して窒化を施した場合（図中、AIH-FPP+Nシリーズ）には、深さ40 μm程度の硬化層が形成されていることがわかる。

これらの結果は、AIH-FPP処理を窒化の前処理として用いることで、通常の鋼に対しても硬化層を形成させることが可能になることを示すものである。なお、ガス窒化ではなくプラズマ窒化を導入すれば、より緻密な窒化層を創成することができ、さらなる高硬さ化も実現可能である。

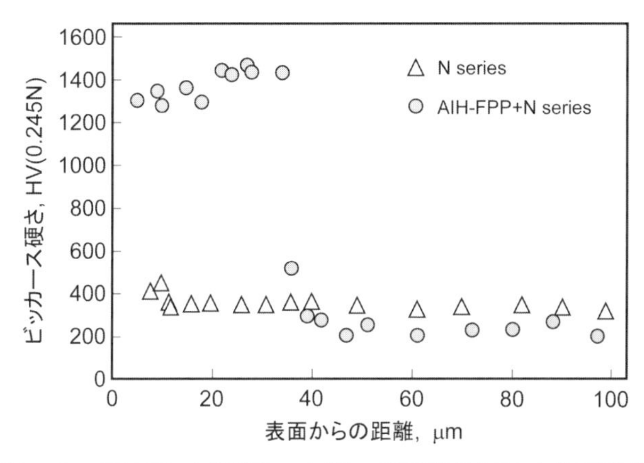

図2.11.6　AIH-FPP／ガス窒化ハイブリッド表面改質を施した鋼の硬さ分布[36)]

6. IH-FPPを利用した加工熱処理による結晶粒の微細化

微細な結晶粒を持つ鋼は、高い疲労強度を示すことが知られている。これを実現するための手段の一つとして、オーステナイト状態に加熱した鋼に塑性加工を施す加工熱処理や動的再結晶を利用する方法など提案されているが、いずれも大規模な装置が必要となるため、幅広い実用化への妨げとなっている。

この加工熱処理と同様の効果を、FPPを利用してもたらそうとする試みが報告されている。詳細は省略するが、図2.11.7はSCM435H鋼に対して、高温に加熱した状態で30秒のFPP処理を行った試験片の断面を光学顕微鏡により観察した結果である。同図から、表面近傍の深さ20 μm程度の領域で結晶粒が微細化していることがわかる。これは、動的再結晶の効果であることが報告されている。また、図2.11.8は、小野式回転曲げ疲労試験の結果である。試験片は、最小径7 mmで応力集中係数2.3の切欠き付き試験片である。同図ではこの処理のことをγ-FPP処理と呼んでおり、シリーズ名に付されている数字は処理の温度（℃）である。比較となるAnnealedシリーズと比較して、常温でFPPを施すことによる疲労強度(10^7回時間強度)の上昇は極わずかであるが、700 ℃でFPPを施した試験片の疲労強度は大幅に上昇していることがわかる。この温度で処理を施した場合、圧縮の残留応力はほとんど認められない。したがって、この疲労強度上昇は、処理による結晶粒微細化の効果と言える。

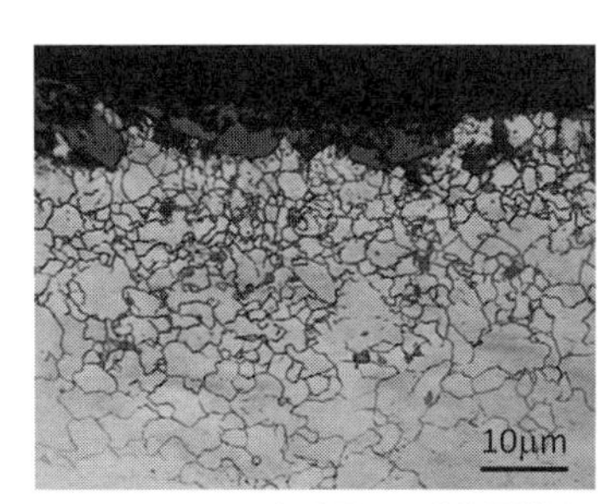

図2.11.7　FPPを利用した動的再結晶により微細化した組織[33)]

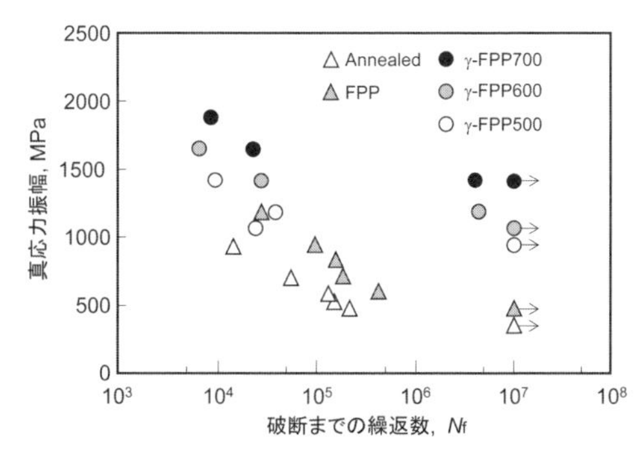

図2.11.8　γ-FPP処理を施した試験片の疲労特性[33)]

7. おわりに

微粒子を高速投射する処理は、純国産の技術でもあり、その幅広い実用化がますます期待されている。とくにこの処理は、これまでの様々な表面改質との複合化が簡単にできる。本稿の後半は、高周波誘導加熱と微粒子ピーニングを複合化した表面改質処理に関して、著者らの研究室で最近実施している研究概要に多く触れたが、これに限らず、新しい技術が提案され、今後、微粒子ピーニングが産業界で幅広く利用されることを期待している。

参考文献

1）江上登：FPB処理による疲労特性の改善，電気製鋼，精密工学会，72, 9（2006）1071.
2）江上登・加賀谷忠治・井上宣之・竹下弘秋・水谷肇：微粒子ピーニングを施したSCM415真空浸炭材のハイブリッド表面改質効果，日本機械学会論文集（A編），66, 650（2000）118.
3）江上登・加賀谷忠治・井上宣之・竹下弘秋・水谷肇：微粒子ピーニングを施したSCM415真空浸炭材のハイブリッド表面改質効果，日本機械学会論文集（A編），66, 650（2000）118.
4）森田辰郎・大友隆行・加賀谷忠治・田中信一・辻宣佳：プラズマ浸炭したTi-6Al-4V合金の疲労特性に及ぼすFPB処理による化合物層除去および残留応力付与の効果，材料，56, 9（2007）872.
5）森田辰郎・清水真佐男・川嵜一博・千葉貴世：窒化処理を施したTi-6Al-4V合金の疲労挙動，日本機械学会論文集（A編），56, 529（1990）1915.
6）戸梶恵郎・小川武史・柴田英明・神谷征典：Ti-6Al-4V合金の疲労挙動に及ぼすガス窒化の影響，日本機械学会論文集（A編），57, 542（1991）2293.
7）久保田普堪：浸炭，窒化処理とショットピーニングとの相乗効果，表面技術，52, 2（2001）188.
8）Y. Yamada, T. Saitoh, M. Ishida, K. Uzumaki, H. Suzuki & K. Teratoko：Improved Fatigue Strength of Valve Springs and Sheet Springs by Application of a New Fine Shot Peening Technology, SAE Technical Paper Series, 2000-01-0791.
9）Y. Yamada, K. Teratoko, T. Saitoh, H. Sasada & T. Yanagihara：Improved Fatigue Strength of Nitrided High-Strength Valve Springs by Application of a New Super Fine Shot Peening Technology, SAE Technical Paper Series, 2001-01-0834.
10）Y. Hirota, S. Kikuchi & J. Komotori：Microstructural Change Induced by Fine Particle Peening and Its Effect on Elemental Diffusion, Journal of Solid Mechanics and Materials Engineering, 2, 10（2008）1330.
11）S. Kikuchi & J. Komotori：Effect of Fine Particle Peening Treatment Prior to Nitriding on Fatigue Properties of AISI 4135 Steel, Journal of Solid Mechanics and Materials Engineering, 2, 11（2008）1444.
12）S. Kikuchi, Y. Nakahara & J. Komotori：Fatigue Properties of Gas Nitrided Austenitic Stainless Steel Pre-treated with Fine Particle Peening, International Journal of Fatigue, 32, 2（2010）403.
13）宮坂四志男：FPB処理による光触媒効果の発現とその応用，精密工学会，72, 9（2006）1075.
14）高木眞一・熊谷正夫：FPB処理による表面ナノ結晶化，精密工学会，72, 9（2006）1079.
15）N.R. Tao, M.L. Sui, J. Lu & K. Lu：Surface Nanocrystallization of Iron Induced by Ultrasonic Shot Peening, NanoStructured Materials, 11, 4（1999）433.
16）S. Takaki：Limit of Dislocation Density and Ultra-Grain-Refining on Severe Deformation in Iron, Materials Science Forum, 426-432（2003）215.
17）高木眞一・熊谷正夫・伊藤裕子・小沼誠司・下平英二：微粒子ピーニングによるSCr420浸炭焼入れ鋼表面のナノ結晶化，鉄と鋼，92, 5（2006）318.
18）M. Umemoto：Nanocrystallization of Steels by Severe Plastic Deformation, Materials Transactions, 44, 10（2003）1900.
19）M. Umemoto, Y. Todaka & K. Tsuchiya：Formation of Nanocrystalline Structure in Steels by Air Blast Shot Peening, Materials Transactions, 44, 7（2003）1488.
20）戸高義一・梅本実・渡辺幸則・土谷浩一：ショットピーニングによる鉄鋼材料表面のナノ結晶化，日本金属学会誌，67, 12（2003）690.
21）Y. Todaka, M. Umemoto, Y. Watanabe & K. Tsuchiya：Formation of Nanocrystalline Structure by Shot Peening, Materials Science Forum, 503-504（2006）669.
22）S. Kikuchi, J. Komotori：Evaluation of the gas nitriding of fine grained AISI 4135 steel treated with fine particle peening and its effect on the tribological properties, Materials Transactions, 56, 4（2015）556.
23）小茂鳥潤：FPB処理の医療用途への応用，精密工学会，72, 9（2006）1083.

24）長井篤・宮田昌悟・斉藤万里雄・小茂鳥潤・小尾晋之介・難波洋司・小山尹誉：L92 9 線維芽細胞の増殖性と接触性に及ぼす基材表面の微細凹凸の影響，日本機械学会論文集（A 編），77，775（2011）544.
25）Y. Kameyama, J. Komotori & E. Shimodaira：Diffusion Induced by Fine Particles Bombardment（FPB）Treatment, Journal of Material Testing Research Association of Japan, 48, 4（2003）241.
26）Y. Kameyama & J. Komotori：Effect of micro ploughing during fine particle peening process on the microstructure of metallic materials, Journal of Materials Processing Technology, 209（2009）6146.
27）Y. Kameyama & J. Komotori：Effect of fine particle peening（FPP）conditions on microstructural characteristics of Ti-6Al-4V alloy, Journal of Solid Mechanics and Materials Engineering, 2, 10（2008）1338.
28）前田　隼・江上　登・加賀谷忠治・井上宣之・竹下弘秋・伊藤健一：微粒子ピーニングにおける粒子速度および材料表面温度分布の解析，日本機械学会論文集（C 編），67, 660（2001）2700.
29）笹子敦司・菊池将一・亀山雄高・小茂鳥潤・深沢剣吾・三阪佳孝・川嵜一博：高周波誘導加熱を利用したIH-EPP処理システムの構築とそれによるS45C鋼の表面改質，日本金属学会誌，72, 5（2008）347.
30）伊藤達也・菊池将一・亀山雄高・小茂鳥潤・深沢剣吾・三阪佳孝・川嵜一博：雰囲気制御 IH-FPP 処理による構造用綱（S45C）の表面改質，日本金属学会誌，74，8（2010）533.
31）福岡隆弘・菊池将一・小茂鳥潤・深沢剣吾・三阪佳孝・川嵜一博：雰囲気制御IH-FPP処理による改質層形成機構に及ぼす投射粒子の影響，日本金属学会誌，75, 7（2011）372.
32）菊池将一・福岡隆弘・小茂鳥潤：微粒子ピーニングを施した純鉄のプラズマ窒化挙動，日本機械学会論文集A編，77, 780（2011）1367.
33）原田　翼・菊池将一・小茂鳥潤・深沢剣吾・三阪佳孝・川嵜一博：IH-FPP処理システムを利用した微細結晶粒・高硬さ表面の創製と鋼の疲労特性に及ぼすその効果，材料，60, 12（2011）1091.
34）T. Fukuoka, Y. Ujiie, J. Komotori, K. Fukazawa, Y. Misaka, K. Kawasaki：Effect of processing parameters on characteristics of surface modified layers generated by atmospheric controlled IH-FPP system, Procedia Engineering, 10（2011）1503.
35）天野有規・天野悟志・福岡隆弘・小茂鳥潤：クロム／高速度工具鋼混合粒子を用いてAIH-MFPPを施した炭素鋼表面の組織と耐食性，材料，61, 3（2012）273.
36）福岡隆弘・菊池将一・小茂鳥潤・深沢剣吾・三阪佳孝・川嵜一博：AIH-FPP ／ガス窒化複合表面処理によるS45C鋼表面の高硬さ化，日本金属学会誌，76, 7（2012）422.
37）亀山雄高・天野有規・小茂鳥潤・深沢剣吾・三阪佳孝・川嵜一博：雰囲気制御IH-FPP（AIH-FPP）を施した鋼表面におけるケイ化物の形成とそれに伴う耐食性の改善，日本金属学会誌，77, 1（2013）7.
38）S. Kikuchi, T. Fukuoka, T. Sasaki, J. Komotori, K. Fukazawa, Y. Misaka, K. Kawasaki：Increasing surface hardness of AISI 1045 steel by AIH-FPP / Plasma nitriding treatment, Materials Transactions, 54, 3（2013）344.
39）亀山雄高・竹嶋隼人・小茂鳥潤・村澤功基：雰囲気制御IH-FPP（AIH-FPP）を用いたFe-Al金属間化合物の形成とその応用，日本金属学会誌，79, 9（2015）452.
40）太田俊平・村井一恵・小茂鳥潤・深沢剣吾・三阪佳孝・川嵜一博：クロム／高速度工具鋼混合粒子を用いた真空置換AIH-FPP処理による炭素鋼の表面改質，日本金属学会誌，79，10（2015）491.
41）園田哲也・桑嶋孝幸・中村　満・齋藤　貴・安岡淳一：コールドスプレーにより作製したNiAl金属間化合物皮膜組織に及ぼす原料粉末の影響，溶接学会論文集，28, 3（2010）305.
42）園田哲也・桑嶋孝幸・中村満・齋藤　貴・伊藤　乃：コールドスプレー法によるNiAl高温耐食被膜の作製と評価，溶接学会論文集，28, 4（2010）376.

2.12 超精密研磨用砥石の動向

埼玉大学　池野　順一
Junichi Ikeno

Key words: ultra precision, polishing stone,semiconductor crystal material, mechano-chemical reaction, CMP, functional composite abrasive grain, Zeolite, silica, elastic grindstone

1. はじめに

昔からさまざまな産業分野で表面仕上げが求められており、分野毎に専用の研磨用砥石が開発されてきた。1934年には自動車産業で軸受のレース面や円筒などの鉄鋼部品用に多孔質のビトリファイドボンド超仕上げ砥石が開発され騒音低減に貢献した[1)]。この砥石は面粗さを向上させるためにバニッシング効果を最後に利用している。またシリンダー内の仕上げでは油だまりを残しつつ摩擦面の形状精度と平滑性を備えた機能表面が求められており、ホーニング加工法の開発とともに専用砥石の開発が進められた。鉄鋼以外に用いられる研磨用砥石を見てみると、ステンレス板材やディスクに用いるアルミニウムなど、目詰まりしやすい金属素材には多孔質レジンボンド弾性砥石が開発されている。

1990年ころになると半導体結晶材料の加工が課題となり、ポリシングメカニズムを転用したメカノケミカル砥石が研究され、加工変質層のないナノレベルの鏡面を目指すようになった[2)]。この鏡面創成に対しては研削加工側からのアプローチも盛んになり延性モード研削の概念が出され、1990年代には超精密研削装置の開発とともに超砥粒砥石の開発が進められた[3)]。いまではSiCなどの高硬度材料に対して、高速でしかも研削マークが視認できない数nmの面粗さを実現しており著しい進歩を遂げている。以上、一口に研磨用砥石といってもルーツの違いで、加工対象や求められる精度、品質、機能、砥石に対する考え方も異なっている。

一方、製品の高機能化に伴って加工精度に対する要求が年々厳しくなっている。とくにパワー半導体基板材料や電子材料などでは高速でしかも高精度・高品位な研磨加工が求められている。さらに研磨工程における環境保全、コスト、技能などの課題も相まって産業界が研磨用砥石に寄せる期待は大きなものになっている。前述したようにルーツを異にする研磨用砥石であるが、いま分野の垣根を越えて各研磨用砥石メーカーが産業界の求めに応じて同様の技術課題に取り組む傾向が見られる。まさに研磨用砥石にとって歴史的な合流点に差し掛かっており、それぞれが培ってきた知見や新たな知見が融合し、今後ますます発展していくものと期待される。

本稿では、主に半導体結晶材料や電子材料に用いる研磨用砥石を要素毎に眺め、その課題と対策となる新技術について紹介し、最後にいくつかのメカノケミカル砥石についても紹介したい。なお、紙面の都合上、筆者が気になる技術を優先的に取り上げたので、偏りのあることは否めない。著者の浅学ゆえご容赦いただきたい。

2. 各要素における課題と新技術

2.1　砥粒

半導体結晶材料や電子材料の高品位加工にはメカノケミカル反応を利用するのが有効である[4)]。加工メカニズムは主に3つあり、固相反応（狭義のメカノケミカル反応）、吸着イオンによるケモメカニカル反応、触媒作用などである。加工対象物ごとに反応が異なるため、砥粒の選定や探査が課題である。これにはトランスファ・エンジニアリング（技術移転）の考え方が役立つ。

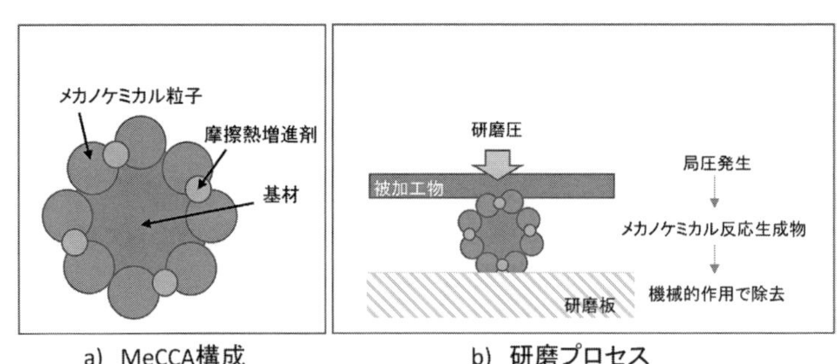

a) MeCCA構成　　b) 研磨プロセス

図2.12.1　機能性複合砥粒（MeCCA）概念図

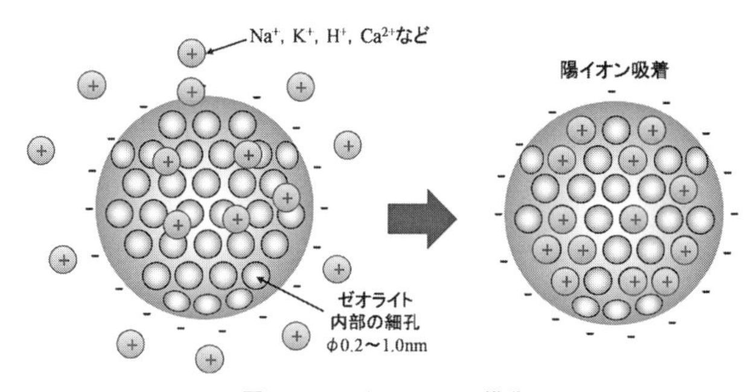

図2.12.2　ゼオライトの構造

(1)　機能性複合砥粒（MeCCA）の開発

乾式メカノケミカル研磨ではサファイアが熱変形し、砥粒がサファイア表面に固着するため湿式が望ましい。ところが湿式では効率が極端に落ちてしまう。そこで湿式でも効率よく研磨できる砥粒の開発が、粉体製造メーカーのノウハウを使って進められている。図2.12.1にその砥粒の概念図を示す。それぞれ機能をもつ粉体同士が固着して一つの単位をなしており、機能性砥粒（アサヒ化成工業社製MeCCA）を形成している[5)]。具体的にはサファイアが傷つかない程度に硬い物質（アルミナなど）を基材とし、そのまわりにメカノケミカル砥粒（ベンガラ）や摩擦時に発熱する物質を配している。基材はメカノケミカル砥粒をサファイアとの間に挟み、局圧を発生させて反応させる役割と、サファイア表面に生成された反応物質を機械的作用で効率よく除去する役割を担っている。これにより、ダイヤモンドラッピングと同等の研磨効率でサファイア基板を0.5 nmRaの鏡面に仕上げることが可能になっている[5)]。今後は研磨用砥石としても展開が期待される。

(2)　天然物における砥粒の探査

自然科学を基礎とした技術ならば自然界から砥石として適正な物質を抽出することも忘れてはならない。山形県産のイタヤ・ゼオライトはシリカを約70%含んだ白色で不純物の少ないゼオライトである。図2.12.2のようにナノ細孔を持ち電荷を帯びており、触媒やガス吸着材などに使用されている。このゼオライトを砥粒として用い、SiCの研削加工を行ったところ、メカノケミカル反応が確認され、SiCウエハは3 nmRa以下の表面粗さとなることがわかった[6)]。コストで比較すると、CMPで使用されるシリカ微粒子の1/10以下、ダイヤモンドの1/200となる。研究が進めば研磨用砥石のための人造ゼオライト開発も夢ではなく、将来が楽しみである。

2.2　結合剤

研磨用砥石には主にビトリファイドボンドとレジンボンドが使用されている。それぞれの成分には添加剤が含まれ、製造上のノウハウもあるため詳細を知ることはできない。研究発表もほとんどされず、たまに精密工学会や砥粒加工学会で散見される程度である。まさしく結合剤は砥石の最も重要な要素である。難しいことは承知だが、この結合剤に関してもオープンイノベーションが必要ではないかと思われる。

⑴　ビトリファイドボンド

研磨用砥石ではないがCBN砥石に用いるビトリファイドボンドの濡れ性改善に関する研究発表が2016年に砥石メーカーから報告された[7)]。CBNとガラス結合剤の濡れ性をアルカリ金属成分の含有量で調整し、軟化点を下げることでCBNとの保持面積を大きくできたというものであり、この成果は研磨用砥石にも通用する知見である。

一方、大学からは図2.12.3に示すようなスライムにシリカ微粒子を混合さ

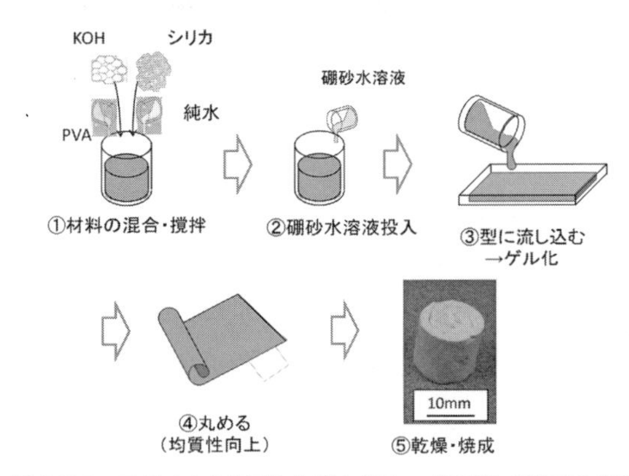

図2.12.3　スライムを応用したビトリファイドボンド砥石の作製

せて焼成する試みが報告された。これにより、硼砂が結合剤となってメカノケミカルシリカ砥石が製造でき、SiCを2 nmRa以下で高能率鏡面研磨できたことが示された[8)]。

⑵　レジンボンド

昔からレンズ研磨で使用されてきたピッチには相対速度の小さい相手に対しては変形量が大きく、相対速度が大きいときには変形量が小さくなる特性（ダイラタンシー）がある。これによって砥粒がピッチ皿と連れ廻っていれば砥粒はピッチに押し込まれて一時固定砥粒となる。レンズの方は相対速度が大きいためピッチは固く作用し形状精度を保つことができる。このダイラタンシーはレジンボンド弾性砥石の摩耗を抑制し、形状精度と研磨効率を高めるためにも重要な特性であり、加工条件の選定時には考慮する必要がある。2017年の精密工学会では東京都産技研から軸付き砥石において回転速度を変化させれば砥石の硬軟が制御でき、1つの砥石で粗加工から仕上げ加工まで可能であることが報告された[9)]。

2.3　気孔・組織

研磨用砥石の目詰まりを解消する場合、一つの有効な対策として多気孔構造が挙げられ、発泡剤を使って80%以上の気孔率が得られている。ただ、気孔も砥粒同様に分散状態はランダムで均一なことが望ましいが確率論で扱われ、なかなか設計どおりに幾何学的構造を作り出すことは難しい。

⑴　3Dプリンタを用いた砥石作製

現在、広い分野で3Dプリンタの活用が検討されている。この最大の特徴は閉空間に微細構造を作り出せることである。茨城大学の伊藤教授らのグループでは、図2.12.4に示すように3Dプリンタで設計どおりの幾何学的構造をもつ砥石の開発に取り組んでいる[10)]。砥粒分散についても、静電気力で形成する噴霧を用いて各層ごとに砥粒を配置し、より均一な砥粒率となるよう工夫している。この製造方法ならば、所定の場所の砥粒率や気孔の大きさ、分布を意図的に変えることができるため、砥石の局所での研磨性能や剛性など制御可能になると思われる。今後の研究展開が楽しみである。

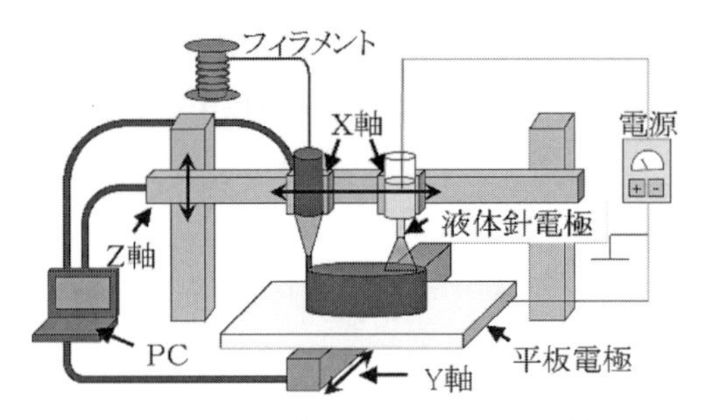

図2.12.4　3Dプリンタを用いた砥石作製

(2)　アクリル微粒子を用いた気孔形成

発泡剤を用いた場合、結合剤中で泡が凝集し不均一な空間ができやすい。そこで、ビトリファイド砥石内の気孔を一定の大きさに制御する研究が行われている[11]。これには微細で均一径をもつアクリル微粒子が使用される。アクリル微粒子は砥石の仮焼き時に昇華し、気体となってすり抜けていくため、構造を崩さずに微粒子の形状をそのまま気孔として転写することができる。

2.4　装置システム

鏡面研削ではカップ形ビトリファイドボンド微粒ダイヤモンド砥石を用いて、延性モード領域でより微小な切り込みを実現している[12]。これには高剛性な空気静圧スピンドルや高精度な転がり軸受の開発、それに目詰まりを回避するために結合度を調整するなどの工夫がなされている。現在、SiCやサファイアウエハで研削マークが視認できない数nmRzで鏡面仕上げが実現できているのも研削装置と砥石が旨く開発の両輪となっているためである。

一方、研磨加工側からの鏡面創成アプローチであるメカノケミカル砥石はポリシング仕上げに匹敵する清浄面を目指している。ポリシングの仕上げ面はナノレベルでも一定方向に流れる加工痕がないのが特徴である。それは加工面の一点に対して遊離砥粒がランダムな方向から均等に作用するためである。このような面を創成できるメカノケミカル砥石専用加工装置の開発ができれば、砥石の可能性は大きく広がるものと思われる。しかし、研削と研磨の狭間で装置開発が進まず、未だ砥石の特性を最大限活かせる加工装置はない。

3. 最近のメカノケミカル砥石の紹介

3.1　ケミカル作用と機械作用を併せもつメカノケミカル砥石

研磨中のメカノケミカル反応を活発にするためには、反応生成物に注意しなければならない。もし、反応生成物が加工物表面を被覆するように形成されるのであれば反応場がなくなり研磨は止まってしまう。したがって、そのような場合は反応生成物を機械的に効率よく除去することが望ましい。この機能を持ち合わせたメカノケミカル砥石の一例(ミズホ社製SH砥石)を図2.12.5に示す。この砥石は微細な超砥粒がビトリファイドボンドでしっかり保持されており、効率よく反応生成物を除去できる。さらに、軟質なメカノケミカル砥粒が固体潤滑剤の役割も兼ね、加工変質層の低減や仕上げ面粗さの改善に寄与し、目詰まりや目つぶれを防止している。用途は超仕上げ、ラップ、ホーニングであり、砥粒にはセリア、硫酸バリウム、シリカなどが選択できる。

図2.12.5　メカノケミカル砥石（ミズホ社製、SH）

3.2　メカノケミカル弾性砥石

これまで、多気孔のレジンボンド弾性砥石はC砥粒を用い、目詰まりしにくい特性を活かして、アルミディスクやステンレス板のラップに用いられてきた。その一例を図2.12.6に示す。一方で多気孔レジンボンドは酸化物粒子の保持が製造上容易ではなく、他分野への展開がいまひとつ鈍かった。ところが近年、製造技術開発の進歩によって酸化物の保持が可能となり、光学分野や半導体分野用メカノケミカル砥石の開発が進められている[13]。

図2.12.6　多気孔の弾性砥石（アイオン社製クリスタル砥石）

3.3　SiC研磨における新たな試み

SiC単結晶の鏡面創成ではさまざまなメカノケミカル研磨が試みられてきた。たとえば、UVやプラズマ照射下での研磨[14) 15)]、強力な酸化剤を利用した研磨[16)]、触媒作用を利用した研磨加工[17)]などである。2018年の精密工学会春季大会では、砥粒を含まない多気孔弾性パッド（アイオン社製）をSiCに擦りつけるだけの高効率鏡面創成加工法が報告された[18)]。これは、まずパッドの摩擦によってSiC表面に酸化層が形成される。次にそれが摩擦で剥がれて多気孔弾性パッドに捕捉されるとその酸化物が砥粒の役割を担ってSiC表面の研磨を加速させるというものである。多気孔弾性パッド面には酸化物が次々と捕捉されでは排出されるため、自生発刃作用が生じており40 μm/h程度の効率で2 nmRa程度の鏡面が創成できる。

4. おわりに

さまざまな分野の基礎的知見を融合させて新たなメカニズムに基づく加工を実現し、研磨用砥石は進化を続けている。公益社団法人砥粒加工学会ではこれを重要分野の一つと認定し2005年には「次世代固定砥粒加工プロセス専門委員会」が設置された。今年の8月で研究会は80回目を迎える。企業会員60社、学界会員65名が所属し、毎回活発な議論がなされ盛況な会になっている。活動の詳細を知りたい方は、下記の当専門委員会HPを参照されたい。

http://spe.mech.saitama-u.ac.jp/mysite5/ index.html

最後に本稿の執筆に当たり、ご協力賜った関係者の皆様に感謝申し上げます。

参考文献

1）松森　昇，仕上げ砥石のいろは，精密工学会誌82 -7，2016，p.643.
2）池野順一，他，電気泳動現象を利用した超微粒砥石の開発とその応用，日本機械学会論文集（C編），57-535，p.1013.
3）宮下政和，ぜい性材料の延性モード研削加工技術，精密工学会誌，56-5，1990，p.782.
4）安永暢男，他，軟質粒子によるSi単結晶のメカノケミカルポリシング，精密機械学会誌，44-9，1978，p.63.
5）藤本俊一，高能率鏡面研磨用砥粒（MeCCA）の開発，2017年度砥粒加工学会学術講演会論文集，p.78.
6）小金裕貴，他，天然物を使用した硬脆材料の鏡面研削砥石に関する研究，2014年度精密工学会春季大会学術講演会論文集，p.643.
7）中井太一，他，高性能ビトリファイドCBNホイール向け新ガラス結合材の開発，2016年度砥粒加工学会学術講演会論文集，p.163.
8）輿石卓哉，他，メカノケミカル反応を利用したSiC用鏡面研削砥石の研究，2013年度砥粒加工学会学術講演会論文集，p.313.
9）鈴木悠矢，弾性率変化を用いた高効率研削砥石の検討，2017年度精密工学会春季大会学術講演会論文集，p.307.
10）益子雄行，他，3Dプリントを用いたELID研削砥石の開発，2017年度砥粒加工学会学術講演会論文集，p.293.
11）永嶋雅俊，他，鏡面創成のための多孔質砥石の作製と特性評価，2015年度砥粒加工学会学術講演会論文集，p.112.
12）例えば，和井田製作所社製 SIG—V4 http://www.waida. co.jp/products/super.html
13）加藤大輝，他，メカノケミカル弾性砥石の作製と性能評価に関する研究，2017年度精密工学会秋季大会学術講演会論文集，p.25.
14）田中武司，他，紫外線励起加工の研究（第20報），2016年度精密工学会春季大会学術講演会論文集，p.901.
15）田尻光毅，他，サブ大気圧プラズマを用いたプラズマエッチングによる2インチSiC基板の高能率加工，2016年度精密工学会春季大会学術講演会論文集，p.929.
16）大森　恒，他，SiC単結晶の酸化剤援用研磨の研究（3），2013年度精密工学会秋季大会学術講演会論文集，p.33.
17）稲田辰昭，他，光電気化学酸化を援用した触媒表面基準エッチング法による炭化ケイ素の高能率平坦化，2016年度精密工学会春季大会学術講演会論文集，p.363.
18）高橋尚也，他，弾性パッドによるSiCの砥粒レス研磨加工に関する研究，2018年度精密工学会春季大会学術講演会論文集，p.505.

2.13 自由形状表面仕上げにおける50年間の技術動向と最新技術
Technical Trend and Latest Technology for 50 Years
in Free-form Surface Finishing Technology

群馬大学　林　偉民
Weimin Lin

Key words: free-form surface, manufacturing, diamond cutting, grinding, polishing, surface roughness, form accuracy

1. はじめに

研磨加工は仕上げ加工法の一種として様々な工業製品の量産に広く使用されている。例えば、回転軸や車部品のカムシャフトのカム面、また、各種成形用金型から精密測定用のブロックゲージに研磨工程が使用されている。また、各種光学素子やデバイスウエハの最終加工で研磨が使用され、加工精度、表面品位など幅広い要求に応じて応用されている。また、研磨方法は固定砥粒・遊離砥粒とわけ、ラッピング・ポリシングなど加工精度、表面性状の要求にこたえて細かく分類されている。一方、研磨加工対象物の加工面形状として、平面、円筒面、球面、対称・非対称自由形状面など多岐にわたって分類され、それぞれの作業方法について研磨工程を名づけていることもある。本文では金型や各種光学素子を対象に、自由形状表面の研磨法について紹介し、特に超精密光学素子やその金型の研磨にポイントを当ててみる。

一般的に自由曲面の研磨の場合、大きく分けると図2.13.1に示すNC制御による走査式研磨法があげられる。図2.13.1(a)に示すように小径研磨工具を使用し、NCプログラムにより研磨表面に沿って一定な軌跡で加工面全面を走査する[1]。また、小径研磨工具は図2.13.1(b)に示すように円盤形状工具の端面や円盤形状工具の円周面を使って加工面に沿ってスキャンしながら、自由形状表面の全面研磨を行う。また、球面形状の工具を使用する場合もある。

2. ハイブリット加工プロセスによる光学素子の高精度・高品位加工の提案

超精密・超微細光学素子の加工に対する要求は年々厳しくなり、現在、ナノメータレベルの表面平滑性とサブミクロンから数十ナノメータまでの形状・寸法精度の達成、さらには加工変質層の低減が要求されており、これらを両立できる超精密加工技術が不可欠となっている。光学部品は平面、円筒面や球面などの比較的単純な形状以外に、放物面、楕円面などの非球面や回折格子などの複雑形状が要求され、さらに素材が要求される光学特性からガラスや半導体材料などの硬質・脆性材料を用いるため、それらを効率よくナノメータレベルで超精密加工することは困難を伴う。

超精密光学部品の加工法としては、超精密鏡面切削・研削、超精密研磨加工といった機械的な除去加工法と、イオンビーム、電子ビームといった物理・化学的加工法などが挙げられるが、さまざまな材料の部品化の際に加工品質、加工精度および加工能率などの要求に応えるべく、適切な加工法を選択することが必要となる。筆者らは、特に光学部品の超精密加工技術の進展を狙って、超精密／ナノプレシジョン加工プロセス・システムの構築と計測技術との統合化により加工精度の追求を進めているが、現在までに、超精密鏡面研削（ELID研削[2) 3)]）のほか、超精密ダイヤモンド切削[4)]、超精密ポリシング、磁気研磨[5)]、磁性流体研磨（MRF）[6) 7)] などの加工に関する研究を行っている。しかし、単一の超精密加工プロセスはすべての加工上の要求に応えることは困難である。いくつかの超精密加工プロセスを併用し、それらのプロセスの相乗効果を見出し、加工プロセス全体を最適化することによって良好なナノプレシジョン加工

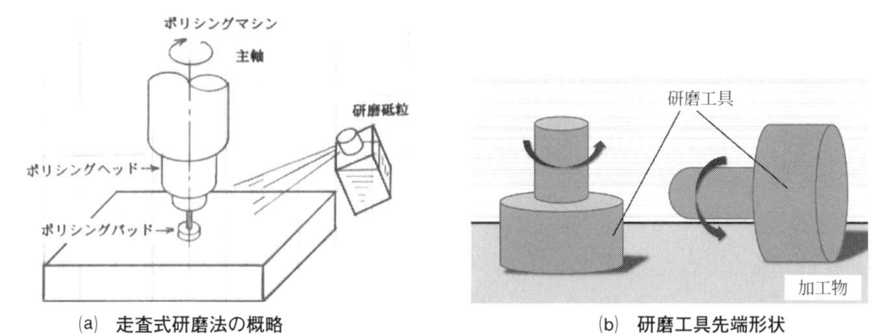

(a)　走査式研磨法の概略　　(b)　研磨工具先端形状

図2.13.1　走査式自由曲面研磨法の概略

技術の構築が必要であると考える。こうした背景の下で、筆者らはこれまでいくつかの加工プロセスの連携としてハイブリッド加工プロセスを提案してきた。たとえば、1）ELID研削法＋ポリシング法、2）ELID研削法＋磁気研磨法、3）ELID鏡面研削法＋磁性流体研磨（MRF）法[8) 9)]、などがある。

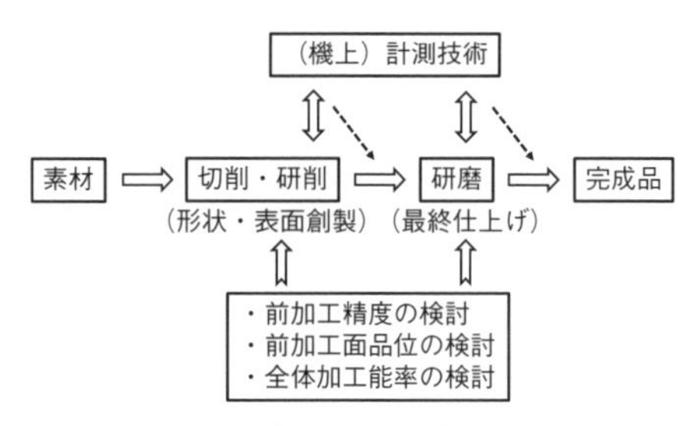

図2.13.2　ハイブリッド加工プロセスの考え方

近年、超精密工作機械はスティックスリップを排除した駆動機構と1 nm制御可能なナノプレシジョン加工システムとの複合化により、今までにない精度達成が狙えるようになってきた。また、加工方法でもダイヤモンド工具を使用する切削加工をはじめ、微粒砥粒による研削加工も安定的に行えるようになった。中でもELID研削は、砥粒の微細化と加工システムの制御精度の微細化により一層の超精密化が可能となった。また、研削に使用するメタルボンド砥石の整形には、プラズマ放電ツルーイング法を適用して砥石形状を超精密に創成し、砥石による転写加工をナノレベルの精度で行えるようになった。さらに機上での計測機能を備えるナノプレシジョン加工システムが構築され、加工・計測の統合化が進捗している。

高精度高品位加工を目指す場合、前加工と仕上げ加工効率のバランスをとり、仕上げ加工の取代が設計される。図2.13.2に示すように、ELID研削は高い加工能率で高精度の加工が可能であるが、一般的な仕上げ手法としてポリシング法を取り入れた場合、仕上げ加工の時間は勿論、熟練者による作業が必要である。MRFのような仕上げ加工法とハイブリッドすることにより、加工精度、品位は勿論、計測データに基づく修正加工ができ、高能率高品位の加工ができる。そのようなことでELID鏡面研削とMRFによるハイブリッド加工プロセス[10]の提案により、高能率・高精度・高品位を目指した新しい加工ができるようになった[11]。

図2.13.3にハイブリッド加工プロセスにおける形状修正原理を示す。図2.13.3から分かるように切削・研削などの加工法は加工能率がよく、また、超精密NC加工機において形状精度の良い加工が得られる。研磨加工やMRFは除去能力が低いといわれているが､ランダムの加工軌跡で前工程の加工痕跡を消し、高品位表面の創成に向いている。前加工形状に基づき、均一・安定的に加工ができれば、高精度・高品位光学素子の高能率加工ができると考えられる。また、最近超精密加工機に搭載した測定プローブによるオンマシン測定が主流になり、加工面の測定データに基づいて、NC制御による研磨では部分的加工（工具の滞在時間）を行えば、前加工の形状誤差の修正ができ、より高い精度の加工が可能である。

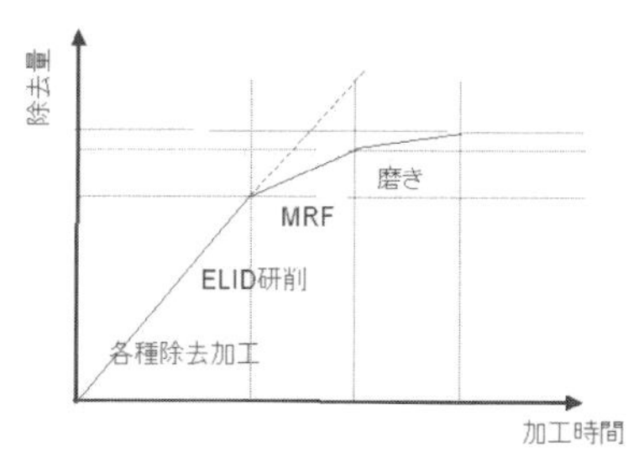

図2.13.3　ハイブリッド加工プロセスにおける形状修正原理

3. 小径回転工具による自由形状面の研磨加工

本節では、球面形状研磨工具を使用し、小型光学素子の超精密研磨事例を紹介する。図2.13.4に示す数値制御式研磨装置を使用し、先端はボール形状の研磨工具（図2.13.5）を使用する。本装置は直交軸X、Y、Zの3軸とワーク回転軸C軸の4軸同時制御が可能であり、小径回転工具による研磨が可能である。図2.13.5に小径回転工具による研磨法の原理を示す。ウレタンゴムや研磨布などの軟質のポリシャを角度θ傾斜した状態で高速回転させ、荷重を付加して砥粒懸濁液を噴霧しながら送り速度を制御して形状創成するものである。この場合、加工量をδ、加工圧力をP、ポリシャと工作物の相対速度をV、研磨時間をtとすると、加工量δはPrestonの法則により式(1)で表わせる。

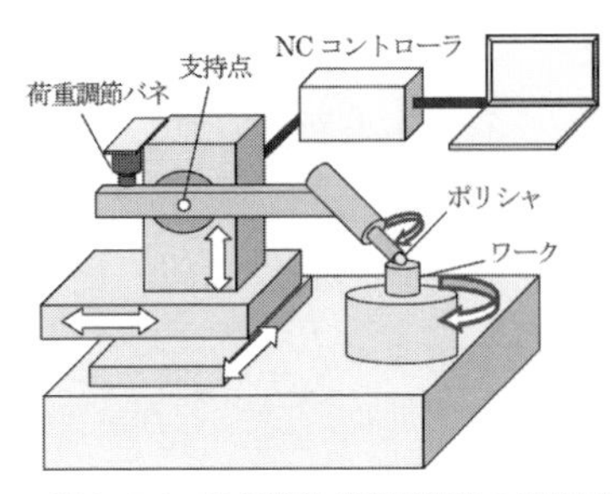

図2.13.4　数値制御式研磨装置の概略図

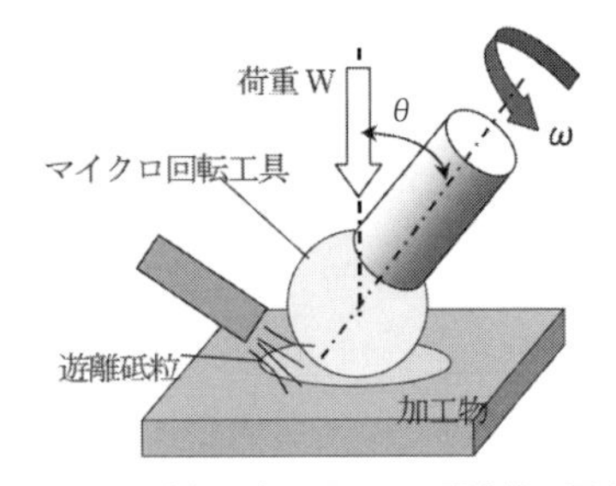

図2.13.5　小径回転工具による研磨法の原理

$$\delta = k \cdot P \cdot V \cdot t \qquad \cdots(1)$$

ここでkは工作物や砥粒、ポリシャなどの研磨条件によって決定される定数である。

この場合、加工点におけるポリシャと工作物の相対速度Vは式(2)で表せる。

$$V = 2\pi r\omega \cdot \sin\theta \qquad \cdots(2)$$

ここで、ωは回転数、rはポリシャ半径である。

開発した数値制御式研磨ヘッドより、研磨加工対象材料のNi-Pメッキの研磨特性調査を行った。表2.13.1に実験条件を示す。実験サンプルを研磨装置に固定し、回転ツールのみが回転した場合の研磨加工量の推移を調べた。図2.13.6に非接触形状測定機により測定した研磨エリアの断面形状を示す。また、各研磨時間で得られた研磨痕中心断面の高さを研磨量と定義し、整理した結果を図2.13.7に示す。図2.13.7から、研磨時間の増大に伴い、研磨量が線形に増加することが分かった。

表2.13.1　主な研磨条件

工具の半径	2, 3, 5 mm
荷重	0.098N
ツールの回転数	5,000 rpm
研磨砥粒	アルミナ (平均粒子径0.3 μm)
ツール材質	ポリウレタン
研磨時間	10, 20, 30, 40 min

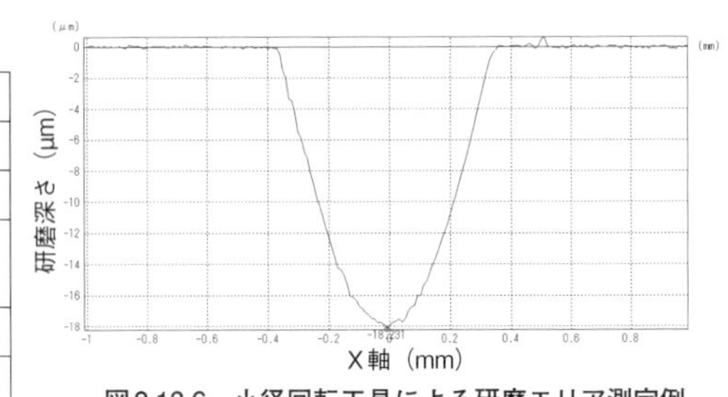

図2.13.6　小径回転工具による研磨エリア測定例

実際に、数値制御式研磨ヘッドによる非球面光学素子の金型研磨実験を行った。前加工面はダイヤモンドバイトによる切削加工を行い、Ra 3 nm程度の表面粗さが得られた。120分仕上げ研磨を行ったところ表面粗さがRa 1 nmに向上した。また、形状精度もP-V100 nmに収めた。

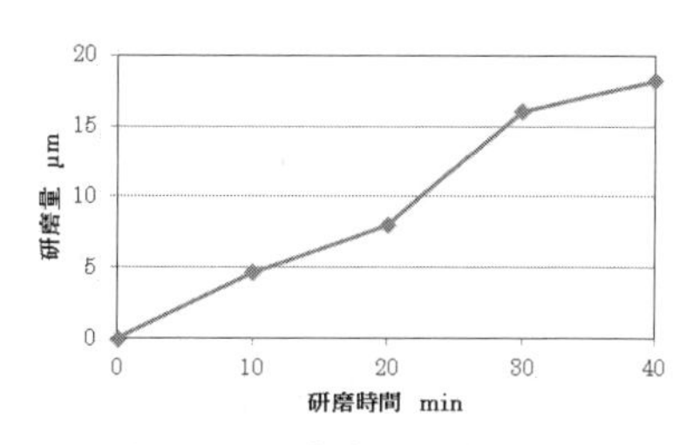

図2.13.7　研磨時間と研磨量の関係

4. 自転／公転型研磨法による自由形状面加工法の提案

本節では、最近研究に取り組んでいる自転／公転型研磨法および基礎研磨結果を紹介する[12)][13)]。研磨レートの安定性やコンピューター制御による修正研磨可能で、超精密光学素子の研磨に磁気粘性流体研磨（MRF）が開発され、広く応用されてきた。しかし、磁性材料への適用や直径の小さい加工物への適用は難しい。筆者はパイプ状研磨ツールを用いて自転／公転型の研磨法を提案した。

図2.13.8にパイプ状研磨ツールを用いた自転／公転方式研磨の加工原理図を示す。研磨ツールの端面を工具面として、このツールの軸心回りの回転（自転）とこのツールの軸心自体を別の軸心（公転軸）の周りに同時に回転させる構造にすることによって、走査中の工作物との接触領域内のツールの走行軌跡の方向を連続的に変化させて、軌跡の等方性と、軌跡密度の均一性を高めようというものである。

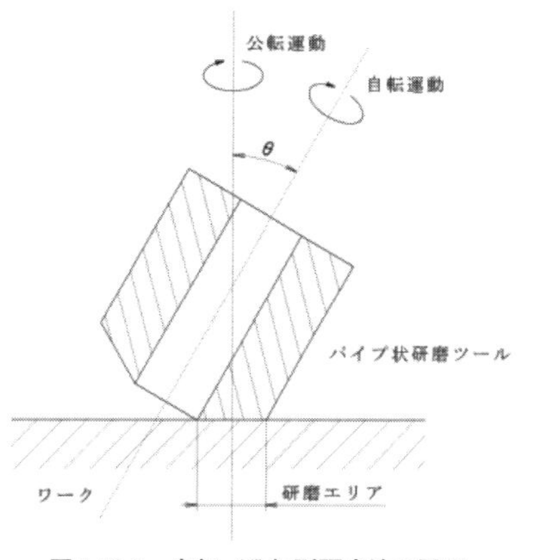

図2.13.8　自転／公転型研磨法の原理

図2.13.8に示すように自転軸は公転軸に対して傾いており、公転軸がツールとワークとの接触領域の中心部を通り加

工面に垂直となるように調整され、自転と公転は同時に与えられる。砥粒は遊離砥粒を使用し、ツールとワークの間に供給する。

走査停止して、一定圧力で研磨を持続すると、研磨ツールの端面でワークに接触していたものが、内半径側および外半径側の磨耗が進み、ツール・ワークの球面接触に向かう。この球面の半径Rは、R_1をツールの外半径、R_2を内半径、θを自転軸と公転軸のなす角度とすると、

$$R = (R_1 + R_2)/2\sin\theta \quad \cdots(3)$$

となる。式(3)から明らかなように、ワークの加工面とツールの面とが研磨と磨耗によって転写し合う球面の半径は、管径が太いほど、自転軸と公転軸とのなす角が小さいほど大となる。

図2.13.9に自転／公転型研磨ユニットの概略を示す。図2.13.10に自転／公転型研磨機外観を示す。開発した研磨機により基礎研磨実験を行い、研磨特性の確認を行った。研磨条件を表2.13.2に示す。

表2.13.2　自転／公転型研磨条件

研磨サンプル	スライドガラス
研磨工具材質	アクリル樹脂
自転速度	600 rpm
公転速度	160 rpm
工具傾斜角	5°
研磨砥粒	酸化セリウム 10 wt %
研磨荷重	165 g
砥粒供給量	0.05 g
研磨時間	5, 10, 15, 20 min

まずワークを走査させないで、同一箇所で一定時間研磨したとき

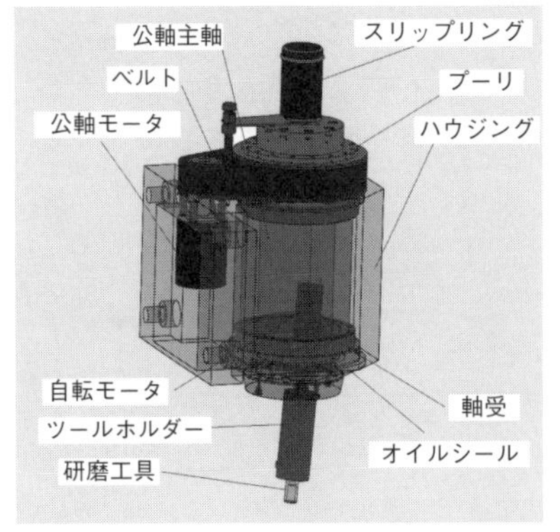

図2.13.9　自転／公転型研磨ユニットの概略

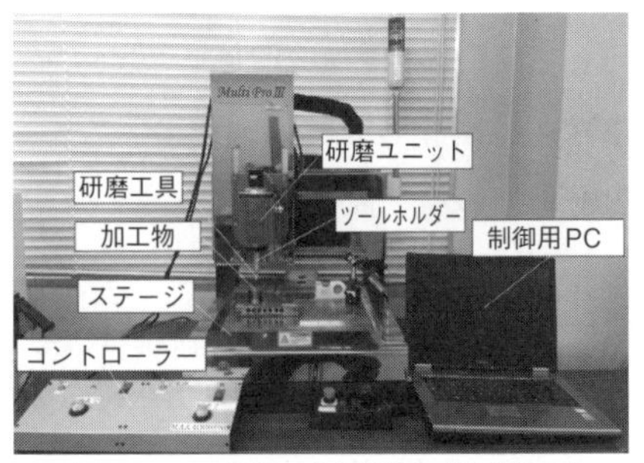

図2.13.10　自転／公転型研磨機外観写真

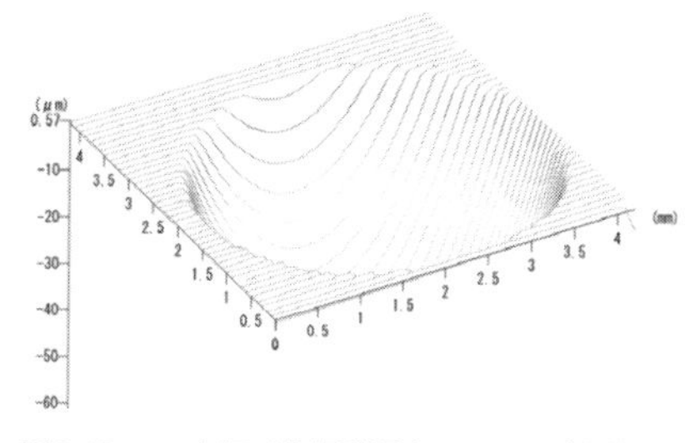
図2.13.11　自転／公転型研磨エリアの実測例

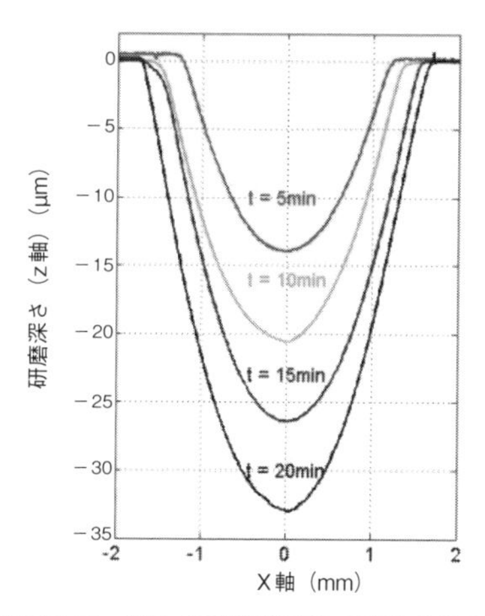

図2.13.12　自転／公転型研磨法の研磨痕測定例

にできる研磨痕を単一加工痕と定義し、どのような研磨痕ができるかを調査した。図2.13.11に自転／公転型研磨法による研磨した研磨痕の測定例を示す。研磨エリアが球面の一部を呈することがわかった。図2.13.12に研磨時間が5分、10分、15分、20分間研磨したときの研磨痕の中心断面高さの変化を示す。各研磨断面深さは研磨時間に比例して増大することがわかった。また、並行して、シミュレーション手法を使用し研磨痕の断面深さの変化について調査を行った。図2.13.13の(a)、(b)、(c)、(d)に研磨時間が5分、10分、15分、20分間のときの研磨実験結果とシミュレーション結果との比較を示す。各図からシミュレーション結果が研磨結果とある程度合致す

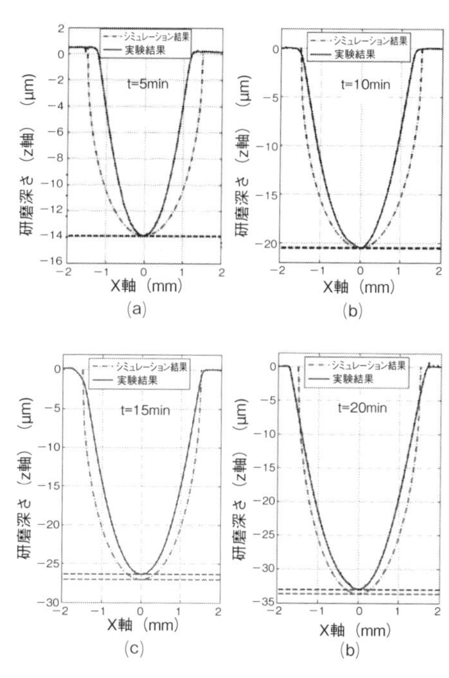

図2.13.13　シミュレーション結果と研磨結果の比較

ることがわかった。

また、研磨痕の安定性についても同じ条件で複数回の実験を行い、その変化は10%以内に収めることがわかった。

5. おわりに

本節では、金型や各種光学素子を対象に、自由形状表面の研磨法について紹介した。特に超精密加工を行う場合にハイブリッド加工プロセスの活用により高精度・高品位・高能率加工の可能性を示唆した。また、小径回転工具による自由形状面の研磨加工法と自転／公転型研磨法による自由形状面加工法について紹介した。今後、コンピューター制御による自由曲面の大面積加工において研磨ツールの磨耗や研磨レートの安定性の維持は大変重要な課題と考えており、引き続き研究を展開していくことが必要である。

参考文献

1）劉 長嶺・他, ELID II法を利用した軸対称非球面の補正加工法, 砥粒加工学会誌, 44, 11 (2000) 504.
2）H. Ohmori and T. Nakagawa, Mirror Surface Grinding of Silicon Wafer with Electrolytic In-process Dressing, Annals of the CIRP, 39, 1, (1990) 329.
3）H. Ohmori and T. Nakagawa, Analysis of Mirror Surface Generation of Hard and Brittle Materials by ELID (Electrolytic In-Process Dressing) Grinding with Superfine Grain Metallic Bond Wheels, Annals of the CIRP, 44, 1, (1995) 287.
4）小林　昭, 超精密ダイヤモンド切削加工技術, 精密工学会誌, 55, 5 (1986) 851.
5）進村武男・他, 磁気研磨法の研究（第1報）: 加工原理と二, 三の研磨特性, 日本機械学会誌, 85, 3 (1982) 241.
6）S.D. Jacobs, et al., Magnetorhelogical finishing: A deterministic process for optics manufacturing, SPIE 2576, (1995) 372.
7）久米　保, 磁気粘性（MR）流体を用いた研磨装置, 精密工学学会誌, 72, 7 (2006) 830.
8）大森　整・他, ELID研削とMRF磁性流体研磨を相乗した超精密複合プロセスの研究——第一報: ガラスレンズ加工への試み, 砥粒加工学会誌, 50, 1 (2006) 39.
9）尹　韶輝・他, ELID研削とMRF磁性流体研磨を相乗した超精密複合プロセスの研究——第二報: CVD-SiCミラー加工の試み, 砥粒加工学会誌, 50, 6 (2006) 154.
10）林　偉民・他, 連携加工プロセスによる光学素子のナノ精度鏡面加工, 成形加工, 18, 12 (2006) 842.
11）H. Mimura, et al., Focusing mirror for x-ray free-electron lasers, Review of Scientific Instruments, 79, 083104 (2008) 1.
12）林　偉民・他, 自転／公転型研磨法の新提案と高精度形状研磨の基礎研究, 砥粒加工学会誌, 56, 4 (2012) 44.
13）He Wang, Weimin Lin, Removal model of Rotation & Revolution Type Polishing Method, Precision Engineering, 50 (2017) 515.

2.14 研削盤における50年間を振り返る
Look back on the grinding machine for 50 years

日本大学　山田　高三
Takazo Yamada

Key words: grinding machine, grinding wheel, NC, cBN, grinding center, IoT

1. はじめに

これまでの研削盤の技術動向を振り返るには、2年に一度開催されている日本国際工作機械見本市（JIMTOF）の動向をみるとわかる。このJIMTOFは1962年に第1回が開催されており、この記事が工業調査会と日本工業出版から刊行している「機械と工具」に掲載され続けている。そこで、この記事をもとに50年前である1970年から研削盤の技術動向を振り返ってみることにする。

2. 1970年代

1960年代までは欧米の工作機械技術の模倣に近い形で技術進展してきたが、この頃になると完全に模倣を脱却し、先端技術を開拓し欧米と共に新技術を競う時代となってきた。

1970年代初頭のキャッチフレーズとして「省力化、自動化の70年代」を唱えたメーカが多かった。省力化や自動化は今でも焦点が当て続けられている技術となるが、このような技術に着目されてから50年が経った今でも着目され続けている点で、永遠の課題なのではないかと思わされる。

省力化と自動化において当時着目されたのがNCである。研削盤のNC化は1960年代後半から取り入れられてきており、この頃になると比較的簡単な形状の工作物を自動研削するものと、複雑な形状の工作物をNCプログラムで研削するものとに大別される。簡単な形状としては図2.14.1のような段付シャフトが挙げられるが、このような形状を手作業で加工していたものをNCプログラムで加工できるようになったのは当時としては画期的であった。さらに直接

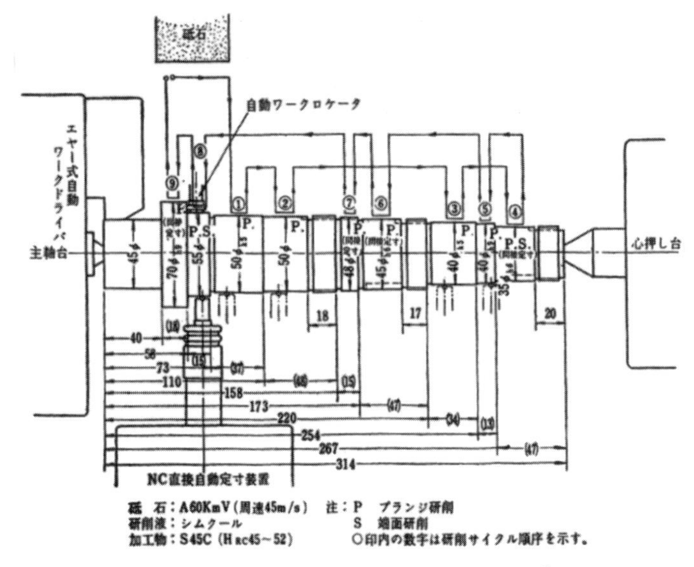

図2.14.1　円筒研削盤による加工シーケンス例[1)]

定寸と間接定寸をすでに取り入れており、これらを併用し砥石台の原点補正をしながら加工する。軸長手方向の原点設定は砥石台上部に置かれた自動ワークロケータが工作物端面位置を測定して両方向で行えるようになっている。

NCが使えるようになったことで、研削状態に応じて常に最適な砥石切込み速度となるように適応制御する研削盤も開発されている。研削抵抗を静圧軸受の軸受補助ポケットに内蔵した半導体感圧素子（感度0.05 kg/cm^2）で検出する。一方、その際の研削幅はNCで与えられているので、測定した研削抵抗から単位幅あたりの研削抵抗を算出することができる。この研削抵抗が一定になるように図2.14.2に示すように切込み量を制御し最適化を行っていた。

一方でNC化により問題視されたのが研削盤の熱変形である。手動で研削を行っていた際には研削盤が熱変形したとしても作業者は知らず知らずに適応し、技能で加工精度を保っていた。しかしNCにより熱変形はそのまま工作物に転写されるようになってしまった。そこで加工精度を安定化させるために、コラム、砥石頭を水冷したり、作動油とフレームを研削液で冷却するなどの熱

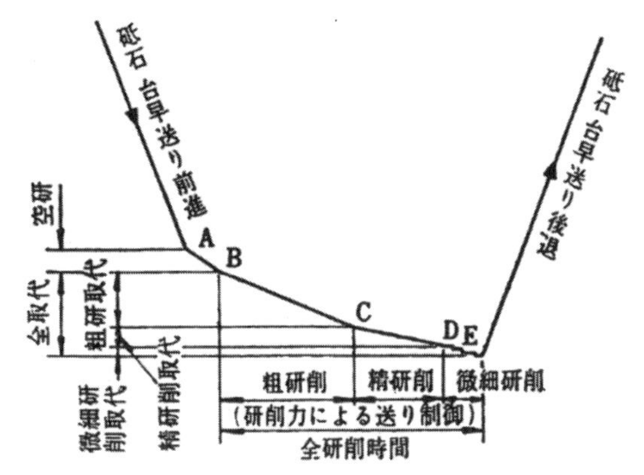

図2.14.2　円筒研削盤の砥石切込み速度制御による研削サイクル[2)]

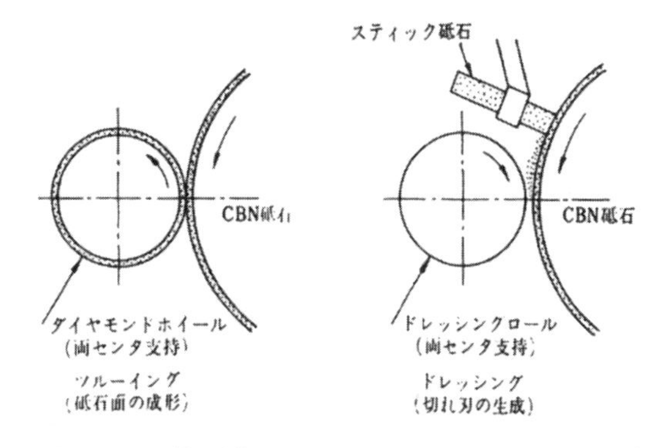

図2.14.3　円筒研削盤におけるcBNホイール面ツルーイングおよびドレッシング[3)]

変形対策を行うようになった。

砥石周速度の高速化は1967年にドイツで60 m/sでの研削が可能となる研削盤が開発された頃から着目されてきた。1970年になってから日本でも45～60 m/sの高速研削が見られるようになってきており、一部では90m/sにも及んでいた。しかしこの頃から砥石の遠心破壊による安全対策が重要視されてきた。

このような高速研削が注目さる中、1969年にアメリカのGE社がcBN砥粒を開発している。ダイヤモンドに次ぐ硬さを有する砥粒だけに、発売された10年後の1970年代後半には完全に実用化されている。cBN砥石で問題となるのが砥粒が硬いが故のツルーイング、ドレッシングの難しさである。図2.14.3に示すように、この頃はステック砥石を用いてツルーイングを行っていたが、その際に脱落した遊離砥粒をドレッシングロールと砥石の間にもたらし、この遊離砥粒を用いてドレッシングを行うという方法も提案されている。

新しい加工法としてクリープフィード研削とスルーフィード研削が開発されている。クリープフィード研削は、従来の平面研削での送り速度を遅くし、逆

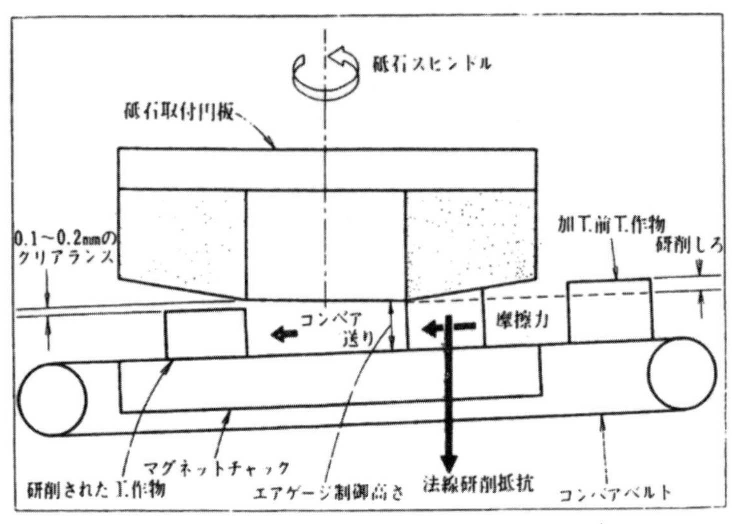

図2.14.4　スルーフィードグラインディングの原理図[4)]

に切込み量を大きくして加工する方法である。通常の平面研削ではテーブル送り速度は300～2,000 mm/minがほとんどであったが、これを50～100 mm/minとするもので、1パスでの研削量が多くなり研削能率を上げることができる。一方、スルーフィード研削はイギリスのDaivid Williamsが発明したもので、図2.14.4に示すように、砥石加工面に予めテーパが付けられており、工作物を砥石外周部から移動させ徐々に工作物を除去していき、最終的には平面を得る加工法である。1パスで0.05～1.25 mmの切込みが得られるため、工作物の連続供給と合わせて高能率な加工が可能である。このうちクリープフィード研削は、次の1980年代初頭に注目されるようになった。

3. 1980年代

クリープフィード研削仕様が多く作られるようになった。クリープフィードの成否は砥石、機械剛性、研削液供給の3つが重要となっている。低送り速度、高切込みに対応するため、低送りでは摺動面でのスティックスリップを防ぐ対策がなされ、高切込みによる研削抵抗に耐えられる高剛性化がなされた。対象となる工作物は自動車部品の大量生産から金型の少量生産に至る総形研削が主たる分野であった。こうして1970年代から1980年代に広まったクリープフィード研削であったが、1980年代後半に開発されたスピードストローク研削の出現と共に、80年代後半にはすっかり姿を消すことになった。

スピードストローク研削とは、従来の平面研削での低切込みはそのままに、工作物を速く駆動し研削能率を上げる加工法である。Elb-Schliff社が開発した研削方法であり、工作物を如何に早く動かすかが課題となる。この課題に対して1990年代に開発されたリニアモータによりテーブルを高速送りできるようになり、2000年代に入り制御技術の高まりとともに発展していくこととなる。

複合加工機としてグラインディングセンタが開発されたのが1986年頃である。マシニングセンタのATCに小径ダイヤモンド砥石を格納し、セラミックス部品の成形研削を実現している。マシニングセンタのフレキシブルな加工機能を活用したもので、鋳鉄ボンド砥石と高剛性機械構造との組み合わせにより、図2.14.5のようなセラミックス材の平面、溝、穴、曲面などを高能率に加工できるようになった。これ以降グラインディングセンタが多く開発されるようなり、マシニングセンタベースをはじめ、平面研削盤ベース、円筒研削盤ベース、ターニングセンタベースと2000年代に入っても開発は続いていくことになった。

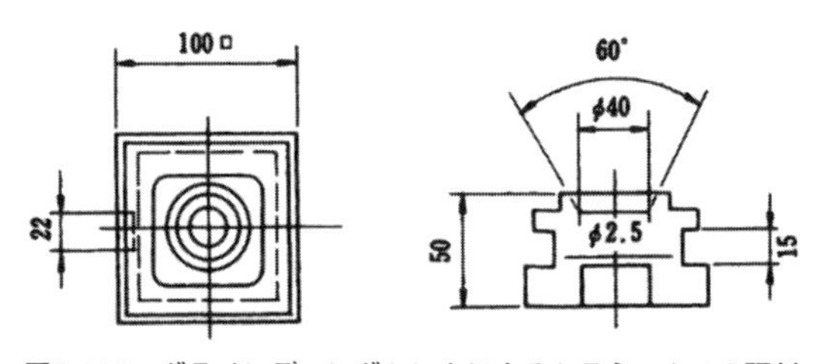

図2.14.5　グラインディングセンタによるセラミックスの研削加工例[5)]

研削盤の構造における大きな変化は、ベッド材に人工花崗岩（レジンコンクリート）が使われ始めたことである。エポキシレジンと花崗岩を混合したもので、図2.14.6に示すように鋳鉄に対して振動減衰能が数倍と高くなっている。他にも図2.14.7に示すエポキシコンクリートベッドが開発され、耐酸性、耐油性、振動減衰能（鋳鉄の8倍）、熱変形量（鋳鉄の1/2）を改善しセンタレス研削盤に使われていた。

1970年代後半からNCはMDI（Manual Data Input）方式に移行してきたが、1980年代後半にはNCのプログラミング機能を用いた研削用プログラミングソフトが開発されるようになり、対話型で高度な加工制御が可能になってきた。加工内容、工作物材料、加工面粗さを画面から対話形式で選択し、加工寸法をセットしてスタートボタンを押せば、NCが加工条件を決定し加工を始めると言ったものである。研削加工は熟練を要する場合が多いが、この技術により作業者は加工が容易となり、またこれ以降は、研削条件の自動選定技術として、あるいは2010年代中頃のIoT化へと繋がることになる。

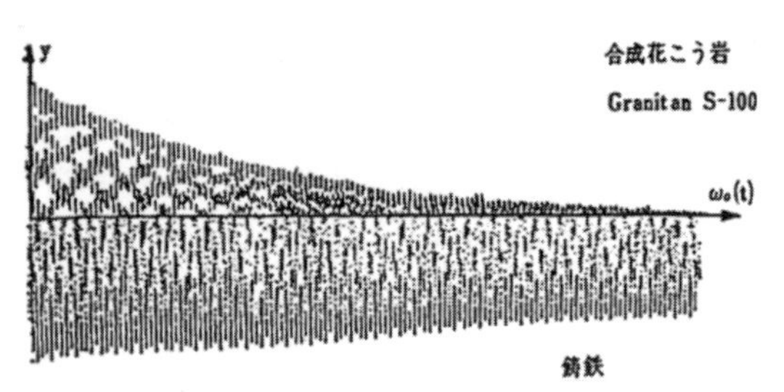

図2.14.6　人工花崗岩（レジンコンクリート）と鋳鉄の振動減衰性能比較[6]

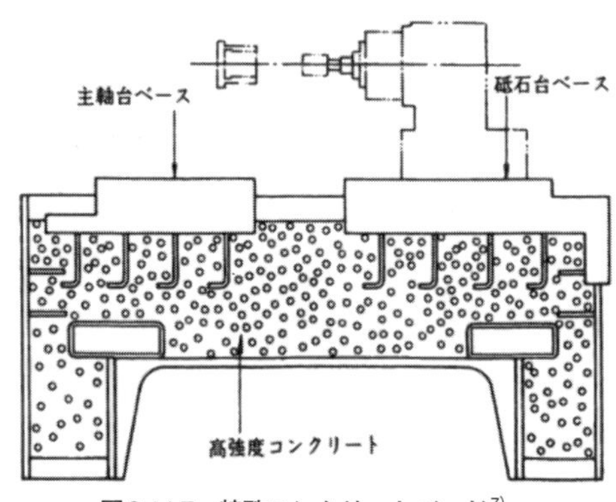

図2.14.7　特殊コンクリートベッド[7]

cBNホイールはホイール表面の砥粒が1層だけでも長寿命が得られるため、ホイール表面に砥粒をニッケルメッキによって固定している。これによりツルーイング性を高めているが、より砥石の成形性を上げるものとして、ビトリファイドcBNホイールが開発された。ビトリファイドは従来から用いられてきた結合剤であり、大きな気孔をもたせ、かつツルーイング時に砥粒を保持している結合剤が容易に切れるため、成形性に優れている。ホイール自身は高強度の鋼を用い、その表面に砥石層を貼り付ける構造となっており、回転時に応力が高くなる内径部は鋼のため、高速研削にも対応している。以後、このビトリファイドcBNホイールが広く活用されることになった。

4. 1990年代

1990年に入り、NCが32ビットへ移行し制御精度が高まると、対話型NCから研削条件などを導くインテリジェント化へと進化していった。この頃にAIという言葉も使われるようになってきた。90年には図2.14.8に示すように、図面データを入力するとNCのほうでニューラルネットワークを用いて研削サイクル、研削順序、研削条件、砥石修正条件などを決定し最適研削条件を導くシステムとなっている。このシステムには学習機能も搭載されていた。さらに94年には図2.14.9に示すインテリジェント研削サイクルも提案されている。研削中の工作物形状を定寸装置で測定し、荒研削では仕上げ径+αまで送り、その後砥石後退のタイミングを最適制御するとともに、砥石後退をファジィ制御して、サイクルタイムをできるだけ短くするようにしている。2010年代に入り再びAIが注目されるようになったが、基本的なコンセプトは、すでにこの頃から確立していたと言える。

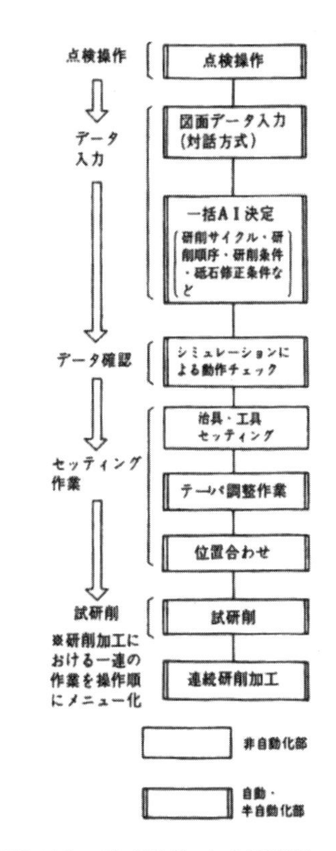

図2.14.8　インテリジェント研削盤における作業の流れ[8)]

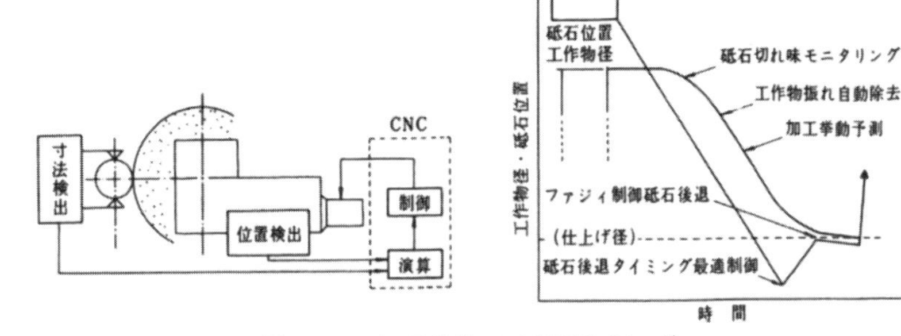

図2.14.9　インテリジェント研削サイクル[9)]

cBNホイールも一般化し、cBN対応の研削盤も多数作られるようになった。研削盤構造としては、砥石軸と砥石フランジを一体化し、高強度の電着cBNホイールを用いることで周速度200 m/sを可能としている。砥石軸はオイルエア潤滑のころがり軸受を採用し、高圧クーラント供給による切りくず除去と研削点冷却を図ったことにより、インコネルなどの難削材も問題なく加工できるようになった。またホイール材を図2.14.10に示すようにCFRPをコアにしたビトリファイドcBNホイールも開発されている。回転によるコアの膨張や応力を抑え、セグメントが剥離しにくいようにコア形状の設計を行っている。CFRPは当時としては高価であり一般化しなかったが、2018年の見本市では再度CFRPの砥石が展示されており、CFRPが他分野で一層広まるにつれ安価になれば、一般化する可能性がある。

図2.14.10　CFRPがコアのビトリファイドcBNホイール[10)]

新しい加工法として、図2.14.11に示す鋳鉄ファイバボンドを用いたcBNホイールと電解インプロセスドレッシングを組み合わせた研削方式「ELID研削システム」が開発された。このシステムでは研削中にドレッシングが行えるため、通常では目づまりして使えないような超微細砥粒の砥石でも使用でき、研削にて容易に鏡面加工が行えるようになった。

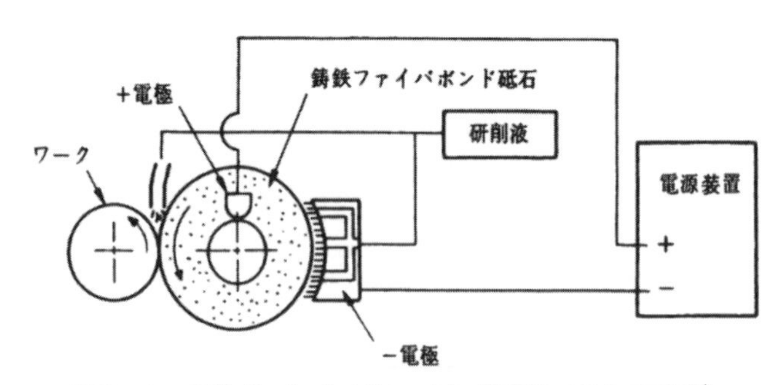

図2.14.11　電解インプロセスドレッシング研削システムの原理[11)]

リニアモータが開発され、実用機としてZ軸にリニアモータを使用したジグ研削盤が開発された。ジグ研削盤のZ軸にボールねじを使用した場合、摩擦による発熱、摩耗による精度劣化、振動問題から、チョッピング輪郭加工で200サイクル/25 mm/minが限界であった。これをリニアモータにすることで、400サイクル/25 mm/min、加速度は2.3G（従来の4倍）に、加工時間を1/3～1/4にすることができた。リニアモータは発熱が問題となるが、主軸頭鋳物に低熱膨張鋳物（従来の鋳物の1/4）を使用して熱変形を抑えていた。

1990年代中頃から環境に配慮した加工が叫ばれるようになってきた。そのような中、冷風研削が開発された。冷風研削システムでは研削油に油剤を用いる代わりに砥石表面に微小の植物油を与え、また－30°のドライの冷風を加工点に供給することにより冷却するものである。研削性能は湿式の10倍以上の砥石寿命、4倍近い研削比となっていた。このような高能率な研削方法ではあったが、設備コストを考えた場合の多くの問題が解決できず、2000年頃を境に姿を消していった。

5. 2000年代

2000年に入ると微細超精密加工機が開発されるようになった。加工対象が半導体部品や光学部品に移行するにつれて、高精度加工機が必要になってきた。導光板加工機として最小切込み精度0.01 μmを達成し、テーブルには比剛性の高いアルミナセラミックス材料を使用し、コラムも軽量化と高剛性化を図っている。これにより無電解ニッケルメッキを加工し表面粗さ2 nmRaを実現している。5軸制御の微細加工機でも油静圧案内を採用し同じく0.01 μmの制御を行えるようになり、f-θレンズ加工に用いられた。この分解能も2004年には0.001 μmを達成している。除振台を利用したり機械周辺温度環境を整えることで実現している。

この頃、研削盤の小型化に関する学術調査研究が行われた。生産ライン長さの短縮および簡素化、設置スペースの縮小、視野性向上による作業環境の改善など、多くの利点となる。例えば図2.14.12に示すようにセンタレス研削盤で

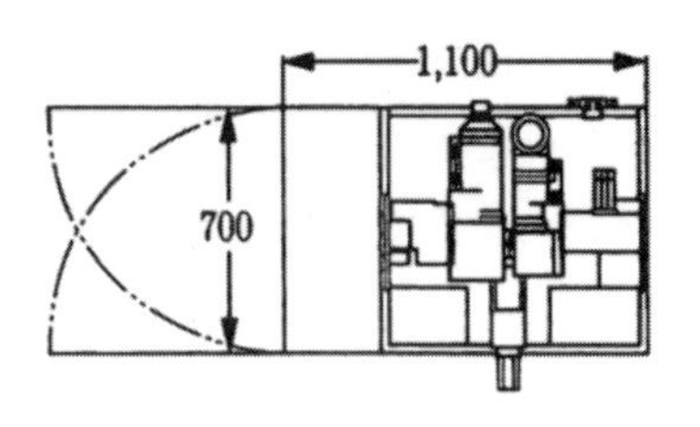

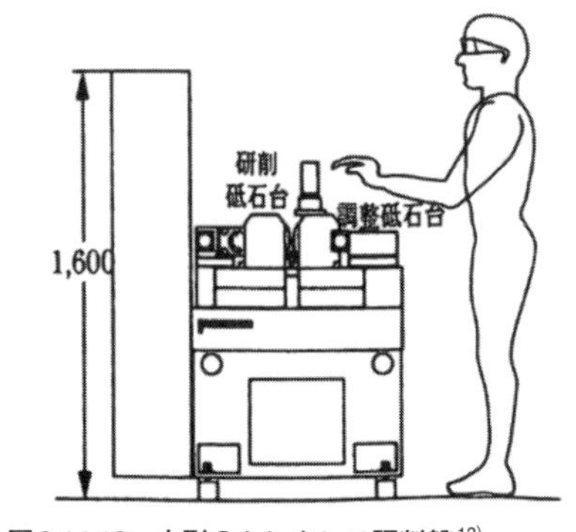

図2.14.12　小形のセンタレス研削盤[12)]

は床面積を700×1,100 mmのものを開発したり、円筒研削盤でも幅1,150×奥行2,500×高さ1,050 mmと小型化を達成している。この傾向は、2010年代以降も続くことになる。

1980年代後半に開発されたスピードストローク研削はテーブル反転時のショックによる振動が問題であったが、これをテーブルの軽量化や加減速制御、カウンタバランスを用いるなどして振動を抑えて開発が進んだ。表2.14.1に2004年当時のスピードストローク研削盤を示す。駆動機構はリニアモータ、油圧サーボモータ、クランク機構などさまざまであった。

表2.14.1　スピードストローク研削盤の比較[13)]

会社名	機種名	テーブル寸法〔mm〕	駆動機構	特記事項
岡本工作機械製作所	UPZ-31Li	200×110	リニアモータ 500spm/20mm	可変静圧案内 エアスピンドル CCDカメラ機上計測
三井ハイテック	MSG-46CNC-B	450×150	リニアモータ 300spm/10mm	エアスピンドル 左右位置決め±1μm 最高速度15m/min
ナガセインテグレックス	SHS-15	150×100	油圧サーボ 500spm/10mm	油静圧案内 シールレスシリンダ コンタリング加工 最高速度40m/min
テクノワシノ	MISTER-V3	450×150	油圧サーボ 300spm/15mm	
長嶋精工	KAI-100-F・H	220×120	クランク機構	
イワシタ	IG-SR102	150×102	クランク機構 1,000spm	2重テーブル 最高速度60m/min

6. 2010年代

cBNホイールは1990年代には周速度200 m/sで使われていたが、この頃になると敢えて周速度を落として使うようになってきた。高速で使用した場合、砥粒の摩滅が激しくドレッシング頻度が増し生産性が落ちるからである。そこで45 m/sで使用することで、元々は耐摩耗性が高いためドレッシングインターバルを長くすることができ、トータル的に生産効率を上げることに着目するようになった。

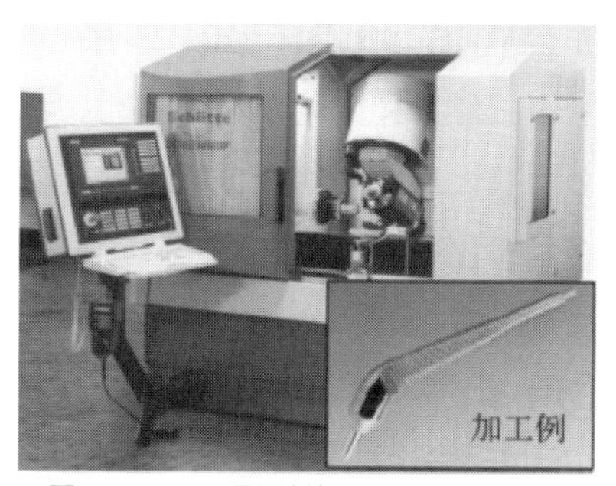

図2.14.13　工具研削盤による人工関節の加工例[14)]

円筒研削盤においては定寸装置を用いてインプロセスでの測定が主流であるが、平面研削盤においてもタッチプローブで測定することで、平面度を1 μm程度まで高められるようになった。平面加工した後に形状をプローブで測定し、これをNCで補正するものであるが、測定結果をフィードバックするだけなく周辺温度変化による補正や3次元制御など技術も一役を担っている。

加工対象物は工業製品のみならず、医療分野に及び始めた。図2.14.13は工具研削の技術を生かして複雑形状の人工関節を加工した例である。人工関節はあるパターン化した形状を大量生産で製造され販売されている。高齢化を迎える国々が多い中、今後の発展に期待されている。

1990年代から始まったインテリジェント化は、2014年に入りさらに進化した。加工中のびびり振動は加工不良を生じるため避けなければならないが、これを回避するびびり抑止機能が搭載された。この機能は安定ポケット理論を用いたもので、主軸回転数を変えることで再生型びびり振動を回避することができる。びびり振動が生じない加工条件を研削前に予測し回避するものとなっている。また図2.14.14に示した平面研削盤は、完全無人化の全自動を目指したものであり、工作物形状を測定しその結果から自動反転位置を決めたり、研削後の工作物形状をプローブで測定し、公差内に収まっていなければ再度研削を行うも

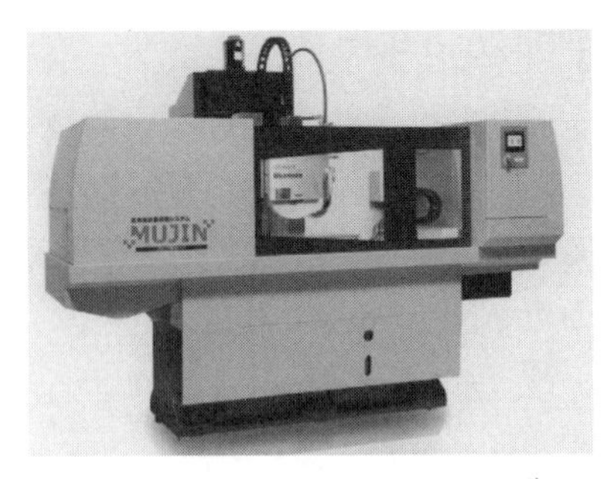

図2.14.14　全自動平面研削システム[15)]

のとなっている。まだ実用化されていないが、今後の発展が期待されている。

そして2010年代中頃からはIoTとAIの時代となってきた。現時点では工作機械や工具、工作物がインターネットを介して繋がるだけであるが、今後はAIあるいは機械学習を用いた自律した研削盤が期待されている。現時点では、研削中の振動を測定し、そのデータから砥石寿命の判断や再ドレッシングの判断に用いるために機械学習を用いたシステムが開発されつつある。今後はIoT技術で得たデータを如何に活用し、生産効率向上のために如何にデータを処理するかが鍵となるものと考えられる。

参考文献

1）機械と工具，1（1971），138，工業調査会.
2）機械と工具，1（1971），139，工業調査会.
3）機械と工具，1（1979），61，工業調査会.
4）機械と工具，12（1974），38，工業調査会.
5）機械と工具，1（1987），54，工業調査会.
6）機械と工具，1（1983），53，工業調査会.
7）機械と工具，1（1987），56，工業調査会.
8）清水伸二，機械と工具，1（1991），45，工業調査会.
9）横川宗彦，機械と工具，1（1995），9，工業調査会.
10）横川宗彦，機械と工具，1（1993），39，工業調査会.
11）清水伸二，機械と工具，1（1991），51，工業調査会.
12）由井明紀，機械と工具，1（2005），31，工業調査会.
13）由井明紀，機械と工具，1（2005），34，工業調査会.
14）山田高三，機械と工具，1（2013），26，日本工業出版.
15）山田高三，機械と工具，2（2017），20，日本工業出版.

第3章

先端デバイス技術
ー過去、現在、そして未来へ

3.1　太陽電池デバイス作製技術における50年間の技術動向と最新技術

50 Years's Technological Trend and Present Status of Solar Cells Fabrication Processess

東京都市大学　小長井　誠
Makoto Konagai

Key words: solar cell, Si solar cell, bulk solar cell, thin-film solar cell, photovoltaics

1. はじめに

1954年にベル研究所でSi太陽電池が発明されて60年が経過した。この間、世界のSi太陽電池の生産量は年間、4,000万kWまで増加した。エネルギー変換効率（以降、単に変換効率と記す）は、5～6%のレベルから25%まで増加した。デバイス作製技術という点では、Si太陽電池の構造は、単純なpn接合から､高効率化を目指したヘテロ接合構造などへと進化を遂げつつある。一方、太陽電池材料という観点では、開発の当初から、安価な製造コストを目指してさまざまな材料系が開発されてきたが、全生産量に対するSi以外の太陽電池材料の占める割合は、10%程度にとどまっている。

太陽電池は、用いている材料の厚さにより、下記のとおりバルク型と薄膜型に分類される。

1）　バルク太陽電池

- 単結晶Si、多結晶Si太陽電池
- III-V化合物半導体太陽電池

2）　薄膜太陽電池

- Si系薄膜太陽電池（アモルファスSi、微結晶Si）
- Cu(InGa)Se_2系薄膜太陽電池
- CdTe薄膜太陽電池
- 色素増感・有機半導体太陽電池
- カルコパイライト太陽電池

バルク型は、インゴットを製造してからウェハを切り出すものである。

GaAsなどのIII-V族化合物半導体も基板をインゴットから切り出すためバルク型に分類される。GaAsは直接遷移型の吸収係数を有しており、太陽電池に必要な厚さ自体は数μmであるが、残りの部分は支持基板となっている。

一方、薄膜型は、光吸収係数の大きな材料をガラスなどの異種基板の上に形成したものである。現在、薄膜の中で製造量が多くなっているCdTeとCu(InGa)Se_2はガラス基板上に形成されており、必要な半導体層の厚さは数μmである。この他、最近、特に注目を集めている材料系にカルコパイライトがある。この数年の間に小面積で20%を超す変換効率が得られている。

本章では、この50年間の太陽電池デバイス作製技術に焦点を当てて、開発の歴史を振り返えるとともに来るべき年間生産量テラワット時代に向けての課題を整理する。

2. 太陽電池の変換効率推移

太陽電池の変換効率は、雑誌Progress in Photovoltaicsに定期的に掲載されている。現在、最も新しいデータは、vol.23, Issue 1 (2015), Solar Cell efficiency tables (Version 45) に記載されている。Solar Cell efficiency tablesに記載されているデータは、公認の測定機関での測定結果に限られている。各研究機関内で測定されてデータは掲載されない。したがって、非常に信頼性の高いデータであり、Wiley Online Labraryからダウンロード可能となっている。ここでは、表3.1.1に最新の変換効率データを示す。また、1975年からの各種太陽電池の変換効率推移は、NRELから発表されているBest Research-Cell Efficiencies図に詳細に記載されている。この変換効率推移図も定期的に更新されている。

40年前の変換効率と現在の変換効率を比較すると、どの材料系においても変換効率の向上には20年、30年の開発を要していることがわかる。あらゆる材料系の中で、一番、変換効率が高いのは、III-V族化合物半導体を用いた4接合集光型太陽電池であり、これまで44.6%の変換効率が達成されている。Si太陽電池は、2000年前後に25%の変換効率が達成され、以降、大きな進展は

表3.1.1　太陽電池の変換効率の現状*

太陽電池材料	変換効率（%）	面積（cm^2）	測定機関（測定月／年）	備考
Si（単結晶）	25.6±0.5	143.7	AIST（2/14）	パナソニックHIT
Si（多結晶）	20.8±0.5	243.9	FhG-ISE（11/14）	Trina Solar
Si（はく離法）	21.2±0.4	239.7	NREL（4/14）	Solexel（35 μm厚）
Si（アモルファス）	10.2±0.3	1.001	AIST（7/14）	AIST
Si（微結晶）	11.4±0.3	1.046	AIST（7/14）	AIST
a-Si/μc-Si	12.7±0.4	1.000	AIST（7/14）	AIST
a-Si/nc-Si/nc-Si	13.4±0.4	1.006	NREL（7/12）	LG Electronics
CIGS（薄膜）	20.5±0.6	0.9882	NREL（3/14）	Solibro、ガラス基板
CIGS（ミニモジュール）	18.7±0.6	15.892	FhG-ISE（9/13）	Solibro、4直列セル
CdTe	21.0±0.4	1.0623	Newport（8/14）	First Solar
色素増感	11.9±0.4	1.005	AIST（9/12）	シャープ
色素増感（ミニモジュール）	10.0±0.4	24.19	AIST（6/14）	フジクラ／東京理科大
有機半導体	11.0±0.3	0.993	AIST（9/14）	東芝
有機半導体（ミニモジュール）	9.5±0.3	25.05	AIST（8/14）	東芝、4直列セル
ペロブスカイト	20.1±0.4	0.0955	Newport（11/14）	KRICT
GaAs（薄膜）	28.8±0.9	0.9927	NREL（5/12）	Alta Devices

* Progress in Photovoltaics, Vol.23, Issue 1(2015)に掲載されているVer.45のSolar Cell efficiency tablesをもとに筆者が整理

なかったが、2014年、わが国のパナソニック社からアモルファスSiとのヘテロ接合を利用したHIT太陽電池で25.6%の変換効率が発表されるに至っている[1)]。

太陽電池として最適な禁制帯幅は、1.4 eV程度である。最適な禁制帯幅という観点では、Siは最適な材料ではない。製造コストを無視して、高い変換効率を得るには、GaAs（1.43 eV）が最も適している。GaAsでは、これまでにすでに28.8%が得られている。

薄膜系では、低コスト製造が期待されるSi薄膜の変換効率向上の期待が高まっていたが、光劣化というセル特性の劣化現象を解決するに至っておらず、光劣化後の安定化効率も13%前後にとどまっている。一方、CdTeとCu（InGa）Se_2は、小面積ではすでに21%を超す変換効率が得られている。この値は、キャストSi太陽電池とほぼ同じレベルにある。

色素増感・有機半導体太陽電池の変換効率は、10～12%にとどまっており、まだ電力用途には用いられていない。一方、わが国の宮坂によって見出されたペロブスカイト[2)]は急速に変換効率が向上しており、2014年には20.1%の最高

効率が報告されるに至っている[3)]。

3. 太陽電池の生産量推移

太陽電池の生産量という観点では、かつて「高いから買わない、売れないから生産量が増えない」という負の循環が生じていたが、わが国で1994年に開始された住宅用太陽光発電システムの補助事業、さらに、その後、ドイツを中心とした欧州での電力買い取り制度の導入により、太陽電池の需要・生産量が急速に増加しはじめ、2014年には世界の太陽電池生産量は40 GWに達した。また2014年の世界での積算導入量は200 GW（2億kW）となっている。現在、住宅用太陽光発電システムの販売価格も急速に低下しており、システムとしの販売価格が30～40万円/kWまで低下している。

図3.1.1は、世界の太陽電池の生産量推移を材料別に示したものである。CdTeとCu(InGa)Se_2の生産量は順調に増加しつつあるが、Si太陽電池の生産量も中国を中心にして急速に増加しており、薄膜系の割合は全体の10%にとどまっている。

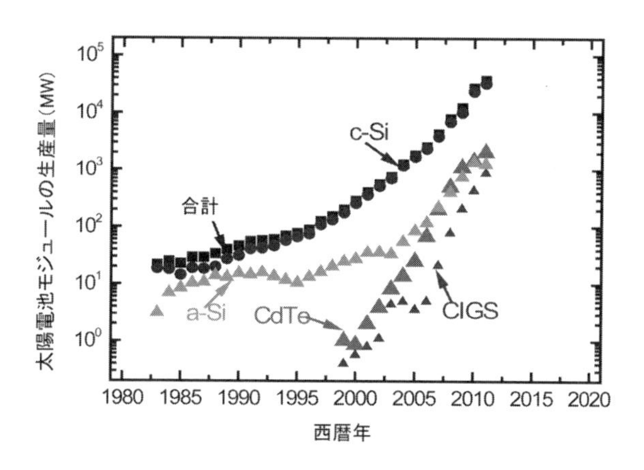

図3.1.1　太陽電池の材料別生産量推移[4)]

4. 従来型Si太陽電池

4.1　単結晶Si太陽電池

この50年の間に、Si太陽電池の構造は、大きく進化した。まず、セルサイズは1インチから6インチへ変化した。ウェハの厚さも年々薄くなり、現在は180 μmとなっている。今後、薄型化はさらに進み、10年後には50 μmまで薄くなると予測されている。接合形成技術、セル構造も大きく進化した。図3.1.2は、セル構造の進化を眺めたものである。接合構造は、単純なpn接合からBSF（Back Surface Field）へ、さらに裏面ポイントコンタクト、n型基板を用いたヘテロ接合へと推移している。

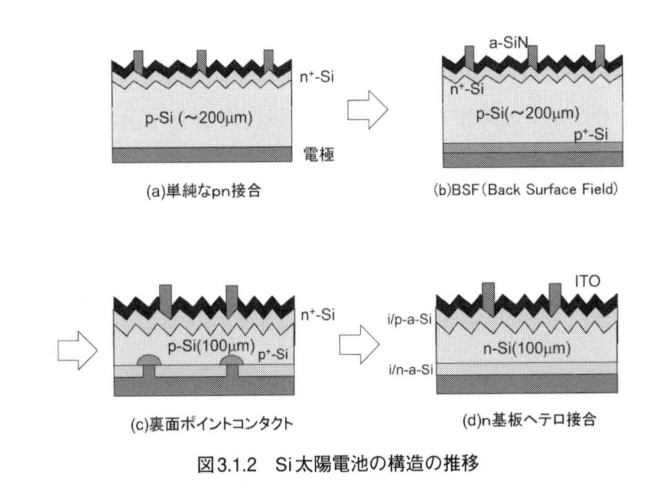

図3.1.2　Si太陽電池の構造の推移

4.2　多結晶キャストSi太陽電池

現在、鋳造法（キャスト法）による多結晶Si太陽電池の生産量は、単結晶系よりも多くなっている。これはキャストSi太陽電池が低コストで製造可能であるためである。一方、太陽光発電による発電コストをいっそう低減するには、高効率化が重要であるとの観点から、変換効率の高い単結晶Si太陽電池の生産比率が増えつつある。ITRPV2014による予測では、10年後には、単結晶Siと多結晶Siの割合が半々になると予想されている（図3.1.3）。

多結晶Si太陽電池の基本的な構造は単結晶と同様であるが、多結晶で角形という利点を生かした大面積セル、大出力モジュールなどが製造されつつある。現状、多結晶Si太陽電池モジュールの出力150－250 W 、モジュール効率16－18％のものが販売されている。

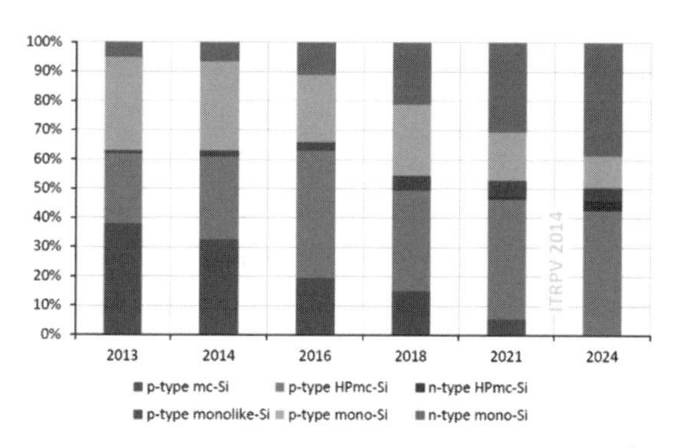

図3.1.3 ITRPV2014に見るSi太陽電池構造の推移予測[5)]

5. 薄膜太陽電池

5.1 Si薄膜太陽電池

アモルファスSi（a-Si）太陽電池は、13.56 MHzの高周波プラズマCVDで製膜されるのが一般的であるが、高速堆積のためには60 MHz付近のVHFプラズマCVDが有用とされ、すでに実用化の域に達している。

a-Si太陽電池の構造には、単接合型と多接合（2接合、3接合）型がある。単接合型太陽電池の基本的な構造は、ガラス基板／透明導電膜／ pin ／裏面反射層／電極からなる。透明導電膜には、光閉じ込めのため表面を凹凸化したSnO_2やZnOが用いられている。p層にはa-SiCが用いられ、p/i界面には光励起された電子をp側からi層へ押し戻すためのバッファ層が挿入されている。アモルファスSiには、Stabler-Wronski（SW）効果とよばれる光劣化現象が存在する。a-Si太陽電池の光劣化は、屋外曝露を始めて3ヶ月程度で安定化するのが一般的であり、高温で熱処理をすると元に戻る可逆性を有する。SW効果の原因解明、ならびに対策技術開発を通してa-Si太陽電池の光劣化は減少したが、現在でも完全に除去するには至っていない。光劣化特性は、i層の厚さに依存する。i層の厚さが500 nm位の厚さの方が、初期効率は高くなるが、光劣化の割合も大きくなる。光劣化により欠陥密度が増加すると、i層内の電界強度が弱くなり、i層内での再結合が増えるためである。そこで一般的にはi層の厚さは300 nm程度となっている。

Si系薄膜太陽電池の変換効率向上を図るため、研究開発は、a-Siと微結晶Si（μc-Si）のタンデム化に移行している（図3.1.4）。太陽電池の変換効率予測については多くの報告があるが、現実的には14～15%位のモジュール効率が期待される。

これまでに、a-Si/μc-Siタンデム太陽電池で12%台の変換効率となっている。

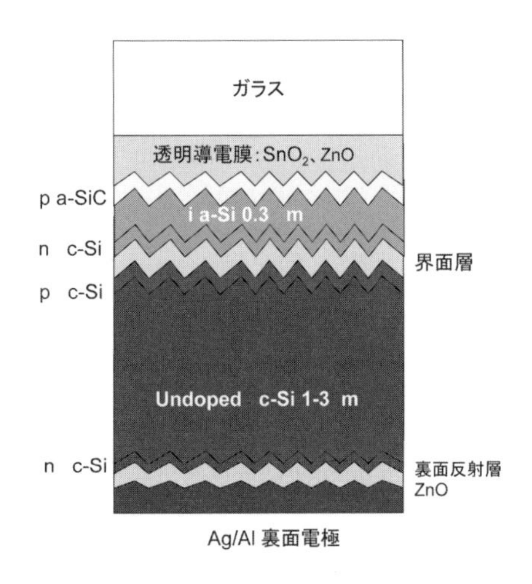

図3.1.4　代表的なa-Si/μc-Siタンデム太陽電池の構造

5.2　化合物薄膜太陽電池

化合物薄膜太陽電池には、CdTeとCu(InGa)Se_2（略してCIGS）があるが、ここでは紙数の関係でCIGSのみについて記述する。CIGSは、カルコパイライト構造を有する半導体である。代表的には、禁制帯幅が1.1eV 程度のCu(InGa)

Se_2が用いられているが、禁制帯幅制御のためAg、Al、Te系も研究されている。また資源量が少ないInを代替する材料としてZn・Snを用いる場合がある。

CIGSはセレン化、蒸着法、非真空法など、いろいろな手法で製膜が行われているが、実際に製造に用いられているのは図3.1.5に示すセレン化法である[6)]。

セレン化法とは、カルコパイライト系固有の製膜手法である。図3.1.5に示すように、電極となるMo付ガラス基板上にCu-Ga, Inをスパッタ法で積層し、H_2SeならびにH_2S雰囲気中で熱処理すれば所望のCIGSが合成されるというものである。CIGS光吸収層を製膜後、透明電極としてZnOが形成されている。この手法で、わが国のSolar Frontier社がすでに年産規模1GWで製造を開始している。Siの多結晶と異なり、CIGS系では多結晶であっても粒界の影響を受けにくいのが特徴である。

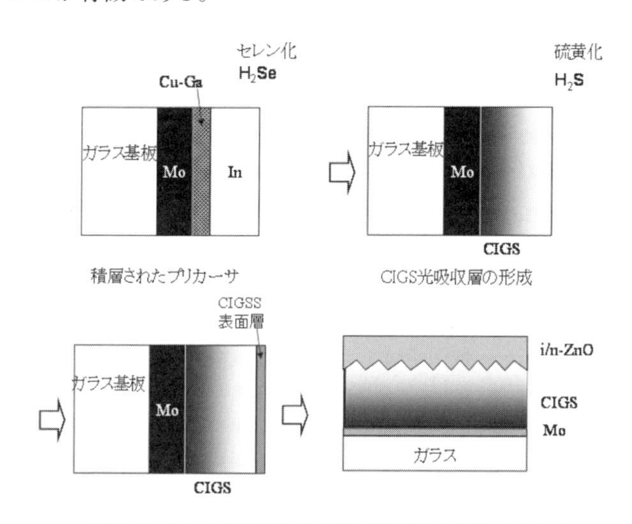

図3.1.5　セレン化法によるCIGS太陽電池の作製プロセス

6. 超高効率太陽電池

III-V族化合物半導体を用いて多接合構造を作製すると、非常に高い変換効率を実現することができる。図3.1.6に4接合太陽電池の一例を示す。同図では、GaAs基板とInP基板上にそれぞれ2接合太陽電池を製膜し、ついでウェハボンディング技術により貼り合わせた後、GaAs基板をはぎ取るものである。このように高品質なIII-V族化合物半導体を用いて4接合タンデム太陽電池を作れば、超高効率が得られるが、プロセスコストが高く、一般的な平板型モジュールとして用いることはできない。そこで発電コストを下げるため集光動作させるのが一般的である。III-V族化合物半導体では、1000倍集光でも高い性能を維持することができる。図3.1.6に示した4接合太陽電池では、297倍集光で44.7%が得られている[7)]。

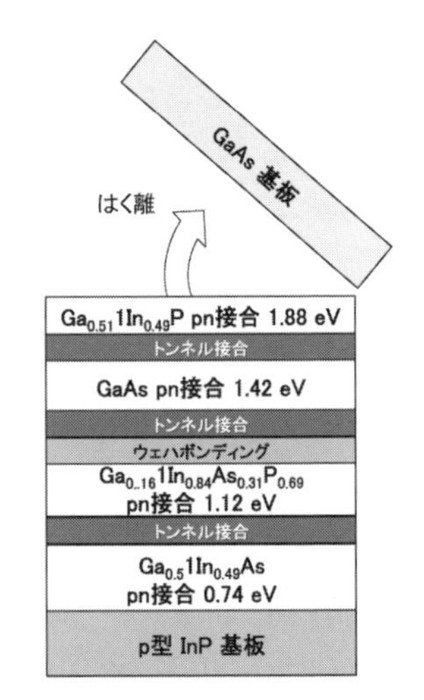

図3.1.6　4接合タンデム太陽電池の構造例[7)]

7. 新型ペロブスカイト太陽電池

この10年間、有望な太陽電池用新材料はほとんど出現しなかったが、数年前に見出されたペロブスカイトが、いま研究開発のブームとなっている。その特徴は20%を超す高い変換効率が極めて短期間で得られたこと、製膜法が単純であることなどである。図3.1.7に太陽電池構造、図3.1.8にペロブスカイト

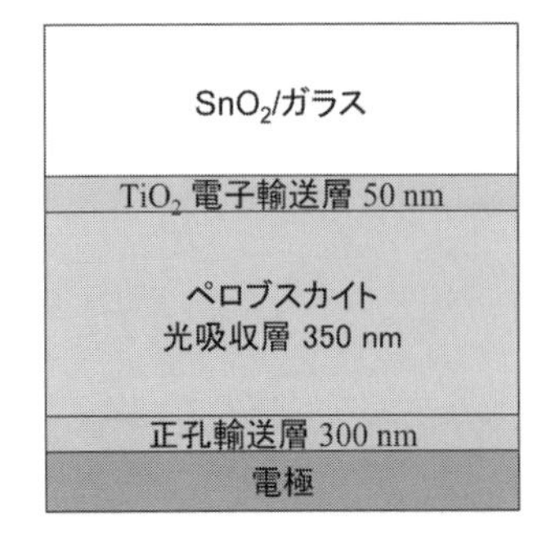

図3.1.7 ペロブスカイト太陽電池の構造

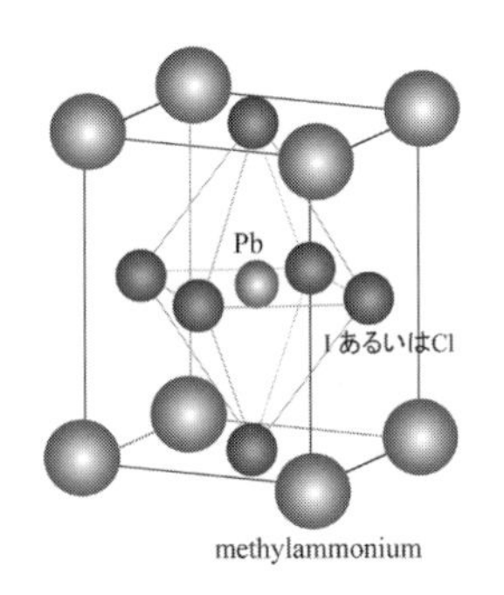

図3.1.8　結晶構造

構造を示す。課題は、Pbを構成元素に使っていることと長期信頼性である。現在、PbをSnなどで置き換える研究が活発に行われているが、性能はまだ低い。

8. おわりに

本稿では、太陽電池材料、セル構造、変換効率推移などに着目して、この50年間の技術動向をまとめた。これまでの研究開発の流れからも明らかなように、太陽電池材料の主流はSiであり、この状況は将来ともに変わらないと予測される。

ここでは、まとめとして表3.1.2に各種太陽電池の現状と課題を示した。

表3.1.2　各種太陽電池の現状と課題

	バルクSi	Si薄膜	CIGS	CdTe	色素・有機	ペロブスカイト
最高変換効率	25.6%*1) (143 cm^2)	13.4%*2) (1.0 cm^2)	21.7% (0.497 cm^2)	21.5% (1.0 cm^2)	11.9%(色素) 10.7%(有機)*4)	20.1% (0.0955 cm^2)
生産量(2014)	36GW	0.3GW	1GW	2GW	−	−
利点	高信頼性，長寿命，高効率	温度係数：小	高い変換効率 EPT：0.7年*3)	低コスト製造	低コスト製造	低コスト製造高効率
技術課題	薄型化(50μm以下)、高効率化の革新技術	光劣化抑制変換効率向上	資源的制約リサイクル・リユースIn代替材料	資源的制約リサイクル・リユースCdの問題	変換効率向上信頼性向上	変換効率向上信頼性向上製造技術開発

*1) a-Siとのヘテロ接合．*2) トリプル接合．*3) EPT：Energy Payback Time．*4) 面積1.0 cm^2

参考文献

1) K.Masuko, et.al, IEEE Journal of Photovoltaics, 4 (2014) 1433
2) T.Miyasaka: Perovskite Photovoltaics: Rare Functions of Organo Lead Halide in Solar Cells and Optoelectronic Devices, Chem. Lett., 44 (2015) 720
3) Best Research-Cell Efficiencies, http://www.nrel.gov/ncpv/images/efficiency_chart.jpg
4) Jurgen H.Werner, Tech. Digest, PVSEC-21, Fukuoka (2011)
5) ITRPV, 2014 Results, SEMI (2015) http://www.itrpv.net/Reports/Downloads/2015/
6) 小長井誠，植田　譲　共編，太陽電池技術ハンドブック，Ohmsha (2013)
7) F.Dimroth et. al: Wafer bonded four-junction GaInP/GaAs//GaInAsP/GaInAs concentrator solar cells with 44.7% efficiency, Progress in Photovoltaics, 22 (2014) 277

3.2　半導体集積回路技術
Technology for Very Large-Scale Integrated Circuits

慶応義塾大学　内田　建
Ken Uchida

Key words: Moore's Law, Scaling of MOSFETs, Short Channel Effects, Parasitic Resistance/Capacitance

1. はじめに

半導体集積回路は微細加工技術を進展させることで、単位面積あたりに集積可能なトランジスタ数を増大し発展を遂げてきた。2013年の半導体国際技術ロードマップ[1)]によれば、2025年には特徴的な加工寸法であるハーフピッチがフラッシュメモリーで8 nm、ロジック素子で10 nmとなる1.8 nmノードに到達すると予測されている。

一方、半導体集積回路技術の難しい点は、単純にトランジスタのサイズを小さくできれば良いのでは無く、小さくしたことに見合った性能の向上を実現しなくてはならない点にある。より具体的には、小さなトランジスタは、より低電圧で大きなトランジスタと同等レベルの電流駆動力を有することが求められている。また、トランジスタのオフ時の漏れ電流（リーク電流）は、トランジスタの微細化（スケーリング）が進むほど、より低くなることが求められている。

2. 立体構造トランジスタ

2.1　スケーリング長

トランジスタの微細化に際しては、「リーク電流をいかに低減するか？」が最も重要な開発項目となっている。リーク電流の増大のような、トランジスタのチャネル長を短くすることに伴って顕在化する悪影響のことを短チャネル効果と総称する。短チャネル効果を抑制するためには、チャネル電位をゲート電位のみで制御できるようにすること（ドレイン電位によってチャネル電位が変調されないこと）が重要であり、静電場の解析からスケーリング長 λ と呼ばれる次のパラメータをできるだけ短くすることが有効であることが知られている[2) 3)]。

$$\lambda = \sqrt{\frac{1}{N}\frac{\epsilon_{Si}}{\epsilon_{ox}} t_{Si} t_{ox}}$$

ここで、t_{Si} はチャネル部の半導体の厚さ、t_{ox} はゲート絶縁膜の厚さ、ϵ_{Si} はチャネル部の半導体の誘電率、ϵ_{ox} はゲート絶縁膜の誘電率である。N はトランジスタのチャネル部のうち、ゲート電極で覆われている面の数である（図3.2.1）。これまでは、スケーリング長 λ を短くするために、ゲート絶縁膜厚 t_{ox} の薄膜化や高誘電率ゲート絶縁膜（High-κ 膜）の導入が検討されてきたが、2011年より図3.2.1(b)、(c)に示すような立体構造のトランジスタを導入することでチャネル面数Nを増やし、スケーリング長 λ を短くする戦略が採用されている。

現在量産されているフィン型トランジスタ（FinFET）の模式図を図3.2.2に示す。FinFETでは、チャネル部が図3.2.1(b)のダブルゲートをちょうど90度回転させたような構造となっている。Finの幅がチャネル部の厚さ t_{Si} に相当する。現在は、トランジスタの専有面積辺りの電流量を増やすために、Fin高さが高い構造が主流である。また、短チャネル効果を抑制するために、Fin幅すなわち t_{Si} を薄くする方向でトランジスタの技術開発は進展している。しかし、t_{Si} を薄くしすぎると、いわゆる膜厚ゆらぎ散乱[4)]

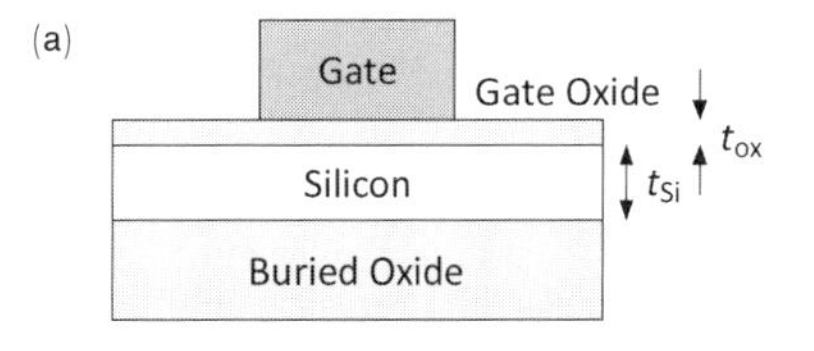

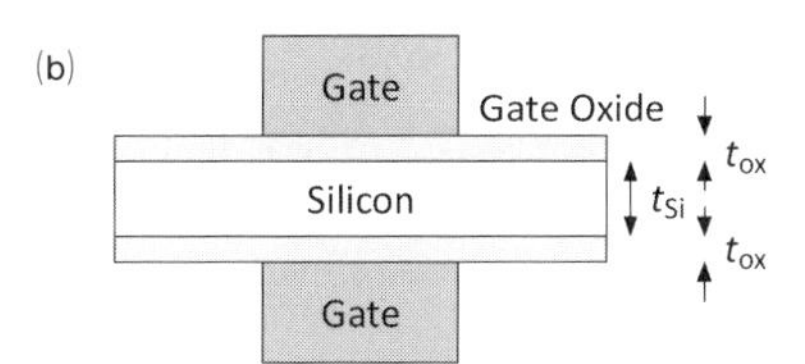

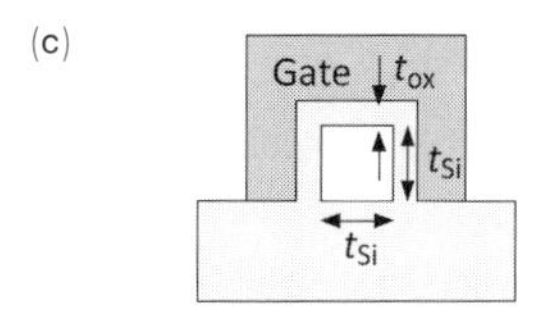

図3.2.1　トランジスタの構造とチャネル面数
(a)シングルゲート・トランジスタ．チャネル面数は1. (b)ダブルゲート・トランジスタ. チャネル面数は2. (c)トライゲート・トランジスタ. チャネル面数は3.

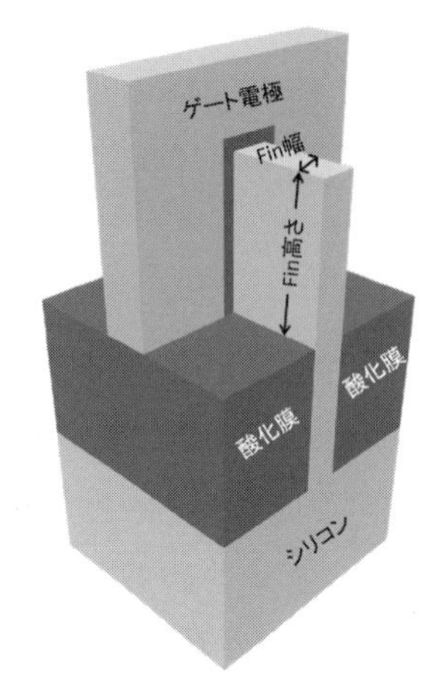

図3.2.2　立体構造トランジスタFinFET

によって移動度が劣化し、性能向上が果たせなくなるため、t_{Si}の薄膜化には限界があると考えられている。例えば、シリコンをチャネル材料とする場合には、4 nm程度が薄膜化の限界であると予想される。実際、半導体国際技術ロードマップでは、2028年においても、Fin幅は5.0 nmと予測されている。

Fin幅の縮小を抑制しつつ、トランジスタ・サイズを縮小するためには、Fin高さを低くして、チャネル面数を増やしたり（トライゲート構造に近い構造にする）、直径の細いナノワイヤ構造にして、チャネル全面をゲート電極で覆うナノワイヤ構造（この場合はチャネル面数はほぼ4に相当する）にすることが将来必要になる可能性はある。ただし単位面積辺り（より正確には単位幅辺り）に流せる電流が減ってしまう（オン電流が減少してしまう）ために、ナノワイヤを積み重ねた積層構造にすることなどが検討されている。

2.2　寄生抵抗と寄生容量

高性能な立体構造トランジスタを実現する上で、最も重要な技術的な課題は寄生抵抗の増大と寄生容量の増大を如何に抑制するかである。一般的に、Fin幅を細くするほど寄生抵抗は増大する傾向にあるが、その理由は必ずしも明らかではない。微細な半導体に不純物を高濃度でドーピングすることは容易ではなく、新しい技術の開発が望まれる。一方で、量子力学的な効果や絶縁膜／半導体界面での誘電率のミスマッチに起因する不純物イオン化エネルギーの増大[5]も指摘されており、ナノ半導体における寄生抵抗の増大は技術的な側面以外にも原理的なメカニズムが働いている可能性があり、より詳細な研究が待たれている。

一般的に、寄生抵抗の低減と寄生容量の低減はトレードオフの関係にあるが、本原稿執筆時点においては、寄生抵抗の方がより深刻な課題であり、寄生抵抗を低減するように構造を最適化すれば、寄生容量のペナルティーは問題とならない。今後不純物のドーピング技術やナノ半導体における不純物の理解に進展があれば、寄生容量の効果が重要性を増す可能性もある。

なお、Fin高さが高い時には、ゲート電極の寄生抵抗も回路動作上問題になる可能性があることが指摘されている[6)]。

2.3　自己加熱

このように、立体構造トランジスタを採用し、チャネルの半導体を狭小化することは、技術的な大きなトレンドとなっている。

立体構造トランジスタは、バルク基板に作製される場合と、絶縁膜上の単結晶シリコン（Silicon-On-Insulator：SOI）基板に作製される場合がある。シリコン結晶の熱伝導率は150 $Wm^{-1}K^{-1}$と高い。そのため、バルク基板に作製された従来の平面型MOSトランジスタでは、チャネルで発生したジュール熱は、瞬時に基板に散逸することが可能であった。そのため、基板温度とチャネル温度に差は生じない。一方、SOI基板上に作製されたSOI MOSトランジスタでは、チャネル下部に熱伝導率がシリコンよりも二桁程度低い埋め込み酸化膜（Buried Oxide：BOX）層が存在する。そのため、チャネルやその近傍で発生したジュール熱が散逸し難く、チャネル温度が基板の温度に比べて局所的に上昇する（自己加熱）。このようなSOIトランジスタにおける自己加熱効果は、1990年代初頭から精力的に研究されてきた[7)－9)]。立体構造トランジスタでは、シリコン中のフォノンの平均自由行程（およそ100 nm）よりも、ナノ構造の大きさが小さくなると、熱伝導率は急激に低下する[10)]ことに注意する必要がある。そのため、バルク立体構造においても、チャネル下部のナノ構造シリコンの熱伝導率が低いため、熱の基板への散逸が起こりにくくなり、チャネル近傍の局所加熱が問題となる可能性がある[11)]。

チャネル近傍で発生した熱は、チャネル下部の基板へ散逸する経路と横方向に半導体中を流れた後に、配線を通して散逸する経路の大きく分けて二通りがある[12)]。埋め込み酸化膜が厚く、下方向へ熱がほとんど散逸できない時には、横方向の熱散逸が重要になる。しかし、ナノ構造シリコントランジスタでは熱伝導率が低下するため、横方向の熱散逸も難しくなる。さらに、金属配線もナノスケールになると熱伝導率が著しく劣化することが知られている。結果として、世代が進むほど自己加熱効果（チャネル近傍の温度上昇）はよりはなはだしくなる。

このように、ナノ構造シリコン素子では自己加熱によるチャネル温度の上昇は無視できない。特に、アナログ回路において動作点にバイアスされている状態では、自己加熱の影響が顕在化すると考えられる。我々は、SOI基板上に作製された立体構造トランジスタのアナログ特性（遮断周波数ft、最大発振周波数f_{max}）をデバイスシミュレータで計算した（図3.2.3）。シミュレーションには、熱輸送特性も考慮し、また熱伝導率のシリコン・サイズ依存性、不純物濃度依存性なども取り込んだ。その結果、立体構造トランジスタのアナログ特性は、あるBOX膜厚で最大となることが確認された。これは、BOX薄膜化による自己加熱の低減による相互コンダクタンスの向上効果と寄生容量の増大効果が競合する結果と解釈することが可能であり、立体構造トランジスタにおいて熱に配慮した設計が不可欠であることを示すものである。

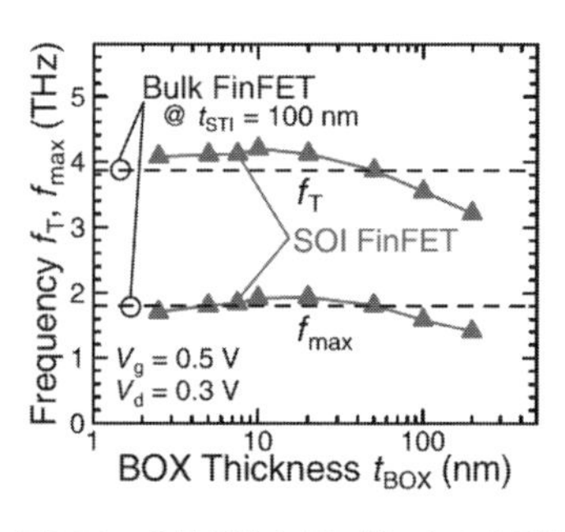

図3.2.3　立体構造トランジスタの高周波特性
バルク基板上のFinFET（Bulk FinFET）の特性を破線で示しSOI基板上のFinFET（SOI FinFET）の特性を埋め込み酸化膜（Buried Oxide：BOX）の膜厚依存性として示している.

このような自己加熱に対する配慮はナノデバイスで普遍的に観測されるものであると思われる。今後の集積回路に応用されるナノデバイスでは、常に配慮する必要のある効果だと考えられる。

3. 新チャネル材料

集積回路の性能を向上させるためには、トランジスタのオン時の電流をできるだけ大きくする必要がある（バイアス電圧一定で考えたとき）。従来は、チャネル長を短くする一方で、トランジスタの動作電圧はチャネル長の縮小ペースと比較して緩やかに下がっていたため、チャネル内部での電界は世代が進むほど高くなっていた。そのため、チャネル内のキャリア速度は、チャネル長の縮小に伴って速くなり、電流駆動力が増加する一因となっていた。ところが、電界を強くしても速度が速くならない速度飽和の問題などのために、チャネル長縮小に見合った性能向上が果たせなくなってきている。チャネル縮小に見合った性能向上が果たせない要因は、寄生抵抗（コンタクト抵抗、拡散抵抗）の比率が相対的に大きくなっていることなど複合的な側面が強いものの、移動度を高くすれば、チャネル内部の速度を高め、トランジスタの性能を向上できるチャンスが生まれる。

シリコンMOSトランジスタのチャネルに歪みを印加する技術は、本質的には移動度を向上させる技術であり、短チャネルトランジスタに適用しても、性能向上に十分に寄与することが2000年代初頭より示されてきた[14)]。移動度は本来長チャネルで意味をなす物理パラメータであり、移動度が高いことが短チャネルトランジスタの性能を向上させることが可能か否かは必ずしも明らかではなかった。歪みトランジスタで示された短チャネル素子の高性能化の実現は、移動度が高い材料を短チャネルトランジスタに適用しようとする強い動機付けとなった。

表3.2.1には、様々な半導体材料の移動度、禁制帯幅（直接禁制帯幅、間接禁制帯幅）などの物性パラメータを示している。この表からも明らかなように、Geは電子移動度と正孔移動度の両方がシリコンの移動度よりも圧倒的に高いことから、次世代高性能トランジスタのチャネル材料として注目されている。p型トランジスタでの性能（電流駆動力や移動度）の高さはSi/Ge超格子構造などで早くから示されていた[15)]。しかし、金属－半導体接合を形成した時に、金属のフェルミ準位がGeの価電子帯近傍にピンニングされることから、金属－半導体接触抵抗を半導体がp型の時には低くすることができるものの、半導体がn型の時には高くなる傾向がある。このため、n型トランジスタの実現は容易ではない。また、良質な酸化膜を形成することも難しい。薄いシリコン層

表3.2.1　半導体の電子移動度、正孔移動度、禁制帯幅、誘電率などの物性パラメータ[13]

Material	Electron Mobility (cm^2/Vs)	Hole Mobility (cm^2/Vs)	Dielectric constant	Direct Bandgap (eV)	Indirect Bandgap (eV)	SO (eV)	m_Γ (m_0)	m_L (m_0)	m_h (m_0)
Si	≦1400	≦450	11.7	3.4	1.12	0.044	-	0.98(l) 0.19(t)	0.49(H) 0.16(L)
Ge	≦3900	≦1900	16.2	0.8	0.66	0.29	-	1.6(l) 0.08(t)	0.33(H) 0.043(L)
GaAs	≦8500	≦400	12.9	1.42	1.71	0.34	0.063	1.9(l) 0.075(t)	0.51(H) 0.082(L)
GaP	≦250	≦150	11.1	2.78	2.26 (X valley)	0.08	0.09	1.2(l) 0.15(t)	0.79(H) 0.14(L)
GaSb	≦3000	≦1000	15.7	0.726	0.81	0.8	0.041	0.95(l) 0.11(t)	0.4(H) 0.05(L)
InAs	≦40000	≦500	15.15	0.35	1.08	0.41	0.023	0.29 (DOS mass)	0.41(H) 0.026(L)
InP	≦5400	≦200	12.5	1.34	1.93	0.11	0.08	0.63 (DOS mass)	0.6(H) 0.089(L)
InSb	≦77000	≦850	16.8	0.17	0.68	0.8	0.014	0.25 (DOS mass)	0.43(H) 0.015(L)

を間に挟む技術[16]や高圧酸化技術[17]などが試されている。Ge濃度の高いSiGe混晶をチャネル材料とするトランジスタも開発されており、少なくともp型トランジスタについては、Geはチャネル内に含まれることになると考えられる。

高移動度材料は、一般的に禁制帯幅が狭く、短チャネル時の直接リーク電流が増大する傾向にあり、サイズ縮小を阻害する重大な要因となる可能性がある。電子移動度が高い材料、例えばInAsなど、では特に禁制帯幅が狭い傾向にあるが、GaAsやInPなど一部の化合物半導体は比較的広い禁制帯幅を持っている。移動度を高く保ちつつも、一定の禁制帯幅を保つために、InGaAs混晶などが、n型トランジスタのチャネル材料として検討されている。In系の材料はGa系の材料よりも良好な絶縁膜界面特性を示すことが知られており、界面特性の観点からもInGaAs混晶は有望なチャネル材料の一つと考えられている。

一方で、同一基板にp型とn型で異なるチャネル材料を集積化することは簡単では無く、様々な技術が開発されている[19]ものの、単一材料での実現を目指す研究も進められている。Sb系材料は電子・正孔の両方の移動度が高い傾向にあり、近年精力的に研究されている。

4. トンネルトランジスタ

集積回路の低電圧化を図るためには、オフ時のリーク電流を如何に抑制するかが鍵になる。特に電界効果型トランジスタでは、ゲート電圧を60 mV程度以上掃引しなければ、オフ時のリーク電流を1桁低減することができない。従って、オン電流とオフ電流の比を5桁以上とろうと思うと、電源電圧を0.3 V以上としなければならない。集積回路の消費電力を低減するためには、電源電圧の抑制が極めて効果的であることが知られており、この60 mV/decの制約を乗り越えることができれば、集積回路の低エネルギー化に多大な寄与が可能であると期待される。

そのため、従来の電界効果型トランジスタとは異なる動作原理のデバイスが探求されている。その中でも、現在有望な素子として注目されているのが、トンネルトランジスタ[20)]である。トンネルトランジスタは、バンド間トンネル電流を利用することで、原理的に60 mV/decの壁をクリア可能な素子である。ただし、トンネル電流を利用することからオン電流を大きくすることが簡単ではなく、大きなオン電流を実現しつつ、高いオン・オフ比と小さなS係数（電流を1桁変調するのに必要なゲート電圧）を実現する素子が材料・構造などの様々な観点から追究されている。

5. おわりに

今後、集積回路に用いられる素子は、立体構造でシリコン以外の材料をチャネルとするナノ構造デバイスになると考えられる。ナノ構造デバイスでは局所の加熱が不可避的に起こり、これらの制御や活用が重要になると予想される。ただし、集積回路の性能を今後数十年にわたって持続的に向上させるためには、新構造・新材料の開発だけでは十分ではなく、新原理トランジスタの導入やチップ積層を含めた三次元集積化技術などが必要になると考えられる。

参考文献

1) International Technology Roadmap for Semiconductors (http://ww.itrs.net)
2) R.-H. Yan *et al.*: "Scaling the Si MOSFET: From Bulk to SOI to Bulk," IEEE Trans. Electron Devices, **39**, (1992), 1704.
3) I. Ferain *et al.*: "Multigate transistors as the future of classical metal-oxide-semiconductor field-effect transistors," Nature, **479**, (2011), 310.
4) K. Uchida *et al.*: "Experimental Study on Carrier Transport Mechanism in Ultrathin-body SOI n- and p-MOSFETs with SOI Thickness less than 5 nm," Tech Dig. of International Electron Devices Meeting (IEDM), (2002), 47.
5) M. Diarra *et al.*: "Ionization energy of donor and acceptor impurities in semiconductor nanowires: Importance of dielectric confinement," Phys. Rev., **B75**, (2007), 045301.
6) W. Wu *et al.*: "Analysis of Geometry-Dependent Parasitics in Multifin Double-Gate FinFETs," IEEE Trans. Electron Dev., **54**, (2007), 692.
7) L. J. McDaid *et al.*: "Physical origin of negative differential resistance in SOI transistors" Electron. Lett. **25**, (1989), 13.
8) R. J. T. Bunyan *et al.*: "Use of noise thermometry to study the effects of self-heating in submicrometer SOI MOSFETs" IEEE Electron Dev. Lett. 13, (1992), 279.
9) L. T. Su *et al.*: "Measurement and Modeling of Self-Heating in SOI NMOSFET' s," IEEE Trans. Electron Devices **41**, (1994), 69.
10) M. Asheghi *et al.*: "Thermal conduction in doped single-crystal silicon films," J. Appl. Phys. 91, (2002), 5079.
11) T. Takahashi *et al.*: "Self-Heating Effects and Analog Performance Optimization of Fin-Type Field-Effect Transistors," Jpn. J. Appl. Phys. **52**, (2013), 04CC03.
12) T. Takahashi *et al.*: "Methodology for Evaluating Operation Temperatures of Fin-Type Field-Effect Transistors Connected by Interconnect Wires," Jpn. J. Appl. Phys. 52, (2013), 064203.
13) M. Levinshtein *et al.*, Handbook Series on Semiconductor Parameters, volume I, World Scientific, (1996).
14) S. Thompson *et al.*: "A 90 nm Logic Technology Featuring 50 nm Strained Silicon Channel Transistors, 7 layers of Cu Interconnects, Low k ILD, and 1 um^2 SRAM Cell," Tech Dig. of International Electron Devices Meeting (IEDM), (2002), 61.
15) T. Irisawa *et al.*: "Ultrahigh room-temperature hole Hall and effective mobility in $Si_{0.3}Ge_{0.7}$/Ge/$Si_{0.3}Si_{0.7}$ heterostructures," Appl. Phys. Lett., **81**, (2002), 847.
16) T. Krishnamohan *et al.*: "High-Mobility Ultrathin Strained Ge MOSFETs on Bulk and SOI With Low Bnad-to-Band Tunneling Leakage: Experiments," IEEE Trans. Electron Dev., **53**, (2006), 990.
17) C. H. Lee *et al.*: "Enhancement of High-Ns Electron Mobility in Sub-nm EOT Ge n-MOSFETs," Symp. on VLSI Tech. (2013), T28.
18) 例えばR. Suzuki *et al.*: "1-nm-capacitance-equivalent-thickness HfO_2/Al_2O_3/InGaAs metal-oxide-semiconductor structure with low interface density and low gate leakage current density," Appl. Phys. Lett., **100**, (2012), 132906.
19) 例えばM. J. H. van Dal *et al.*: "Demonstration of scaled Ge p-channel FinFETs integrated on Si," Tech Dig. of International Electron Devices Meeting (IEDM), (2012), 521.
20) J. Appenzeller *et al.*: "Band-to-Band Tunneling in Carbon Nanotube Field-Effect Transistors," Phys. Rev. Lett., **93**, (2004), 196905.

3.3　超伝導集積回路作製技術
－ジョセフソン接合を中心とした歴史、現状、将来－

Fabrication Process for Superconducting Integrated Circuits
-History, current status and future prospect based on Josephson junctions-

産業技術総合研究所　日高　睦夫
Mutsuo Hidaka

Key words: paper, style file, AFM, CAD

1. はじめに

超伝導エレクトロニクスの主な応用分野は、マイクロ波フィルタ、検出器、SQUID、量子電気標準、デジタル回路、量子計算である。そのうち、SQUID以下の四つの応用では、ジョセフソン効果を用いたジョセフソン接合（JJ）が重要な役割を果たしている。ジョセフソン効果には、二つの超伝導体間の巨視的波動関数の位相差 θ に起因して臨界電流 I_c まで超伝導電流が流れる直流ジョセフソン効果と、二つの超伝導体間の電圧に比例して θ が回転する交流ジョセフソン効果があり、1962年にB. Josephsonにより提唱された[1)]。応用によってJJの果たす役割は異なっており、SQUIDでは θ を電気信号に変換するツールとして[2)]、電気標準では高精度の周波数／電圧変換器として[3)]、デジタル回路では単一磁束量子（SFQ）を超伝導リングに出し入れするためのゲートとして[4)]、量子計算では可変インダクタンスとして用いられている[5)]。このため、JJに求められる特性やトンネルバリア材料等は応用により異なる。

本稿では、最も高い集積度が要求されているデジタル応用に話を絞り、JJを中心にその作製方法について歴史的な経緯も交えた解説を行う。また、超伝導体には金属の低温超伝導体と酸化物の高温超伝導体があるが、高温超伝導体JJは作製の難易度が高いため、2個のJJを用いたSQUIDが応用の中心である。このため、多数のJJを要するデジタル応用の研究は高温超伝導体を用いては現在行われていない。

2. 低温超伝導デジタル回路とJJ開発の歴史

最初の超伝導デジタル回路は、超伝導体の超伝導／常伝導転移をスイッチとして用いたクライオトロンであり、超伝導体の発見から約半世紀たった1956年に提案された[6)]。しかし、クライオトロンは常伝導転移時に大きな熱が発生するため、リセットに時間がかかるという致命的な欠点があった。この欠点を克服したのがJJである。1965年に始まったIBMのジョセフソンコンピュータプロジェクトでは、JJのスイッチによりJJに流れる電流を抵抗に分岐するラッチング回路が採用された[7)]。

ラッチング回路は1990年代の半ばまで研究が続けられ、数多くの回路が実現されたが、一度スイッチしたJJをリセットするために交流駆動が必須であり、しかも各ゲートに並列に電流を流す必要があった。高速の大電流交流の供給は極めて難しく、動作速度は数GHzが限界であった。このため、当時動作速度を高めていたCMOS回路との差別化が難しくなってきていた。

一方、1990年にLikharevとSemenovにより超伝導リング中のSFQの有無によりデジタル演算を行うSFQ回路の体系がまとめられた[8)]。SFQ回路は直流駆動であり、超高速性と低消費電力性が両立するため、超高速集積回路の実現が可能であった。このため、1990年代の半ばまでに超伝導デジタル回路はSFQ回路に置き換わり現在に至っている。現在では、SFQ回路をより低消費電力にするための回路方式開発が研究の一つの大きなテーマとなっている[9)]。

JJは二つの超伝導体が弱く結合した素子であり、様々なタイプが提案されている。低温超伝導デバイスで一般に用いられているのは、絶縁体をトンネルバリアとして用いたトンネル型JJである。IBMプロジェクトではPbを超伝導材料として用いたJJが10年以上研究され、結果的に下部電極にPb-In-Au、トンネルバリアに$PbO+In_2O_3$、上部電極にPbBiを用いた複雑な構造のJJが開発された。しかし、このJJはI-V特性がPbのエネルギーギャップから予想されるものと比べかなり劣っており、同一チップ中におけるI_cのバラツキも非常に大きかった。さらに、室温と液体ヘリウム温度との熱サイクルで特性が変化する等安定性にも問題があり、IBMプロジェクト中止の大きな原因の一つに挙げられた[10)]。

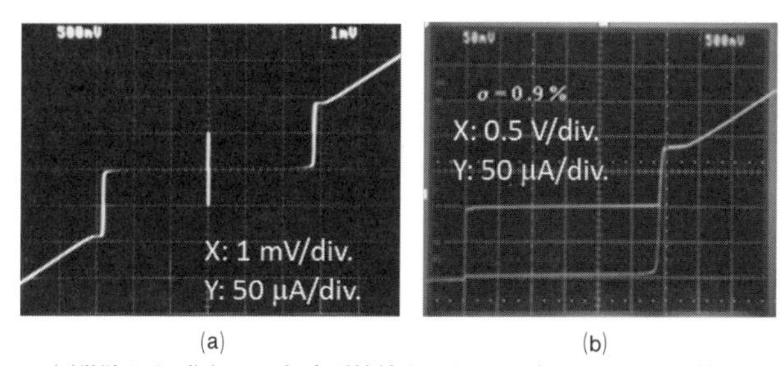

(a)　(b)

図3.3.1　(a)単独および(b)1,000個直列接続された2 μm角Nb/AlO_x/Nb接合の*I-V*特性

Nbは9.2 Kで超伝導となる単体の金属であり、機械的、化学的特性も安定している上Pbのような毒性もなく取り扱いが容易なため、当初から集積回路に用いる超伝導材料として期待されていた。しかし、良質のJJができないという大きな問題点があった。これはNbの酸化物であるNb_2O_5は絶縁体であり良質なトンネルバリアとなるが、Nb酸化時に同時に生成されるNbOやNbO_2などの低級酸化物が金属的な性質を持ち、これが接合界面に存在するとリーク電流が増加し*I-V*特性が著しく劣化するためであった[11)]。

この問題を解決したのが1983年にM. Gurvitch等により提案されたNb/AlO_x/Nb接合である[12)]。このJJは下部電極Nb上に厚さ10 nm程度の薄いAlを成膜し、その表面を酸化してAlO_xのトンネルバリアを形成し、その上に上部電極のNbを成膜する手法で形成される。この際、Nb/AlO_x/Nb接合膜は真空を破らず連続して成膜し、真空室から取り出した後、上部電極のNbを所望の形状に加工することによってJJ面積を決定する。図3.3.1(a)にNb/AlO_x/Nb接合の*I-V*特性を示す。I_cまで超伝導電流が流れた後、Nbのギャップエネルギーに従った準粒子トンネル電流が現れる理想的なトンネル接合の*I-V*特性を示している。また、図3.3.1(b)は1,000個のNb/AlO_x/Nb直列接合の*I-V*特性である。I_cの位置から横方向に延びる線の傾きがI_cの分布を表しており、1σ=0.9%の非常に良好な均一性が得られている。現在では、デジタル回路だけでなく、低温超伝導SQUIDにおいてもこのNb/AlO_x/Nb接合がほとんどのデバイスで用いられている。また、ジョセフソン効果を利用せず準粒子のトンネル特性だけを用いる超伝導トンネル接合検出器（STJ）やSISミキサにおいてもこのNb/AlO_x/Nb構造の接合が用いられている[13) 14)]。

3. Nb/AlO_x/Nb 接合の作製方法と留意点

図3.3.2に産総研で行われているNb/AlO_x/Nb接合形成プロセスの概略を示す。まずNb/AlO_x/Nb接合膜を同一真空中で成膜する(a)。この成膜におけるポイントは、Al成膜前の基板温度を室温近くに維持しておくことにある。これはAlがNb上を移動し、ピンホールが生じることを防止するためである。SF_6ガスを用いた反応性イオンエッチング（RIE）によってJJ領域以外の上部電極Nbを除去する(b)。その後JJ周辺からのリークを防止するための陽極酸化を行い(c)、Arイオンミリングによる陽極酸化膜の加工(d)、RIEを用いた下部電極Nbの加工を行う(e)。層間絶縁膜となるSiO_2を成膜し(f)、コンタクトホール形成後(g)、上部配線となるNbを成膜、加工する(h)。上部配線Nb成膜前にArプラズマによるクリーニングを行い、JJ上面にできたNb自然酸化膜を除去することが、上部配線とJJの超伝導コンタクトを取るために必須である。

JJの最も重要なパラメータであるI_cは臨界電流密度J_cとJJ面積の積である。JJ面積は上部電極Nbの加工で決定される。集積回路では1σ<2%のI_c均一性

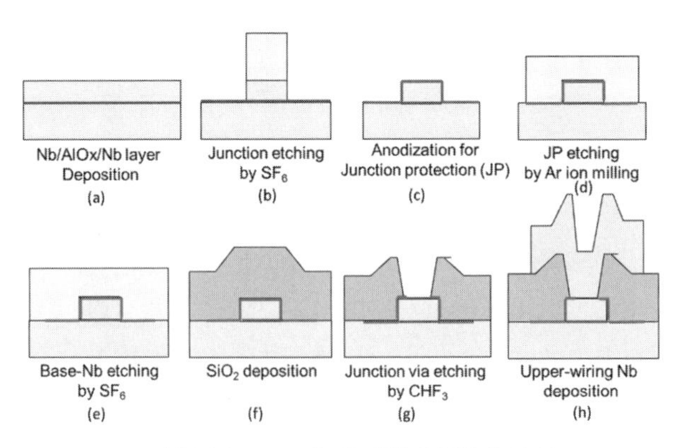

図3.3.2　Nb/AlO_x/Nb接合の作製プロセス

が求められており、これを実現できる範囲で最小JJが決定される。現在産総研では、露光に波長365 nmのi線ステッパーを用いており、パターニング、エッチングにおける縮小値や陽極酸化膜厚をコントロールすることで、接合面積0.5 μm^{2}で1σ=2%の均一性を得ることに成功している[15]。

SFQ回路では試作ごとのJ_c変動を±10%以内に制御することが求められている。J_cはトンネルバリア膜厚に非常に敏感であることが知られており[16]、J_c変動を±10%以内に保つためには0.1 nm以内のバリア膜厚制御が必要である。一方、Al酸化膜の膜厚は、酸化条件（酸素分圧×酸化時間）に従って一定値に飽和していくため正確な制御が可能である[17]。図3.3.3は我々のグループにおける15年間のNb/AlO$_x$/Nb接合J_c制御性の推移を示したものである。ロードロック室の真空度も含めて酸化に関わる条件を詳細に制御し、かつ頻繁なフィードバックによって、ターゲットのJ_c=2,500 A/cm^{2}に対して±10%以内の値に制御することに成功できるようになった。

Nb/AlO$_x$/Nb接合成功の理由の一つにNbに対するAlの濡れ性が良く、10 nm以下のAlでも下部電極Nb表面をピンホールなく覆えることが挙げられる。Alは臨界温度T_cが1.2 Kであるため、デジタル回路の通常の動作温度である液体ヘリウム温度（4.2 K）では超伝導ではないが、Nbの超伝導電子対がAlに

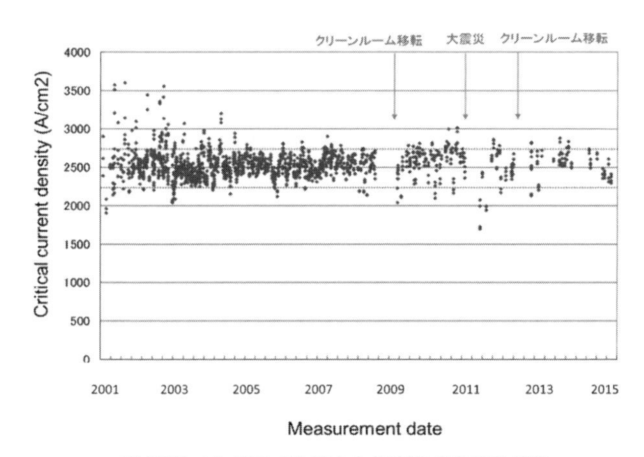

図3.3.3　Nb/AlO$_x$/Nb接合Jc制御の15年間の歴史

侵入する近接効果によってAlが十分薄い場合は超伝導性を示すため、JJ特性の大きな阻害要因とはならない。しかし、Alが厚くなるに従い近接効果が弱まり、接合界面での超伝導ギャップ電圧が低下するため、動作速度に直結する特性電圧$V_c=I_cR_n$（R_n：JJのノーマル抵抗）を高く維持するためには、Al膜厚はできるだけ薄い方が望ましい。

下部電極Nb表面をピンホールなく覆うために必要なAlの膜厚は、Nb膜表面の粗さに依存する。スパッタ成膜したNbの表面形状は成膜時のArガス圧に依存し、表面粗さの小さなNb膜は、低ガス圧で成膜され、膜面内に強い圧縮応力を有するという特徴がある[18)]。現在は表面の粗さが小さな膜を優先し、応力の大きなNb膜を使用している。このため、JJエッチング時に応力緩和が起こり、トンネルバリアが破壊されるという問題が生じる。この現象は面積が小さなJJほど顕著である。この問題を解決するためには、JJを含む領域近傍に段差を設け、エッチング時に膜応力が緩和される範囲を予め狭めておく手法が有効である。図3.3.4(a)に示されるJJ下部にMo抵抗体を配置したR構造、平坦な面上にJJを設けたN構造、Mo抵抗体へのコンタクトホールをJJ直下に設

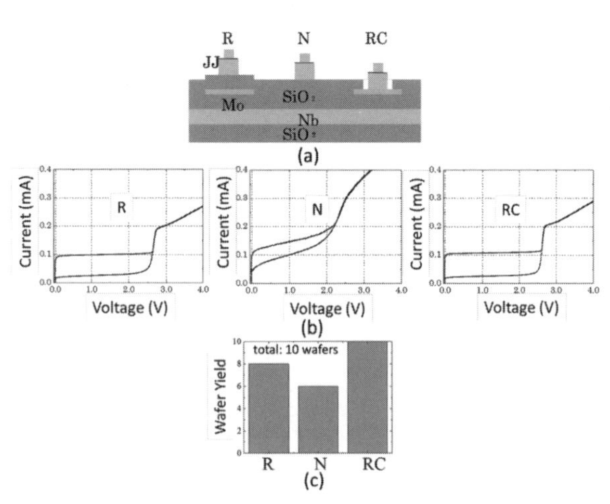

図3.3.4　(a)3種類のNb/AlO_x/Nb接合構造、(b)それぞれの1,000個直列接合のI-V特性、(c)3種類の構造のイールド

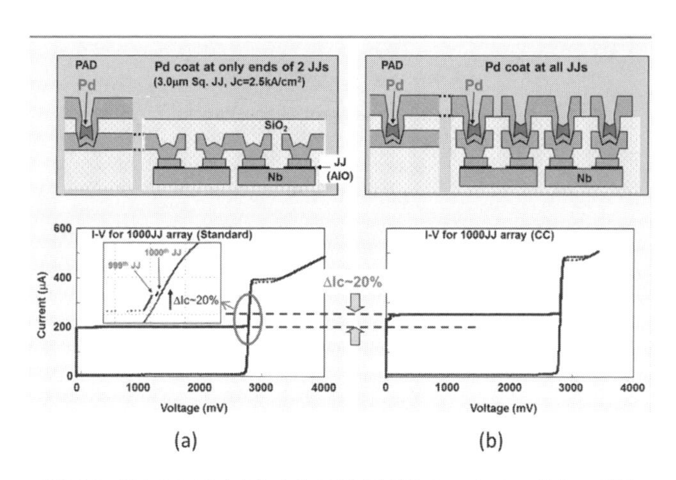

図3.3.5　直上のPdの有無による1,000個直列Nb/AlO_x/Al　接合I-V特性。
(a)Pd無し、(b)Pd有り

けたRC構造の3種類のJJ構造の比較を行った。この結果、図3.3.4(b)、(c)に示されるように、より段差が大きなRC構造において高い歩留まりで良好な特性のJJが得られ、この問題を解決することができた[17]。

Nb/AlOx/Nb接合は安定性に優れており、室温で10年以上保存してもその特性は変化しない。また、室温と液体ヘリウム温度との熱サイクルで特性が変化するということもない。しかし、JJ表面にPdをコートした時に唯一の例外が観察されることがHinodeにより発見された[19]。図3.3.5(a)はパッドにPdがコートされたため両端JJの上部電極だけがPdとAlO_x膜を介さずにつながってる。一方、(b)は全てのJJ直上にPdがありJJ上部電極が直接Pdにつながっている。図3.3.5はそれぞれの1,000個直列JJのI-V特性を作製後1か月して測定した結果である。両者は同一チップ上に配置されている。同一チップ上で同じJJ面積であるにも関わらず(b)だけI_cが約20%大きい。拡大して見ると(a)も2個だけI_cが20%大きい。図3.3.6は両者の経時変化を見たものである。(a)のI_cは一定であるのに対して(b)は時間とともに増加していることがわかる。また、増加したJJをH雰囲気中に1日間置いたところ、(a)は変化が見られなかったが、(b)はI_cが顕著に減少した。さらに、TDS（Thermal Desorption Gas Spectroscopy）

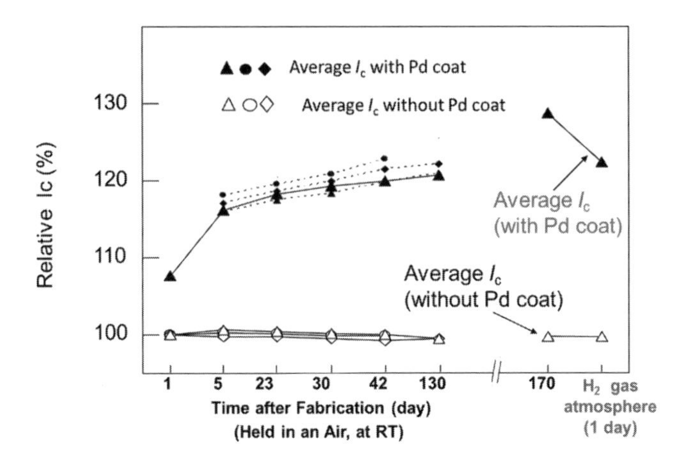

図3.3.6　Pdの有無によるI_cの経時変化とH_2雰囲気中での変化。各I_cの値は、1,000個直列接合の平均値であり、PdをコートしていないJJの初期値で規格化されている。

測定から、当初5.3%あったNb中のH含有量がPdをコートすることにより2か月で0.6%まで減少することが確認された。これらのことから、成膜、エッチング等のプロセス途中でNb膜に取り込まれたH_2がPdを介して空気中に放出されたことが、このI_c経時変化の原因だと推察される。Pdがコートされていない場合は、表面のNb酸化膜がバリアとなってH_2が放出できなかったものと思われる。

4. Nb多層集積回路作製技術と将来への課題

SFQ回路では、JJの他に回路要素としてインダクタンスと抵抗が必要となる。インダクタンスはNb配線が用いられ、抵抗は動作温度では常伝導である金属が用いられる。抵抗材料として我々は通常Moを使用しているが、動作温度をMoのT_cである0.9 K以下に下げる場合は、その温度でも常伝導体であるPd等が用いられる。層間絶縁膜にはSiO_2が用いられている。

SFQ回路が高度化するに伴い、より多くのNb層が要求されるようになった。しかし、段切れやリークを防ぐために上層になるほど膜厚を厚くする必要があるため、そのまま積層していく手法では、Nb層数は4層が限度であった。そこで我々は平坦化手法の導入を行った。図3.3.7に我々が開発したカルデラ平坦化法と呼ばれるプロセスの工程図を示す[20]。平坦化においては、線幅の大きく異なるパターンを同じように平坦化できないパターン幅依存性と呼ばれる問題を解決する必要がある。カルデラ平坦化では、形成されたNb配線上にSiO_2を成膜し(a)、露光時の目合わせマージンを考慮してNb配線より0.3 μm縮小した反転パターン(b)を用いてSiO_2膜をNbまでエッチングする(c)。これによりNb配線上に小さな突起状のパターンができる。この突起幅は元のNb配線幅に関わらず全ての配線において0.6 μm以下であり、パターン幅のばらつきが解消される。この時、Nb配線を囲む突起の形状が火山のカルデラを想起させることが名前の由来である。その後機械研磨法（MPP）で研磨を行うと、突起部分の研磨レートは平坦な部分より約10倍大きいため、容易に突起部分だけを削り落として平坦な面を作ることができる(d)。この工程を繰り返すことにより多層のNb膜を用いた集積回路が作製される。この方法における平坦度はNb配線の膜厚とその上に成膜するSiO_2膜厚との差で決定され多少の段差が残るため、Nb配線エッジの直上にJJを作ることはできない。これだと、下層の配線とJJの位置を独立に設計することができなくなるため、設計上非常に不便である。そこで、JJを成膜する前にSiO_2を厚く成膜し、表面を研磨する追加平坦化を施すことに

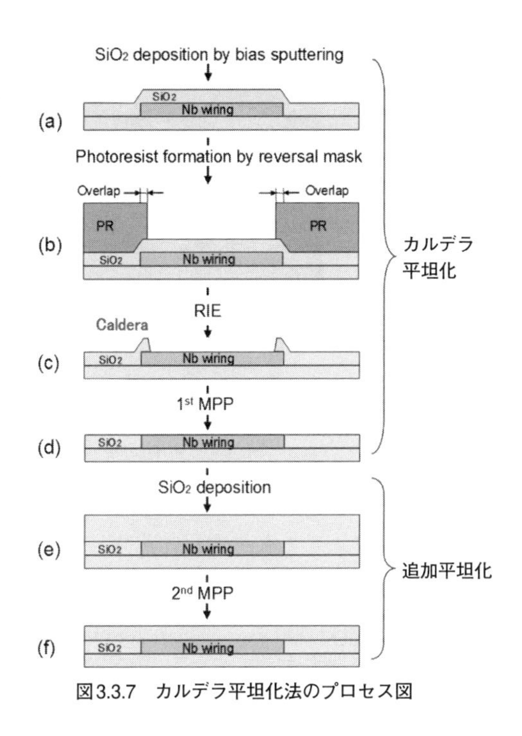

図3.3.7　カルデラ平坦化法のプロセス図

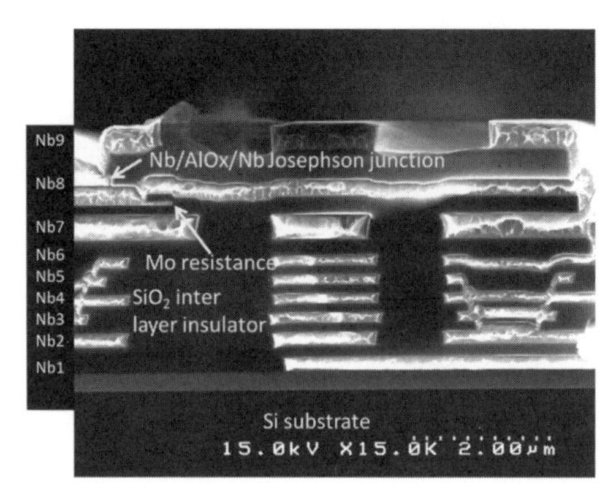

図3.3.8　カルデラ平坦化法によるNb9層デバイス断面構造

よって、JJ直下の段差を完全になくすことを行っている[21]。

産総研では、カルデラ平坦化導入によって可能になった図3.3.8に断面SEM写真が示された9層のNbを用いたデバイス[22]をルーチン的に作製し、国内の研究機関に年間1,000チップ以上供給している。

SFQ回路プロセス上の一番の問題点は、正常に動作する回路の規模が数万JJに留まっていることである。これは数万JJに1個の割合で通常のI_c分布と比較して並はずれて大きな（20%以上）I_cを有するJJが観察される[23]ことと対応しているものと思われる。この原因として、図3.3.9に示すようにJJ直下にAl膜厚より大きなパーティクルが存在すると、それによりAlのNb被覆性が劣化するためだと考えられる[24]。

酸化時にAl表面からピンホール的にNbが露出していると、そこには前述したNb/NbO_x/Nb接合と同じ構造ができるため、リーク電流が増加するものと思われる。2枚の3インチウエハを準備し、No.1ウエハは膜中にパーティクルが多く発生するバイアススパッタ法を用いてSiO_2を500 nm成膜した上にNb/AlO_x/Nb

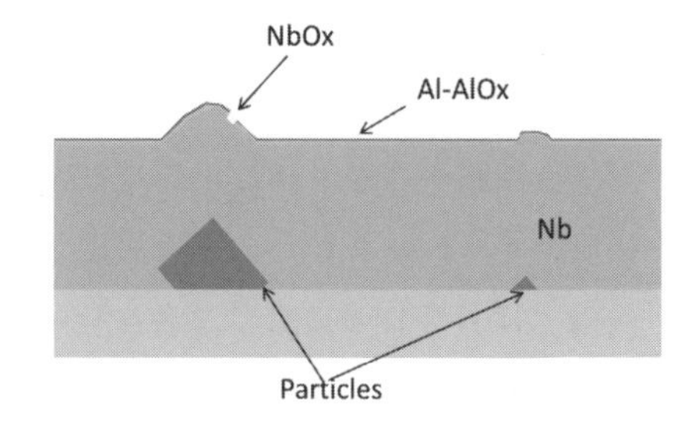

図3.3.9　Nb/AlO_x/Nb接合下地パーティクルの影響

接合膜を成膜した。No.2ウエハは希フッ酸とオゾン水でウエハを洗浄し、できるだけきれいなウエハ上に接合膜を成膜した。パーティクルチェッカー（トプコンWM-7）を用いてそれぞれのウエハ上のパーティクル数を測定した結果を図3.3.10に示す。No.1ウエハでは0.1 μm以上のパーティクルが約1,000個あったのに対して、No.2ウエハでは33個であった。これらの接合膜を使って20 μm角の大面積JJを作製した。100個直列に結合したJJを1チップ上に15個配置した。これは1 μm角JJの60万個分の面積に相当する。2枚のウエハでJJは全く同じプロセスを用いて作製され、それぞれ5チップずつ測定された。I-V特性で観察されたリークJJ数を図3.3.10に示す。No.2ウエハのリークJJ数が4個であったのに対して、No.1ウエハのリークJJ数は一桁多い35個であった。この結果から、Nb/AlO_x/Nb接合膜直下のパーティクルがリークJJの原因になっていることが示された。図3.3.10のパーティクル密度は、リークJJ数と比較すると小さすぎるが、Al膜厚が10 nm程度であることを考慮するとパーティクルチェッカーの測定限界以下であり、かつリークJJの原因となる0.1 μm以下のパーティクルがさらに多数存在するものと考えられる。

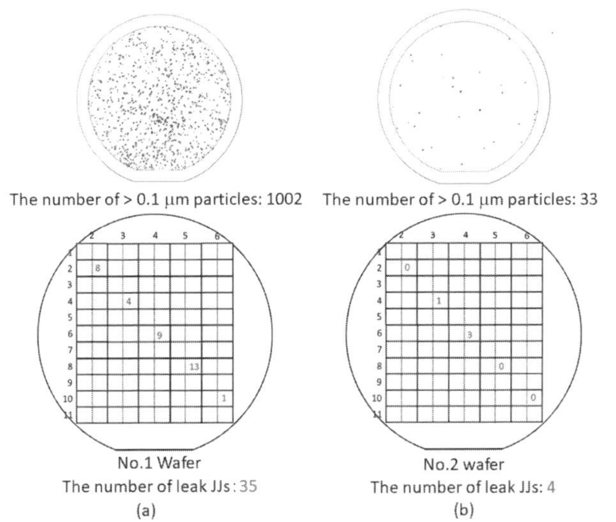

図3.3.10　(a)バイアススパッタSiO_2膜上と(b)洗浄された熱酸化シリコンウエハ上の0.1 μm以上のパーティクル数とリークJJ数

JJ特性に影響を及ぼすパーティクルは小さく、しかもその密度は1 mm^2に数個程度である。このため、これらのパーティクルを顕微鏡などの通常の観測方法で見つけることは限りなく不可能に近いため、これまで見過ごされてきた欠陥原因だと思われる。一方、SFQ回路規模を増大するためには、このパーティクル密度低減が不可欠である。これを行う方法として、Nb膜、SiO_2膜成膜中に膜に取り込まれるパーティクル量の低減、CMPによるパーティクルの除去が考えられる。JJ特性の多少の劣化に目をつむりAl膜厚を増加することも有効であると考えられる。

また、SFQ回路のさらなる性能向上を目指して、動作速度向上が可能な高J_cを有するJJ開発[15)]、消費電力削減のための微細JJ開発[15)]、磁性体を取り入れた高機能超伝導回路の開発等が取り組まれている[25)]。さらに、NbよりもT_cが高いNbNを超伝導材料として用いた集積回路研究も行われている[26)]。

5. おわりに

金属の低温超伝導体を用いたデジタル回路に話を絞り、超伝導集積回路作製プロセスの歴史、現状、課題を概説した。現在の超伝導デジタル回路は、超伝導体にNb、JJにNb/AlO_x/Nb接合を用いたものが主流である。Nb/AlOx/Nb接合は、I_cを始めとする特性の制御性、均一性、安定性に優れており、製法もほぼ確立している。将来に向けて大規模化に必須の信頼性向上の研究や高速・低消費電力化や高機能化に向けた研究が行われている。

参考文献

1） B. Josephson, "Possible new effects in superconductive tunneling", Phys. Lett., vol. 1, pp. 251-253, 1962.
2） 円福敬二「SQUIDとその応用」, 電子情報通信学会知識ベース, 9群2編2章, 2-2, 2009 http://www.ieice-hbkb.org/files/09/09gun_02hen_02.pdf#page=6
3） 金子晋久「量子力学的にオームの法則は成り立つか？」, パリティ, vol. 24, No. 03, pp. 50-55, 2009.
4） 日高睦夫「単一磁束量子（SFQ）技術の基礎と現状」, 日本磁気学会"まぐね", Vol. 5, No. 1, pp. 4-11, 2010
5） 山本　剛「ジョセフソン効果と量子ビット」, 電子情報通信学会誌, vol. 95, No. 8, pp. 750-753, 2012.
6） D. Buck, "The cryotron –A superconductive computer component" , Proc. IRE, vol. 44, pp. 482-493, 1956,
7） T. Gheewala, "Design of 2.5-micrometer Josephson current injection logic（CIL）", IBM J. RES.

DEVELOP., vol. 24, No. 2, pp. 130-142, 1980.
8) K. K. Likharev and V. K. Semenov, "RSFQ logic/memory family: A new Josephson-junction technology for sub-terahertz-clock frequency digital systems." *IEEE Trans. Appl. Supercond.* Vol. 1, pp. 3-28, 1991.
9) N. Takeuchi, Y. Yamanashi, N. Yoshikawa, "Energy efficiency of adiabatic superconductor logic," *Supercond. Sci. Technol.* Vol. 28, p. 015003, 2015.
10) J. Greiner, C. Kircher, S. Klepner, S. Lahiri, A. Warnecke, S. Basavaiah, E. Yen, J. Baker, P. Brosious, H. Huang, M. Murakami and I. Ames, "Fabrication process for Josephson integrated circuits" , IBM J. RES. DEVELOP., vol. 24, No. 2, pp. 195-205, 1980.
11) R. Broom, R. Laibowitz, Th. Mohr and W. Walter, "Fabrication and properties of niobium Josephson tunnel junction", IBM J. RES. DEVELOP., vol. 24, No. 2, pp. 212-222, 1980.
12) M. Gurvitch, W. Eashington and H. Huggins, "High quality refractory Josephson junctions using thin aluminum layers", Appl. Phys. Lett., vol. 42, pp. 472-474, 1983.
13) M. Ukibe, G. Fujii and M. Ohkubo, "Fabrication of Nb/Al superconducting tunnel junction using ozone gas," *J. Low Temp. Phys.* (2014) ; doi:10.1007/s10909-013-1073-5 (published online) .
14) Y. Uzawa, Y. Fujii, A. Gonzalez, K. Kaneko, M. Kroug, T. Kojima, K. Kuroiwa, A. Miyachi, S. Saito, K. Makise, Z. Wang and S. Asayama, "Development and testing of Band 10 receivers for the ALMA project", Physica C, vol. 494, pp. 189-194, 2013.
15) S. Nagasawa, T. Satoh and M. Hidaka, "Uniformity and Reproducibility of Submicron 20kA/cm^2 Nb/AlOx/Nb Josephson Junction Process" Extended abstracts of ISEC2015, MF-P01-INV, 2015.
16) S. Basavaiah, J. Eldridge, and J. Matisoo, "Tunneling in lead - lead oxide - lead junctions" , J. of Appl. Phys. Vol. 45, pp. 457-464, 1974.
17) T. Satoh, K. Hinode, H. Akaike, S. Nagasawa, Y. Kitagawa and M. Hidaka, "Fabrication process of planarized multi-layer Nb integrated circuits," *IEEE Trans. Appl. Supercond.*, 15, 78-81, 2005.
18) T. Imamura, T. Shiota and S. Hasuo, "Fabrication of high quality Nb/AlOx-Al/Nb Josephson junctions: I-sputtered Nb film for junction electrode", *IEEE Trans. Appl. Supercond.*, vol. 2, no. 1, pp.1-14, 1992.
19) K. Hinode, S. Nagasawa, T. Satoh and M. Hidaka, "Origin of hydrogen-inclusion-induced critical current deviation in Nb/AlOx/Al/Nb Josephson junctions", J. Appl. Phys., vol. 107, no. 7, p. 73906, 2010.
20) K. Hinode, S. Nagasawa, M. Sugita, T. Satoh, H. Akaike, Y. Kitagawa and M. Hidaka, "Pattern-size-free planarization for multilayered large-scale SFQ circuits", *IEICE Trans. Electron.*, E86-C, pp. 2511-2513, 2003.
21) S. Nagasawa, K. Hinode, T. satoh and M. Hidaka, "New Nb multi-layer fabrication process for large-scale SFQ circuits2, Pysica C, vol. 469, pp. 1578-1584, 2009.
22) S. Nagasawa, K. Hinode, T. Satoh, M. Hidaka, H. Akaike, A. Fujimaki, N. Yoshikawa, K. Takagi and N.Takagi, "Nb 9-Layer Fabrication process for superconducting large-scale SFQ circuits and its process evaluation," IEICE Trans. Electron., vol.E97-C, no. 3 pp. 132-140, 2014.
23) K. Hinode, Y. Hashimoto, Y. Kameda, T. Satoh, S. Yorozu, S. Nagasawa, and M. Hidaka, "Method for detailed evaluation of yield of Nb Josephson junctions", Physica, C445-448, pp. 941-945, 2006.
24) M. Hidaka, S. nagasawa, T. Satoh and K. Hinode, Defects of Nb/AlOx/Nb Josephson junctions caused by underneath fine particles", Extended abstracts of ISEC2015, MF-P06, 2015.
25) 藤巻朗「低エネルギー情報ネットワークを目指した超伝導デジタル回路開発」, 応用物理, vol. 82, No. 7, pp. 566-570.
26) H. Akaike, T. Funai, N. Naito and A. Fujimaki, "Characterization of NbN Tunnel Junctions With Radical-Nitrided AlN Barriers", *IEEE Trans. Appl. Supercond.*, vol. 23, no. 3, p.1101306, 2013.

3.4　ハードディスク媒体の大容量化と先進媒体加工技術

Advanced Fine Patterning Technologies for High Density Magnetic Recording Medium

㈱東芝　喜々津　哲
Akira Kikitsu

Key words: HDD, magnetic recording medium, bit patterned medium, NIL, DSA

1. はじめに

ハードディスク（HDD）は磁性体の磁化方向によってデータを記録する外部記憶装置であり、1957年のIBMによる製品化から50年以上の歳月を重ねて進化し続けてきた[1]。その進化の過程として、HDDの性能指標である面記録密度（1平方インチあたりのビット数）の推移を図3.4.1に示す。縦軸が対数目盛になっていることからわかるように、面記録密度は指数関数的に増加し、現在は最初の製品の5億倍もの密度になっている。この飛躍的な密度の増加とそれに伴うビット単価の減少がPCをはじめとする情報機器やIT技術の爆発的な普及を支えてきた。インターネット上で生成される情報量はこれからも指数関数的に増え、その大半はHDDに保存されることが予想されていることから、HDDはこれまでの指数関数的トレンドを将来にわたって維持し続けていく必要がある。

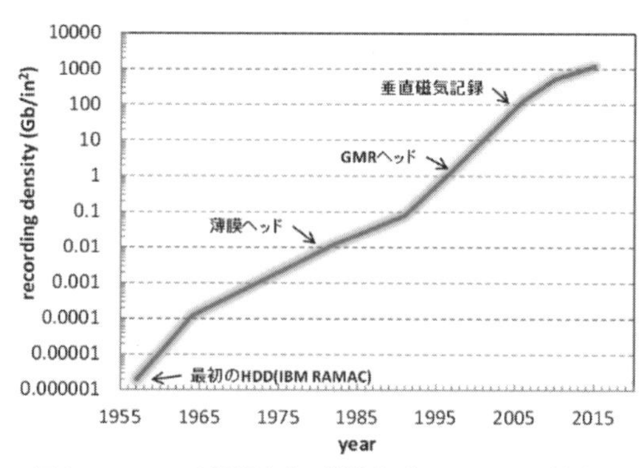

図3.4.1　HDDの記録密度の推移とブレークスルー技術

図3.4.2にHDDの構成を示す。主要な構成部品は円板状の記録媒体（ディスク）、記録／再生ヘッド、ヘッドを媒体上の所望の位置に移動させるサスペンションである。高密度記録のためには記録媒体上のビット（磁区）を微細化する必要があり、そのために記録ヘッドは微細な領域に磁界を印加し、再生ヘッドは微弱な漏洩磁界を高感度に検出し、サスペンションはヘッドを高速・高精度に位置決めする必要がある。これ以外にも、再生信号のエラー率を下げる信号処理技術やヘッドを媒体上数nm以下に浮上させる技術といった多くの技術がHDDに使われており、それら全てが絶え間なく進歩し続けてきた結果、図3.4.1の密度増加が実現されてきた。図中には2007年にノーベル賞を受賞したGMRヘッド[2)]や垂直磁気記録[3)]といった代表的なブレークスルー技術も記した。

加工技術の高密度化への貢献という観点では、記録／再生ヘッド素子における微細加工技術が大きく寄与している。これらは半導体と同様なウェハープロセスを用いており、半導体プロセス技術の進化とともに微細化を進めてきた。その一方で、近年、記録媒体を微細加工するビットパターンド媒体（BPM）[4)]が高密度化技術として注目されている。媒体の場合、一枚の基板が一個のデバイス（媒体）であるとか、その基板も穴あきのガラス製といった制約があり、通常のウェハープロセスとは様相が異なる。従って従来の半導体プロセス技術に革新的なプロセス技術を付け加えるというアプローチが検討されている。このBPM加工技術について以下に紹介する。

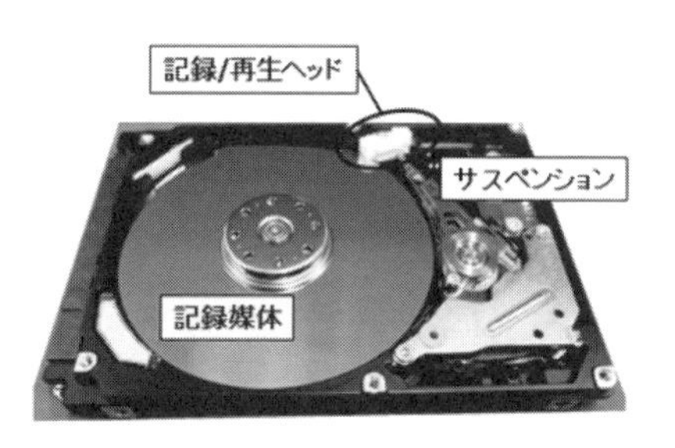

図3.4.2　HDDの主要構成部品

2. BPMのコンセプトと加工プロセスの課題

図3.4.3に垂直磁気記録方式の模式図を示す。ヘッドから媒体垂直方向に印加される磁界によって情報が上／下向きの磁区として記録される。媒体の微細構造を図3.4.4に示す。一つの記録磁区は直径10 nm程度の多くの孤立磁性粒子からなり、粒子間は数nmの非磁性体で分断されている。

記録密度を上げるには磁区を小さく密に形成する必要があるが、それをきちんと分別するには磁区の境界（図中に太線で示した）の乱れも小さくならないといけない。従って、高密度化とともに磁性粒子の直径は小さくなる。この時、熱揺らぎの問題が発生する。磁性粒子の磁化を一方向に保持するエネルギーは粒子体積に比例するため、粒径の減少は保持エネルギーの低下を招き、室温の熱エネルギーでも磁化が動いて、保存している情報が消失してしまう。

この問題を解決するためにBPM（Bit Patterned Media）が提案された4)。その概念図を図3.4.5に示す。図3.4.4において多くの磁性粒子からなっていた一つの磁区を人為的に作った一つの磁性ドットとすることで熱揺らぎを回避するというものである。BPMの最大の課題は加工方法である。磁性ドットの大きさは現行で数10 nm、将来的には10 nm以下になる。このサイズは電子線露光で描画できる範囲ではあるが、ディスク一枚のマスクパターン描画だけでも何日も費やしてしまう。一時間あたり1,000枚以上のスループットが必要とされるHDD媒体にはそのまま適用できない。

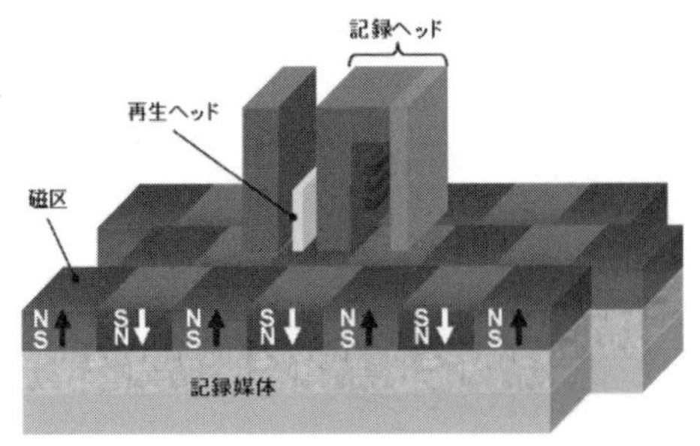

図3.4.3　垂直磁気記録方式の模式図

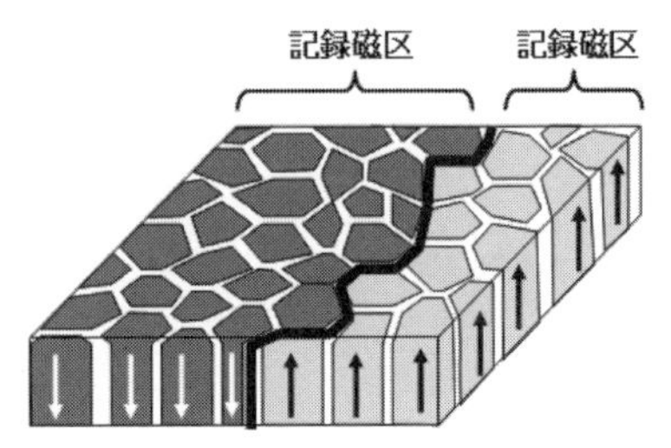

図3.4.4　磁気記録媒体の微細構造

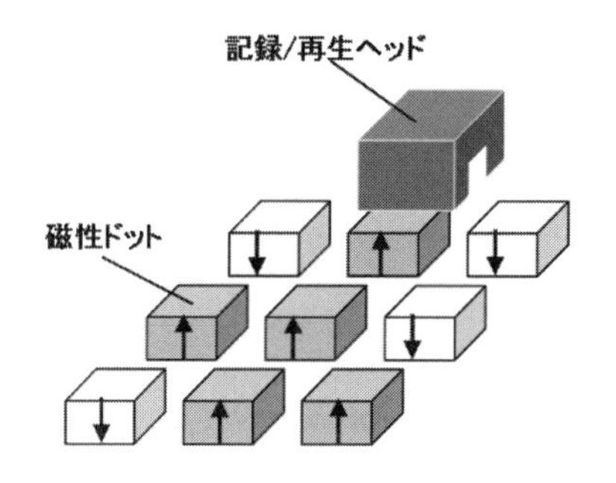

図3.4.5　ビットパターンド媒体（BPM）の概念

3. BPMの加工プロセス

3.1　NILによる高スループット加工

BPM作成のスループットを高める技術として、ナノインプリントリソグラフィー（NIL: Nano Imprint Lithography）[5]が検討されている。NILとは微細加工用のマスクパターンを形成する技術で、マスクパターンが刻まれたモールドと呼ばれる板をまず作成し、それをレジストの膜に押し付けてパターン形成する手法である。マスクを通過する光で露光して作る従来のフォトリソグラフィーと異なり、モールド上のパターンができさえすればnmのサイズでもマスクが作成可能であり、次世代の半導体リソグラフィ技術として注目されている[6]。

NILをBPM製造プロセスに適用する場合の概念図を図3.4.6に示す。従来のプロセスで磁性層まで作成した磁気記録媒体上にレジストを塗布し、石英モールドを押し付け､紫外線硬化でマスクを形成し､イオンミリングで磁性層をエッチングし、最後に保護層を堆積する。NILやエッチングの単工程が10秒程度で終了できればスループットを高く保てる。モールドの作成工程は量産工程と独立なのでスループットは遅くても良い。また、モールド自体、NILで複製できる。Si基板上に電子線描画などで作成した最初のパターン（原盤）から1,000枚のモールドをNILで作成でき、1枚のモールドから1,000枚の媒体が作れるとすると、計算上は媒体を100万枚製造する間に原盤を1枚作れば良いことに

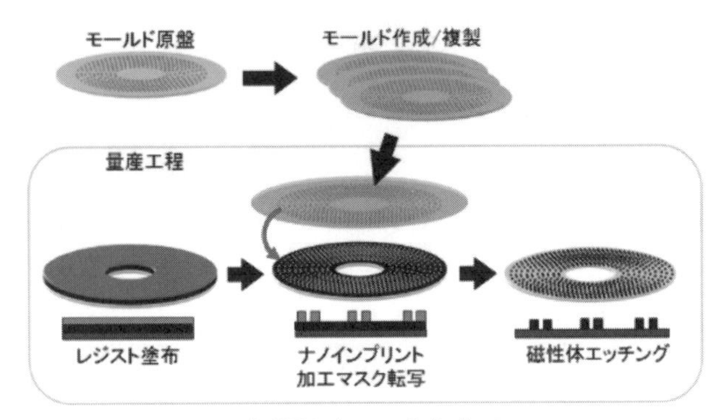

図3.4.6　NILを利用したBPM作成プロセスフロー

なる。

3.2　DSAによる微細パターン形成

前述のように、BPMのパターンの最小部分は将来的には10 nmを切るサイズとなる。電子線描画でそのようなパターンを形成するとなると、露光の困難さが増すのに加えて描画時間がサイズの二乗に反比例して長くなってしまう。この課題を解決する手法として、ポリマーの自己組織化現象を利用して微細パターンを形成する手法が開発された[7)]。

図3.4.7に自己組織化ポリマーの模式図を示す。二種類のポリマーの分子鎖の端部が結合しているジブロックコポリマーと呼ばれるものである。ポリマーAとポリマーBとがお互いに反発しあう（溶け合わない）性質を持っているため、これを溶媒に溶かしてアニールなどによって平衡状態にすると、AポリマーとBポリマーとがそれぞれ凝集して図3.4.7下部に示すような相分離構造を形成する。このときAとBの体積比を適切な値にすると、Aポリマーの海にBの球が六方稠密に規則的に配列した構造とすることができる。この

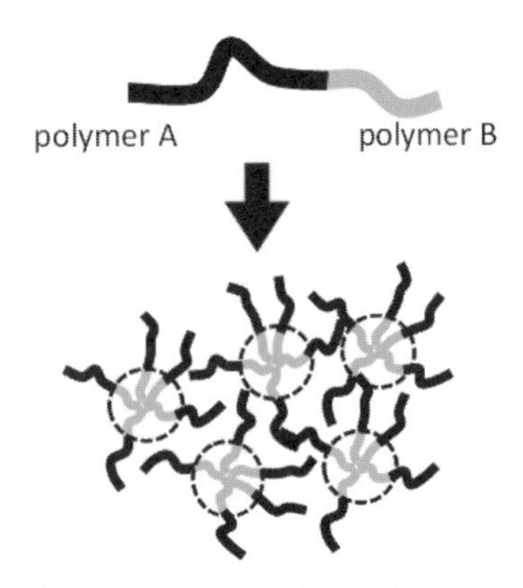

図3.4.7　自己組織化ポリマーの模式図

パターンのサイズはポリマーの長さ（分子量）に比例して小さくなり、6.9 nmピッチの自己組織化の報告例もある[8)]。また、この自己組織化現象は大面積の領域で同時に起こるので、形成時間はパターンサイズに影響されない。

この自己組織化パターンを加工マスクとして用いるためには、自己組織化材料をパターン一周期分の厚さで塗布して二次元の自己組織化構造を作り、片側のポリマーをエッチングで除去すればよい。そのような材料として例えばポリスチレン(PS)とポリメチルメタクリレート(PMMA)のジブロックコポリマーがある[9)]。PSとPMMAは酸素RIE（Reactive Ion Etching）のエッチングレートの差（選択比）が大きいため、自己組織化した後に酸素イオンでエッチングすることで加工マスクパターンを形成できる。

自己組織化は、nmサイズの微細パターンを短時間で大面積に形成できるという大きなメリットがあるが、自然現象であるが故にそのままでは人為的なパターンには使えない。自己組織化の核は基板上の複数の位置で同時に形成されるため、小さな配列領域が多数混在したドメイン構造を作ってしまう。BPMに用いるには、ディスク基板の円周方向に並列して並ぶトラックパターンとなっていなければならない。

この目的のために、自己組織化パターンを人為的に制御するDSA（Directed Self-Assembly）技術が開発された[7)]。その模式図を図3.4.8に示す。基板上に所望のパターンで溝を形成し、それをガイドとしてその中で自己組織化させるのである。図3.4.8は平行な壁のガイドの場合を示している。ミクロには壁の間で自己組織化が起こっているが、その配列方向は壁の方向で制御されており、マクロにみると並列した自己組織化パターンとなっている。この手法を用いれ

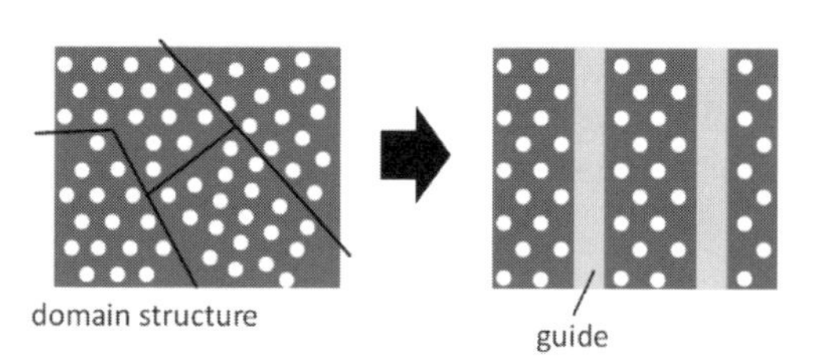

図3.4.8　DSA（Directed Self-Assembly）の模式図

ばHDD媒体に必要なデータトラックやヘッド位置を制御するアドレス信号などを作り込むことができる。その模式図を図3.4.9に示す。DSAガイドの大きさは自己組織化パターンより大きいので、通常のリソグラフィー技術あるいはNILで作成することができる。ガイド形成工程が余分に必要となるが、原盤作成工程の一部であるのでスループットの要請は厳しくない。NILと併せてこのDSA技術も次世代の半導体リソグラフィー技術として検討されている。

DSAをBPMに適用するにはさらに課題がある。データ領域における磁性ドット（ビット）は、媒体の回転に対して決まったタイミングで現れる必要がある。すなわち、データ用のドットは、円周方向にも半径方向にも、決められた位置に配置されないといけない。図3.4.8に示したような溝ガイドではドット列の配列方向は制御できても位置までは制御できない。そこでポスト（柱）ガイドが開発された[10)]。概念図を図3.4.10に示す。溝ガイドでは図の点線の位置にドットを配置できないが、この位置（白丸で示す）にドットと同じ大きさのポストガイドを設置すれば、このポストを中心にして自己組織化が起こるため配列方向と配列位置が同時に制御できる。ポストガイドの形成には自己組織化ドットと同じ程度の大きさの構造を作る必要があるため製造の難易度は上がる。しかし、ポストの数（密度）は自己組織化を制御できる範囲で少なく（疎に）できるので、微細加工はしやすくなる（一般に微細パターンが密なほど加工・形成が困難になる）。

ポストガイドを用いて得られた自己組織化マスクパターンを図3.4.11に示す[11)]。

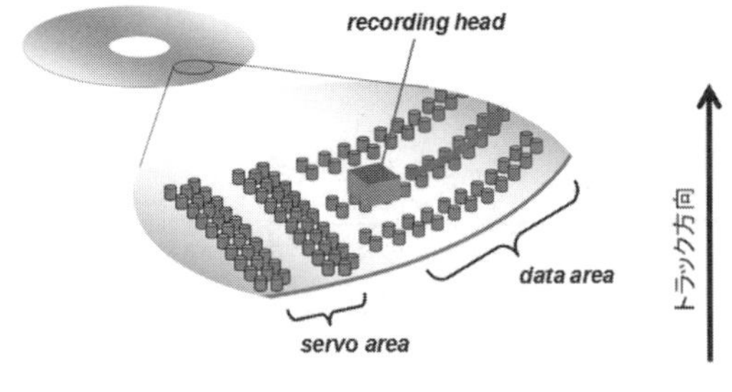

図3.4.9　DSA-BPMの模式図

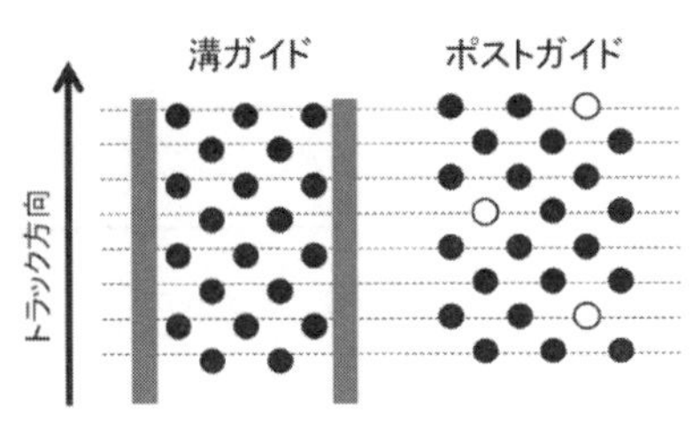

図3.4.10　ポストガイドDSAの概念図

自己組織化材料として12 nmピッチの設計のジブロックコポリマー PS-PDMS（ポリスチレン－ポリジメチルシロキサン）を用いた。まず、NILを用いて2.5インチのガラスディスク基板上に紫外線硬化樹脂のポストガイドを形成した。モールドのポストガイドパターンは電子線描画で作成した。その後、PS-PDMSを塗布し、ポリマーの溶媒蒸気に晒して分子を動かす溶媒アニール法で自己組織化させた。図3.4.11はPS部分を酸素RIEでエッチングした表面の平面SEM像である。トーンが濃く、大き目に見える部分がポストガイドである。

このSEM像の画像解析の結果、1 μm四方以上の視野において欠陥ゼロの自己組織化パターンができていることがわかった。これと同じ評価をディスク基板の半径29.4 mmの位置の円周方向8か所で行ったところ、全てにおいて欠陥はゼロであった。自己組織化ドットのピッチ分散は1σで8%程度であった。また、各ドット列をデータトラック列とみなしてその中心からのドットの偏差を調べたところ6%程度であった。これらの結果から、2.5インチのディスク基板上で、ドット列を一本の線でつなぐことができる精度で自己組織化配列が実現できていることが期待される。ただし、BPMの実用化のためにはまだ精度は足らない。ピッチ分散を少なくとも5%以下にする必要があり、プロセスのさらなる高精度化が必要である。

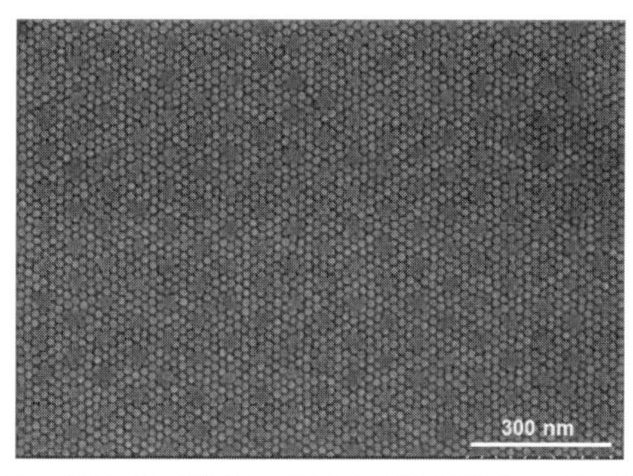

図3.4.11　ポストガイドを用いて得られた自己組織化マスクパターン

4. おわりに

HDDの高密度化に関わる先進加工技術としてBPMの加工プロセスを紹介した。従来の半導体加工プロセスに、NILやDSAといった新しい技術を加えることで、大面積にわたる高精度の加工を短時間で行うプロセスが実現できた。しかし、実用化にはまだ多くの課題がある。HDDでは記録媒体のわずか数nm上空を記録再生ヘッドが浮上飛行するため、媒体の表面はできる限り平滑であることが必須である。BPMはこの表面を加工して乱してしまう。浮上ができる程度に平坦にする技術が必要である。加えて、BPMには媒体の微細加工のコストが必ず上乗せされる。高密度化のポテンシャルがあるとは言え、フラッシュメモリーとのビット単価の競争が激しいHDDにおいては、製造性や歩留まりを含めて加工を低コストにできない限り実用化は難しい。

ここで紹介した技術は、熱揺らぎという物理限界からの課題に対し、微細加工、自己組織化、NILといった新しい領域の技術を付け加えるというエンジニアリング的なアプローチで対処したものである。単一の視点からでは物理限界かもしれないが、複数の視点で見れば必ずしもそうではない。現在多くのデバイスにおいて技術の高度化が進み、物理限界が困難な課題となっているが、これらの課題も今回のようなエンジニアリング的アプローチで解決の道を見出すことができるかもしれない。微細加工技術は特にこのような側面が強いのではないだろうか。これからの進化が楽しみである。

謝辞

本解説の結果の一部は国立研究開発法人新エネルギー・産業技術総合開発機構（NEDO）の援助によるものである。

参考文献

1） 中村慶久：垂直磁気記録の最新技術，シーエムシー出版（東京），第7章，（2013）.
2） M. N. Baibich et al.: “Giant Magnetoresistance of (001) Fe/(001) Cr Magnetic Superlattices”, Phys. Rev. Lett., 61 (1988), 2472.
3） S. Iwasaki and Y. Nakamura: “An analysis for the magnetization mode for high density magnetic recording”, IEEE Trans. Magn., 13, 5, (1977), 1272.
4） I. Nakatani et al.: Japan patent 1888363, 1991; R. L. White et al.: “Patterned media: a viable

route to 50 Gbit/in^2 and up for magnetic recording?" , IEEE Trans. Magn., 33, 1, (1997), 990.
5) P. R. Krauss et al.: "Fabrication of planar quantum magnetic disk structure using electron beam lithography, reactive ion etching, and chemical mechanical polishing", J. Vac. Sci. Technol., B13, 6, (1995), 2850.
6) International Technology Roadmap for Semiconductors 2011 edition Lithography, http://www.itrs.net.
7) K. Naito et al.: "2.5-inch disk patterned media prepared by an artificially assisted self-assembling method" , IEEE Trans. Magn., 38, 5, (2002), 1949.
8) S. Park: "Macroscopic 10-Terabit–per–Square-Inch Arrays from Block Copolymers with Lateral Order" , Science, 323, (2009), 1030.
9) K. Asakawa et al.: "Nanopatterning with Microdomains of Block Copolymers using Reactive-Ion Etching Selectivity" , Jap. J. Appl. Phys., 41, 10, (2002), 6112.
10) I. Bita et al.: "Graphoepitaxy of Self-Assembled Block Copolymers on Two-Dimensional Periodic Patterned Templates" , Science, 321 (2008), 939.
11) R. Yamamoto et al.: "Orientation and Position Control of Self-Assembled Polymer Pattern for Bit-Patterned Media", IEEE Trans. Magn., 50, 3, (2014), 3200304.

3.5　有機分子デバイスにおける50年間の技術動向と今後の展開

Past fifty years and future prospect of organic molecular devices

千葉大学　工藤　一浩
Kazuhiro Kudo

Key words: organic semiconductor, molecular device, printed device, organic LED, solar cell, FET

1. はじめに

有機物は無機系結晶のような強い原子結合の物質に比べて、柔軟性、軽さといった特徴を有する。また、低価格、低温、大面積作製が可能な印刷技術が適用できることから、軽量かつ柔らかく曲げやすい有機材料を用いたフレキシブルディスプレイ、照明、太陽電池、情報タグなどの有機電子デバイスの開発研究が近年盛んに進められている。有機半導体の概念が生まれた1954年頃から、1980年代の分子電子デバイス、さらにはプリンテッドエレクトロニクスやウエアラブルデバイス応用など、歴史的な背景を振り返りながら有機電子材料の基礎物性とその応用技術展開について述べる。

2. 有機半導体の研究

無機半導体で固体電子デバイスを実現したころから、有機物質の電子物性も興味が持たれ、一例としてフタロシアンの導電性を測定した報告[1]がある。また、1940年代に始まる赤松、井口らの先駆的研究[2]があり、井口は1954年の光導電性の論文で初めて明確に有機半導体という名称[3]を使用し、光電子物性とそのエレクトロニクスへの利用を意識した研究と位置づけられる。一方で、有機半導体研究を始める動機が1947年グラファイトのバンド理論の論文にあり[4]、有機半導体の研究開発の一つの展開方向がフラーレン、ナノチューブ、グラフェンにあった。このように、炭素sp^2結合が担うπ電子系のエレクトロニクスがその進化の原点とも言え、有機物と無機物の境界線も明確でない物質群や理論背景も存在する。有機単結晶を用いた有機半導体の光電子物性の研究は1950年代から1970年代まで精力的に進められ、これらの有機半導体の基礎物性は幾つかの成書[5)～7)]としてまとめられている。

その後、有機電荷移動錯体を用いる有機金属、さらには有機超伝導体の研究へと発展する[8)]。また、ポリアセチレンにドーピングすると金属へ転移することから、1970年代後半から導電性ポリマーの分野が大きな発展を遂げ、Heeger, Macdamid, 白川の2000年ノーベル化学賞に繋がる。一般的有機半導体は広いバンドギャップをもつワイドバンドギャップ半導体に属するものが多く、有機金属や有機超伝導体の分野は別の流れを形成している。

3. 有機半導体のデバイス応用

3.1　有機半導体デバイスの進展

近年の有機系材料、デバイスの研究進展により、有機電子デバイスの特性は著しい進歩[9)]がみられ実用デバイスとして注目を浴びるようになった。図3.5.1に有機電子写真感光体（OPC：Organic Photo-Conductor）、有機発光素子（有機EL（Electroluminescence）またはOLED（Organic Light Emitting Diode））、有機太陽電池、有機トランジスタの素子構造、図3.5.2に代表的素子の性能向上を示す。研究レベルでは無機デバイスにほぼ匹敵する素子性能も得られており、一部商品化されているものもある。しかしながら、後述するように素子寿

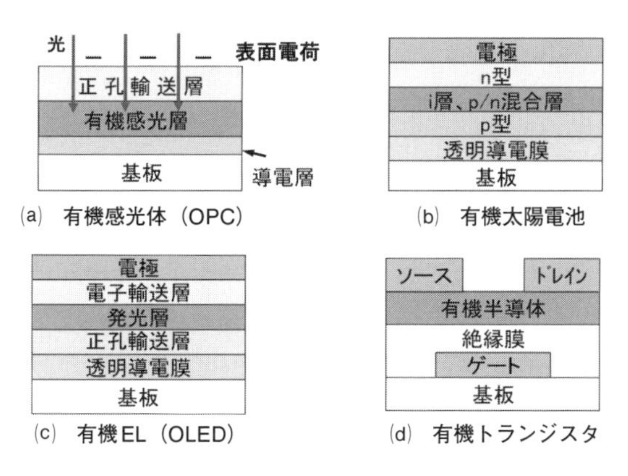

図3.5.1　代表的有機デバイス構造

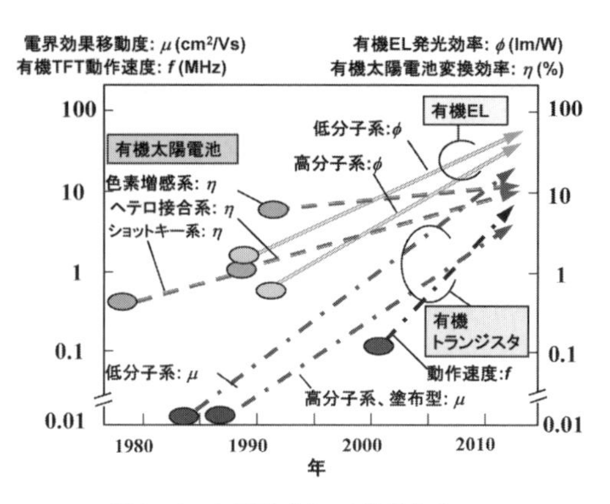

図3.5.2　有機デバイスの性能向上

命、信頼性といった解決すべき課題も山積している。

3.2　有機電子写真感光体

1930年代に提案されたCarlsonの電子写真（Xerography）技術[10]は、感光体に硫黄とアントラセンが用いられている。実用化の初期にはセレン（Se）薄膜も使用されていたが、Seの毒性問題もあり、現在では身近な複写機やレーザープリンターにはほぼOPCに置き換わっている。OPCは1970年代の精力的な研究開発の結果、実用化に結び付いた歴史がある。光照射による薄膜内部での光キャリアの生成層とキャリアの輸送層からなる積層構造図3.5.1(a)が用いられ。最初の実用化に用いられたOPC材料はポリビニルカルバゾール（Polyvinylcarbazole：PVK）とトリニトロフルオレノン（Trinitro-fluorenone：TNF）の電荷移動錯体薄膜である。キャリア発生材料として、フタロシアニン系、スクワリリウム色素系、アゾ色素系、ペリレン顔料系、キャリア輸送材料としてカルバゾール系、トリフェニルメタン系、ビフェニルジアミン系などが開発されてきている。このOPC の開発で得られた有機材料と電子伝導機構は、その後の有機EL や有機太陽電池材料の分子設計とデバイス開発においても重要な役割を果たした。

3.3　有機薄膜太陽電池

有機半導体の光物性は1940年代から興味がもたれており、1958年には2種

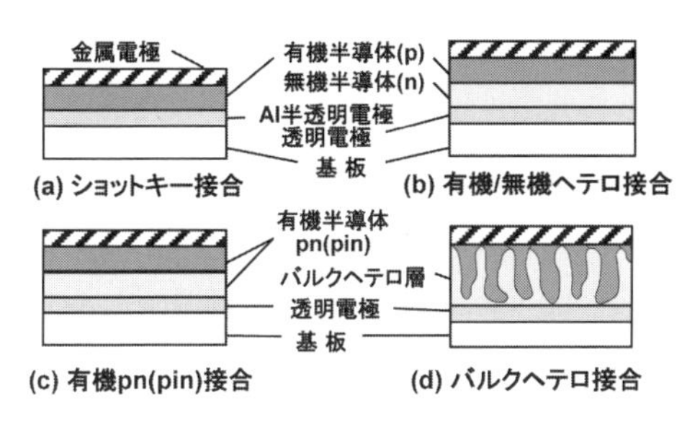

図3.5.3　代表的な有機系太陽電池の素子構造

の有機半導体積層界面に由来する光起電力効果が報告されている[11)]。しかし、エネルギー変換デバイスを目指した太陽電池開発は1973年の第一次オイルショック前後からであり、図3.5.3(a)に示すテトラセンやフタロシアニン類の真空蒸着薄膜を用いたショットキー型素子、無機半導体と有機半導体材料のpnヘテロ接合やOPC材料であるPVK-TNF系有機pn接合が報告されている。1978年になってメロシアニン色素類、シアニン色素類、スクワリリウム色素類などの真空蒸着薄膜を用いたショットキー型の太陽電池が研究され、太陽光（AM 1）照射下で0.7%の変換効率を報告している[12)]。

有機薄膜太陽電池にはいくつかの解決すべき課題がある。まず、無機半導体に比べて、有機半導体薄膜中で生成した励起子の束縛エネルギーが大きく、電荷分離に必要な内部電界を高くする必要がある。また、拡散距離が短い（10 nm以下）ため、有機薄膜で吸収された光の一部しか電荷分離に寄与しないという問題。さらに有機半導体薄膜が低キャリア移動度、高抵抗であるため直列抵抗が高く、光電流が減少する問題である。一方、実用化には有機半導体への不純物制御、雰囲気の影響、素子寿命などの課題点も挙げられる。その後、上記課題点を克服する開発が進められ、1980年代にはC. W. Tangらによる有機系pn接合薄膜太陽電池[13)]で変換効率1%を達成した。1990年代になって、M. Graetzelらによる色素増感太陽電池で変換効率8%に達したとの報告[14)]が、1%程度に留まっていた有機系太陽電池の研究を加速した。一方、A. J. Heegerらのπ共役ポリマー層とC60層を積層した太陽電池の報告とその後π共役ポリマーとC60誘導体の複合膜を用いたバルクヘテロ接合型太陽電池[15]は実質的なキャリア生成のための光活性層を膜全体に広がった構造となっており、今までの有機系太陽電池の問題点を解決できる構造として注目される。

最近になって、ペロブスカイト系太陽電池が23％を超す高い光電変換効率を示すことが報告[16]され、新たな材料系での展開が進んでいる。しかし、光照射下での耐久性向上と低コスト・省エネ製造プロセスを確立する必要があり、今後の研究進展に期待する部分が多い。

3.4　有機発光デバイス

有機物を電気励起で発光させた最初の例は、1963年のM.Popeらのアントラセン単結晶の実験であるとされる[17]。有機薄膜を用いたEL素子の研究開発は1970年代末にアントラセン誘導体ラングミュア-ブロジェット（Langmuir-Blodgett：LB）膜を用いた有機ELの研究から始まり、アントラセン蒸着膜やPVK 塗布薄膜を用いた論文が出されたが、デバイスの安定性、素子寿命に問題があった。その後、1987年のC.W.Tangらが報告した有機EL の論文[18]は、低電圧駆動と積層型を採用したものであり、現在の実用化研究の出発点となるものであった。1990年ごろにはホール輸送材料、電子輸送材料、また発光層材料の開発により発光効率向上と駆動寿命の改善が報告された。一方、電子注入電極として金属電極（陰極）はMgAg、やAlLiといった合金電極やLiやCsなどをドープした金属ドープバッファ層の使用などにより大幅なデバイス特性、寿命の改善が達成された。

ディスプレイ応用面では、TDK は1995年に世界で最初のアクティブマトリックス（Active Matrix：AM）駆動の有機ELの試作に成功し、パイオニアは1997年に最初の有機ELの商品化を、三洋電機は2000年にフルカラー有機ELディスプレイの試作を成功させるなど、有機ELの実用化を先導する役割を果たした。その後、PM駆動の小型有機EL ディスプレイは、各種オーディオ製品や携帯電話の背面ディスプレイとして利用されるようになり、高品質の画像を提供する有機ELディスプレイ技術は成熟化の段階に到達した。

3.5　有機薄膜トランジスタ

1980年代に有機電界効果トランジスタ（Field-Effect Transistor：FET）の研究[19)〜21)]が始まる。1996年ごろより有機半導体薄膜の高純度化と自己組織化単分子膜（SAM）で表面処理により、電界効果キャリア移動度の値は1.0 cm^2/Vsのアモルファスシリコン並みの有機FET を作製できる見通しがつき、多くの研究者の興味が集まった。また、ペンタセンやルブレン単結晶膜では移動度10 − 40 cm^2/Vsの高い値も報告[22)]されるようになった。有機半導体の多くはpチャネル動作をするが、相補型トランジスタ回路作製にはnチャネル材料が必要となり、C60、ペリレン誘導体、フッ素置換ペンタセン、フッ素置換チオフェンオリゴマーなどが開発されている。

一方、低分子系の場合、シャドウマスクを用いた蒸着によってチャネル幅をはじめFET のサイズを規定しなければならないので、真空蒸着に依存しない材料とプロセスの探索が始められている。溶媒可溶性の前駆体を経由してペンタセンなどの低分子系の薄膜を湿式で製膜する方法と可溶性のπ共役ポリマーを用いる方法とが試みられ、ほぼ真空蒸着法で作製した薄膜に匹敵するFET性能が得られている。このような材料の進歩と製膜法の進歩によりAM 駆動用のOTFTアレイが作製できるようになり、プラスチック基板上に直接形成できるなどの優位性を活かすことで有機フレキシブルデバイスの技術開発に期待が大きい。

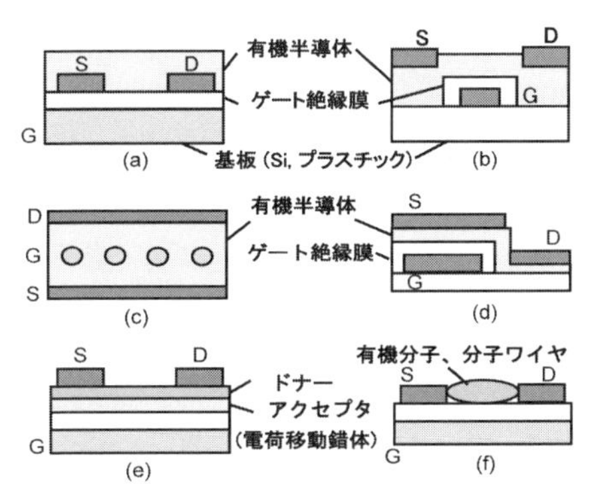

図3.5.4　種々有機トランジスタと分子素子構造

両極性で動作するFET ではチャネル内でキャリア再結合発光を得ることができるので、発光トランジスタが作製可能となる。テトラセン蒸着膜やπ共役ポリマー薄膜を用いて発光トランジスタが作製された[23]。さらに有機単結晶を用いて、より発光効率がよい発光トランジスタが作製され、有機半導体レーザー実現に向けた研究も進められている[24]。

3.6　分子電子デバイス[25]

分子素子の名が多分野の研究者の注目を集めるようになったのは、米国海軍研究所のF. L. Carterが中心となって1981年と1983年の2回にわたり開かれたワークショップ “Molecular Electronic Devices” 以来である。特に物理・電気分野の研究者の興味を引いた点は「分子計算機」と呼ぶ具体的概念が提案され、現在のシリコンを中心とした半導体集積化技術の限界を打ち破る次世代デバイスの有力候補と考えられたからである。一方、使用する有機分子は多種多様であり、有機合成や抽出により約500万種の有機分子が知られている。これらの分子の組合せを考えると、その発現しうる機能性への期待は非常に大きい。個々の分子集合体の電気伝導について見ても、これまで利用されていた絶縁性のみならず、半導体性、金属的導電性、さらには超伝導性の材料まで見いだされている。しかし、多くの研究者が分子素子に期待する所はその多様性のみではなく、1分子あるいは小数の組織された分子で発現できる機能性、さらには個々の分子の持つ立体的化学構造から発現する自己組織化を利用した素子の実現にある。この概念は生体系における優れた生体機能（分子認識・識別機能、情報処理システム等）を直接利用したり模倣したりするバイオチップ、バイオエレクトロニクス、バイオコンピュータ等の分野へも通じており、急速に進展している。

4. プリンテッドエレクトロニクス[26]

4.1　印刷法による有機デバイス製造技術

シリコンに代表される従来の真空、高温、フォトリソグラフィといった半導体プロセスに比べて、塗布、印刷法は低温、省エネルギー、低環境負荷の観点

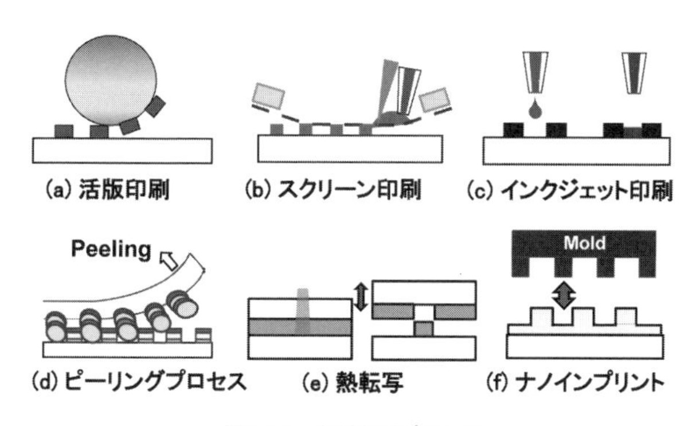

図3.5.5　各種印刷プロセス

から有用である。このような印刷製造技術を基盤とした電子デバイスへの応用はプリンテッドエレクトロニクスと呼ばれ、近年新しいデバイス製造技術として注目されている。

図3.5.5に古典的な活版印刷と有機デバイスへの適用が期待されるインクジェット法、ナノインプリント法、コロイダルリソグラフィ法、ロール･ツー･ロール技術、ラミネート化技術の適用による大面積フィルム製造法のイメージ図を示す。広義の印刷としてパターンを直接形成する方法と膜を均一に形成後にパターン化する方法があり、代表的な印刷方式は活版印刷、平版印刷、凹版印刷、孔版印刷などがある。また、インクジェット法、ナノインプリント法、コロイダルリソグラフィ法といった印刷法は、微細パターンの形成が必要な場合や無溶媒プロセスとして有望な手法である。一方、身の回りにある壁や衣服などの表面は電子的機能を付随してない。材料、製造コストが安い印刷法で種々表面にエレクトロニクス機能を導入できれば、はかりしれないほどのインパクトを社会に与えることになると予想される。また、曲面を含む商品やパッケージなどの種々表面へ印刷エレクトロニクスを適用することによって、電子機器、情報システムの大転換が見込まれる。さらに、基材をフィルムにするとロール化も可能であるため、将来有機半導体回路をロール・ツー・ロール（Roll to Roll）で大量に安価で印刷できるようになることが期待されている。しかしながら、一般的な印刷でパターニングするには材料を溶剤に溶解させてインキ化

する必要があり、各印刷法に適した濃度と粘度が重要な因子となる。

4.2　インクジェット法とスプレー法

インクジェット法は特定の場所のみにインク化した有機材料を噴射する手法であり、材料の使用効率が高いといった特徴を有する。一方、古くから塗装手法として使われているスプレー法も微細なノズルや電界印加によって微細なパターン形成や塗り分けが可能な技術として注目されている。

4.3　ナノインプリント法とホットプレス法

通常の印刷法でインキ化に用いられる溶剤は有害な物も多く、廃液処理や乾燥のための装置、処理時間も重要な因子となる。これらの課題を克服するために、無溶剤プロセスであるナノインプリント法やホットプレス法などの適用も進められている。ナノインプリント法ではシリコンプロセスなどの微細加工技術による数ミクロンからサブミクロンモールド（型版）を使うことによって、微細構造素子の作製へ適用することが可能である。一方、微細な段差構造（分散したナノビーズ）などを粘着テープで引きはがすピーリングソグラフィ法[27]という印刷プロセスは超微細3次元構造素子の作製に有望な手段である。

4.4　ロール・ツー・ロール法とラミネート法

有機デバイスは柔軟かつフィルム化が可能なため、シート状の製品を巻き取るロール・ツー・ロールプロセスやラミネート加工が適用できる。また、フレキシブル有機デバイスには封止と力学的な曲げに対する歪みを押さえたラミネート構造が重要となる。

5. 有機エレクトロニクスの展望

新しい有機半導体材料の開発や高性能有機デバイスの開発に伴い、有機材料の特徴を活かしたフレキシブル情報デバイス応用のみならず、医用、センサ素子など幅広い分野での応用が期待されている。また、印刷技術を用いて有機電子デバイスを作製するプリンテッドエレクトロニクスへの展開は新しい電子デバイス作製技術として注目されている。一方、有機エレクトロニクスには環境・エネルギー問題、安全・安心社会の実現に向けた要素技術を含んでおり、従来にはないエレクトロニクス分野を切り拓くことが期待されている。しかしながら、有機分子特有の機能性を引き出す分子設計、合成技術、素子設計と素子作製プロセスの確立が必要である。さらに既知のデバイスのさらなる高機能化と新奇デバイスの創出をめざすためには、ドナーやアクセプタのドープにより、キャリア密度を積極的に制御した系の構築とその安定化技術を克服する必要がある。

参考文献

1） D. D. Eley: Phthalocyanines as Semiconductors, Nature 162,（1948）, 819.
2） H. Inokuchi: The discovery of organic semiconductors. Its light and shadow, Organic Electronics 7,（2006）,62.
3） H. Inokuchi: Photoconductivity of the Condensed Polynuclear Aromatic Compounds, Bull. Chem. Soc. Jpn. 27, 1,（1954）, 22.
4） P. A. Wallace: The Band Theory of Graphite, Phys. Rev. 71,（1947）, 622.
5） 井口洋夫:新物理学進歩シリーズ9, 有機半導体, 槇書店,（1964）.
6） 三川　礼：艸林成和編:高分子半導体, 講談社サイエンティフィク,（1977）.
7） M. Pope and C. Swenberg: Electronic Processes in Organic Crystals and Polymers, Oxford University Press, USA,（1981）.
8） G. Saito and Y. Yoshida: Development of Conductive Organic Molecular Assemblies: Organic Metals, Superconductors, and Exotic Functional Materials, Bull. Chem. Soc. Jpn., 80,（2007）, 1.
9） 有機半導体デバイス，日本学術振興会 情報科学用有機材料第142委員会C部会編，オーム社，（2010）.
10） C. F. Carlson: US Patent, 2,221,（1940）, 776.
11） D. Kearns and M. Calvin: Photovoltaic Effect and Photoconductivity in Laminated Organic Systems, J. Chem. Phys. 29,（1958）, 950.
12） L. Morel, A. K. Ghosh, T. Feng, E. L. Stogryn, P. E. Purwin, R. F. Shaw and C. Fishman: High-efficiency organic solar cells, Appl. Phys. Lett., 32,（1978）, 495.
13） C. W. Tang: Two-layer organic photovoltaic cell, Appl. Phys. lett., 48,（1986）, 183.
14） B. O' Regan and M.Graetzel: A Low-Cost, High-Efficiency Solar Cell Based on Dye-Sensitized Colloidal TiO2 Films, Nature, 353,（1991）, 737.
15） N. S. Sariciftci, L. Smilowitz, A. J. Heeger and F. Wudl: Photoinduced electron transfer from a conducting polymer to buckminsterfullerene, Science, 258,（1992）, 1474.
16） T. Miyasaka: Perovskite Photovoltaics: Rare Functions of Organo Lead Halide in Solar Cells and Optoelectronic Devices, Chem. Lett., 44（2015）720.
17） M. Pope, H. Kallmann and P. Magnante: J. Chem. Phys., 38,（1963）, 2042.
18） C. W. Tang and S. A. VanSlyke: Organic Electro- luminescence Diodes, Appl. Phys. Lett., 51,（1987）, 913.
19） F. Ebisawa, T. Kurokawa and S. Nara: Electrical Properties of Polyacetylene/Polysiloxane Interface, J. Appl. Phys., 54,（1983）, 3255.
20） K. Kudo, M. Yamashina and T. Moriizumi: Field Effect Measurement of Organic Dye Films, Jpn. J. Appl. Phys., 23, 1,（1984）, 130.
21） A. Tsumura, H. Koezuka and T. Ando: Macromolecular electronic devices: Field-effect transistor with a polythiophene thin film, Appl. Phys. Lett., 49,（1986）, 1210.

22) J. Takeya, M. Yamagishi, Y. Tominari, R. Hirahara, Y. Nakazawa, T. Nishikawa, T. Kawase, T. Shimoda and S. Ogawa: Very high-mobility organic single-crystal transistors with in-crystal conduction channels, Appl. Phys. Lett., 90, 102120. (2007), 1.
23) A. Hepp, H. Heil, W. Weise, M. Ahles, R. Schmechel and H. von Seggern: Light-Emitting Field-Effect Transistor Based on a Tetracene Thin Film, Phys. Rev. Lett., 91, 15, (2003), 157406.
24) M. A. Baldo, R. J. Holmes and S. R. Forrest: Prospects for electrically pumped organic lasers, Phys. Rev. B, 66, (2002), 035321.
25) F. L. Carter (ed): Molecular Electronic Devices, M.Dekker, New York, (1982).
26) E. Cantatore (ed.): Applications of Organic and Printed Electronics: A Technology-Enabled Revolution (Integrated Circuits and Systems), Springer; (2012).
27) K. Fujimoto, T. Hiroi, K. Kudo and M. Nakamura: High-Performance Vertical-Type Organic Transistor with Built-in Nano-Triode Array, Adv. Mater., 19, (2007), 525.

3.6　パワー半導体の発展：過去から未来へ
Power Semiconductor: From the Past to the Future

九州工業大学　大村　一郎
Ichiro Omura

Key words: Power MOSFET, IGBT, Power semiconductor

1. はじめに

電力の制御にかかわるコア部品の製造技術は、図3.6.1に示すように、この百年の間に電気機械製造技術から電子管製造技術、単体トランジスタ製造技術、そして集積回路製造技術へと製造環境を積極的に変化させてきた。長期的な視点で見ると、より微細でより大量生産が可能な産業プラットフォームを活用していることが明確に読み取れる。その一方で微細な構造そのままでは高い電圧を扱う機能とは相いれないため、そのギャップを埋める様々なパワー半導体独自の技術が生み出されてきた[1)~4)]。

パワー半導体の技術者は、LSIの開発で培った高度な加工技術を、性能向上とチップ面積低減による低コスト化、さらに信頼性の向上に振り向けるために様々な努力を行い、高性能化を達成してきた。

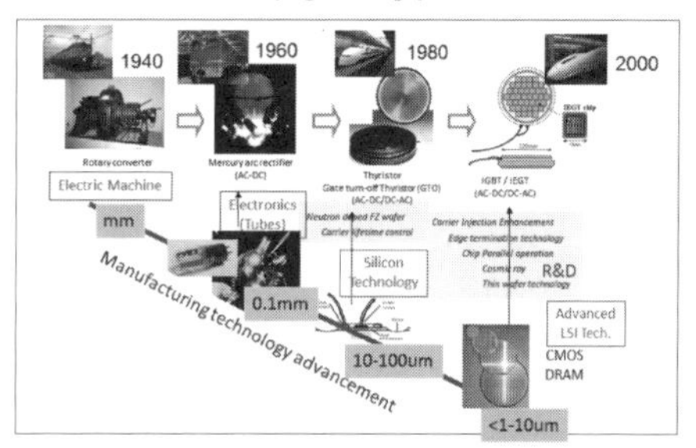

図3.6.1　パワーデバイスの100年

2. パワー半導体の種類

パワー半導体は、スイッチング素子とダイオードの2種類があり、パワーエレクトロニクス機器のコアコンポーネントとなっている。現代のパワーエレクトロニクス機器は、スイッチング素子とダイオードの組み合わせによる電流を高速にオン、オフするスイッチング機能と、マイクロエレクトロニクスによりスイッチングのタイミングを変調する制御機能、さらにコンデンサやインダクタ等の受動素子による電圧や電流の連続性を保つ機能により構成されている。パワー半導体の高速スイッチング特性は、コンデンサやインダクタの小型化に貢献し、オン時の電流導通時の抵抗等による損失の低減は、冷却部の小型化や効率向上に貢献する。

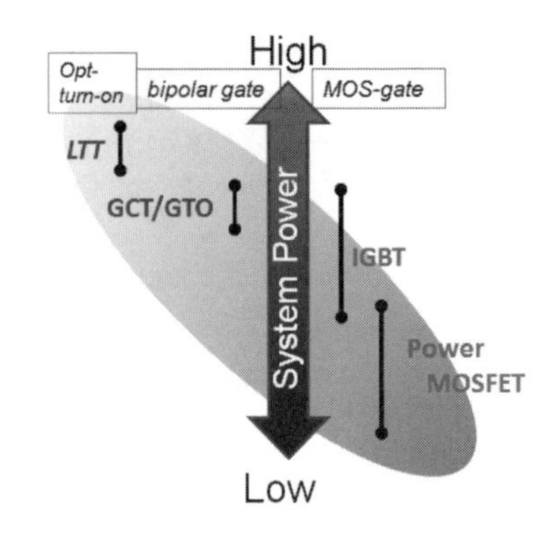

図3.6.2　パワー半導体の種類

特に現代では高速性が要求される用途が増えており、マイクロエレクトロニクスの制御との親和性からも、スイッチング素子はパワーMOSFET（Power Metal Oxide Semiconductor Field Effect Transistor）やIGBT（Insulated Gate Bipolar Transistor）といった、MOSゲート素子が主流となっている。その一方で単機で大容量が必要な機器にはサイリスタ系のGTO（Gate Trun-off Thyristor）、GCT（Gate Commutated Turn-off Thyristor）が使われ、ギガワット以上の機器では導通時の抵抗が小さく大電流を流せる光トリガサイリスタが使われている。本稿では特にMOSゲート素子を中心に述べる。

3. MOS系パワー半導体の進化

3.1　低電圧パワーMOSFET

低電圧パワーMOSFETは、ディスプレイやLSIなどデジタル機器内の様々な部品へ効率よく必要な電圧、電流パワーを供給するいわゆるDC-DCコンバータに膨大な数が利用されている。図3.6.3はその進化の様子を示している。パワーMOSFETの普及の段階では、チップ表面にMOS構造を構成するプレーナ構造が一般的であった。しかしデバイス設計上、微細化によりJFET抵抗と呼ばれる内部抵抗が上昇する問題が生じ、RIEにより形成されたトレンチゲート構造が採用された。その後JFET抵抗の大幅な低減と微細化によるチャンネル密度の向上により導通時の抵抗低減が図られたが、チャンネル部分の下に位置するドリフト層の抵抗が下がらず、高速性にも課題が出てきた。そこで最近では埋め込み電極を深く形成することで、ドリフト層の低減と動作時の内部寄生容量を減らすことに成功した。この15年で素子1 cm^2当たりの抵抗は10分の1に低減されている。

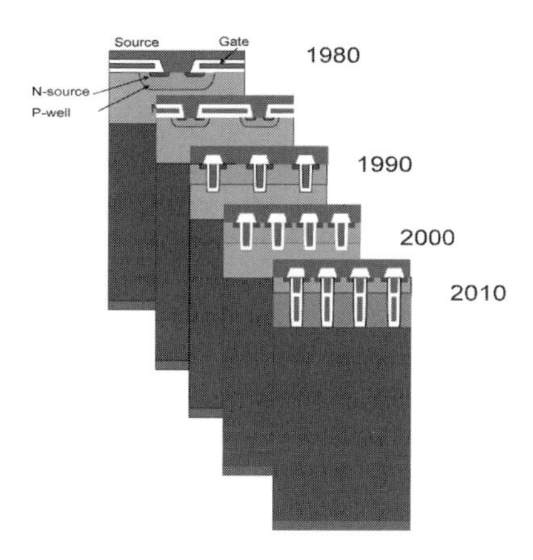

図3.6.3　低電圧パワー MOSFET構造の推移

3.2　高電圧パワー MOSFET

耐圧500 V以上のパワー MOSFETはパソコンのアダプタや500 W程度以下の家電製品等に広く使われており、高性能化への要求が非常に強いマーケットセグメントに属している。低電圧パワー MOSFETと同様、1970年代からプレーナ構造の素子が商品化されてきた（図3.6.4上）。ところが1990年前後には微細化やチャンネル部分の下にあるドリフト層の最適化等での性能向上に理論的な限界が見え始めた。この限界は「シリコン限界」と呼ばれ、性能改善への道が閉ざされたと考えられたが、ドリフト層に2次元、3次元構造を導入する事でブレークスルーが行われた。1998年に当時のシーメンス社からスーパージャンクション（SJ）MOSFETの商品化が発表されると（図3.6.4下）、2010年には市場では新しいタイプの素子が主流とになった。現在の600-700V系パワー MOSFETは「シリコン限界」

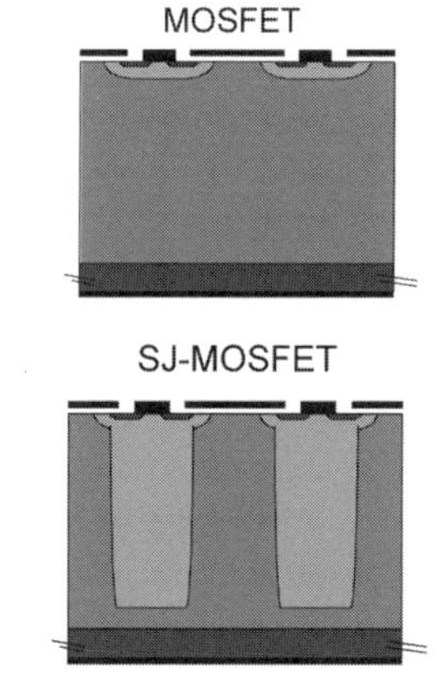

図3.6.4　高電圧パワー MOSFET。従来構造(a)とスーパージャンクション（SJ）構造。

の10倍の性能（チップ1 cm^2当たりの抵抗が10分の1）となり、さらに性能向上が続いている。高電圧パワーMOSFETではドリフト層が40 μmほどの厚さがあり、その部分にP型半導体とN型半導体のストライプ（column）を形成する事でスーパージャンクションMOSFETが構成されるが、ストライプの微細加工が性能に直結するため各社独自の方法で微細ストライプ形成にしのぎを削っている（図3.6.5）。

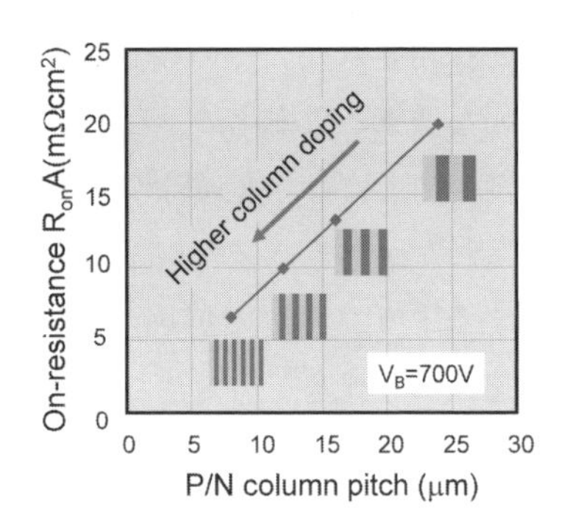

図3.6.5　スーパージャンクション構造の微細化とMOSFET抵抗の改善

3.3　IGBT（Insulated Gate Bipolar Transistor）

1985年に市場に投入されたIGBTは、5年後にはバイポーラトランジスタを置き換え、ポンプやファン、家庭用エアコンなどに用いられるインバータに広く用いられるようになった。すぐに路面電車や新交通システム等向けの1700 V耐圧のIGBTまで商品化され、1990年代には鉄道車両用に2.5 kV、3.3 kV、4.5 kVまで高耐圧化されてきた（図3.6.6）。現在では6.5 kVまで実用化され、2ギガワットの直流送電システムへの適用までが射程に入っている。

図3.6.6　大容量IGBTの例

IGBTはMOSゲート素子でありながら、動作メカニズムはMOSFETとは大きく異なる。導通状態では電子とホールの両方が素子内に非常に高密度に蓄積する構造になっており、サイリスタと同じ導通メカニズムを実現している。一方でサイリスタでは電流遮断ができないのに対して、IGBTはMOSゲートを負バイアスすることで、高速に電流遮断ができる。

1990年代まで、特に国内で製造されていたIGBTはP型Cz基板の上に、N型層をエピタキシャル成長し、その表面にMOS構造を形成していた。この様な構造では、内部の蓄積キャリアが素子の表面付近で少ないため導通抵抗が高く、一方で蓄積キャリアは素子の下部（コレクタ側）では反対に過剰になりスイッチングの性能が落ちるという課題があった。1993年に東芝が発表した新しい設計方法により、素子の表面付近のキャリアを増加させることに成功し導通抵抗が低減されIGBTの高耐圧化が可能になった。またABBやシーメンス社が1990年代後半に発表した方法により、過剰なキャリアの抑制も可能になった。両技術は市場の大きい1200V系のIGBTにも適用され、ウェーハで表面工程を行った後で、ウェーハ厚100 μm程度まで裏面を削り、裏面構造の工程を行うという方法を用いており、加工技術が製品化の最大のポイントの一つになっていた。本方法ではエピタキシャル成長が不要になるためコストの削減にもつながった。現在では本方法によるIGBTが主流になっている。最新のIGBT技術を図3.6.7にまとめる。

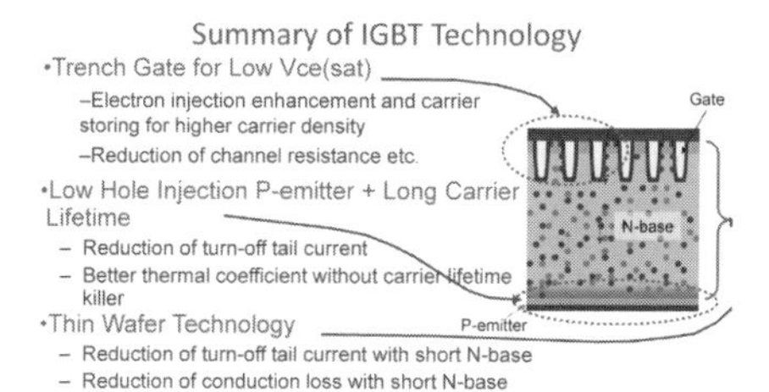

図3.6.7　最新のIGBT技術

4. パッケージ技術

パワー半導体の性能は、チップを搭載するパッケージの構成に大きく依存するため、パッケージに用いる絶縁材料やワイヤーの引き回し構造、樹脂材料、金属の材質、半田や接合材料の選択など、非常に幅広い技術がパッケージ技術に関わってくる。低電圧MOSFETでは、チップからPCBへの放熱方法と寄生インダクタンスを低減する配線構造が課題であり、高電圧MOSFETでは、絶縁性と放熱性、さらにはパッケージコストの低減の鼎立、IGBTでは大容量化にともなう両面冷却や信頼性を高める技術の確立が課題となる。

IGBTの電流密度は（図3.6.8）2025年をめどに1 cm^{2}当たり500 A/cm^{2}に近づくといわれており、水冷の冷却構造がチップの上下に配置されて、実質的に同じパッケージ内に実装されることが考えられる。

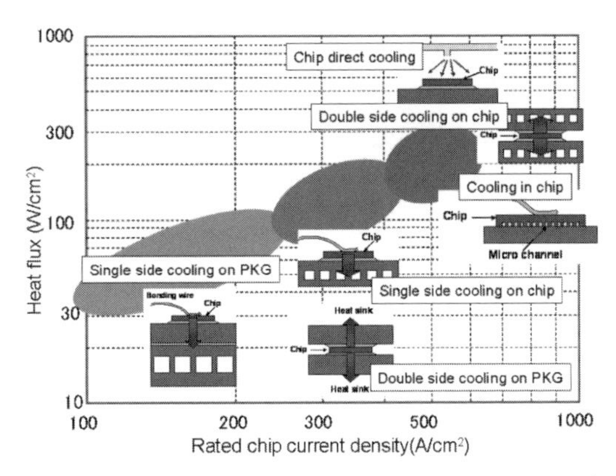

図3.6.8　IGBT大容量化とパッケージ技術のロードマップ[1)]

高い信頼度を確立する設計技術とその標準化が欧州を中心に議論され始めており、システムから部品まで、競合他社による協力関係構築が始まっている。特に自動車のパワートレーン用のIGBTの信頼性が主要課題とされている。

5. パワーIC

低出力のモーター駆動回路や電源では非常に多くのパワーICが使われている。例えばエアコンのファンモータ等では横型のIGBTと制御回路を搭載したワンチップ・インバータが使われている。この様にパワーICではパワーエレクトロニクス制御回路とインバータ等のパワー回路が同一チップ上に構成され、小型化とユーザの利便性を高めている。一般のICとは異なり、パワーICでは高電圧トランジスタが低電圧の小信号回路と同じプロセス工程を経て製造されており、高電圧トランジスタ（パワーMOSFETやIGBT）は、すべての電極がウェーハ上面に配置されている横型構造がとられていることが一般的である。

パワーICの制御系の回路の高度化やデジタル化、さらにウェーハの大口径化への対応からより微細なプロセスを使うという要望が高くなってきている。その一方で、搭載する横型パワー半導体の耐圧も高くする必要があり、高電圧構造の設計はますます難しくなってきている。図3.6.9はパワーICにおける微細化と高耐圧化の進行をプロットしたものである。現在8インチで高耐圧パワーICの製造が可能であり、今後は300 mmでも高電圧パワーICが製造されるようになる。

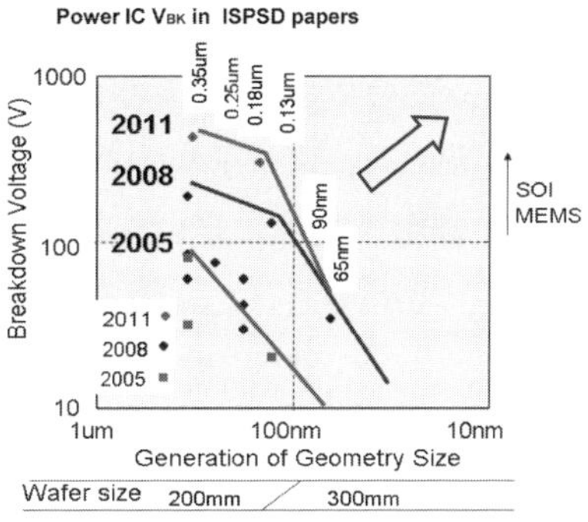

図3.6.9　パワーICにおける微細化と高耐圧化の両立

6. ウェーハ技術

パワー半導体は用途によって様々なタイプのウェーハを使っている。以下の3種類に分類し説明する。

▷　Czウェーハ⇒より高い量産性

▷　FZウェーハ⇒高い結晶品質

▷　Epi、SOI等のウェーハ⇒プレ・ストラクチャーによる機能性

Cz（チョクラルスキー）ウェーハは、石英のるつぼ内の溶融シリコンの液面に種結晶をつけて徐々に引き上げた、大口径で長軸のシリコン単結晶インゴットから加工工程を経て作られる。メモリーやシステムLSIへの莫大な需要に対応した量産環境が整っている。しかし素子内部に高電界部分が大きな体積発生するパワー素子にCzウェーハを用いるには、漏れ電流の原因となる結晶の欠陥の発生を抑える必要があるが、製造過程でるつぼ等からの酸素の混入でFZウェーハに比べ欠陥が多くなる。現状ではウェーハの表面に比較的厚いエピタキシャル成長を施したウェーハがパワーMOSFETや一部のIGBTに用いられている。MCZ法と呼ばれる強力磁場の作用を導入したCzウェーハ製造方法では上記の欠陥の問題がある程度解決され、Czウェーハが高耐圧素子に使われる道を開いている。大口径化と高品質性の両立に向けて研究開発が進んでいる。

FZウェーハは、ポリシリコン棒の一部分をリング形状の過熱器の中を通す際、溶融したシリコンが再結晶化することで得られた単結晶インゴットから作

られる。Czウェーハに比べ大口径化が技術的に難しいが、製造過程で溶融シリコンが他の物質に接する事が無いため非常に欠陥の少ないウェーハを製造する事が出来る。高耐圧PiNダイオードやサイリスタが導入された1970年代から広く高耐圧素子に用いられ、1990年代に開発が進んだ高耐圧IGBTもFZウェーハが用いられた。2000年になると、従来エピタキシャルウェーハが用いられていた1200V系のIGBTでもFZウェーハが用いられるようになった。高耐圧素子で必要な低濃度で均一性の高い不純物ドーピングにはシリコン原子をリンに直接変換する中性子照射ドーピング（Neutron Transmutation Doping）が用いられているが、照射を行う原子炉設備の確保が課題になる。

エピタキシャル成長ウェーハはパワーICやパワーMOSFET、IGBTで広く用いられてきた。エピタキシャル成長により素子形成部分の結晶を高品質にする狙いがあると同時に、エピタキシャル成長により素子構造の一部であるNドリフト層(パワーMOSFET)やNバッファ層とNベース層(IGBT)などがウェーハ工程で作りこまれている。この様に素子構造が作りこまれているウェーハをプレ・ストラクチャード（Pre-Structured）ウェーハと呼ぶと、埋め込み絶縁（SOI）やスーパージャンクションのストライプを事前に形成したウェーハなどもこのタイプに含まれる。プレ･ストラクチャード･ウェーハはパワー素子の高機能化や高集積化を促進するだけではなく、ウェーハの付加価値を高め、新しいレベルの水平分業を可能にする。

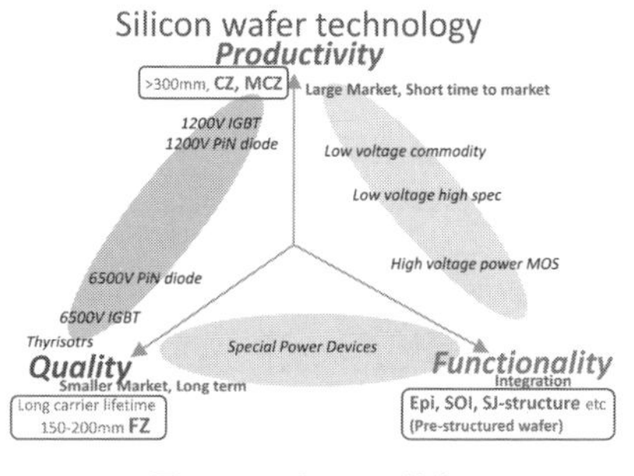

図3.6.10　ウェーハ技術

7. 次世代のパワー半導体 2)

パワー半導体の将来像を以下にまとめる。

▷ シリコン材料によるパワー半導体は今後もパワーMOSFETおよびIGBTの極限化の方向で性能改善が進む。

▷ シリコン・スイッチング素子とSiC・ダイオードの組み合わせ（ハイブリッド）は、SiC市場の活性化だけではなく、シリコン・スイッチング素子のさらなる高性能化において重要である。

▷ SiC-MOSFETは、いくつかの応用でSi-IGBTを置き換える。SiC-IGBTは10kV以上で応用される可能性がある。（量産性が重要な市場ではシリコン系、ハイエンドではワイドバンドギャップ系）

▷ GaNパワー素子は高出力パワーICでの市場性がある。また高速スイッチング応用で用いられる。

▷ ダイヤモンドの持つ独特な性質は、将来、特に超高耐圧の新しい応用へ適用できる可能性がある。

▷ 先端CMOS技術はICT用の新しい集積化パワー半導体に活用できる可能性がある。

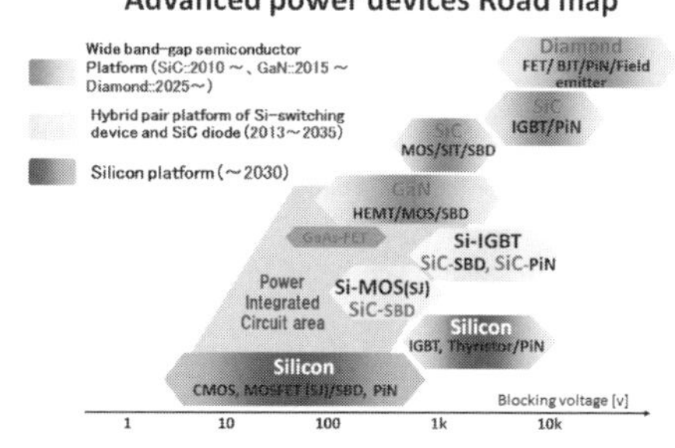

図3.6.11　次世代パワー半導体ロードマップ[2)]

8. おわりに：まとめと展望

これからの高度電力化社会に欠かせない技術であるパワー半導体の需要は確実に拡大していく。本稿で示した技術全体が国内に保持されており、国際競争力を強化できる環境にある。人材の育成も含め将来に向けた準備が急がれる。

参考文献

1） J. Shen and I. Omura, "Power Semiconductor Devices for Hybrid, Electric, and Fuel Cell Vehicles," Proceedings of the IEEE, Vol. 95, No. 4, April (2007), pp. 778-789.

2） H. Ohashi and I. Omura, "Role of Simulation Technology for the Progress in Power Devices and Their Applications," IEEE Tran. on ED, Vol. 60, No. 2, (2013), pp. 528-534.

3） I. Omura, IEEE-IEDM 2014, Tutorial material (2014)

4） I. Omura, ECCE, ICPE 2015, Plenary Presentation, http://www.icpe2015.org/download/Plenary_Talk_2_Prof.Ichiro_Omura.pdf

3.7　マイクロエレクトロメカニカルシステム（MEMS）のいままでと今後の展開

Past and future prospect of Micro Electro Mechanical Systems (MEMS)

東北大学　江刺　正喜
Masayoshi Esashi

Key words: MEMS, Hetero integration, Microsystem, Sensor, Actuator

1. はじめに

多数のトランジスタからなる高密度集積回路（LSI）が、高度な情報処理を可能にしている。シリコンウェハ上にフォトマスクのパターンを一括転写しパターニングする、フォトリソグラフィによって作られる。この技術によってトランジスタ以外にも、センサや運動機構（アクチュエータ）あるいは機械的共振子などの多様な要素を、ウェハ上に形成することができる。これには深くエッチングする技術や厚く堆積する技術、あるいは別のウェハを接合する技術などが用いられる。こうして作られた小形で高度な働きをするシステムは、MEMS（Micro Electro Mechanical Systems）やマイクロシステムなどと呼ばれる[1)]。

MEMSは小形で、高速、低消費電力、高空間分解能などの特徴を有する。また多数配列したり駆動用集積回路などと一体化したりできるため、後で述べるビデオプロジェクタ用ミラーアレイのような画像関係に用いられる。ウェハ上に多数作られるため大量に使われると安価になり、自動車用の圧力センサや加速度センサから、スマートフォンのユーザインターフェースなどまで、身の回りで沢山使われている。この他にも製造や検査機器などでは、少量でも高付加価値な重要部品として使用される。産業規模は毎年13%の割合で成長している。

2. ウェハレベルパッケージング

MEMSの例として、図3.7.1に集積化容量型圧力センサを示す[2)]。圧力によるダイアフラムの変位を静電容量の変化として検出するが、配線を外部に取り

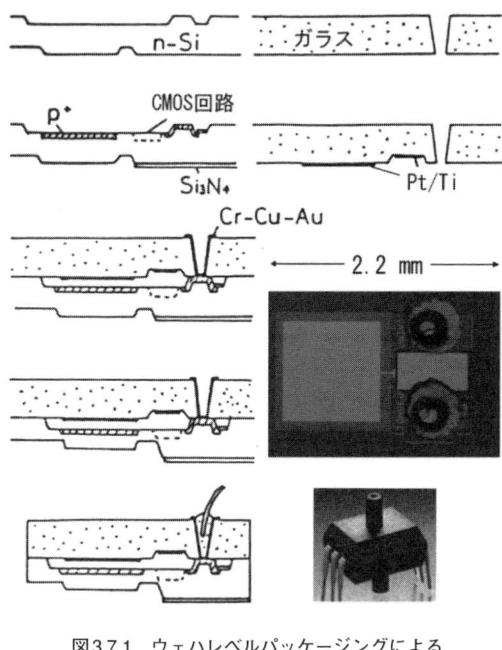

図3.7.1 ウェハレベルパッケージングによる集積化容量型圧力センサ

出すと寄生容量などが問題になるため、静電容量値を周波数に変換して出力するCMOS集積回路を一体化してある。この製作では、シリコンウェハにガラスウェハを陽極接合してある。接合したウェハをダイシングすることで、小形に封止されたセンサを作ることができる。この場合に、内部からの配線はガラスの孔を通して取り出す。このようにウェハ工程でパッケージングされた構造を製作する技術は、ウェハレベルパッケージングと呼ばれる。樹脂封止が可能なLSIの場合と違い、MEMSの場合はウェハレベルパッケージングのような工夫をしないと、安価で信頼性の高いものを作ることはできない。

3. いままでのMEMS

MEMSの多くはLSIと一体化して用いられることが多く、このような異種要素のヘテロ集積化の技術について説明する。図3.7.2はその製作法を分類したものである。

図3.7.2(a)は表面マイクロマシニングと呼ばれる方法で、LSIの上に犠牲層の堆積とパターニング、およびMEMSになる構造層の堆積とパターニングを行い、最後に犠牲層をエッチングし除去することによって機械的に動くMEMS構造が作られる。この方法では、LSIを壊さないで製作できる必要から、

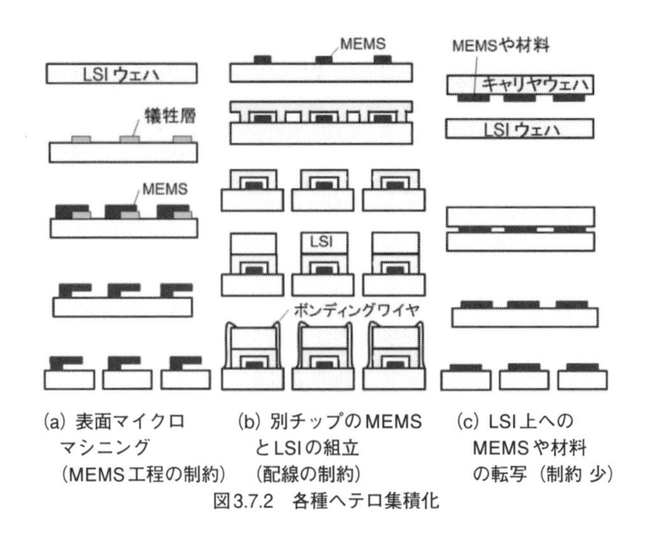

図3.7.2　各種ヘテロ集積化

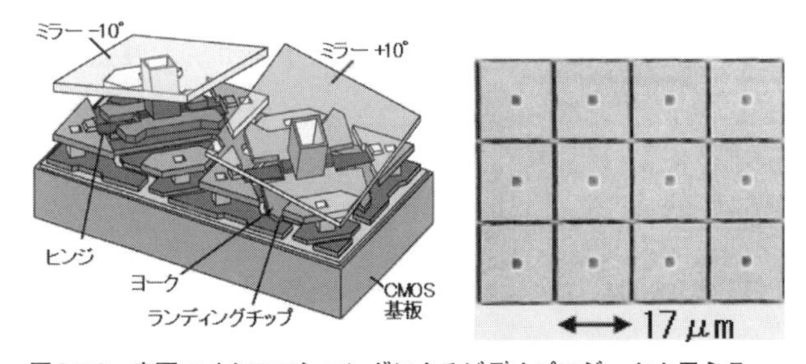

図3.7.3　表面マイクロマシニングによるビデオプロジェクタ用ミラーアレイ
(米国 テキサスインスツルメンツ社 DMD（Digital Micromirror Device))

MEMS工程に制約はあるが、LSIの回路と接続しやすいため多数配列した画像関係のMEMSなどに適している。

図3.7.3はこの表面マイクロマシニングによる、ビデオプロジェクタ用ミラーアレイ（テキサスインスツルメンツ社 DMD（Digital Micromirror Device)）である[3)]。CMOSLSI上に静電力で動く鏡が100万個ほど形成されている。それぞれの鏡は独立で高速に動き､光を反射させることで、ビデオプロジェクタなどに用いることができる。可動鏡には金属疲労を避けるため$TiAl_3$によるアモルファス金属が用いられている。

図3.7.2(b)は、別チップのMEMSとLSIを組み立てて製作する方法である。この場合は(a)のようなMEMS工程の制約はないが、配線接続の数などで制約

される。

スマートフォンのユーザインターフェースにMEMSセンサが重要な働きをしている。図3.7.4は、3軸加速度センサ、3軸ジャイロ（角速度センサ）および3軸磁気コンパスを一つにしたコンボセンサと呼ばれるもので、米国インベンセンス社製である[4)]。図のものでは3軸加速度センサと3軸ジャイロをLSIの蓋(内側）に形成したチップと、LSIを入れた3軸集積化コンパスのチップを重ねて、ワイヤボンディングで接続してある。なお加速度センサやジャイロは静電容量変化を用いる。また磁気コンパスはホール素子を用いるもので、旭化成㈱で作られている[5)]。

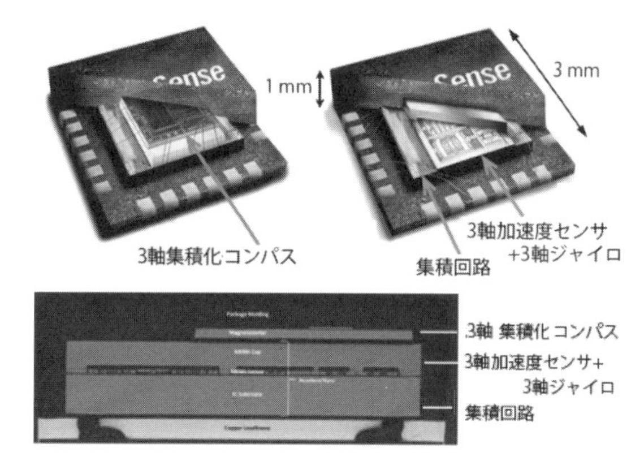

図3.7.4　MEMSチップとLSIチップの組立よるコンボセンサ（米国 インベンセンス社）

4. 今後の展開

4.1　ウェハレベル転写

図3.7.2の(a)や(b)に示したヘテロ集積化の方法には、ある程度制約があることを説明した。この制約を少なくするには図3.7.2(c)に示すように、LSIウェハとは別のキャリヤウェハ上にMEMSなどを形成しておき、これをLSIウェハ上に樹脂接合などで転写する方法が考えられる。キャリヤウェハ上には、高温で堆積する必要のあるダイヤモンド（1,100 ℃）や、圧電材料のPZT（チタン酸ジルコン酸鉛）（700 ℃）のような機能性材料を形成してLSI上に転写することもできる。

人と接触する介護ロボットには、安全のため体表に多数の触覚センサが配置されていることが望まれる。この目的で開発している触覚センサネットワークの、写真と使用例を図3.7.5に示す[6]。人間の皮膚における触覚のように、接触したことで検知動作が始まるイベントドリブン（割り込み）式にする。共通配線に接続した触覚センサを体表に多数配置し、45 MHzで高速パケット通信を行い、リレーノードで集めた情報をホストノードのコンピュータ（PC）へUSBで送られる。この触覚センサでは、力を感じると静電容量が変化し集積回路が共通線にディジタル信号を送って、どの場所のセンサがどのような力を感じたかを感知できる。触覚センサを製作するには図3.7.2(c)で説明した方法で、MEMSをLSI上にBCB（ベンゾシクロブテン（Benzocyclobutene））樹脂で接合している。

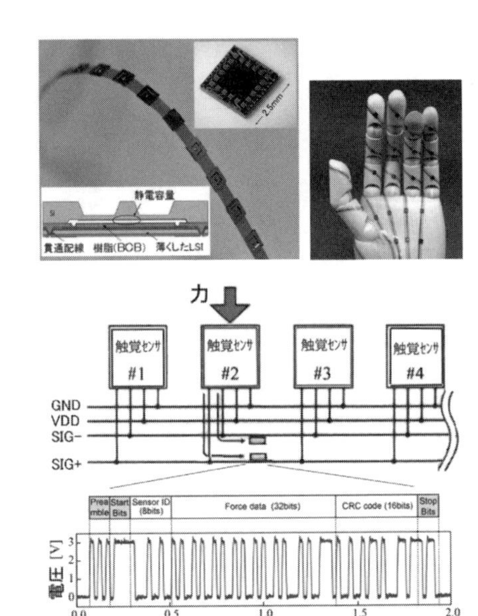

図3.7.5　ロボット体表用の触覚センサネットワーク

LSIのディジタルファブリケーションにあたるマスクレス露光を目的に、図3.7.6のようなスループットの大きな超並列電子線描画装置の開発が行われている。(a)はその概念図である。これには東京農工大学の越田信越教授や㈱クレステックが開発してきた、ナノクリスタルシリコン（nc-Si）電子源を用いている[7]。HF中でシリコンを陽極化成して形成した多孔質シリコンを酸化し、トンネル接合のカスケード構造にしてあり、加速した電子が表面の薄いAuを透過し10 V程の低電圧で電子を放出させることができる。このnc-Si電子源を駆動用集積回路の上に形成し、100×100のアクティブマトリックス電子源としてある。先端的な半導体技術では、直径300 mmのシリコンウェハ上にトランジスタが1兆（10^{12}）個ほど作られているが、100×100の1万（10^4）本の並列電子源で描画すると、1億（10^8）回繰り返し描画する必要がある。これを1,000

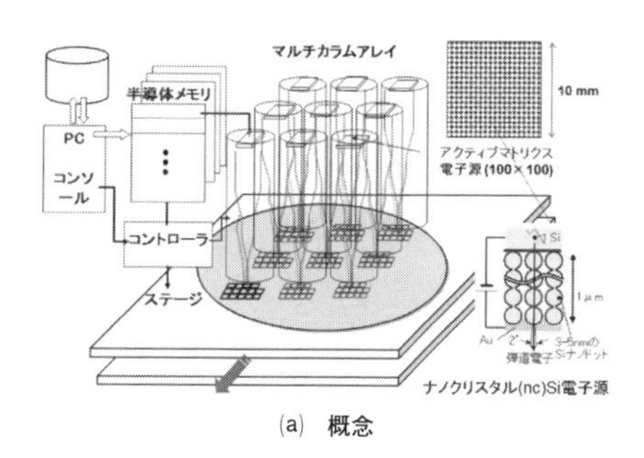

(a)　概念

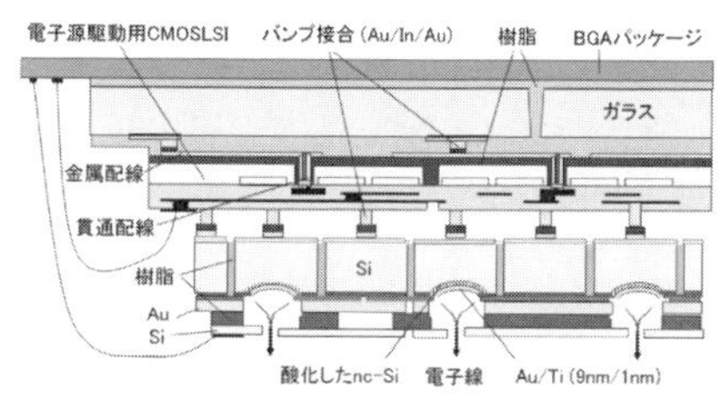

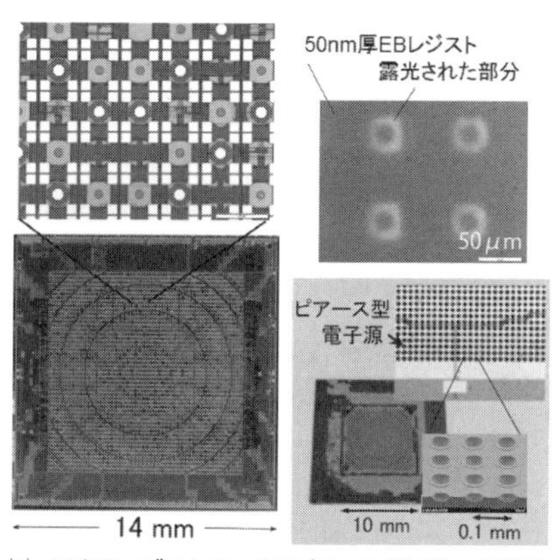

(b)　アクティブマトリックスピアースガン型nc-Si電子源の断面構造（上）、駆動用LSI（左下）と電子源（右下）

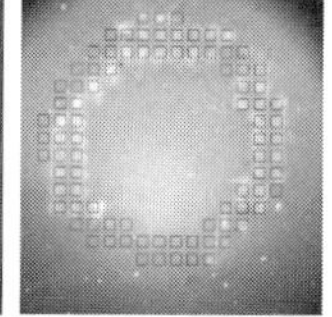

(c)　平面型電子源を用いた等倍露光実験

図3.7.6　超並列電子線描画装置

×1,000の100万（106）本の並列電子源で描画できれば、100万（10^6）回繰り返して描画すれば良い。10 mm角のチップを用いた現在の100×100のものでは、1電子源の駆動回路が100 μm×100 μmの大きさになっている。これを1,000×1,000にするには1電子源の駆動回路を10 μm×10 μmに作れる必要があるが、駆動電圧が高いほどトランジスタが大きくなり、電子源の大きさはそれで制約される。

図3.7.6(b)はピアースガンと呼ばれる湾曲構造にしたアクティブマトリックス電子源の構造である[8]。このピアースガン型の電子源では、湾曲構造から電子を引き出したときに細く平行な電子線としてコリメートされるようにしている。これはガラスに樹脂接合したLSIのウェハに、電子源のウェハをバンプ接続して作られている。100×100のアクティブマトリックス電子源から放出される電子線を、1/100に縮小しウェハ上へ投影する。

予備実験として15×15の平面型電子源を用いて行っている露光実験結果を図3.7.6(c)に示す。市販集積回路を用いて駆動し、アクティブマトリックス動作が確認されている。

4.2　レーザデボンディングによる選択転写

LSIチップ上に複数のMEMSを転写したりする場合に、MEMSはLSIチップよりも小さくなる。このため図3.7.7のように、ガラスなどのキャリヤウェハ上に形成したMEMSを、一部だけ（この例では1つおきに）LSIウェハ上に選択的に転写し、残りのMEMSは別のLSIウェハ上に転写する。この選択転写にはガラスの裏面からレーザを照射して選択的に接合を外すレーザデボンディングを用いる。

ニオブ酸リチューム（$LiNbO_3$）あるいはニオブ酸タンタル（$LiTaO_3$）を用いた表面弾性波（SAW）共振子は、個別部品のフィルタとしてLSIの近くに配置されて携帯情報機器に使われている。これに対して複数の異なる周波数のマルチSAW共振子をLSIチップ上に一体化したものを図3.7.8に示してある[8)]。この製作には、図3.7.7で説明したレーザデボンディングによる選択転写を使用している。これによって発振回路を形成したうちの、2つの特性を示してあるが、従来の個別部品の場合と異なり、接続配線の寄生インダクタンスや寄生容量が少ないので位相雑音が減少する。

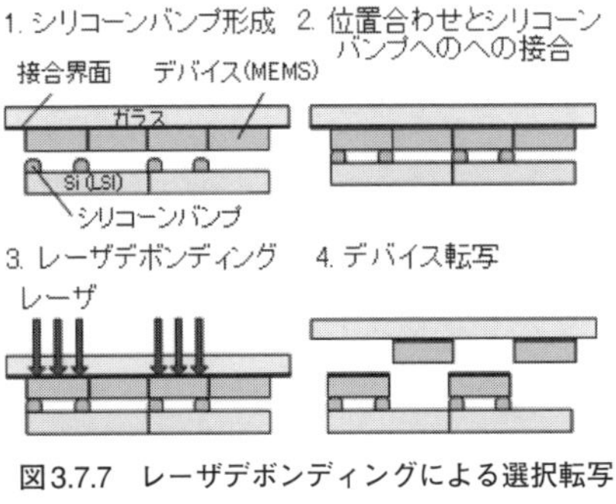

$LiTaO_3$によるSAWフィルタの帯域幅を電気的に変化させることができる。図3.7.9のようにSAW共振子を直列（Ys1, Ys2）と並列（Yp1, Yp2）に組み合わせ、可変容量素子（バラクタ）をYs1, Ys2に並列（Cs1, Cs2）に、Yp1,Yp2に直列（Cp1, Cp2）に接続する。Csを大きくすると帯域通過フィルタの高域遮断周波数が低下し、Cpを大きくすると帯域通過フィルタの

図3.7.7　レーザデボンディングによる選択転写

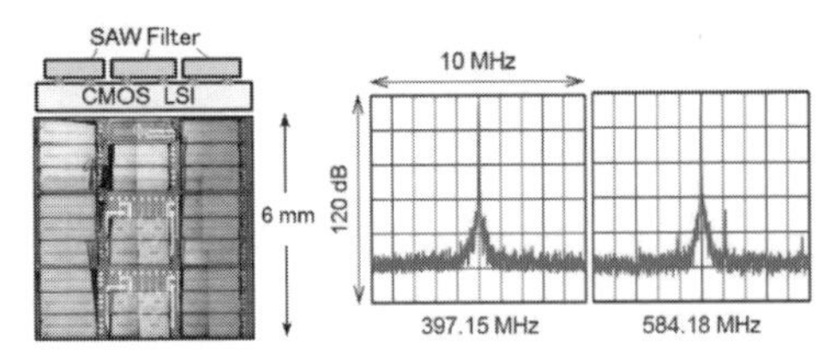

図3.7.8　LSI上のマルチSAWフィルタ

低域遮断周波数が低下するため、帯域幅を変化させることができる[9]。チタン酸バリウムストロンチューム（BST）による強誘電体バラクタを用いた可変帯域フィルタをCsやCpとして用いる。強誘電体バラクタはBSTの誘電率が印加電圧で変化することを利用し、電気的に静電容量を変化させるものである。なお図の上の回路ではCsやCpに電圧を印加する抵抗は省略している。図3.7.9のチップを拡大した写真のように、SAW共振子や強誘電体バラクタが形成されている。図3.7.9には通過帯域幅を変化させた特性を示した。

5. おわりに

MEMSはLSIと異なり共通化しにくく、また多様な知識と高額な設備が必要であるため、試作開発がボトルネックになる。このため大学に人材を派遣して、時間貸しの試作設備を利用しながら、開発および製品製作を行う「試作コインランドリ」が活用されている[10]。

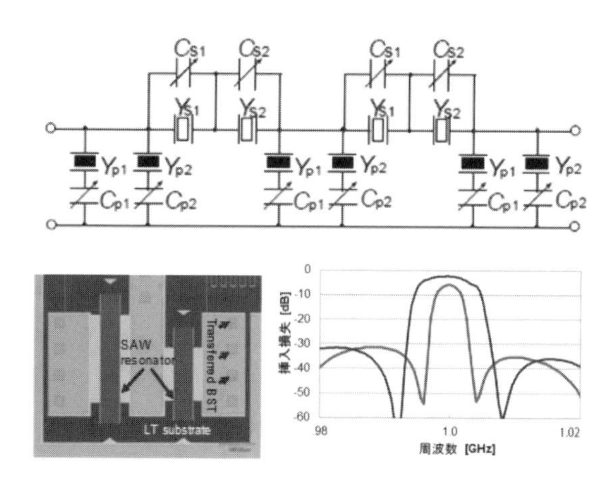

図3.7.9　可変帯域幅SAWフィルタ

参考文献

1）江刺正喜:「はじめてのMEMS」, 森北出版（2011）
2）松本佳宣, 江刺正喜: 絶対圧用集積化容量形圧力センサ, 電子情報通信学会論文誌C-II, J75-C-II（1992）451
3）P.F.Van Kessel, L.J.Hornbeck, R.E.Meier and M.R.Douglass: A MEMS-based Projection Display, Proc. of the IEEE, 86, 8（1998）1687
4）J.Seeger, M. Lim, and S. Nasiri : Development of High-Performance, High-volume Consumer MEMS Gyroscope, Solid-State Sensors, Actuators and Microsystems Workshop, Hilton Head, USA（2010）61
5）山下昌哉 : 電子コンパスの技術的特徴と開発動向, SEMIテクノロジーシンポジウム（STS）, 東京（Dec.4, 2014）
6）巻幡光俊, 室山真徳, 中野芳宏, 中山貴裕, 山口宇唯, 山田　整, 野々村裕, 船橋博文, 畑　良幸, 田中秀治, 江刺正喜 : 35Mbps非同期バス通信型触覚センサシステムの開発, 電気学会論文誌E, 134, 9（2014）300
7）江刺正喜, 宮口　裕, 小島　明, 池上尚克, 越田信義, 菅田正徳, 大井英之 :「超並列電子ビーム描画装置の開発」, 東北大学出版会（2018）
8）西野　仁, 吉田慎哉, 小島　明, 池上尚克, 田中秀治, 越田信義, 江刺正喜: 超並列電子線描画装置のためのピアース型ナノ結晶シリコン電子源アレイの作製, 電気学会論文誌E, 134, 6（2014）146
9）K.Hikichi, K.Seiyama, M.Ueda, S.Taniguchi, K.Hashimoto, M.Esashi and S.Tanaka, Wafer-level Selective Transfer Method for FBAR-LSI Integration, 2014 IEEE International Frequency Control Symposium, Taipei, Taiwan（May 19-22, 2014）246
10）H.Hirano, T.Samoto, T.Kimura, M.Inaba, K.Hashimoto, T.Matsumura, K.Hikichi, M.Kadota, M.Esashi, and S.Tanaka : Bandwidth-Tunable SAW Filter Based on Wafer-level Transfer-Integration of $BaSrTiO_3$ Film for Wireless LAN System using TV White Space, Proc. IEEE Ultrasonic Symp., Chicago, USA（Sep. 3-6, 2014）803
11）戸津健太郎 : MEMS・半導体開発のための共用施設「試作コインランドリ」, 産学官連携ジャーナル, 9, 5（2013）4

3.8　フラットパネルディスプレイ開発の歴史と今後の展開における50年間の技術動向と最新技術

Past and future of the technology for flat-panel Display for 50 years

双葉電子記念財団　伊藤　茂生
Shigeo Itoh

Key words: flat-panel Display, CRT, VFD, FED, PDP, EL, LED, LCD

1. はじめに

「フラットパネルディスプレイ」は、この50年間日本の電子産業製品の中核であり、産業牽引力の一つであり、華であった。LCD、PDP、EL、FED、OLEDなど、CRTというディスプレイの王者に代わる次世代テレビ（以下TVと略）用ディスプレイとして多くの研究者やエンジニアが、その実現に夢を描いて開発に没頭した。そのディスプレイの歴史の概観を図3.8.1に示す。紙面の関係上、ここに取り上げたディスプレイはTV画像などの動画表示ができる小型から大型までのディスプレイのみであり、トピックスも各分野の技術の一端であることを最初にお断りしておきたい。図3.8.1より以下のことが一見してわかる。ここに取り上げたディスプレイではVFD以外は、全てその技術の基本原理は日本以外で発見・発明されたものである。現状様々な諸要因に合わず、消え去りつつあるディスプレイもあるが、全てのデバイスにおいて、その実用化技術に日本人研究者やエンジニアが大きな貢献をしてきたことがわかる。また、一つの技術開発が、形を変えて原理の異なる複数のディスプレイの実用化に大きな効果をもたらしていることもわかる。日本刀から茶道まで、「道」としてあらゆる実用品を研ぎ澄ます日本人的感性や特質が、ディスプレイ開発に際して生まれてきた技術の中にも表れている。これらのディスプレイ開発の歴史は、間違いなく日本を中心とする先輩研究者やエンジニアの、自然科学に対して真摯かつ粒粒辛苦に取り組んだ末の創意工夫が実現された歴史でもある。

ディスプレイの種類　1880　1890　1900　1910　1920　1930　1940　1950　1960　1970　1980　1990　2000　2010　2020　(年)

日本で開発　日本実用化　生産終了

ディスプレイの種類	
CRT	1897 ブラウン管の発明（独） 1927 全電子式TV開発（米） 1935 TV放送開始（独） 1950 カラーCRTの開発（米） 1954 NTSC方式カラーTV放送開始（米） 1926 CRTを用いたTV放送実験（日、独） 1970 CRTのコンピューター端末使用 1953 日本で白黒TV放送開始　（日） 1960 トランジスタTV実用化、日本でカラーTV放送開始（日） 1967 トリニトロンを開発（日） 1990 ハイビジョンブラウン管TVを開発（日） 2015 ブラウン管テレビ生産終了
VFD	1965 VFDの原理発明（日） 1972 平型多桁VFD（日） 1979 アクティブ駆動VFD（日） 1980～ 車載用メーター実用開始（日） 1982 前面発光型VFD（日） 1984 大画面用発光素子開発(日) 1985 排気管レスVFD開発、ドライバー実装VFD開発（日） 2007 VFD-HUDの実用化（日）
FED	1897 電界放出現象の発見（米） 1926 電界放出現象の理論的解明（米） 1950 電界イオン顕微鏡の開発（米） 1960 Siエッチングマイクロ真空管の開発（米） 1970 スピント型エミッタの開発（米） 1985 CNT基本構造特許（米） 1996 CNTエミッタの開発（米） 2005 CNTエミッタFEDの開発 1986 FEDの基本原理（仏） 1988 抵抗層付きFEDの開発（仏） 1986 SED研究開始(日) 1993 CNT構造の解析（日） 1994 スピント型モノクロFED1万時間ライフ実現（日） 1995 ポーラスSiエミッタの開発（日） 1999 スピント型モノクロFED実用化（日） 2006 カラーFED実用化（日） 2009 スピント型カソードFEDの新規販売中止 2010 SEDの製品化中止（日）
PDP	1954 DC駆動PDPの開発（米） 1956 ニクシー管開発（米） 1966 メモリー型AC駆動PDP（米） 1968 DC動PDP-TV（オランダ） 1978 DC駆動16型カラーPDP-TV（日） 1993 AC駆動21型フルカラーPDP（日） 2005 AC駆動大型PDP－TVの実用化（日） 2009 3m×2mプラズマチューブアレイの開発（日） 2015 PDPの生産終了
EL	1936 ZnS:CuのEL現象発見（仏） 1950 分散型AC駆動EL照明（米） 1968 薄膜型AC駆動ELD開発（米） 1973 アクティブマトリックスTFT駆動無機ELDの開発（米） 1980 薄膜型AC駆動ELD実用化（フィンランド） 1988 フルカラー無機ELDの開発（米） 2003 フルカラー無機ELD（カナダ/日） 2007 フルカラーELD開発中止（カナ 1987 有機薄膜ELDの発表（米） 2014 55型有機ELテレビの実用化（韓 1978 二重絶縁薄膜型AC駆動ELDの実用化（日） 1983 MBE法、MOCVD法によるEL膜の開発（日） 1997パッシブ型有機ELの実用化（日） 2003 TFT駆動有機EL実用化（米/日） 2005 40型有機厚膜ELD（日） 2007有機ELテレビの開発（日）
LED	1923 SiC結晶抽入型発光現象の発見(ロシア) 1952 Ge,Siのp-n接合での発光現象の発見（米） 1954 GaPの発光現象（米） 1962 GaAsの発光現象、半導体レーザーの発明（米） 1968 GaAsP赤色LEDの実用化、AlGaAs/GaAS赤外LEDの実用化、N添加GaP緑色 LEDの実用化、（米） 1986 MOVPE法によるAlNバッファ層の作製（日） 1989 p－n接合型GaN青色LEDの作製（日） 1991 CVD法によるp型GaNの作製（日） 1993 CVD法によるInGaN青色LEDの開発、GaN/GaInN量子井戸構造LEDの開発（日） 1994 GaN系青色LEDの量産化（日） 1995 GaN系レーザーダイオードの開発（日） 2006 150lm/W白色LED（日） 2009 RGB-LED画素TVの開発（日）
LCD	1888 液晶の発見（オーストリア） 1964 液晶表示装置の開発（米） 1968 DS型、GH型LCDの開発（米） 1971 TN型LCD方式の開発（スイス）、アクティブマトリックス駆動LCD方式の開発（米） 1976 ビフェニール系液晶材料の開発（英） 1980 強誘電性液晶の開発（米）、a-SiTFT駆動LCDの開発 1995 低温Poly-SiTFT駆動LCDの開発（英） 1973 液晶表示卓上電子計算機（電卓）実用化（日） 1982 液晶白黒TV実用化（日） 1984 液晶カラーTVの商品化（日） 1991 HD-TV液晶プロジェクター商品化（日） 2004 LEDバックライトTVの実用化（日） 2004 IGZOの開発（日） 2007 108型HD-TVの開発（日） 2013 量子ドットバックライトLCDの開発（日）

図3.8.1　各種ディスプレイ技術の歴史

2. TV用ディスプレイのこの50年の進化

図3.8.2　世界初カラーTV（RCA社（米））

図3.8.3　今から約50年前のCRT-TV
（NHK技研公開より）

図3.8.4　36型カラーハイビジョンCRTモニター
（2003年　SONY　QUALIA 015）

図3.8.5　大型CRTモニターの側面例
（SONY　QUALIA015）

図3.8.6　世界最大150v型4K2K PDP
（2008年　松下電器産業（現　パナソニック））

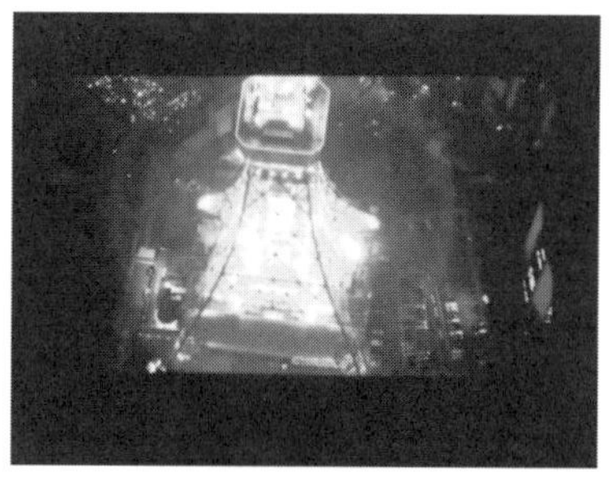

図3.8.7　酸化物半導体TFT駆動による56型4K
有機ELディスプレイ
（SONY、CEATEC2013にて参考展示）

13.3型 8K有機ELディスプレイ
有効画素数7,680（H）×4,320（V）
画素サイズ38.25×38.25（μm）
解像度　　664 ppi
開口率　44%
フレーム周波数　60Hz
白色タンデムOLED,トップエミッション、カラーフィルター

図3.8.8　13.3型8K有機ELディスプレイ（NHK技研公開2015より）

図3.8.2に、世界初カラーTV受像機として発売された米国RCA社のCRT-TVを示す。また、図3.8.3～3.8.8にこれまでの50年間の映像用モニターの進化の一端を示す。

図3.8.2におけるRCA社は、1919年米国で設立されたエレクトロニクス企業であるが、電子産業界における、その先進的な製品・技術開発は、その後に続く世界の研究者、技術者の手本となり,敬意を払って学ばれることとなった。当時はRCA社を追い越すのが、日本の研究者、エンジニアの目標であり夢であった。

図3.8.4にカラーCRTの画質において、2003年当時世界トップクラスと言われた36型ハイビジョンCRTモニター（SONY QUALIA 015）を示す。また図3.8.5にその側面例を示すが、当時の大型TVの重量と奥行きは大画面TV普及の為の一大課題で有った。現在40型クラスの大型LCD-TVや有機EL-TVの場合、画質は4倍、厚みは約百分の一になっている。図3.8.6に世界最大150型4K2K PDPを、また図3.8.7に酸化物半導体TFT駆動による56型4K有機ELディスプレイ（参考展示）を、図3.8.8に13.3型8K有機ELディスプ

図3.8.9　8K LCD-TV（Sharp）によるリアルタイムTV放送実験（NHK技研公開2015より）

レイを示す。有効画素数においては数値上約100倍以上となっている。また図3.8.9に示すように2020年8K放送開始を目指して、NHKではリアルタイム放送の準備を整いつつある。

ここで、カタログの定格消費電力を比較した結果を図3.8.10に示す。CRT、PDP、FEDなど自発光デバイスの場合、実使用電力はこの半分から数割は減少した値となるが、LEDの高効率に支えられ、大型TVにおいては、現在LEDバックライト付きLCDが最も低消費電力デバイ-スとなっている。また色再現においては、8KディスプレイではCIE色度図をほぼ満たすまでになっている。

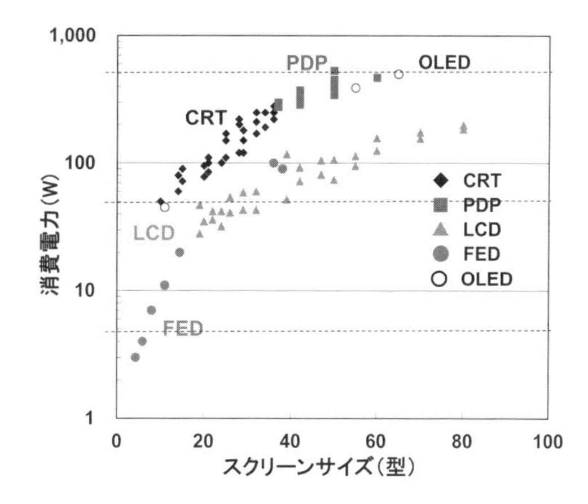

図3.8.10 各種ディスプレイの定格消費電力比較
(参考http://www.eccj.or.jp/catalog/2008s-h/tv/p_w55.html 他)

3. その他のディスプレイ

その他のディスプレイとして忘れてはならないディスプレイを図3.8.11、3.8.12に示す。無機EL材料としては62万 cd/m^{2}の材料が2005年に発表されて

図3.8.11 34型無機ELパネル(i-Fire 2006年)(左)と高輝度EL材料
(茶谷・クラレ FPD International 2005)(右)

図3.8.12　55型SEDパネル（SED社　CEATEC2006）（左）と2006年製品化された3型カラーFED（双葉電子工業）（右）

いる。またLCDや有機ELディスプレイでは、フレーム周波数120 Hz以上の実現にまだ課題があるが、FEDでは2007年に240 Hz駆動が実現されている。

4. 今後のディスプレイ

図3.8.13に現在使用され、今後さらにその普及が進むと考えられるヘッドアップディスプレイの1例を示す。また図3.8.14に今後のディスプレイの新たな応用展開を示唆する3Dディスプレイ、フレキシブルディスプレイの例を示す。その他には人が作業をやりながら、同時に個人が必要な情報を見れるインター

図3.8.13　VFDによるヘッドアップディスプレイ（双葉電子工業）

図3.8.14　インテグラル方式3Dディスプレイ（左）と巻物式ディスプレイモデル（右）（共にNHK技研公開2009及び2006より）

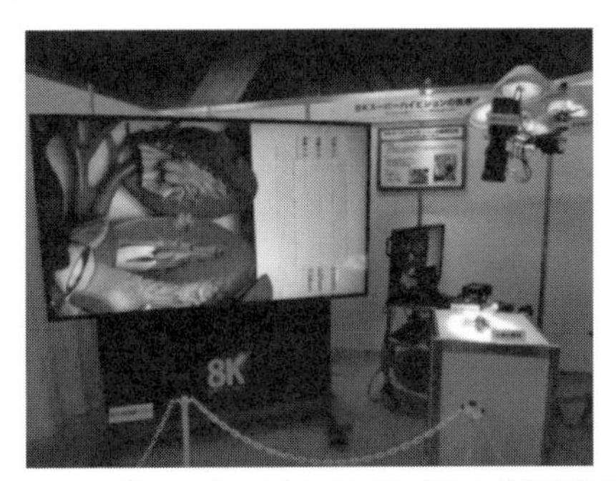

図3.8.15　8K ディスプレイの医療応用（NHK技研公開2015）

フェースとなるゴーグル型メガネディスプレイなどがある。また図3.8.15に8Kパネルの医療現場への応用展開例を示す。

いままでのディスプレイは、遠距離や仮想の世界を見せる技術であったが、今後は人間の目では通常見えない情報まで見せるインターフェースとして、人と社会をより強く結び付けていく必要不可欠なデバイスとなるものと思われる。

5. モノ創りからモノ造りへ

表3.8.1にディスプレイ製造のために今後必要となると思われる技術課題をまとめる。またこれらの課題解決を切っ掛けとして、全く新規なディスプレイ

表3.8.1　ディスプレイ製造のために今後必要となる技術課題

基板材料・加工	大型基板取扱い、切断・加工、張り合わせ、接合、Roll to Roll 方式、高速基板検査技術、転写/剥離技術、ナノカーボン等を用いてのフレキシブル導電性の改善、印刷形成性、サスティナブル材料、等
表面処理	ミクロ～ナノレベルの表面処理、洗浄・加工・後処理、高速均一乾燥、レーザー加工、電子・イオン・プラズマ処理、ナノ加工、バッファ層を用いた直接基板（シート）形成法、等
薄膜形成	真空蒸着（PVD）法、MOCVD 法、CVD 法、ミリ～ナノまでの膜厚・膜質制御、2次元表面加工、3次元積層成膜・加工、電子・イオン・プラズマ併用、局部的雰囲気制御、等
厚膜形成	反転印刷、マイクロコンタクトプリント法、インクジェット、プロセスに応じた印刷法の選択、塗布材料および基板前処理、等
高精細塗分け	塗布膜パターニング法、レーザー転写法、ディスペンサー、等
その他	クリーンルームレス生産、多品種量産、ミニマルファブ、ロボット・マニュピュレーター、雰囲気搬送移動、高速真空排気、パネル内雰囲気制御、3D 加工、フレキシブルバッテリー、等

が生まれる可能性もある。

ディスプレイの多種多様化に伴い、用途に特化し、その価値観に応じた低コスト化へのあらゆる努力が、そのディスプレイが生き残れるかどうかを決める。最近の発光材料として、今注目されているのは、量子ドット技術である。結晶制御による発光特性の制御性、既存デバイスへの展開の多様性などから多くの研究がなされつつあり、現行のフラットパネルの特性改善や、更に新規のディスプレイの出現が期待されている。

また引き続いての新規発光材料の発見や開発、ナノレベルでの原子制御による均質化や異種材料接合等の表面・境界層の加工等の技術は、今後とも重要な追及課題と思われる。

6. おわりに

いつの時代も、人間は自然界からその技術を学ぶ。そしてその解決のKey Wordは、いつも“Simple is best”である。そしてそのSimpleという意味合いの奥の深さに驚くばかりである。

謝辞

写真掲載に快く御許可・御協力頂いた会社並びに関係者の皆様に深く感謝申し上げる。

3.9　薄膜ドライプロセス技術の50年と将来展望

Past 50 Years and Future of Research & Development in Thin Film Dry Process

日本大学　山本　寛
Hiroshi Yamamoto

Key words: Physical Vapor Deposition, Evaporation, Sputtering, Chemical Vapor Deposition

1. はじめに

真空をベースとして、物質蒸気を基板に堆積する薄膜作製技術の中で、物理的な過程を用いるものを物理気相堆積法（Physical Vapor Deposition)、化学的な過程を利用するもの化学気相堆積（Chemical Vapor Deposition）法と呼ぶが、こうした手法をドライプロセスと総称する。

次頁の図3.9.1には、PVDやCVDプロセスにおいて開発されたエポックとなる手法や関連する応用分野、また薄膜関連の技術や注目すべき関連深いノーベル賞受賞テーマを一覧にした。以下、図中のキーワードを取り上げながら、約半世紀にわたる薄膜ドライプロセス開発の歴史を概観し、今後の展望について述べる。

2. 真空蒸着法

1930年代、真空ポンプの技術の発展と相まって、真空下で熱された蒸発源から飛び出す直進性の高い物質蒸気流を適度な温度に加熱された基板上に堆積する手法が確立された。この真空蒸着法は金属薄膜作製法として幅広く用いられ始めた。通常、蒸気密度は物質の沸点（飽和蒸気圧力が1気圧となる温度）に依存し、100 ℃の温度上昇は約1桁の指数関数的な蒸気圧上昇をもたらす。当初は、Alに代表される沸点の比較的低い金属や酸化物・フッ化物などの蒸着膜が作製された。Al薄膜による鏡面形成あるいは酸化物多層膜はレンズの反射防止膜として、光学分野における実用化が薄膜応用の嚆矢といえる。

最も簡易で基本的な蒸発源としては、早い時期に確立した、高融点金属の

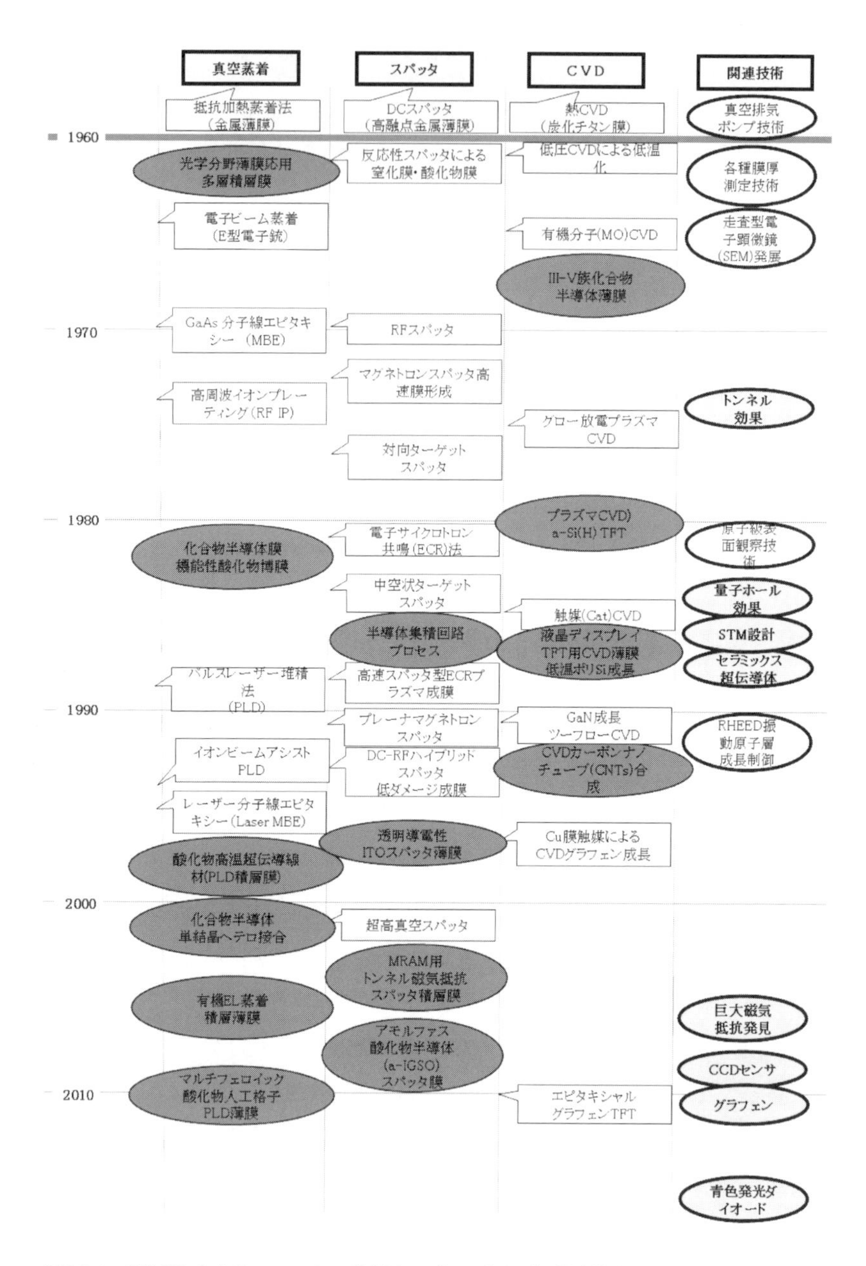

図3.9.1　半世紀にわたるPVD・CVD技術のエポックならびに関連技術とノーベル賞テーマ

ジュール発熱を利用する抵抗加熱法があげられる。WやMo板を発熱させ、直接的に蒸発材料を加熱する蒸発用ボート、あるいはW線などを埋め込んだ坩堝状の間接加熱方式の蒸発源など､種々の抵抗加熱蒸発源は簡単に入手できる。60年代に入ると電子ビーム加熱法（E型電子銃）が開発され、高沸点物質の成膜や大量蒸気形成装置として多用された。

我が国では、1964年の東京オリンピックのカラーTV放送を契機として、光学機器にもとめられる多層反射防止膜を作製するため蒸着技術は格段に進歩した。この頃、振動子表面に堆積した物質量に応じてすべり振動周波数が低下することを利用する水晶振動子膜厚計をはじめとする、種々の蒸着時の膜厚測定技術も普及し、成膜速度や堆積膜厚の精密制御が可能となった。

1970年、ベル研究所において、分子線エピタキシー（Molecular Beam Epitaxy：MBE）法と呼ばれる化合物半導体単結晶薄膜成長法が開発され[1)]、高品質半導体薄膜の精力的な研究が進展した。この手法には、三温度法[2)]と呼ばれる成膜手法の概念が用いられている。そこでは、10^{-7} Paオーダーの超高真空を実現した上で、蒸発源からの蒸気流を一定温度下で飽和蒸気圧状態を保ちながら安定した蒸気を取り出すクヌードセンセルならびに膜成長面の精密な温度制御技術が重要な役割をはたした。さらに、このプロセスの進化には結晶成長面をその場（in-situ）観察する技術の進歩も重要であった。高速電子線反射（Reflected High Energy Electron Diffraction：RHEED）回折スポット強度の振動をモニターしながら、原子層レベルの膜成長過程をin-situ観察する高度な手法も開発され、化合物半導体単結晶薄膜のさらに精緻な薄膜成長プロセスが実現された。これらの薄膜は当時通信分野の発展に不可欠となるマイクロ波帯で動作する超高速半導体デバイス作製に応用された。

一方、1974年、村山らによって高周波イオンプレーティング法が開発され[3)]、蒸着プロセスにグロー放電プラズマが援用され、膜成長面へのイオンや高エネルギー粒子の照射効果が著しいことが明らかとなった。それ以降さまざまな高品質化合物薄膜蒸着プロセスにプラズマが援用されるようになった。

80年代後半、あらたに熱源として紫外線エキシマレーザーに代表される高出力レーザーを用い、ターゲットと呼ばれる固体蒸発源に照射する手法が開発された[4]。90年に入り、この手法をパルスレーザー堆積法（Pulsed Laser Deposition：PLD）と総称することとなったが、この手法は、90年代半ば、RHEED振動に基づく精緻な膜成長制御技術を取り入れたレーザーMBE法へと発展し、超高品質半導体化合物単結晶膜形成に適用された。この手法は、2010年代に入って、マルチフェロイック特性を発現する機能性人工格子薄膜作製に適用されている。

1986年に発見された画期的なセラミック高温超伝導体は、$YBa_2Cu_3O_x$（YBCO）に代表されるように、主として銅を含む複酸化物であり、その成膜には当時開発された、ほとんどすべて薄膜プロセスが適用されたが[5]、中でも、組成変化が少なく、還元性の低い雰囲気で膜堆積が可能となるPLD法は高品質の酸化物高温超伝導膜形成法として多用された。また、特筆すべきプロセスとして、イオンビームを一定方向から照射しながらPLD成膜を行うことによって、YBCOの特異な結晶構造を反映する、c軸結晶配向を優先的に成長させる手法、イオンビームアシスト膜堆積法[6]が開発された。最近では、超伝導パワー応用に求められる、高い電流密度を達成する長尺YBCO線材作製には欠かせない技術として定着している。

3. スパッタリング法

古く19世紀の半ば、スパッタ現象と呼ばれる、真空中での放電によって物質が薄膜化されることが見出された。薄膜プロセスとして認識され、広く用いられるようになったのは20世紀半ばである。Paオーダーの不活性ガス（Arが多く用いられる）がみたされた雰囲気中で、金属板（ターゲットと呼ばれる陰電極）に負の電圧を印加すると、直流（DC）グロー放電が生じ、ターゲット表面の上部に陰極暗部といわれる強い電界が発生する領域が形成される。そこでは正に帯電した不活性ガスイオンは加速され、ターゲットに衝突し、その衝撃でターゲット物質がはじき出されて（スパッタ現象）蒸気となる。なお、ターゲットからは物質原子だけでなく、γ電子と呼ばれる2次電子も放出され、この電子がイオン形成過程を介してグロー放電の安定化に寄与する。イオンの入射に対してどれだけの原子がスパッタされるかの指標をスパッタ率というが、その値は物質の質量や結合力に依存しており、融点や沸点によらない。したがって、スパッタ現象を利用すれば、例えばTiなどの高融点金属が比較的低温の状態で容易に薄膜化できる。この方式をDCスパッタリング法と呼ぶ。この時、不活性ガスに窒素や酸素を混合すると、金属ターゲット表面は窒化物あるいは酸化物を形成しながらスパッタされるため、化合物薄膜作製には有効な手法ともなる。これを反応性スパッタリング法と呼ぶ。

60年代には米国を中心に種々の金属薄膜あるいは窒化物・酸化物薄膜の形成に用いられたが、70年代に入ると、商用高周波13.56 MHzを用いた高周波（RF）放電のもとで、絶縁体ターゲットにも実効的に負バイアスを印加することが出来ることが見出され、RFスパッタ方式と呼ばれる方式がより汎用性の高い薄膜プロセスとして実用化されはじめた。こうして固体状態にある、ほとんどすべての物質の蒸気形成が可能となった。

通常のグロー放電の下で形成されるイオンの密度は低いため、スパッタ率が1～10であれば、スパッタによって形成される蒸気量は必然的に少なく、真空蒸着法に比べて薄膜形成速度は2桁程度小さなものとなる。そこで、60年代には、膜堆積速度を向上させる目的で、磁場によるプラズマ閉じ込め効果を応用して高密度のイオンを形成する手法が開発された[7]。一連の手法はマグネトロン方式と呼ばれる。特に、ターゲット背面に永久磁石を配置し、そこから発生するターゲット面に平行な磁場成分がγ電子を強く束縛し、スパイラル運動を引き起こすため、効率の高いイオン形成が可能となる。これがプレーナーマグネトロンと呼ばれる高速スパッタリング方式であり、最近のスパッタリング装置には標準的に導入されている。ただし、この手法はターゲットが厚い強磁性体（Fe、Co、Niなど）には適用できない。そこで、対向ターゲット方式と呼ばれる、2枚のターゲットを向かい合わせ、ターゲット面に垂直な強い磁場をもって電子を閉じ込める方式も開発された[8]。この方式は磁性薄膜の高速形成や基板へのプラズマダメージの抑制された薄膜形成が可能となるところに特徴がある。また、中空状のターゲットによって、内部にプラズマを閉じ込めてイオン密度を高め、成膜の高速化あるいは反応性を促進する方式も提案された[9]。さらに、一定の磁場勾配空間内で、マイクロ波により励振される電子のサイクロトロン運動によって効率的な電子励起イオン化を促進する、電子サイクロトロン共鳴（ECR）機構が見出され[10]、80年代後半には、この手法を導入した高速スパッタ法も開発された。

一方、70年代後半、不活性ガスイオンを効率的に形成するイオン源の開発が進み、大口径イオン源が実用化されるようになった[11]。イオン源を用いてターゲットへのイオン照射を行えば、比較的高い真空中でのスパッタ成膜が可能となるため、直進性が高いスパッタ粒子によってもたらされる特徴を活かした、イオンビームスパッタ成膜が行われる。

90年代半ばには、スパッタプロセスの問題点でもあった、プラズマに起因する、結晶性薄膜成長面への種々の高エネルギー粒子によるダメージを抑制する必要性が認識されはじめた。RFグロー放電で高いプラズマ密度を実現しながら、比較的低い電圧のDCバイアスをターゲットに印加することによって、成膜面への、DC-RFハイブリッドスパッタ法が開発された。

産業界のレベルでは、80年代に入り、半導体集積回路製造過程における膜堆積プロセスに対して、成膜制御性の高さや連続運転に適しているスパッタリングの優位性が着目され、マルチチャンバーの実用的多層薄膜装置の開発が進んだ。さらに、2000年代に入ると、スパッタ成膜にも超高真空技術が導入され、酸素などの不純物を排除した、高品質金属の超薄膜積層化が求められる、ナノ磁気デバイス作製プロセスなどにも適用されるようになった。

近年、実用化レベルでの、着目しておくべきスパッタ法の応用例として、透明導電性薄膜の代表であるインジウム・スズ酸化物（ITO）の低温成膜あるいは液晶ディスプレイ駆動用の次世代薄膜トランジスタ（TFT）材料として注目されはじめているアモルファス酸化物半導体（例えばa-IGZO）の成膜[12]があげられる。いずれも機能的材料物性を見据えた上で、プロセスの特色を生かしたアプローチであったことを理解しておく必要があるだろう。

4. CVD法

化合物ガスを成膜原料として用い、高温雰囲気中あるいは基板面上での化学反応によって膜堆積を行う手法をCVDという。50年代、1,500 ℃程度の高温炉中での熱分解を利用する、熱CVD法によって耐摩耗性TiC膜作製がなされたことが、有力な成膜プロセスとして認識される契機となった。さらに、60年代に入り、有機金属ガスを用いるMOCVD法が開発され、GaAs単結晶薄膜[13]の作製に成功したため、種々の半導体結晶膜成長に応用されて普及した。安定した膜成長を支えるMOガスの開発は今でも精力的に進められており、ほとんどすべての金属の堆積が可能となっている。

当初の熱CVD法に対して、プロセスの低温化へ向けた技術開発がなされてきた。成膜雰囲気の圧力を下げた、減圧下でのガス流の均質化ならびに薄膜の成長温度を数百℃低下させるのに効果的であり、減圧CVD法として確立された。さらに、化学反応過程にグロー放電プラズマを導入したプラズマCVD法によって、300 ℃程度の成膜温度までに低温化が進んだ[14]。

プラズマCVDが最も有効性を発揮したのは、水素化アモルファスSi膜の成膜プロセスにおいてであり、80年頃の太陽電池や薄膜トランジスの開発に大きく貢献した。特に、後者に関しては大型液晶ディスプレイの高性能化を実現するため、先に述べたa-IGZO薄膜TFTとともに、微結晶Si膜の低温成膜プロセスによるTFT性能の向上という二つのアプローチが展開された。CVD法によるa-Si成膜後, 極短時間の高出力エキシマレーザー照射による結晶化によって微結晶化する手法によって、プロセスの低温化とデバイス性能の向上に可能性が見出された。

一方、プロセスとしては、80年代後半には、高温に熱したWあるいはPt線などを化学反応促進のための触媒として利用する、Cat-CVDと呼ばれる新たな手法も松村によって開発され[15]、高品質かつ大面積の半導体CVD薄膜作製に適用されつつある。

5. 今後の展望と結言

以上、PVDならびにCVDに関する研究開発の歴史を概観したが、図3.9.1の中に示したように、80年代からは固体物理学的機能の発見にとどまらず、材料の応用の側面からの成果がノーベル賞の対象となってきたことは注目しておくべきだろう。その中でも、ドライプロセスに基づく薄膜をベースとした応用研究がはたした役割は極めて顕著である。超薄膜絶縁層を介した超伝導膜間の超伝導粒子のトンネル効果の発見はジョセフソン素子による超伝導量子干渉素子（SQUID）の実用化に至った。金属積層薄膜における、巨大磁気抵抗効果の発見は超高密度磁気記録システム開発を牽引した磁気ヘッドの高性能化をもたらした。さらに、GaNエピタキシャル膜成長による青色発光ダイオードの実用化は記憶に新しい好例である。特徴は薄膜においてこそ実現される新規デバイスあるいは高性能化にある。

将来へ向けたドライ薄膜研究展望の一つは、マイクロ・ナノスケールにおいてこそ発現する特性あるいはデバイス機能の発見･発明にあると考えられる。物理学・化学の分野にとどまらないが、20世紀に確立されたといえる「量子科学」の成果が存分にその力を発揮する舞台は薄膜であろう。ナノレベルの加工技術と成膜制御技術は、今後間違いなく新たな革新的応用分野を切り拓くものと期待できる。

参考文献

1） A. Y. Cho, Epitaxial Growth of Gallium Phosphide on Cleaved and Polished (111) Calcium Fluoride, *J. Appl. Phys.*, Vol. 41, No. 2 (1970) 782.
2） G. Gunther, Aufdampfschichten aus halbleitenden Ill-V-Verbindungen, *Z. Naturforschung*, Vol. 13a (1958) 1018.
3） 村山, 松本, 柏木, イオンプレーティング, *応用物理*, 47巻, 5号 (1974) 485.
4） H. S. Kwok, P. Mattocks, L. Shi, X. W. Wang, S. Witanachchi, Q. Y. Ying, J. P. Zheng, and D. T. Shaw, Laser evaporation deposition of superconducting and dielectric thin films, *Appl. Phys. Lett.*, Vol. 52, No. 21 (1988) 1825.
5） M. Leskelä, J. K. Truman, C. H. Mueller, and P. H. Holloway, Preparation of superconducting Y-Ba-Cu-O thin films, *J. Vac. Sci. Technol.* A, Vol.7, No. 6 (1989) 3147.
6） Y. Iijima, K. Kakimoto, Y. Yamada, T. Izumi, T. Saitoh and Y. Shiohara, Research and Development of Biaxially Textured IBAD-GZO Templates for Coated Superconductors, *MRS Bull.*, Vol.29, Issue 08 (2004) 564.
7） K. L. Chopra, Thin Film Phenomena, McGraw-Hill Book Co., 1969.

8) Y. Hoshi, M. Naoe, and S. Yamanaka, High Rate Deposition of Iron Films by Sputtering from Two Facing Targets, *Jpn. J. Appl. Phys.*, Vol. 16, No. 9 (1977) 1715.
9) H. Yamamoto, K. Ishii, and M. Tanaka: Preparation of NbCxN1-x Thin Films by High Rate Reactive Sputtering, *Advances in Cryogenic Engineering*, eds. by A. F. Clark and R. P. Reed, Plenum Publishing Corp., Vol. 30 (1984) 623.
10) S. Matsuo and Y. Adachi, Reactive Ion Beam Etching Using a Broad Beam ECR Ion Source, *Jpn. J. Appl. Phys.*, Vol. 21, No. 1 (1982) L4.
11) R. S. Robinson, Thirty - centimeter - diameter ion milling source, *J. Vac. Sci. Technol.*, Vol. 15, Issue 2 (1978) 277.
12) H. Hosono, Ionic amorphous oxide semiconductors: Material design, carrier transport, and device application, *J. Non-Cryst. Solids*, Vol. 352, Issue 9-20 (2006) 851.
13) I. R. Knight, D. Effer, and P. R. Evans, The preparation of high purity gallium arsenide by vapour phase epitaxial growth, *Solid State Electron.*, Vol. 8, Issue 2 (1965) 178.
14) W. E. Spear and P. G. LeComber, Substitutional doping of amorphous silicon, *Solid State Commun.*, Vol. 17, Issue 9 (1975) 1193。
15) H. Matsumura, Catalytic Chemical Vapor Deposition (CTC–CVD) Method Producing High Quality Hydrogenated Amorphous Silicon, *Jpn. J. Appl. Phys.*, Vol. 25, Part 2, No. 12 (1986) L949.

3.10　薄膜ウェットプロセス技術の50年と将来展望
Past 50 Years and Future of Research & Development in Thin Film Wet Process

新潟大学　加藤　景三
Keizo Kato

Key words: cast method, spin-coat method, spray method, Langmuir-Blodgett method, self-assembly method, layer-by-layer method, sol-gel method, electrolytic polymerization method, screen printing, ink-jet printing, microcontact printing

1. はじめに

ウェットプロセスとは、溶媒に溶解させた物質を液相から成膜する液相成長法である。真空をベースとして薄膜作製する気相成長法であるドライプロセスに対して、ウェットプロセスは比較的簡便な装置を用いて薄膜作製できるのが大きな特徴である。半導体産業の発展に伴って、1950年代以降にドライプロセスが非常に発展してきたが、ウェットプロセスは1980年代から技術開発が進んだ。特に、有機分子を溶媒に溶かして使用した種々の有機薄膜作製技術の進展が顕著である。これは、米国海軍研究所のForrest L. Carterにより、1981年に分子電子デバイスに関する国際ワークショップが開催され、分子デバイスがブームとなった[1]ことが一因と考えられる。この分子デバイスの概念から有機分子のさまざまな機能を電子デバイスへ応用しようとする考え方、すなわち分子エレクトロニクスの研究が盛んになった[2) 3)]。また、最近では有機電界発光（有機EL）素子や有機太陽電池、有機トランジスタなどの有機デバイスに関する研究が非常に盛んで、デバイス構築に必要な有機薄膜作製のために種々の薄膜ウェットプロセス技術が開発され、高性能有機デバイス開発に向けた研究が行われている[4]。

ここでは、代表的なウェットプロセスによる薄膜作製法を取り上げ、約半世紀にわたる薄膜ウェットプロセス開発の歴史を概観し、今後の展望について述べる。

2. 塗布法

2.1　キャスト法

塗布法は、一般に溶媒に可溶な高分子材料の薄膜作製などに用いられる。成膜分子を有機溶媒に溶解し、基板表面に成膜する塗布法は、ほとんどの産業用有機薄膜の作製に用いることができる。溶媒に不溶な高分子材料の薄膜作製には、その前駆体を用いて成膜し、それを熱処理して得ることなども行われている。塗布法の中でもキャスト法（cast method）は最も単純な方法であり、溶液を基板に垂らした後に自然乾燥し、成膜する方法であり、ドロップキャスト法とも呼ばれている。また、基板を溶媒に浸した後に引き上げることにより、基板上に成膜する方法は、ディップコート法と呼ばれている。ディップコート法は、複雑な凹凸を持つ物体にも成膜可能である。

2.2　スピンコート法

塗布法の中でも、基板に均一に成膜可能な方法は、回転塗布法とも呼ばれるスピンコート法（spin-coat method）である。非常に簡便で汎用性があるので、高分子薄膜形成法として最も広く用いられている。特に、半導体の微細加工技術のフォトレジスト材料の成膜プロセスに用いられている。CDやDVDなどのディスク媒体においても、有機色素の記録層や保護膜生成のために使われたりしている。

図3.10.1にスピンコート法の概略図を示す。スピンコート法は、有機分子を溶媒に溶かした溶液を、回転させた基板上に滴下し、遠心力により基板全面均一に塗布を行なって薄膜を形成する方法である。回転数および回転時間、溶液

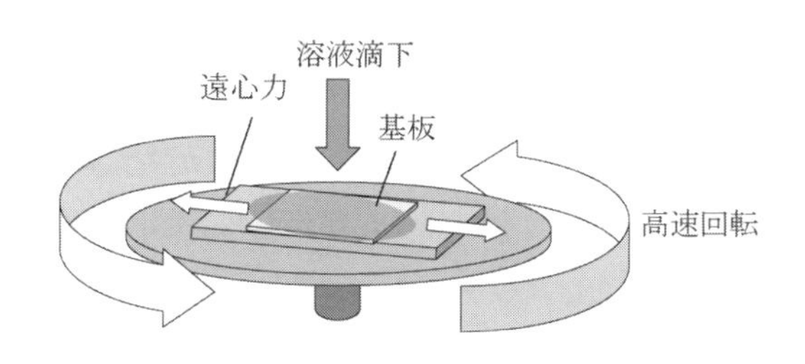

図3.10.1　スピンコート法

の濃度などにより膜厚を制御することが可能である。良好な薄膜作製を行うためには、溶液の粘度(分子量や濃度)、溶媒の種類などを最適化する必要がある。

2.3　スプレー法

エアスプレーなどのスプレー装置や、霧吹きなどの噴霧器などにより、溶液の液滴を基板に塗布する方法は、スプレー法（spray method）と呼ばれる。この方法は、多様な材料を対象にスピンコート法よりも微少量の均一塗布が可能で、塗布効率も高い。超音波噴霧器を用いると超微粒子のミストとしてスプレーできるので、非常に平坦で均一な緻密薄膜作製に用いられる。また、スプレー法において、高電圧を印加したノズルから成膜材料の溶液を霧化させて基板に付着させる方法も行われている。この方法は、静電スプレー法とかエレクトロスプレー法と呼ばれている。この方法では、電界の効果により霧化した成膜材料が輸送されるために、良好な膜作製が可能で成膜材料の付着効率も高い。なお、この方法に使用される成膜材料にはある程度の導電性が必要である。

3. LB法

水面上の単分子膜を一層ずつ基板に移し取る成膜方法は、1935年にIrving LangmuirとKatharine B. Blodgettにより見出され、LB法（Langmuir-Blodgett method）と呼ばれている[5)]。LB法により厚さ方向に規則性をもつ有機薄膜を容易に作製することができるようになった。

図3.10.2にLB法を示す。図3.10.2(a)に示すようにLB法で累積できる分子は、一般に分子内に水に溶けようとする親水性部分（親水基）と、水を嫌ってはじく疎水性部分（疎水基）をバランスよく併せ持つ両親媒性分子である。図3.10.2(b)に示すように、基板を浸漬したトラフの水面上に両親媒性分子を溶かした溶媒を展開すると、分子の親水基が水面側に、疎水基が大気側に向く。その後、水面上の分子を圧縮すると水面上の分子が凝集し、二次元固体膜が形成される。この状態で水中に浸漬された基板を引き上げると、水面上の単分子膜が基板上に移しとられる。基板を上下して累積された膜はLB膜と呼ばれる。このLB膜は図3.10.2(c)のように三種類の累積型がある。図3.10.2(b)のように垂直浸漬

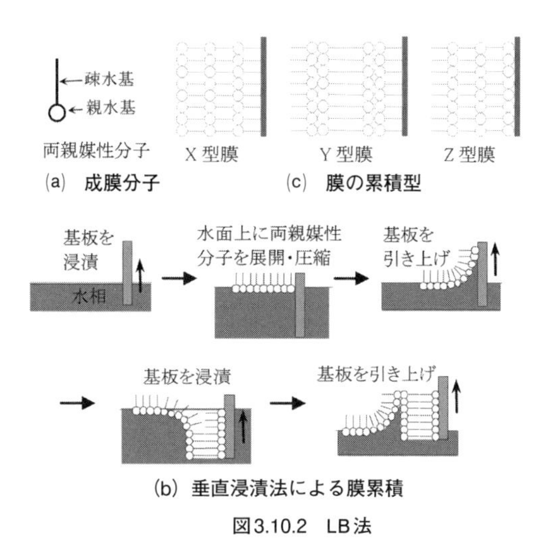

(a) 成膜分子　(c) 膜の累積型

(b) 垂直浸漬法による膜累積

図3.10.2 LB法

法による累積では、基板表面が親水性ならば引き上げから、疎水性なら引き下げから行われる。一層目は分子の親水基と基板の親水面が極性力によって引き合い、第二層目は分子の疎水基がファン・デル・ワールス力によって引き合う。以降この繰り返しで膜が累積される。この方法では引き上げ時と引き下げ時で分子の向きが逆になり、作製された膜は二分子層を単位とする層構造を持つ。このLB膜をY型膜という。この他、引き上げ時にだけ累積したZ型膜、引き下げ時にだけ累積したX型膜がある。一般にY型膜は安定であるが、X型膜とZ型膜は不安定で、Y型膜との混合膜になりやすく、経時変化でも熱力学的に安定なY型膜に変化しやすい。成膜分子の化学構造、水相のpHや濃度、表面圧、温度、基板の上昇・下降速度、基板の種類などにより、膜の付き方が変わる。このLB法により、分子レベルで膜の配向と膜厚の制御ができるようになり、分子エレクトロニクス研究や新機能・高機能な有機デバイス開発などの研究に幅広く利用されている。

4. 自己組織化法

自己組織化法（self-assembly method）とは、基板の表面と成膜分子が化学結合し、分子間の引力相互作用により系のエントロピーが減少し、自発的に秩序構造である単分子膜が形成される現象を利用した作製法である。この自己組織化法で、自発的に基板表面に分子を化学吸着して得られる単分子膜は、自己組織化膜（Self-Assembled Monolayer：SAM膜）と呼ばれる[6)]。SAM膜は、結合性官能基を持った分子を含む溶液中に基板を浸漬するだけで簡単に作製でき、高い配向性と安定性を持っている。しかも末端官能基に種々の機能が導入可能である。このようなことから、固体表面構造の制御と機能付与という観点で有機デバイス構築の手段として期待されている。

5. 交互吸着法

交互吸着法（Layer-by-Layer method：LbL法）は、高分子電解質を用いて陽イオン（カチオン）が存在する水溶液と陰イオン（アニオン）が存在する水溶液を作製し、そこに基板を交互に浸漬することを繰り返すことで、静電相互作用により陽イオン・陰イオンを交互に吸着して薄膜を形成していく方法である。このLbL法は交互積層法とも呼ばれる。この方法は、1992年にGero Decherによって開発された[7)]。このLbL法により、さまざまな材質や形状の物質表面に、ナノメートルオーダーの制御された膜を作製できる。

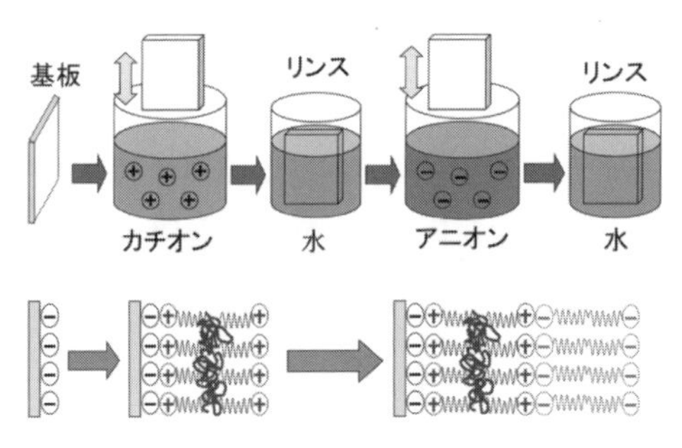

図3.10.3　交互吸着法

図3.10.3に示すように、基板表面に化学修飾を施して電荷を持たせ、これと逆の電荷を持つイオン性分子の溶液に浸漬すると、分子が静電的に吸着して電荷を中和すると共に、過剰に吸着して表面電荷の反転が起こる。この基板を水でリンスした後、反対の電荷を有するイオン性分子の溶液に浸漬すると、先の過程と同様に分子が静電的に吸着して電荷を中和すると共に、過剰に吸着して基板表面電荷の反転が起こる。これを繰り返すことにより、正負の電荷を持つイオン性分子を交互に積層し、所望の膜厚の高分子薄膜を得ることが可能である。このLbL法で作製された膜は、交互吸着膜（LbL膜）と呼ばれる。LbL法による高分子積層膜は、分子の配向性は得られないが、高分子特有の絡み合い効果と強い静電的な引力で堅く結合されることから、実用に耐えうる強度を持つという利点がある。また、積層後に、高分子電解質の官能基と選択的に結合する分子やコロイド粒子を積層膜内に埋め込むことができるといった特長もあり、種々の機能性薄膜の作製などに利用されている。

6. ゾルーゲル法

ゾル－ゲル法（sol-gel method）とは、各種の金属アルコキシドのアルコール溶液から出発して、その加水分解・重縮合、それに続く熱処理によって、ゾルを経てその固化体であるゲルを得る方法である。ゾル－ゲル法で作られる材料の化学組成は、主としてシリカ（SiO_2）、チタニア（TiO_2）、アルミナ（Al_2O_3）、ジルコニア（ZrO_2）などを含む酸化物、および酸化物と有機物が複合した有機・無機ハイブリッド材料である[8]。ゾル－ゲル法では、溶液から出発して薄膜作製を行うが、使用される溶液には、酸化物の原料として金属アルコキシッドや金属酢酸塩などを含んでいる。有機・無機ハイブリッドを作製するときには、溶液にアルコキシシラン、メタクリル酸などの有機化合物を加える。これら原料化合物に加水分解用の水、溶媒としてのアルコール類、触媒（酸または塩基）を加えて、溶液を調合する。溶液中で加水分解と重合反応を起こさせて、溶液をゾルに変え、さらに反応を進めてゲルに変え、乾燥する。ガラスやセラミックスなどは、ゲルを加熱することにより作製できる。このゾル－ゲル法は、新規材料作製方法として非常に注目されている。特に、有機・無機ハイブリッド材料やナノコンポジット材料などの作製で注目されている技術である。

7. 電解重合法

化合物に電圧をかけることで、陰極で還元反応、陽極で酸化反応を起こして化合物を化学分解するのが電気分解であり、電解はこの電気分解の略称である。この電気分解と同じ原理で、電気化学的な酸化還元反応によって物質を合成する方法は電解合成と呼ばれ、特に生成物が高分子の場合が電解重合（electrolytic polymerization）と呼ばれている。この電解重合法による高分子の合成は、1862年のHenry Lethebyによる導電性高分子の一種であるポリアニリン（polyaniline）の合成[9]が最初である。

図3.10.4に電解重合法を示す。基板には金属や半導体などの導電性材料が用いられ、対極には白金や炭素などの不活性な材料が用いられている。電極の電位を正確に制御するためには、参照電極も用いた三電極系とする。溶媒は酸化還元反応を受けにくい極性有機溶媒を用いる必要がある。重合しようとする単量体（モノマー）を適当な支持電解質を含む溶媒に溶解し、この溶液に浸した電極対（作用電極と対極）に電圧を印加する。モノマーは作用電極である陽極（基板）表面で酸化（あるいは陰極表面で還元）されてフィルム状、粉末状あるいは樹脂状などの形態で重合し、そのとき同時に電気化学的ドーピングが行われる。作製される電解重合膜は、電解液の組成、モノマーの種類や濃度、印加電圧や電流密度の大きさおよび重合温度などにより大きく影響を受ける。合

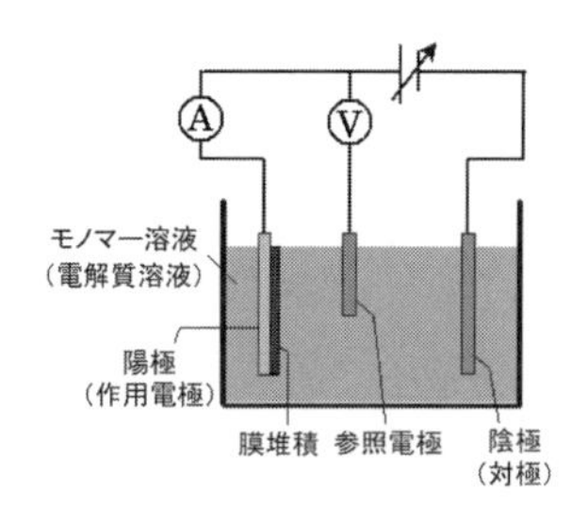

図3.10.4　電解重合法

成された高分子は､電気化学的ドーピングにより陽極上で溶液中の陰イオンを、陰極上で陽イオンをドーパントとして取り込むことができるため、p型やn型の制御が行なえる。さらに、逆極性をかけることにより容易に脱ドープが起こり、絶縁性の高分子に戻せる。この電解重合法は、重合反応の電気的制御による特性制御が可能で､電極表面の形状に関係なく均一に成膜できる特長を持つ。しかし、重合可能なモノマーが限定される欠点を有している。

8. 印刷法

8.1　スクリーン印刷法

印刷の歴史は非常に古く、ドイツの活版方式が最も古いとされている。活版印刷は鉛でつくられた活字を拾って植字する方法で、１ページを作り、それを組み上げたページを厚紙でプレスして紙型という型を作り、そこにまた鉛を流し込んで印刷用の版を作り、それによって印刷するという非常に手間のかかる方法であった。現在、種々の印刷法が開発されており、金属板の表面をエッチングで文字や絵をパターニングした原版をローラに巻きつけたオフセット印刷､凸版印刷､凹版印刷､グラビア印刷などがある[10]。スクリーン印刷法(screen printing method）は、パターン化したプラスチックシートのメッシュを用いる方法である。スクリーン印刷のルーツは、日本の友禅の型染めであると言われており、1950年代からの製版技術の進歩で精密な画像のスクリーン印刷が可能になり、用途が大幅に拡がった。このスクリーン印刷法により、さまざまな種類の材質、形状、サイズの素材に印刷でき、さまざまな種類のインクが使用可能である。スクリーン印刷は、他の印刷方式では印刷が困難な被印刷物を中心に、多くの産業製品に利用されている。特に、現在、エレクトロニクス分野ではなくてはならない工法として確立している。

8.2　インクジェット法

インクジェット法（ink-jet printing method）は、原料のインクの微小な液滴を細かいノズルから噴射し、粒子状のインクを被印刷媒体に直接に吹き付ける印刷方法で、版を用いないでパターン印刷できるのが特長である。一般の電子デバイス作製工程ではエッチング法でパターンを形成するが、インクジェット法ではインクを塗布するだけでパターンを形成できるため、大幅なコスト削減となる。インクジェットの技術は、1960年代から長い歴史があるが、1990年頃から色材やインク組成面での最適化や改良が進められた。それと平行するように画質向上の取り組みが行われ、銀塩写真の画質に迫るようにまで技術開発が行われてきており、現在、技術がさらに進展している。インクジェット技術が一般的になってきたのは、ヘッドや液滴コントロール技術などの装置や、高画質化や耐候性に関するインク材料の進歩などによるところが非常に大きい。インクジェット技術は、従来のスクリーン印刷などを利用していた分野、さらに有機半導体をはじめとする高精細な新しいパターン形成技術などとして、フォトリソグラフィー分野にまで拡がっている

8.3　マイクロコンタクトプリント法

マイクロコンタクトプリント法（microcontact printing method）は、1993年 にAmit KumarとGeorge M. Whitesides によって報告されたソフトリソグラフィーと呼ばれる方法である[11) 12)]。このマイクロコンタクトプリント法は、有機薄膜の室温、大気圧下での大面積かつサブミクロンオーダーの微細パターンの印刷法として非常に注目されている。

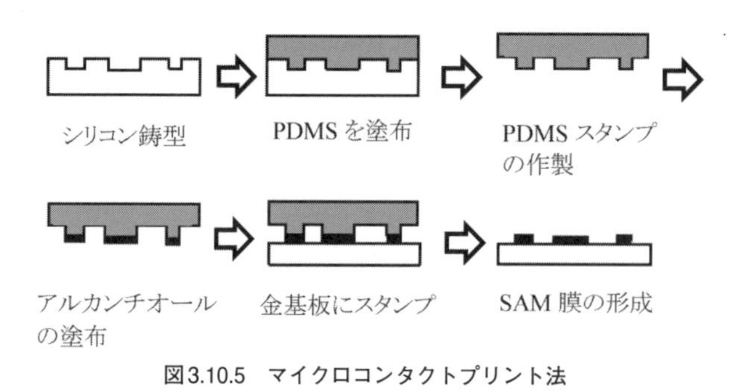

図3.10.5　マイクロコンタクトプリント法

図3.10.5にマイクロコンタクトプリント法を示す。電子線リソグラフィーやフォトリソグラフィーなどにより、シリコンなどの表面に微細な凹凸パターン

を形成し鋳型を作製する。この鋳型に液状のポリジメチルシロキサン（polydimethylsiloxane：PDMS）などを流し込み、PDMSが固体化してから鋳型からはがすことで、高分子の微細なスタンプが作製される。この高分子スタンプにアルカンチオールをインクとして付着させる。そして、インクのついた高分子スタンプを金基板に押しつけ、インクを転写するとSAM膜が形成し、印刷が完了する。このマイクロコンタクトプリント法により、微細パターンを容易に作成することが可能となっている。

9. おわりに：今後の展望と結言

以上、主な薄膜ウェットプロセス技術について紹介した。現在、有機材料の電子･光機能性の研究が非常に活発になっている。有機EL素子や有機太陽電池、有機トランジスタなどの有機デバイスの研究も盛んに行われている。そして、ナノメートルで構造制御する技術の進展も著しく、機能のさらなる向上や新機能の発現に向けて、ナノ構造制御したさまざまな有機薄膜や有機・無機複合膜に関する研究なども非常に盛んに行われている[13]。したがって、ここで紹介したような薄膜ウェットプロセス技術は、今後の新機能・高性能有機デバイス開発に非常に重要な技術である。現在、有機分子の配向・配列制御や、ナノ構造制御による機能発現、新機能・高性能デバイス開発などのために、さまざまな薄膜ウェットプロセスの試みが行われ、研究開発が進められている。また、ユビキタスデバイスやウエアラブルデバイスなどが、フレキシブルデバイスとして期待されている。そして、高効率なデバイス作製技術として、印刷技術を駆使して電子回路を構築するプリンテッドエレクトロニクスの研究や、生体を構成する材料の機能や抗原－抗体反応などを応用するバイオエレクトロニクスなどの研究も盛んである。よって、近い将来、薄膜ウェットプロセス技術により、半導体、導電体および絶縁体材料のインクを用いて電子回路がオン・デマンドで印刷きるようになり、さまざまな分野の電子デバイスが作製されるものと思われる。

参考文献

1）雀部博之：「分子ナノテクノロジーへの期待」，応用物理，第72巻，第12号（2003）1491.
2）F. T. Hong, Eds.: "Molecular Electronics: Biosensors and Biocomputers", Plenum Press, NewYork（1989）.
3）K. Sienicki, Eds.: "Molecular Electronics and Molecular Electronic Devices", CRC Press, Vols.I and II（1993）, Vol. III（1994）.
4）大森　裕 監修：「有機薄膜形成とデバイス応用展開」，シーエムシー出版（2008）.
5）斉藤和裕，杉　道夫:「LB法（ラングミュア・ブロジェット法）」，電気学会誌，107巻，9号（1987）874.
6）A. Ulman: "Formation and Structure of Self-Assembled Monolayers", Chem. Rev., 96（1996）1533.
7）G. Decher, J. D. Hong and J. Schmitt: "Buildup of ultrathin multilayer films by a self-assembly process: III. Consecutively alternating adsorption of anionic and cationic polyelectrolytes on charged surfaces", Thin Solid Films, 210/211（1992）831.
8）作花済夫:「ゾル－ゲル法のあらまし:ゾル－ゲル技術とその応用」，表面技術，Vol.57, No.6（2006）390.
9）H. Letheby: "On the production of a blue substance by the electrolysis of sulphate of aniline", J. Chem. Soc., 15（1862）161.
10）八瀬清志：「有機分子デバイスの製膜技術Ⅱ　印刷法」，応用物理，第77巻，第2号（2008）174.
11）A. Kumar and G. M. Whitesides："Features of gold having micrometer to centimeter dimensions can be formed through a combination of stamping with an elastomeric stamp and an alkane thiol "ink" followed by chemical etching", Appl. Phys. Lett., 63（1993）2002.
12）A. Kumar, H. A. Biebuyck and G. M. Whitesides: "Patterning Self-Assembled Monolayers: Applications in Materials Science", Langmuir, 10（1994）1498.
13）加藤景三，他：「新機能・高性能有機デバイス応用のためのナノ材料・構造制御」，電気学会技術報告，第1337号（2015）.

第4章

先端評価技術
ー過去、現在、そして未来へ

4.1　超微小硬度計を用いた材料評価技術の動向と最新技術

Technical trend and state of the art for material evaluation by nano-indentation tester

青山学院大学　小川　武史
Takeshi Ogawa

Key words: nano-indentation test, hardness, mechanical properties, plasticity, creep, viscoelasticity

1. はじめに

硬さは古くから用いられてきた材料評価技術の一つである。国内では、日本材料試験技術協会を中心として、盛んに研究が行われており、国際標準化機構ISOへの対応も行われている。同協会の発行する「材料試験技術」では、2015年4月に「これからの「硬さ」」と題した小特集号が発行された、また、同協会で活躍している研究者を中心とした著者により、2013年に精密工学会誌「精密工学とナノインデンテーション」の特集記事が発行されている。本稿では、超微小硬度計を用いた材料評価技術について、これらの特集を引用することにより、歴史的な背景から最新技術に至るまでの技術動向を紹介する。

著者は日本材料試験技術協会の会員としての研究活動を行う一方で、「硬さ」の評価に拘らない超微小硬度計を用いた材料評価技術の研究を進めてきた。上記の技術動向に加えて、弾塑性特性、クリープ特性および粘弾性特性の評価に関する著者らの取り組みと研究成果を紹介する。

2. 技術動向

超微小硬度計は、従来からの押込み硬さ試験（ブリネル、ビッカースなど）が発生したくぼみ（圧痕）の大きさを測定するのとは異なり、図4.1.1に示す圧子押込み（インデンテーション）時の試験力Fと深さhの連続的な測定に基づいている。これは、圧痕が小さくなると寸法の正確な測定が困難になることから考案されたものであり、「超微小」な領域の材料特性評価を行うことを可能にするものである。その小ささのレベルがナノメートルオーダとなることから、「ナノインデンテーション試験（Nano-indentation test）」とも呼ばれる。また、目視による寸法測定を行わず、Fとhを精密な器具を用いて計測することから、「計装化押込み試験（Instrumented indentation test）」と呼ばれることもある。本稿では、これらの呼称を統一することなく、引用文献の表現に従うこととする。さらに、$F-h$関係の測定を押込み時間tの関数として計測することにより、クリープおよび粘弾性特性などの時間依存型の材料特性にも評価対象を広げることができる。以下では、$F-h$関係の測定に基づく材料評価技術に焦点を絞って技術動向を紹介する。

前述した材料試験技術・小特集号の巻頭言[1]によると、1975年に論文発表されたS.I. Bulychev, V.P. Alekinらの弾性接触理論式は、1992年にG.M. Pharr, W.C. Oliverらにより連続関数で与えられる回転体形状圧子に適用できることが確認され、それを計装化押込み試験に適用して、ナノメータレベルの試験においてヤング率および硬さが求められるようになったとしている。また、Oliverらの論文で計装化押込み試験のナノメータレベルにおける実用性が検証されたことから、2002年の国際規格ISO 14577の制定に繋がっているとしている。これらの研究が超微小硬度計を用いた材料評価技術の始まりと考えれば、黎明期を加えても40年、実験的な取り組みが行われるようになってからは20年余りとかなり新しい技術といえる。しかも、定期見直しが5年ごとに行われなければならないISO 14577は、見直しの議論が開始されているものの、ナノインデンテーション領域に関する技術的コメントが多く残っており、一度も見直されていない[2]。2014年に開催されたISO/TC164に出席した委員からは、英国の委員から自らの研究が進んで論文が出るたびに提案があること、および米国試験機メーカから投票のたびに大量のコメントが出されるとの報告もなされている[3]。このような状況から、制定から10年以上経っているとはいえ、現時点での超微小硬度計を用いた材料評価技術としては、ISO 14577が基盤となっている。以下では、この概要を紹介するとともに、超微小硬度計の装置技術、工業的普及への課題についての動向を紹介する。

2.1　ISO 14577の概要[4)]

本規格が審議されているISO/TC164, SC3における2014年の審議状況[3)]は上記のとおりであるが、ISOのOnline Browsing Platformには、試験方法および試験機の確認と較正については、2015年7月15日に2015年版が発行され、2002年度版が廃止されたと示されている[5)]。しかし以下では、2002年度版に基づき、概要を紹介する。

マルテンス硬さHMは、試験力を付加した状態での試験力Fを圧子の接触面積A_sで除した値である。A_sは押込み深さhからビッカースまたはバーコビッチ圧子の理想的な形状を仮定して求める。押込み途中のFとhの関係を用いて求めることもできる。押込み硬さH_{IT}は、最大試験力h_{max}を圧子と試験片が接触している投影面積A_pで除した値であり、除荷部のF–h曲線および予め測定された圧子の面積関数から算出する。HMおよびH_{IT}の単位はN/mm^{2}とされているが、GPaも使われている。H_{IT}は塑性変形に対して求められているが、HMは弾性変形を含んだ硬さを意味している。H_{IT}は圧子先端の形状の影響を圧子のAFM観察によって求めた面積関数で補正している。

これらの硬さの定義に加えて、押込み弾性率E_{IT}が圧子と試料の弾性率およびポアソン比から定義され、除荷部のF–h曲線およびA_pから求められる。また、クリープ変形量を表すパラメータとして、押込みクリープC_{IT}および押込みリラクゼーションR_{IT}も定義されている。

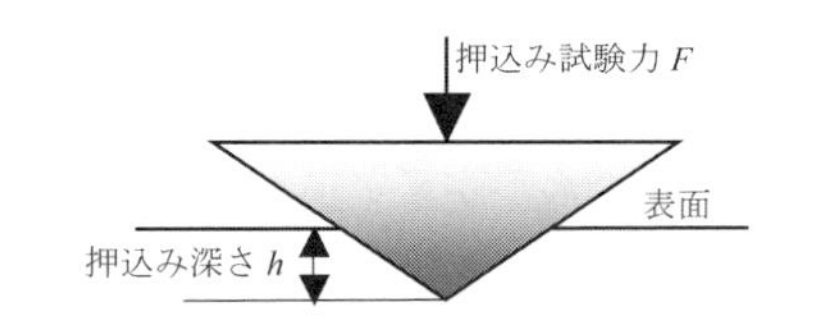

図4.1.1　圧子押込み（インデンテーション）試験

2.2　超微小硬度計の装置技術[6)]

$F-h$関係を精密に測定する装置の試作は、1968年に東京大学で行われている。この装置は、化学天秤のレバー片側にダイヤモンド圧子を付け、他方に電磁力をかけるコイルとダンパーを付けたものである。これをもとに、1983年に理化学研究所において、負荷に電磁コイル、変位測定に作動トランスを用いた装置の基本構成がまとめられて㈱島津製作所に試作が依頼され、1985年に世界初のナノインデンテーション試験機「ダイナミック微小硬度計」が商品化された。その後、コンピュータの進歩に伴って、新たな世代の試験機へと進化している。また、㈱ミットトヨおよび㈱エリオニクスからも、それぞれ特徴のある商品化が行われている。さらに、フレームコンプライアンスと温度ドリフトを減少させる新たな機構の装置も提案されている[7)]。

2.3　工業的普及への課題

超微小硬さ試験の工業的な普及のために最も障害となるのは、測定値が安定しない点（ばらつき）であり、その原因として、圧子先端の丸み、ゼロ点検出の問題、試験機のコンプライアンスなどが指摘されている[8)]。これらの補正については、ISO 14577にも記載されてはいるが、具体的な補正方法および基準となる物質は、各試験機メーカに任せられている。そこで、同一の試験片を多数のグループが巡回測定を行うことにより、現状の正確な把握を行う取り組みが進められている[9)]。

この課題については、圧痕寸法が比較的大きい場合には問題とならないが、実際の測定を行う上では、硬さの寸法効果が現れる。この補正方法として、宮原らは硬さの異なる複数の単結晶を用いた方法を提案した[10)]。しかし、この方法が規格化されることはなく、現在でも上記のような調査が行われている。また、実験および解析的な検討も続けられている[11)]。

3. 著者らの取り組みと研究成果

以下では、著者らが行ってきた超微小硬度計を用いた材料評価技術について紹介する。実験においては、それぞれの試験機と圧子に対して寸法効果を確認し、その影響がなくなる大きさの圧痕が付く条件で行われたものである。したがって、「超微小」ではなく、計装化押込み試験機を用いた技術とするほうが的確である。また、「硬さ」の評価を目的とするのではなく、引張試験などの一般的な材料試験で得られる力学特性を求めることが目的である。

3.1　弾塑性特性

弾性変形特性の評価に関しては、Oliver and Pharr[12)]およびNixら[13)]によって縦弾性係数（ヤング率）の推定方法が提案されている。また、先端の角度が異なる複数の圧子を用いた押込み試験から、弾塑性状態の応力 σ とひずみ ε の関係を求める方法についても検討されてきた[14)～18)]。三角錐圧子の稜間角が100、115および118°の圧子を用いて試験を行った場合の模式図を図4.1.2に示す。添え字の数字は稜間角を表している。稜間角が小さいほど先端の鋭い圧子であり、同一の F に対して深く押し込まれる。押込み過程の $F-h$ 関係は2次曲線で近似され、その係数 C を用いて、塑性領域の $\sigma-\varepsilon$ 関係が図4.1.3に示すように予測される。鋭い圧子からは、より大きな塑性ひずみ領域の $\sigma-\varepsilon$ 関係が予測される。軸受鋼の引張試験と予測結果の比較を図4.1.4に示す[19)]。このような高強度鋼の引張試験では、数％で破断することから、鋭い圧子の使用は適切ではなく、図4.1.4の結果においては、115および118°の圧子を用いた予測が引張試験結果と良く一致している。このように幅広い材料に対して、複数の圧子を用いた圧子押込み試験から、局所的な $\sigma-\varepsilon$ 関係を予測することが可能となっており、高周波焼入れおよび浸炭焼入れされた実部品の評価が可能となっている[19)]。

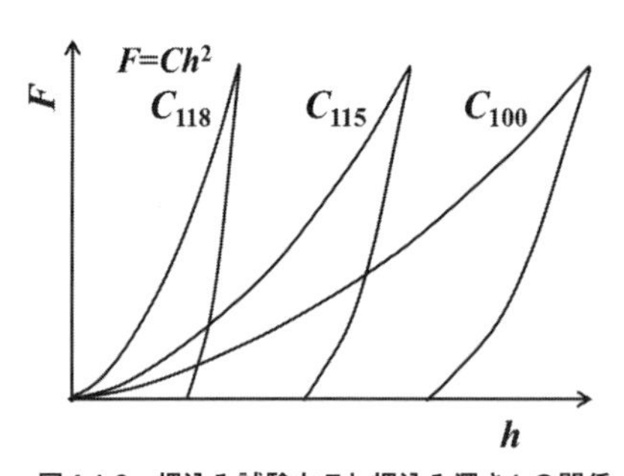

図4.1.2　押込み試験力Fと押込み深さhの関係

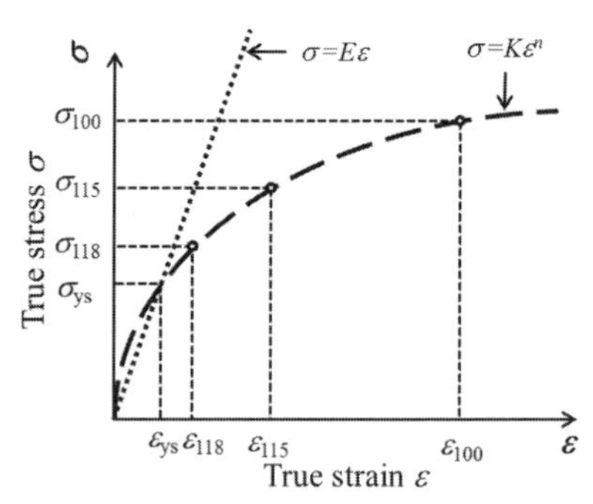

図4.1.3　予想される弾塑性応力ひずみ関係

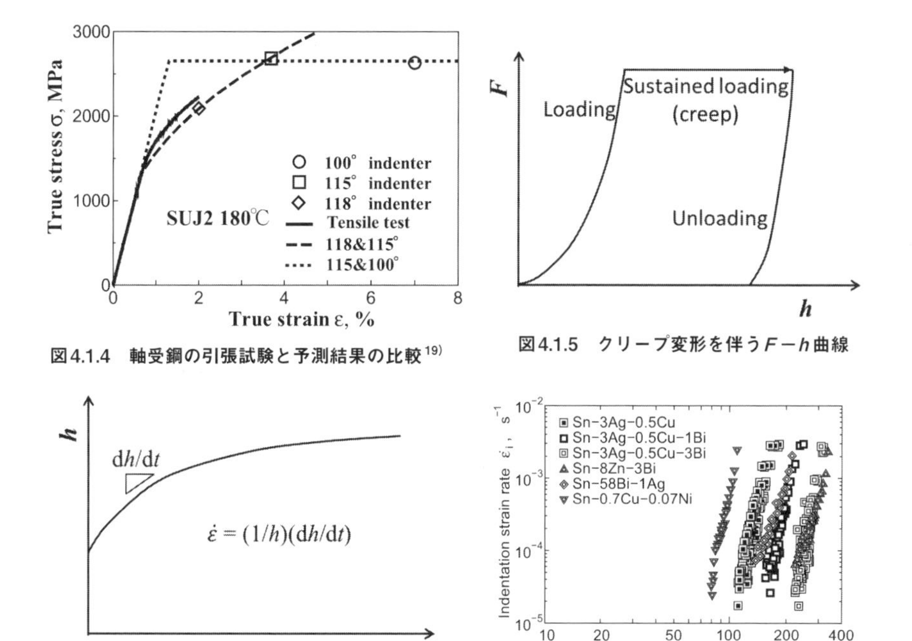

図4.1.4　軸受鋼の引張試験と予測結果の比較[19]

図4.1.5　クリープ変形を伴う*F*－*h*曲線

図4.1.6　一定の*F*におけるクリープ変形

図4.1.7　鉛フリーハンダの押込みクリープ特性[21]

3.2　クリープ特性

クリープ特性に関しては、Nixら[13]によって評価が行われている。押込み応力 $\sigma_i=F/A_s$、押込みひずみ速度 $\dot{\varepsilon}_i=(1/h)(dh/dt)$ を定義して、Sn-Pbハンダのクリープ変形を測定できることを示した。クリープ変形を伴う場合の$F-h$関係を図4.1.5に、Fを一定に保った状態でのhと時間tの関係を図4.1.6に模式的に示す。著者らは、図4.1.6の測定結果から引張クリープ試験で得られるノートン則を予測する方法を提案し[20]、数多くの鉛フリーハンダの測定を行った。実験により得られた $\dot{\varepsilon}_i$ と σ_i の例を図4.1.7に示す。Sn-3Ag-0.5CuハンダにBiを添加すると、クリープ特性が顕著な影響を受けることが明瞭に示されている。

3.3　粘弾性特性

粘弾性特性を製品の寿命予測に用いるには、広い時間領域の評価が必要であり、異なる温度の試験結果に基づき時間－温度換算則を適用したマスター曲線

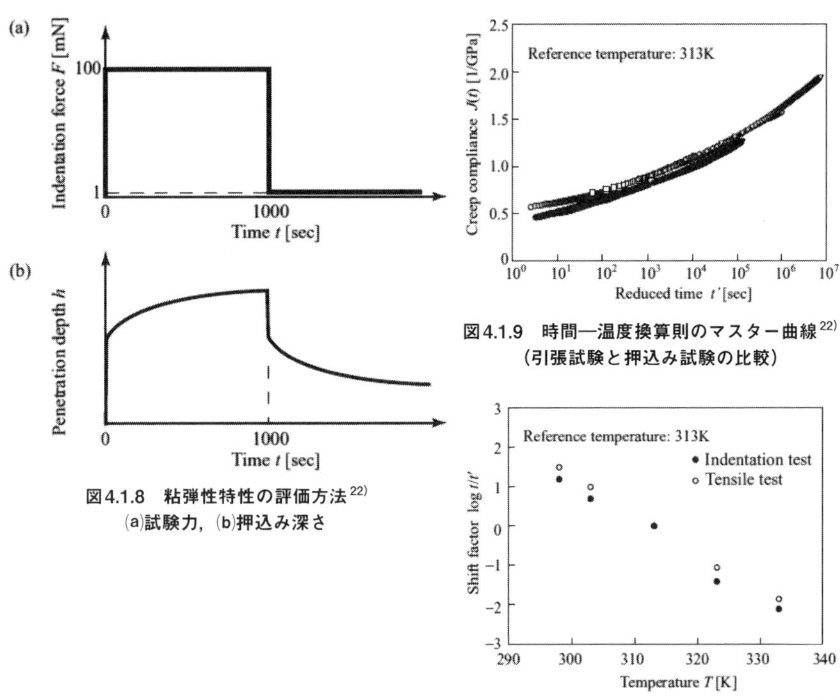

図4.1.8　粘弾性特性の評価方法[22]
(a)試験力，(b)押込み深さ

図4.1.9　時間―温度換算則のマスター曲線[22]
(引張試験と押込み試験の比較)

図4.1.10　時間―温度換算則の温度移動因子[22]
(引張試験と押込み試験の比較)

を作ることが必要である。著者らは、粘弾性体に高温超微小硬度計を用いた試験を行うことにより、単軸引張クリープ試験によるクリープコンプライアンスと同じ粘弾性特性を評価する方法を提案した[22]。この方法では、図4.1.8に示すように、ステップ負荷を行い1,000秒保持し、さらに除荷後にも1,000秒の保持を行う。この間のhの時間変化を測定することにより、図4.1.9および図4.1.10に示すように、マスター曲線および温度移動因子を取得できる。これらの結果は、ポリプロピレン（PP）樹脂について、298K ～ 333Kの温度範囲における測定から求めたものであり、図中の中空印で示した引張粘弾性試験結果と一致している。この方法は、電子部品冷却ファンに用いられているガラス短繊維強化PP樹脂[23]、およびフランジ締結部に用いられる非石綿シートガスケット[24]の評価に用いられている。

4. おわりに

超微小硬度計を用いた材料評価においては、測定結果のばらつきが不可避な問題である。その原因には、試験機および試験方法の問題ばかりでなく、局所的な材料の不均質性も含まれる。これらの対策は、規格化が難しい。一方、超微小領域での材料評価のニーズは極めて高く、超微小硬度計を用いた材料評価への期待は大きい。今後の検討により、規格化が進められ、広く工業界に普及することを願っている。

参考文献

1） 石橋達弥：硬さ試験を源流とする計装化押込み試験の飛躍的な進歩を期待する，材料試験技術，Vol.60, No.2（2015）, 83.
2） 服部浩一郎：ナノインデンテーションと標準化の動向，精密工学会誌，Vol.79, No.12（2013）, 1185.
3） 石橋達弥，山本　卓：硬さ研究部会報告　硬さに関する懇話会（第51回）, 材料試験技術，Vol.60, No.2（2015）, 122.
4） ISO 14577-1：Metallic materials -Instrumented indentation test for hardness and material parameters- Part 1：Test method,（2002）.
5） ISO 14577-1:2015（en）:Metallic materials - Instrumented indentation test for hardness and materials parameters - Part 1：Test method, https://www.iso.org/obp/ui/#iso:std:iso:14577:-1:ed-2:v1:en,（2015）.
6） 岩永幸満：日本におけるナノインデンテーション試験機の歴史，精密工学会誌，Vol.79, No.12（2013）, 1201.
7） グウェン・ボレロ：次世代超微小押込み硬さ試験機；ウルトラナノインデンテーションテスタ，材料試験技術，Vol.60, No.2（2015）, 115.
8） 宮原健介：ナノインデンテーションの工業的普及への課題と取り組み，精密工学会誌，Vol.79, No.12（2013）, 1189.
9） 宮原健介，山本　卓，石橋達弥：計装化押し込み試験の巡回測定報告（1）巡回測定の実施方法，材料試験技術，Vol.60, No.2（2015）, 89.
10） 宮原健介，長島伸夫，松岡三郎，大村孝仁：超微小押し込み試験によるビッカース硬さ値の評価，日本機械学会論文集（A編）, Vol.64, No.626（1998）, 2567.
11） 例えば，George Z. Voyiadjis and Rick Peters：Size effects in nanoindentation：an experimental and analytical study, Acta Mechanica, Vol.211,（2010）, 131.
12） W.C. Oliver, G.M. Pharr：An improved technique for detecting hardness and elastic modulus using load and displacement sensing indentation experiments, Journal of materials research, Vol.7, No. 6,（1992）, 1564.
13） William D. Nix：Mechanical Properties of Thin Films, Metallurgical Transaction A, Vol.20A,（1989）, 2217.
14） J.L. Bucaille, S. Stauss, E. Felder and J. Michler：Determination of plastic properties of metals by instrumented indentation using different sharp indenters, Acta Materialia, Vol.51,（2003）, 1663.
15） N. Chollacoop, M. Dao and S. Suresh：Depth-sensing instrumented indentation with dual sharp indenters, Acta Materialia, Vol.51,（2003）, 3713.

16) 大野卓志，米津明生，小川武史，秋光　純：インデンテーション法による微小領域の力学特性および強度評価，材料試験技術，Vol.49, No.3,（2004），149.
17) 小笠原永久，巻口和香子，千葉矩正：複数の三角錐圧子押込みによるべき乗硬化材の塑性特性評価法，日本機械学会林文集A編，Vol. 70, No. 698,（2004），1529.
18) A. Yonezu, T. Ogawa and M. Takemoto：Evaluations of elasto-plastic properties and fracture strength using indentation technique, Key Engineering Materials Vols. 353-358,（2007），2223.
19) 小森貴史，金田 忍，小川武史，坂中則暁，松原幸生：高強度鋼のインデンテーション法による局所力学特性評価，日本機械学会論文集 A編，Vol.78, No.789,（2012），646.
20) 宮本　輝，小川武史，大澤　直：圧子圧入法による鉛フリーはんだの力学特性の予測，材料，Vol.51, No.4,（2002），445.
21) T. Ogawa, R. Kaga and T. Ohsawa：Microstructure and Mechanical Properties Predicted by Indentation Testing of Lead-free Solders, Journal of Electronic Materials, Vol.34, No.3,（2005），311.
22) 坂上賢一，岡崎信平，小川武史：インデンテーション法による粘弾性特性の評価と時間－温度換算則の適用，日本機械学会論文集 A編，Vol.75, No.756,（2009），1045.
23) K. Sakaue, T. Isawa, T. Ogawa and T. Yoshimoto：Evaluation of Viscoelastic Characteristics of Short-fiber Reinforced Composite by Indentation Method, Experimental Mechanics, Vol.52,（2012），1003.
24) 辻　裕一，山口篤志，金田　忍：非石綿シートガスケットの高温・長期粘弾性特性の評価とガスケット選定指針の提案，ボイラ研究，Vol.381,（2013），9.

4.2　中性子を用いた材料評価技術における50年間の技術動向と最新技術
<中性子による材料評価技術の動向と最新技術>

50 Years History and State of the Art in Material Evaluation using Neutron Diffraction

総合科学研究機構　林　眞琴
Makoto Hayashi

Key words: neutron, diffraction, material evaluation, residual stress, industrial application

1. はじめに

中性子は波動性を有する粒子である。その発見から学術利用における歴史を関連する事象を含めて記述すると下記の通りである。

1831年　電磁誘導の発見：ファラデー
1864年　電磁波の予言：マックスウェル
1888年　電磁波の実験的発見：ヘルツ
1896年　X線の発見：レントゲン
1897年　電子の発見：トムソン
1914年　X線の回折現象発見：ラウエ
1915年　Braggの法則の考案：ブラッグ
1932年　中性子の発見：チャドウィック
1936年　中性子の回折現象発見：ミッチェルら
1957年　国内発の研究用原子炉JRR-1が初臨界
1962年　国産技術による研究炉JRR-3が稼動
1967年　東北大学原子核理学研究所において世界初のパルス中性子発生
1980年　世界初の本格的パルス中性子利用施設KENSが初ビームを発生
1990年　改造JRR-3が稼動開始
1994年　中性子散乱技術の開発によりシャルとチャドウィックがノーベル賞受賞
2008年　大強度陽子加速器施設J-PARCにおいて中性子を発生

2. 中性子の発生方法

中性子の一般的な発生方法としては2種類ある。発生方法の模式図を図4.2.1に示す。1つは核分裂反応である。核分裂反応の代表的なものとして^{235}Uに中性子を1つ吸収させると、U原子は大変不安定になり、2つの原子核と2個の高速中性子に分裂する。^{235}Uの代表的な核分裂反応としては下記のようなものがある。

$^{235}U+n \rightarrow {}^{95}Y+{}^{139}I+2n$

もう1つは核破砕反応である。数GeVまで陽子を加速して水銀などのターゲットに衝突させると、原子核が破砕し、中に含まれている中性子が飛び出してくる。ただし、発生する中性子はエネルギーの高い高速中性子であり、液体水素のモデレータなどにより、散乱や回折実験に利用するエネルギーが数10 MeVの熱中性子や数MeVの冷中性子まで減速する。

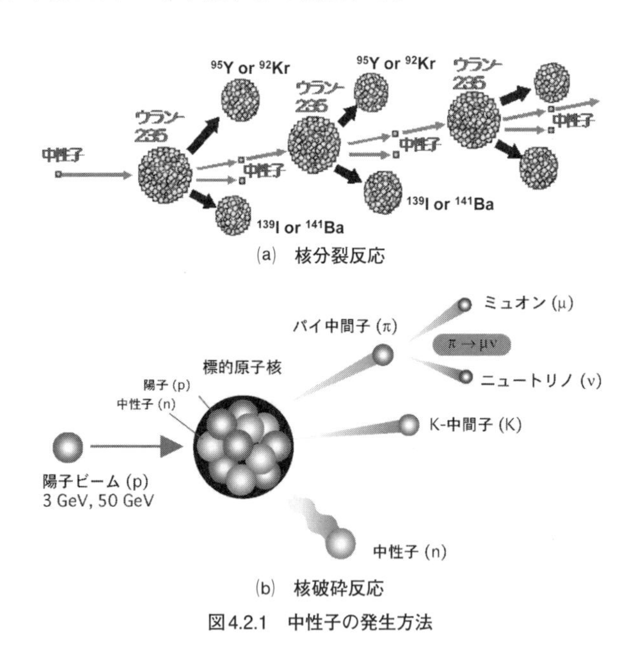

図4.2.1　中性子の発生方法

3. 世界の中性子源施設

現在、研究用原子炉中性子源が世界中で多数稼動している。主要な施設は、米国オークリッジ国立研究所のHFIR（熱出力：85 MW）、フランスのラウエ・ランジュバン研究所（ILL）のHFR（58 MW）、韓国原子力研究所のHANARO（20 MW）、オーストラリアANSTOのOPAL（20 MW）などである。一方、稼動しているパルス中性子源は英国のラザフォード・アップルトン研究所のISIS（800 MeV、160 kW、50 Hz）と、米国ロスアラモス国立研究所のLANSCE（800 MeV、56 kW、20 Hz）、米国オークリッジ国立研究所のSNS（1 GeV、1.4 MW、60 Hz）、日本のJ-PARC MLF（3 GeV、1 MW、25 Hz）、中国の中国科学院のCSNS（1.6 GeV、100 kW、25 Hz）の5施設に過ぎない。なお、現在、スウェーデンのルンド市に欧州16ヵ国がESS（1 GeV、5 MW、16.6 Hz）を建設中である。

図4.2.2に中性子源のピーク強度の変遷を示す。原子炉中性子源は1940年代半ばから建設されてきたが、出力の大型化が進んでも、原子炉内における核反応密度を上昇させることはできず、中性子束密度は約1×10^{15}n/cm^{2}sで飽和している。一方、加速器によるパルス中性子源では発生する中性子数は出力にほぼ比例するため、近年はパルス中性子源の建設が主流となっている。なお、

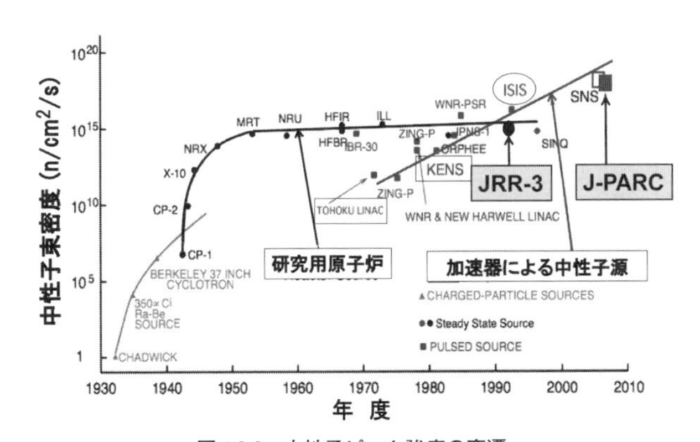

図4.2.2　中性子ピーク強度の変遷
(a)　研究用原子炉JRR-3における装置レイアウト
(b)　J-PARC MLFにおける装置レイアウト

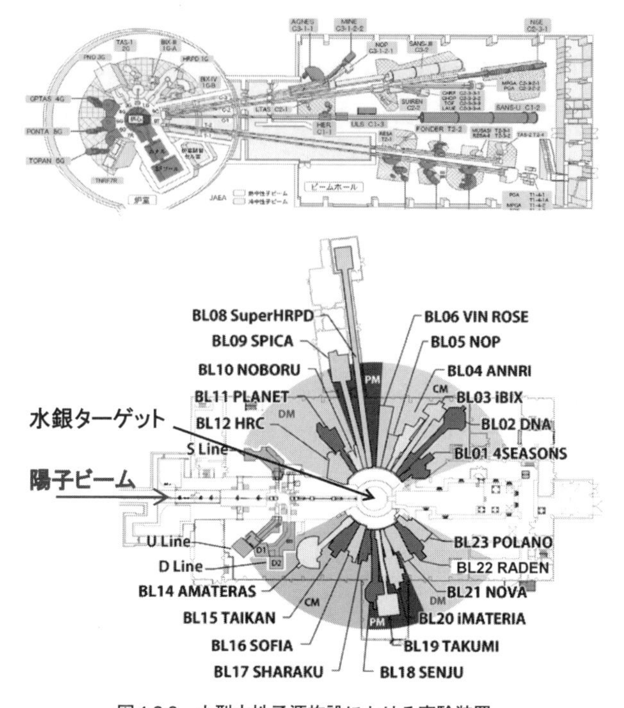

図4.2.3　大型中性子源施設における実験装置

J-PARCはSNSよりも出力は小さいが、1パルス当たりの中性子数は出力が設計値である1 MWに到達すればSNSの3倍となる予定である。

図4.2.3には日本原子力研究開発機構（JAEA）の研究用原子炉JRR-3ならびにJAEAと高エネルギー加速器研究機構（KEK）が共同で運営している大強度陽子加速器施設・物質生命科学実験施設（J-PARC MLF）における中性子実験装置の配置を示す。JRR-3には東京大学物性研究所が所管する大学共同利用の実験装置を含めて約30台が設置されている。J-PARC MLFには全部で23台設置可能であるが、2018年8月現在、21台が整備されている[1)]。

上記に示した大型のパルス中性子源だけでは学術研究や産業応用研究にはビームタイムが不足する。そのため、大学や研究機関に設置できる小型中性子源の開発が進められている。米国インディアナ大学には2007年にサイクロトロン加速器によるLENS（Low Energy Neutron Source）が整備され運用されている。国内では、理研が将来橋梁などの非破壊検査を目指して線形加速器による7 MeV 100 μA（700 W）のRANSを2011年に整備し、現在、鉄鋼材料のイメージングなどの基礎研究も進めている。京都大学理学部物理学教室にも教育用の加速器中性子源が整備されている。また、筑波大学はホウ素中性子捕捉療法（BNCT）用の80 kWの小型中性子源を開発し、現在、臨床試験に向けて準備中である。茨城県ではこの中性子源を元に学術用・産業利用向けの低コストの装置を開発することを目指している。

4. 中性子の特徴

観測子としての中性子の特徴は次の通りである。

(1)　高い「透過力」

電荷を持たない中性粒子なので物質を通り抜けやすく、壊さずに物質の内部の様子をみることができる。

(2)　原子核と力を及ぼし合う「核散乱」

原子核と相互作用するので軽元素の検出や同位体の区別ができる。水素Hと重水素Dの区別や、原子番号の近いFeやNiの区別は無論、同じFeでも同位体の区別ができる。

(3)　電子の磁気モーメントと力を及ぼし合う「磁気散乱」

中性子は核子の空間領域で磁気モーメントを有するので最小の磁石と言える。この特性を利用すれば、磁気を有する物質による回折を観測することで結晶構造のみならず磁気構造も解析できる。

(4)　波の干渉効果として波紋をつくる「回折」

中性子は波の性質も有するので入射波が原子により散乱されて波紋を作る。この波紋を観察することにより波長の大きさ程度の原子の配列がX線回折と同様に測定できる。

(5)　エネルギーをやりとりする「非弾性散乱」

原子の運動エネルギーと同程度のエネルギーを有する中性子を使用する

ので原子の動きを観察することができる。

このような特徴を活かして、中性子は主として物性物理や基礎化学の学術的研究に利用されてきたが、徐々にではあるが、産業利用も広がりつつある。表4.2.1に産業における中性子の適用対象と測定技術を示す。非常に幅広い産業分野のさまざまな製品に中性子が利用できることが分かる。因みに、発電プラントや建設機械においては、構造部材における溶接部の残留応力測定が実施され、コンクリート構造物ではラジオグラフィによる透過検査が実施されている。

表4.2.1に示したように、中性子実験技術には様々な手法がある。その代表が回折現象を利用する残留応力や集合組織の測定である。以下、それら2つの測定技術について紹介する[2)～4)]。

表4.2.1　産業における中性子の適用対象と適用技術

産業分野	適　用　対　象	適用技術
電機・電器	MRAM，光磁気ディスク 磁気記録ヘッド，液晶	粉末回折，偏極回折 反射率計
化学・繊維	ﾃﾞｨｽﾌﾟﾚｲ用機能性薄膜 高分子触媒，高張力繊維 機能性プラスチック，半導体素材	反射率計，小角散乱 粉末回折， ドーピング
鉄鋼・金属	超高張力鋼，Ti・Al合金 燃料電池用水素貯蔵容器，磁石	小角散乱，偏極回折 残留応力，集合組織
自動車 自動車部品	エンジン，燃料電池， 自動車部品	残留応力，集合組織 粉末回折
重工・機械	発電プラント，建設機械	残留応力，集合組織
電力・ガス	発電プラント，燃料電池	残留応力，集合組織 粉末回折
建設・土木	コンクリート構造，橋梁	ラジオグラフィ
製薬・食品 化粧品	薬品，機能性食品， 機能性化粧品	単結晶構造解析 粉末回折

5. 残留応力測定

機械・構造物の破損形式には、延性破壊、脆性破壊、疲労破壊（高・低サイクル疲労、高温疲労、熱疲労、転動疲労、フレッティング疲労など）や環境破壊（腐食疲労、応力腐食割れなど）があるが、残留応力はこれらの全ての破壊挙動に影響を及ぼす。

残留応力は、熱処理（焼入れ、焼戻し、焼鈍し）や塑性変形（圧延、鍛造、押出し、引抜き)、機械加工（切削、研削、グラインダ加工、ショットピーニング)、表面処理（メッキ、浸炭、窒化）あるいは溶接（SMAW、GTAW、GMAW）などによって形成される。これらの残留応力はさまざまな手法により測定されている。残留応力測定法の比較を表4.2.2に示す。

中性子回折法による利点は、

① 残留応力を非破壊で測定

② 構造物内部の残留応力を測定可能

③ 複合材料や多相材料の相間応力を測定可能

④ 集合組織が短時間で容易に測定可能

弱点は、

① 測定体積が比較的大きい

② 測定時間がやや長い

③ 無ひずみ状態の格子定数の測定が必要

である。

一般機械構造物の残留応力測定で重要視されるのが、中性子の侵入深さの大きさである。表4.2.3に中性子、放射光とX線の各種材料に対する侵入深さを示す[3)]。この侵入深さは材料表面に入射したビーム強度が材料内部で1/eにまで減衰する距離で定義される。Feで比較するとそれぞれ85 mm、1.4 mm、4 mmであり、中性子の侵入深さは極めて深く、板厚が40 mm程度の構造物内部の残留応力測定が可能である。また、アルミニウムの場合は侵入深さが1,230

表4.2.2　残留応力測定法の比較

測定方法	手法	測定精度	測定位置	測定体積	備考
ひずみゲージ法	破壊手法	20MPa	表面	5x5x5mm^3	
超音波法	非破壊手法	50MPa	内部	5x5x5mm^3	主応力差
X線回折法	非破壊手法	10MPa	極表面		表面から20μm平面応力を仮定
放射光回折法	非破壊手法	30MPa	表面近傍(1.5mm)	1x1x5mm^3	
中性子回折法	非破壊手法	30MPa	内部(25mm)	1x1x3mm^3	3軸方向ひずみの測定

表4.2.3　X線、放射光と中性子の侵入深さ

	侵入深さ (mm)				
材　料	Al	Ti	Fe	Ni	Cu
熱中性子	1230	50	85	40	53
放射光(70keV)	15.4	3.8	1.4	1.0	1.3
Cu-Kα線	0.074	0.011	0.004	0.023	0.022

mmもあるので、自動車用アルミニウム合金製エンジンブロック内部の残留応力測定も可能である。

中性子回折法による残留応力測定には角度分散法と飛行時間法（Time of Flight：TOF）の2種類がある[3)]。図4.2.4に角度分散法による回折装置の模式図を示す。中性子源から来る白色中性子からモノクロメータにより特定の波長の単色中性子を取り出し、試料に照射する。試料で回折した中性子は^{3}He検出器を2θ 走査するか、1次元検出器により回折曲線全体を求める。

試料に入射した中性子ビームはX線回折と同様に、Braggの回折条件に従って回折する。即ち、

$$\lambda = 2d(hkl) \cdot \sin\theta \qquad \cdots(1)$$

が成立つ。ここで、λは中性子の波長、d (hkl) は (hkl) 面の面間隔、θは回折角度である。結晶面間隔が残留応力あるいは負荷応力により変化すると、回折角度が変化する。式(1)を微分すると、

$$\Delta d/d = -\cot\theta \cdot \Delta\theta \qquad \cdots(2)$$

の関係が得られ、ひずみは角度変化 Δθ に比例することが分かる。

飛行時間法による回折装置の模式図を図4.2.5に示す。飛行時間法では、加速器などで発生したパルス状の白色中性子を試料に照射し、入射ビームに対して、通常 ±90degに配置した2個の

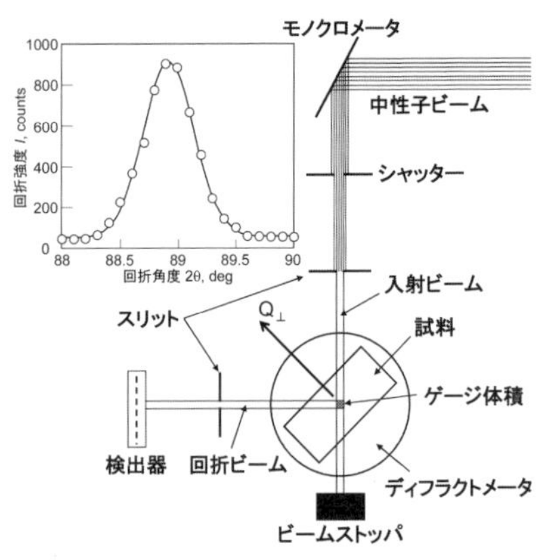

図4.2.4　角度分散法における光学系

検出器により、中性子が検出器まで飛行してくる時間を測定する。飛行時間法では、中性子源から検出器までの距離Lと飛行時間TOFにより波長λを決定できる。

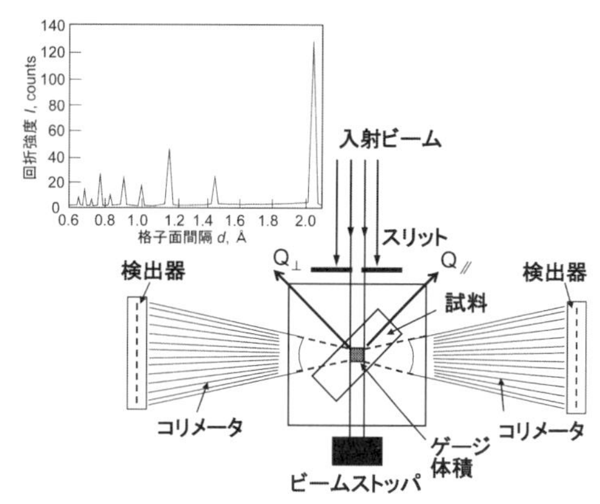

図4.2.5　飛行時間法（TOF）における光学系

$$\lambda = \frac{h}{mv} = \frac{h\mathrm{TOF}}{m\mathrm{L}} \quad \cdots(3)$$

そして、中性子の飛行速度、言い換えれば波長の変化からひずみを測定することができる。ひずみは波長の変化から式(4)で求められる。

$$\varepsilon = \frac{\lambda - \lambda_0}{\lambda_0} = \frac{\Delta\mathrm{TOF}}{\mathrm{TOF}} = \frac{\mathrm{d} - \mathrm{d}_0}{\mathrm{d}_0} \quad \cdots(4)$$

無ひずみ状態の格子定数d_0の測定においては、被測定試料と同等の試料から5 mm角程度のサンプルを切り出し、ひずみ取り焼鈍を施したものを中性子で測定することが望ましい[5)]。5 mm角より小さいサンプルを多数切り出してブロックに組上げて測定することも行われているが、応力勾配のきつい部位では内部ひずみは開放されないので正確な無ひずみ状態の格子定数を求めることができないので注意が必要である。

1軸のひずみが測定できただけでは応力は求まらないため、中性子回折法では3軸方向のひずみを測定して応力を求める。図4.2.6に配管突合せ溶接継ぎ手の溶接部周りの残留応力を測定する場合の3軸方向のひずみを測定する場合の配置を示す[5)]。図のように配置して、軸方向のひずみε_A、半径方向のひずみε_R、周方向のひずみε_Hが測定されると、例えば

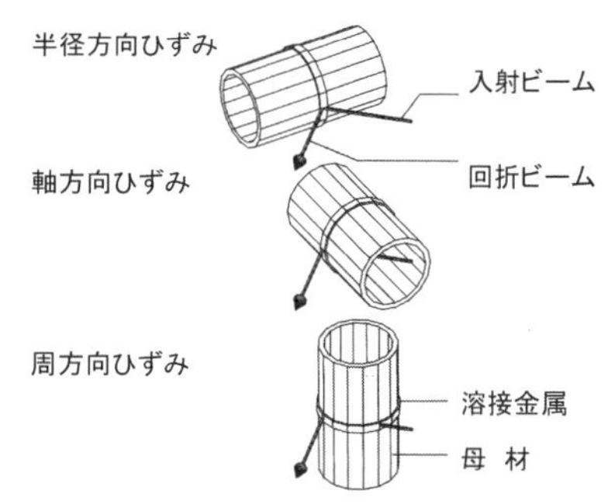

図4.2.6　残留応力測定における3軸方向ひずみの測定

軸方向応力σ_Aは

$$\sigma_A=\frac{E}{(1+\nu)}\left[\varepsilon_A+\frac{\nu}{(1-2\nu)}(\varepsilon_A+\varepsilon_R+\varepsilon_H)\right] \quad \cdots(5)$$

で与えられる。主応力方向と主応力を知りたい場合には6軸方向のひずみ測定が必要となる[6)7)]。

式(5)を用いて3軸方向ひずみから応力を計算する場合、弾性定数Eとνが必要となる。この弾性定数には回折面依存性があり[5)]、また、応力に対する直線性の良さが要求される。この弾性定数は厳密には被測定試料、あるいはそれと同等の材料から切り出した試験片を引張試験機に取り付け、中性子回折装置のディフラクトメータ上で応力を負荷して、負荷応力と発生ひずみの関係を測定して求める。しかし、それには1～2週間を要する。そのため、簡易的な弾性定数の測定法が提案されている[8)]。その方法は、Krönerの単結晶モデルにより求めた各回折面の弾性定数を、単結晶と被測定試料材のマクロな弾性定数の比により補正するというものである。そのように補正された弾性定数と、中性子回折により実測された弾性定数の関係を比較した結果、炭素鋼やステンレス鋼、アルミニウム合金、Zr合金において、両者はよく一致することが確認されている。したがって、弾性定数を測定の都度求めることは必要でなく、引張試験により被測定材料の弾性定数さえ把握できれば計算だけで弾性定数を求めることができる[2)]。

中性子回折法により測定されるhkl回折の格子ひずみε_mは、材料中のかなりの広範囲の領域に広がる結晶全体の平均的な応力である第1種応力により発生する格子ひずみε_{I}と、結晶が塑性変形を受けたとき、結晶方位によってそれぞれの結晶のすべり（塑性）変形が異なるために生じる粒間応力と呼ばれる第2種応力により発生する格子ひずみε_{II}の和であり、次式で与えられる。

$$\varepsilon_m=\varepsilon_{I}+\varepsilon_{II} \quad \cdots(6)$$

疲労き裂の発生と進展を考えた場合、結晶粒内では最大応力の高い、すなわち、ε_mの大きい結晶粒ほどすべり変形しやすくミクロなき裂を発生しやすいと言える。しかし、ミクロなき裂が結晶粒界を越えて成長するためには隣接する結晶もある程度すべり変形していることが必要である。セミマクロなき裂となって成長するには3結晶粒程度までの成長が必要であり、粒間応力が高いところからそのようなき裂が成長するとは限らず、結局のところは平均的な応力、すなわち、第1種応力がき裂発生に対して意味を持つ。マクロなき裂進展においても、き裂先端には膨大な数の結晶粒が存在するため、き裂進展は平均的な応力の影響を受けるため、第1種の応力評価が重要である。従って、粒間応力の影響の大きい回折面は残留応力測定に使わないことが望ましい。表4.2.4には、結晶系毎に推奨される回折面と推奨されない回折面を示す[2)]。*fcc*金属では111、311、422あるいは220回折が適切で、200回折は不適切である。*bcc*金属では110、211回折が適切で、200回折は不適切である。

表4.2.4　残留応力測定において推奨される回折面

材　料	推奨される回折面（粒間ひずみ小）	推奨できない回折面（粒間ひずみ大）
fcc(Ni, Fe, Cu)	111,311,422	200
fcc(Al)	111,311,422,220	200
bcc(Fe)	110,211	200
hcp(Ti, Zr)	102,103	002,100,120
hcp(Be)	201,112	002,100,120,102,103

これまでに多数の構造物の残留応力が測定されている。下記にその一例を示す[9)～12)]。

・炭素鋼ソケット継ぎ手

・炭素鋼突合せ溶接継ぎ手

・蒸気発生器曲げ伝熱管（Incoloy-800）

・Zr-2.5Nb合金の電子ビーム溶接した圧力管

・曲げ塑性変形させた炭素鋼板（SM400）

・SiC析出物強化アルミニウム複合材料

・Zr-2.5Nb圧力管のロールドジョイント

・冷し嵌めしたアルミニウムのリングとプラグ

・摩擦圧接した炭素鋼継ぎ手
・ショットピーニングおよびＷＪＰ表面層
・き裂進展に伴う残留応力の再分布
・高強度厚保肉溶接継ぎ手
・500A大口径管配管溶接部

残留応力測定の代表例として炭素鋼突合せ溶接配管継手の結果を示す[5)]。測定に供したのは炭素鋼STPT410の配管突合せ溶接継手である。中性子回折による残留応力測定では、無ひずみ状態での格子面間隔を精度良く測定しておくことが必要である。そこで、母材金属、溶接金属、および溶接熱影響部の3箇所から5 mm角の試料を切出し、625 ℃ 2時間のひずみ取り焼鈍を施した。この試料の回折プロフィルから無ひずみ状態としての格子面間隔d_0を測定した。

測定した3軸方向の残留ひずみから式(4)により残留応力に変換した。その結果得られた3軸方向の残留応力の配管断面内の分布を図4.2.7に示す。横軸は管外面からの距離、縦軸は溶接金属の中心からの距離である。図から分かるように、高い残留応力は周方向の応力である。最大の引張応力は200 MPaで、溶接金属部の板厚中央に生じている。溶接部から離れるに従って引張残留応力は減少し、溶接金属中心から約20 mm離れると圧縮側に移行し、30 mm付近では約50 MPaの圧縮応力である。この周方向残留応力は図から分かるように板厚内でほぼ均一に生じている。軸方向の残留応力は内面側が引張応力、外面側が圧縮応力で、板厚内でバランスする傾向にある。このような残留応力分布は熱弾塑性有限要素法や固有ひずみ法による解析値とほぼ一致する[13)]。

中性子回折法、X線回折法およびひずみゲージ法によって測定した残留応力分布の比較を図4.2.8に示す。X線回折法では外面応力しか測定できないため、図4.2.8では外面での測定値の比較を示した。ここで、中性子回折法による測定値は内部の応力分布を3次式で近似して表面に外挿した値であり、X線回折法とひずみゲージ法による測定値は90deg間隔で測定した周方向4箇所の平均値である。図4.2.8から分かるように、中性子回折法による残留応力測定値は、X線回折法やひずみゲージ法による測定値と非常によく一致する。この結果に

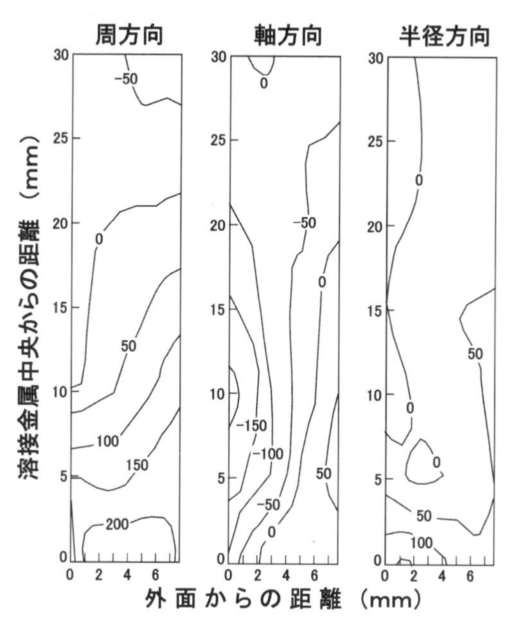

図4.2.7　炭素鋼突合せ溶接継ぎ手の溶接部周辺の3軸方向残留応力分布

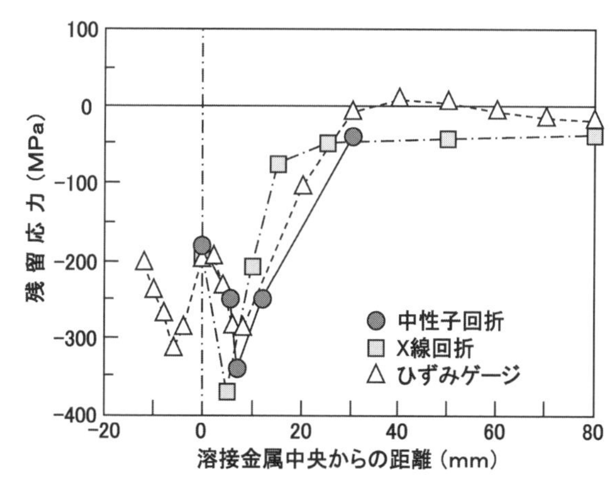

図4.2.8　中性子回折法、X線回折法およびひずみゲージ法による残留応力測定値の比較

より、中性子回折法による残留応力測定は十分に信頼性のある技術とみることができる。

1,500cc級アルミニウム合金製エンジンブロックの残留応力を測定した結果を次に示す[14)]。自動車用エンジンは燃費改善のために小型化が図られている。そのためにはシリンダ隔壁を薄くすることが必要であり、シリンダ隔壁における残留応力分布を測定した。鋳造されたアルミ合金では集合組織が強く、結晶粒が粗大であることが課題であり、試料揺動法を採用した。測定状況を図4.2.9に示す。入射ビームスリットの先端には新たに開発した縦収束ラジアルコリメータを設けている。この縦収束コリメータは入射中性子ビームを測定ゲージ部に収束させることを目的としたもので、短時間測定を可能にし、また、コリメータ先端からエンジンブロックまでは十分な空間を確保することができるため、2軸方向のひずみ分布を連続して測定できる。

測定結果を図4.2.10に示す。シリンダ隔壁内の応力分布は2次式で近似できると仮定して、シリンダ壁表面での周方向残留応力を推定した。■が測定された周方向残留応力で、2次式で近似したものが実線である。これからシリンダ壁表面における残留応力として－131～－142 MPaが得られた。シリンダ壁表面における残留応力は約－140 MPa程度とかなり高い圧縮応力であり、強度上は安全側にあり、シリンダ壁を1 mm単位で薄肉化するができると考えられる。

中性子の侵入深さの大きいことを利用した応力測定に2相応力の測定がある。複合材料の強度評価においては、母相と強化相の応力を把握することが必要で

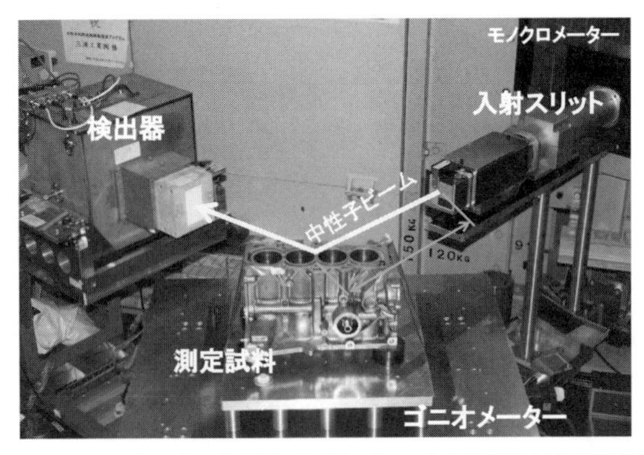

図4.2.9　アルミニウム合金製エンジンブロックの残留応力測定の状況

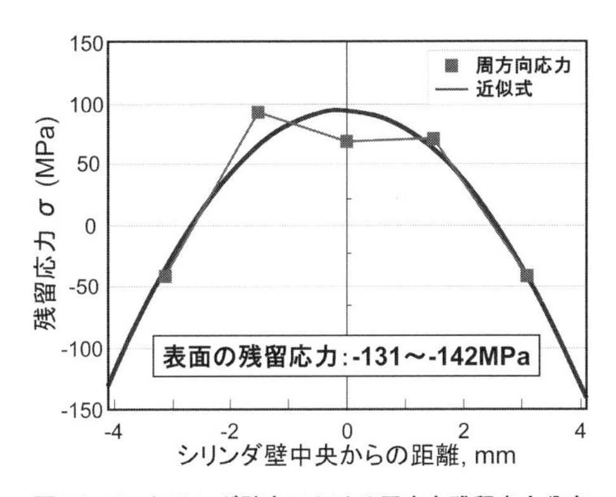

図4.2.10　シリンダ壁内における周方向残留応力分布

あるが、X線では10 μmオーダーの極表面層しか測定できないため、自由表面の効果が無視できず、3軸応力状態にある内部の応力情報を得ることができない。しかし、中性子回折ではそれが可能である。図4.2.11には、SiC粒子添加Al合金における負荷応力と格子ひずみの関係を示す[15)]。これは2014Al合金母相にSiC粒子を体積分率で20%添加したものである。弾性定数が約70 GPaである母相のAlの発生ひずみは、弾性定数が約450 GPaと約6.5倍大きいSiCの約3倍大きい。実線と破線はAlとSiCそれぞれ単相の場合に得られた弾性定数であり、複合化することにより相手の材料に近寄ることが分る。図4.2.11では

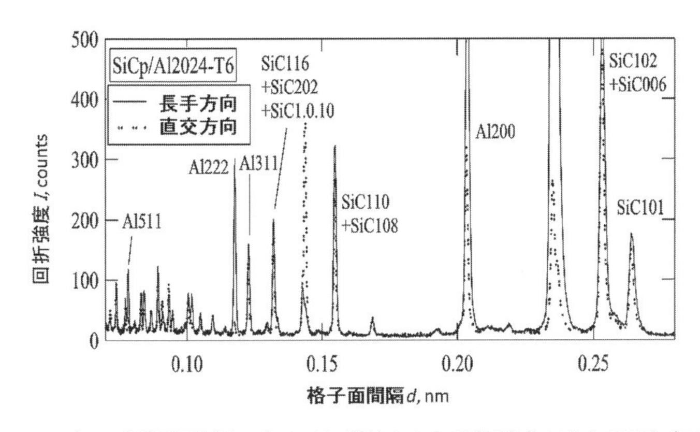

図4.2.11　パルス中性子源を用いてTOF法で測定したSiC粒子強化Al合金の回折プロフィル

同時に弾性定数の回折面依存性が認められ、Al相の111回折の弾性定数は、200回折のそれより約10%大きく、Krönerモデルによる解析結果とほぼ一致する。

中性子回折による残留応力測定については既に30年以上の実績があるが、まだ完成された技術とは言えない。J-PARC MLFにおけるTOF型実験装置であるBL20「匠」も含めて今後の課題を纏めると、

① 中性子束密度の改善による測定精度の向上と測定時間の短縮
② 弾性定数の回折面依存性の簡易評価法
③ 組織勾配材の残留応力評価手法の開発
④ 表面近傍の残留応力評価手法の開発
⑤ 集合組織材の残留応力測定法
⑥ $\sin^2\psi$法の適用性評価
⑦ TOF法による残留応力測定法の確立

などが挙げられる。

6. 集合組織測定

金属材料が圧延加工されたり、強い引張変形を受けたりするとすべり変形により結晶方位が揃い、集合組織が形成される。X線回折法で集合組織を測定するために極点図を作成する場合、侵入深さが浅いために反射法と透過法の2通り測定する必要があり、測定時間が長大となる。一方、中性子回折法では侵入深さが大きいため、透過法だけで全極点図を作成できる。また、大きい入射・回折スリットを用いて、直径が10 mmを超える大きい試料を測定できるというメリットもある。重水炉圧力管に使用されるZr-2.5%Nb合金の集合組織を測定している状況を図4.2.12に示す[7]。Zr合金材はCANDU型重水炉の圧力管（内径117.8 mm, 板厚4.3 mm）から切り出した直径12 mmの円板状試料である。それを3枚重ねてアルミ合金製のホルダーにアルミ合金製のネジで固定したものを、ディフラクトメータに載せたオイラークレードルの中心に来るように取り付けた。アルミ合金を用いたのは回折角度がZr合金と容易に区別ができる

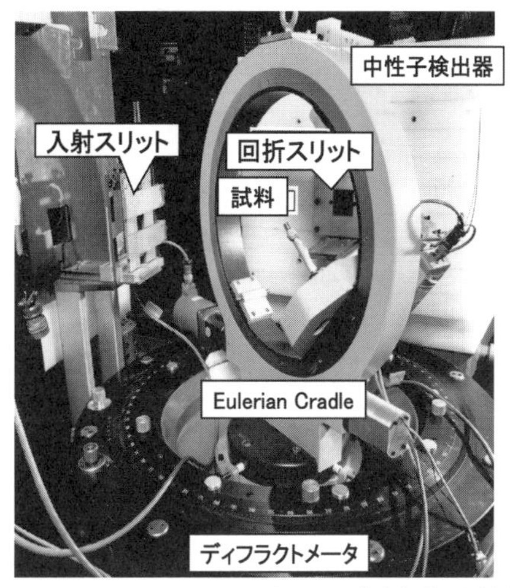

図4.2.12　オイラークレードルを用いた集合組織の測定状況

ためである。入射スリットと回折スリットはともに幅25 mm、高さ25 mmと大きくし、試料全体からの回折線を測定できるようにした。

002回折の極点図を図4.2.13に示す。試料を回転させる角度間隔をω軸、χ軸ともに2degとし、各角度における積分時間を2 sとした場合、全極点図を作成するに要する時間はわずかに4.5 hとX線に比して約1/5以下の短時間である。図4.2.13の極点図より、111は軸方向（L）と周方向（H）には強く配向しているが、半径方向（R）にはほとんど配向していないことが分かる。

このように集合組織が強い材料で残留応力を測定する場合、3軸方向で同じ回折面からひずみを測定できないことがある。そうした場合には、方向毎に別の回折面のひずみを測定し、弾性定数の回折面依存性に基づいてひずみを補正して3軸方向応力を求める方法が提案されている[16]。

茨城県がJ-PARC MLFのBL20に整備して産業利用に供しているiMATERIAは長さ60 mmの^{3}He型一次元検出器が約1,500本設けてある汎用の回折装置である。検出器が多いことを利用して集合組織や残留オーステナイト量を短時間で高精度に解析することが試みられており、ビーム出力500 kW

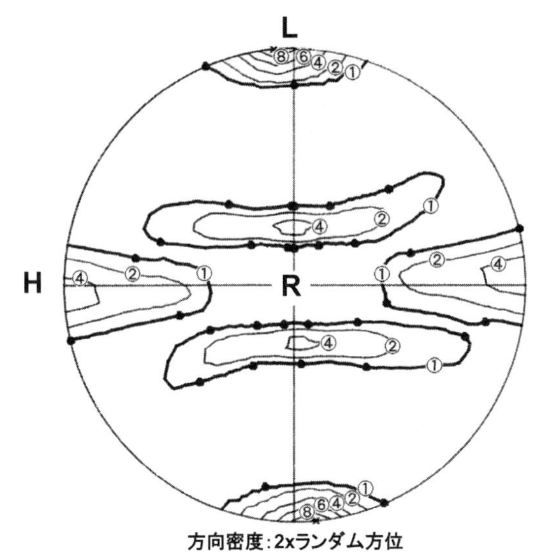

図4.2.13　Zr-2.5%Nb合金における002極点図

では数分以内に極点図を出力できるようになっている[17]。2017年度上期からはメールインサービスも開始した。鉄鋼メーカーではミルシートの一部として極点図をユーザーに提供する動きもある。

7. おわりに

本稿では中性子回折による残留応力測定と集合組織測定について述べたが、機械部品や構造物の信頼性に関わる残留応力の測定については残された課題がまだ多数ある。特に、国際競争力の強い自動車産業に関わる各種部品については中性子測定により信頼性を確保しつつ、生産コストを低減できる限界を狙った材料設計に貢献できる可能性が高いので、測定技術の高度化を図って行く予定である。

鉄鋼・非鉄金属材料に関しても析出物や介在物の挙動、また、高張力鋼では水素脆化の問題など多くの材料信頼性に関わる事象に対して中性子の適用が考えられ、測定技術の改良を進めるべきと考えている。また、J-PARC MLFでのTOF測定ではJRR-3での角度分散法とは違う新しい測定手法も考えられ、放射光との相補的な利用、あるいはハイブリッド測定などについても検討が必要である。

参考文献

1） http://www.j-parc.jp/
2） 林　眞琴：中性子回折による構造物内部の残留応力測定，日本機械学会論文集（A編），Vol.67,（2001），363
3） K. Tanaka, Y. Akiniwa and M. Hayashi：neutron Diffraction Measurements of Residual Stresses in Engineering Materials and Components, Materials Science Research Ineternational, Vol.8,（2002），165
4） 林　眞琴：中性子回折による残留応力と集合組織の測定，軽金属，Vol.58,（2008），251
5） 林　眞琴，石渡雅幸，森井幸生，皆川宣明：中性子回折による炭素鋼配管突合せ溶接継手の残留応力，材料，Vol.45,（1996），772
6） A. J. Allen, M. T. Hutchings, C. G. Windsor and C. Andreani：Neutron diffraction methods for the study of residual stress fields, Advances. in Physics, Vol.34,（1985），445
7） M. Hayashi and J. H. Root：Effect of Miss-alignment on Residual Stress in Carbon Steel Socket Welded Joint, 材料，Vol.63,（2014），602
8） 林　眞琴，木本　寛，道下秀紀，J. H. Root：Zr-2.5%Nb合金における集合組織と弾性定数の回折面依存性，材料，Vol.46,（1997），743
9） 林　眞琴，石渡雅幸，皆川宣明，船橋　達，J. H. Root：中性子回折による残留応力測定における弾性定数の回折面依存性，材料，Vol.44,（1995），1115
10） 林　眞琴，石渡雅幸，皆川宣明，船橋　達：中性子回折によるソケット溶接継手の残留応力の測定，材料，Vol.44,（1995），1464
11） 鈴木裕士，T. M. Holden，盛合　敦，皆川宣明，森井幸生：中性子回折法による高張力鋼突合せ溶接材の残留応力評価，材料，Vol.54,（2005），685
12） 秋庭義明，田中啓介，竹園拓也，林　眞琴，皆川宣明，森井幸生：中性子およびX線法によるSiC粒子強化アルミニウム合金の相応力測定，材料，Vol.47,（1998），755
13） 望月正人，林　眞琴：複雑な形状をした溶接構造物における残留応力の簡易解析法，圧力技術，Vol.37（1999），27
14） 林　眞琴，森井幸生，齋藤　徹，鈴木裕士，盛合　敦：アルミニウム合金製自動車エンジンブロックの残留応力，材料，Vol.60,（2011），624
15） 秋庭義明，木村英彦，田中啓介，神山　崇：飛行時間法による炭化ケイ素粒子強化アルミニウム合金複合材料の中性子応力測定，材料，Vol.54,（2005），692
16） M. Hayashi, S. Okido, Y. Morii, N. Minakawa and J. H. Root：Residual Stress Measurements of Structural Components by Neutron Diffraction and Proposal of Measurement Standard, Materials Science Forum, Vol.426-432,（2003），3969
17） Y. Onuki, A. Hoshikawa, S. Sato, P. Xu, T. Ishigaki, Y. Saito, H. Todoroki and M. Hayashi：Rapid measurement scheme for texture in cubic metallic materials using time-of-flight neutron diffraction at iMATERIA, J. Applied Crystallograpy, Vol.49（2016），1579

4.3　走査型電子顕微鏡を用いた材料評価技術における50年間の技術動向と最新技術

Technological trend in past 50 years and new technology of scanning electron microscopy in materials characterization

大阪市立大学　兼子　佳久
Yoshihisa Kaneko

Key words: SEM, EBSD, EDS, ECCI

1. はじめに

走査型電子顕微鏡（Scanning Electron Microscope：SEM）では細く集束させた電子線を探針（プローブ）として材料表面に照射する。SEMでは電子線をバルク状試料の表面に沿って二次元的に走査させることを特徴としている。材料に電子線を入射すると、材料や電子線の性質に応じて、図4.3.1のような各種の信号が表面から放出される。SEMの一般的な用途における観察原理は、二次電子の信号を検出しそれを走査位置と対応づけ、その信号をコンピューターで再構成し二次元画像を得ることである。

材料の表面観察は古くから光学顕微鏡を用いて行われてきた。しかしながら、光学顕微鏡の分解能の限界は光の波長程度であることが示されており[1]、可視光を利用する光学顕微鏡では小さな物を識別するには限界がある。より波長の短い電子線を用いる透過型電子顕微鏡（Transmission Electron Microscope：TEM）の開発以降は、表面形態の高倍率での観察はレプリカ法が利用されてきた。レプリカ法とは、材料表面の凹凸をカーボン薄膜に転写し、それをTEMで観察するという技術であり[2]、光学顕微鏡に比べると格段に高い倍率で観察が可能となった。しかしながら、カーボン薄膜を作成するプロセスが必要であり、またバルク状の材料を直接観察することはできない。

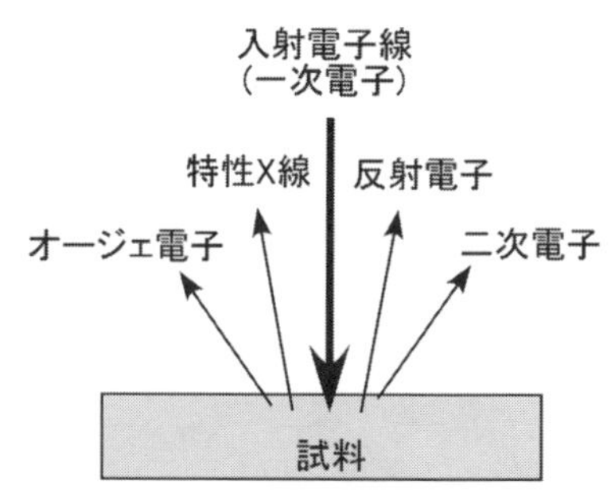

図4.3.1　SEM内で放出される信号

SEMはバルク状材料を高倍率で直接観察できるという特徴があるが、その構成要素にはTEMにはない検出器や走査時に取得される信号を画像化する機器が必要であったことから、TEMに比べ開発が遅れた。SEMに必要な技術は20世紀の中頃からCambridge大学のOatleyらのグループによって研究・開発され[3]、今から50年以上前の1965年にCambridge Scientific Instruments社からSEMの最初の製品化がなされた。その後は電界放出形電子銃や各種検出器の開発、電子レンズの改良、コンピューターの発達を経て、現在のSEMの形となっている。

本稿では、金属材料の加工、変形や破壊の評価に有用なSEM技術に焦点をあてて、観察・解析法をいくつか紹介する。具体的には、二次電子像、反射電子像、後方散乱電子回折法（Electron Backscatter Diffraction：EBSD）、および最近新たに研究されているElectron Channelling Contrast Imaging（ECCI）法について筆者の観察例を報告する。

2. 二次電子像と反射電子像

電子線を試料に照射すると、図4.3.1に示すように二次電子や反射電子が表面から放出される。二次電子の放出率は試料表面に対する電子線の入射角度に依存する。すなわち試料内で入射電子が散乱される際に生じた二次電子が表面から脱出するまでの距離が入射角度に依存しており、入射電子線が表面に平行なほど、二次電子の放出は多くなる。この性質は二次電子の強度を画像化した二次電子像ではエッジ効果として現れる。また、二次電子検出器は一般的なアウトレンズ型のSEMでは試料台の横に位置しているので、同じ傾斜角でも二次電子検出器に向いている傾斜面が明るくなる。図4.3.2は疲労破面の二次電子像の例である。エッジ効果によって傾斜が大きな領域は明るくなっている。金属材料のSEM像とは多くの場合この二次電子像を指し、図4.3.2のようなフラクトグラフィー法による破壊過程の推定などに広く利用されている。

二次電子像で現実的な観察が可能な最大倍率は、SEMの電子銃やレンズ系に依存する。電子銃が熱電子放出形である場合は1万倍程度であるのに対し、電界放出形では10万倍程度まで増加する。さらに観察対象を電子レンズ内に配置するインレンズ型のSEMでは20～30万倍に達している。

材料に入射した電子（一次電子）には原子との相互作用が生じ、散乱される。散乱された一次電子の中で材料表面から放出されたものは反射電子（または後方散乱電子）と呼ばれる。反射電子の強度は通常、試料と対物レンズとの間に設置された反射電子検出器によって信号に変換される。二次電子と同様に入射電子線と表面との角度が反射電子の放出に影響するが、反射電子ではさらに結晶方位や原子の種類にも影響を受ける。

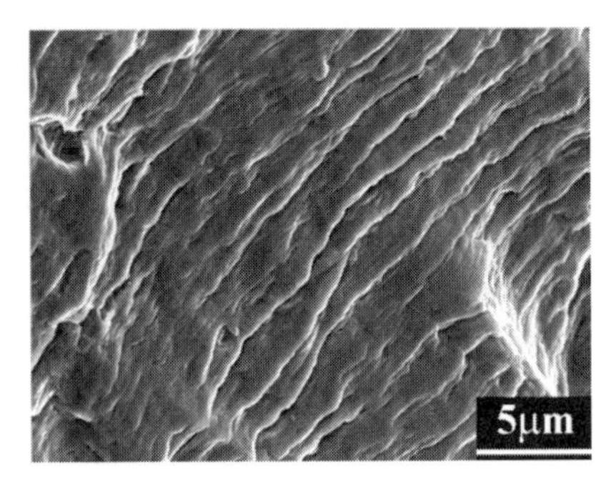

図4.3.2　疲労破面におけるストライエーションの二次電子像

図4.3.3(a)は焼鈍したステンレス鋼の表面を研磨し、反射電子モードで観察した結果である。表面は研磨しているため平坦でありエッジ効果は生じないが、コントラストのある像が確認できる。これらは個々の結晶粒に相当し、結晶方位の違いに起因する電子チャネリングコントラストによって生じる。金属材料の結晶粒の観察は、古典的には表面を化学エッチングした後に光学顕微鏡を用いて実施するのが一般的であったが、このようにSEMを用いても確認することができる。

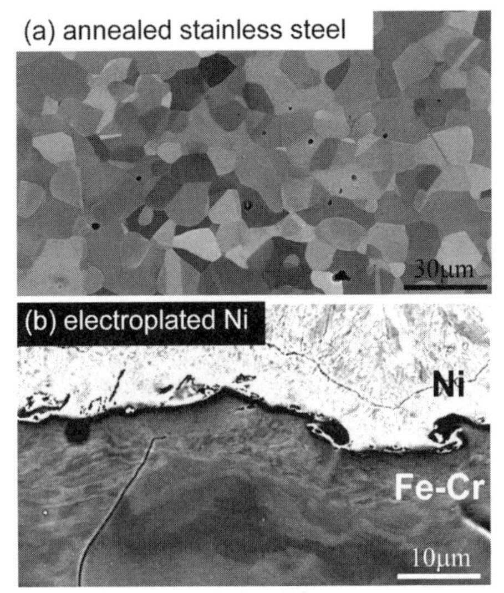

図4.3.3　(a)ステンレス鋼多結晶と(b)Niめっきした Fe-Cr合金の反射電子像

反射電子の放出率は、原子番号（Z

番号）が大きくなると増加する。化学組成に起因して生じるSEMのこのようなコントラストは原子番号コントラストもしくはZコントラストと呼ばれる。原子番号の大きな材料では照射された電子が内部に侵入しにくく、表面から放出されやすいことがこのコントラストの原因である。図4.3.3(b)はフェライト系ステンレス鋼（Fe-Cr合金）の表面にニッケルめっきを施した材料の断面の反射電子像である。上部がNi層、下部がFe-Cr合金であるが、原子番号が大きいNi層が明るく画像化されていることが分かる。このような特性を利用すれば、エネルギー分散X線分光法（Energy Dispersive X-ray Spectroscopy：EDS）などの化学分析法を利用しなくても、反射電子像を得ることで高倍率に組成の違いを可視化することができる。この性質は第二相を含む合金材料の評価では有用であると言える。

3. EBSD法

金属材料の結晶方位の測定は、以前はエッチピット法やX線背面反射ラウエ法が主流であった。エッチピット法では、金属表面を適切な腐食液をエッチングした際に生じる腐食孔の形状から結晶方位を求める。また、ラウエ法では、白色X線が回折した結果フィルム上に生じる斑点群を解析することで結晶方位を得る。いずれの場合も、結晶粒が十分大きい場合では解析は可能だが、結晶粒径が小さな多結晶金属には不向きである。

CoatesはGaAs単結晶を低倍率でSEM観察すると、TEMのキクチ図形とよく似たパターンが得られることを報告した[4)]。これは電子チャネリングコントラストに起因しており、反射電子放出が入射電子線と格子面との角度に依存しているために生じる。電子チャネリングコントラスト現象の発見以降、SEMによる結晶方位解析が試みられている。SEMによる初期の結晶方位解析では、電子チャネリングパターン（Electron Channelling Pattern：ECP）が利用された[5)]。ECPの取得では、通常のSEM観察と同様に試験片は電子線方向に対し垂直に置く。電子線の照射位置を試料上の1点に固定した状態で、電子線の入射角度を変化させ、その際に放出される反射電子を検出することでECPが得られる。ECPはTEM観察で見られるキクチ図形に類似しており、その形状を解析することにより結晶方位を得ることができる。しかし、試料上の1点のECP形成には電子線の角度を変化させるロッキングと呼ばれるプロセスが必要などの問題があり、後述するEBSD法の発展以降は利用される機会は減っている。

表面を傾斜させた試料に対し電子線を照射すると図4.3.4に示すように広がりを持った散乱電子が横方向に放出される。EBSD法では、この散乱電子は試料横に設置されたスクリーンに映し出され、カメラで撮影・記録される。表面から放出される電子の強度は一様ではなく、角度分布を持っている。図4.3.5は撮影された散乱電子強度の分布例であり、後方散乱電子回折図形またはキクチ図形と呼ばれる。この図形には結晶構造や格子面の配向に起因する複数のバンドが見られる。EBSD法ではHough変換を利用してこれらのキクチバンドを検知し、配置を幾何学的に解析することで、結晶方位や結晶構造を得ることができる。入射電子線の位置を一定間隔で移動させ、キクチ図形を瞬時に撮影・解析し、それらを繰返すことで、広範囲の結晶情報を大量に取得することができる。撮影位置の間隔はサブミクロンまで減少させることができるので、エッチピット法やX線ラウエ法では困難であった微小領域の結晶方位解析も可能である。

図4.3.6は強ひずみ加工を与えたFe-Cr合金のEBSD解析で得られた逆極点図

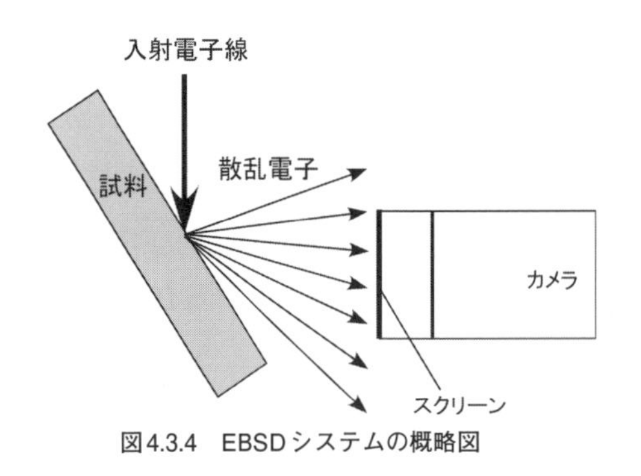

図4.3.4　EBSDシステムの概略図

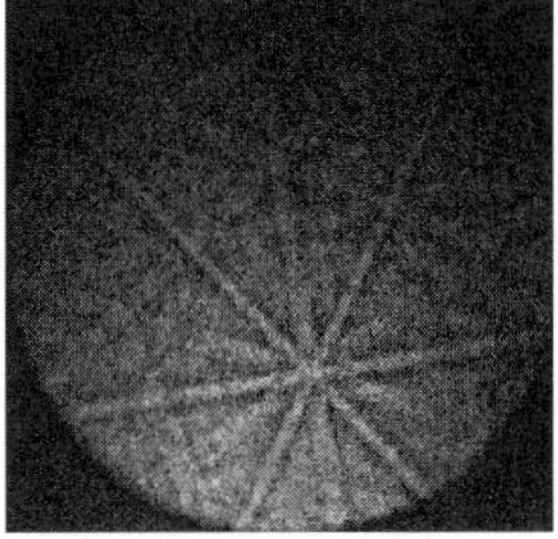

図4.3.5　スクリーンに投影されたキクチ図形の例

(Invers Pole Figure：IPF) マップおよび同じ領域の粒界マップである。IPFマップでは結晶方位は通常は色で表現される。強ひずみ加工を受けた金属材料では、粒界の発達によって結晶粒が微細化される。図4.3.6でも幅が1 μm以下の細長い超微細結晶粒の形成が確認できる。図4.3.7は77Kで低温変形させたSUS316L鋼のIPFマップとPhaseマップである。SUS316L鋼のオーステナイト相は低温変形では不安定で、ひずみ誘起マルテンサイト変態を起こす。図4.3.7(b)の薄いおよび濃い灰色はそれぞれオーステナイト (γ) 相とマルテンサイト相 (α') を表しており、EBSD解析では低温変形でのマルテンサイト相形成の確認やオーステナイト相との方位関係の解析も可能となる。図4.3.8はEqual Channel Angular Pressing(ECAP)法で加工されたニッケルのEBSD解析で得られた (001) 極点図である。EBSD法では個々の解析位置の結晶方位情報が得られるため、材料の配向性を示す極点図の作成も容易である。図4.3.8では、1回のECAP加工では、加工前の粗大結晶の影響が極点図に見られるが、8回加工後は優先的な方位は見られ

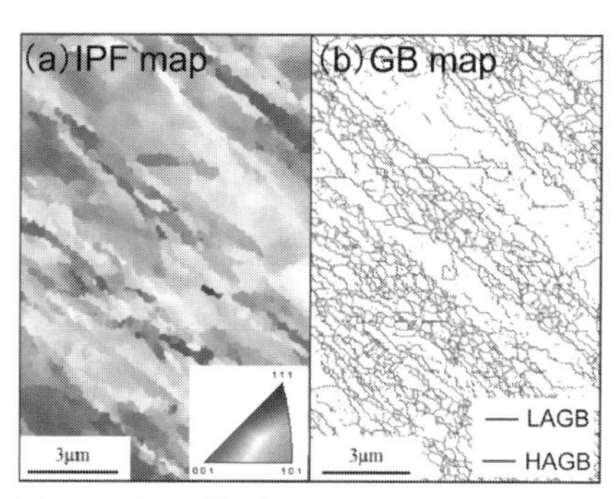

図4.3.6　強ひずみ加工されたFe-Cr合金の(a) Inverse Pole Figure (IPF) マップおよび(b)粒界マップ

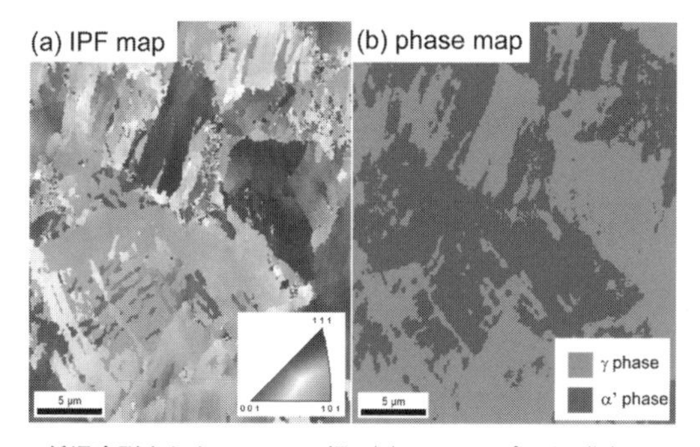

図4.3.7　低温変形されたSUS316L鋼の(a) IPFマップおよび(b)Phaseマップ

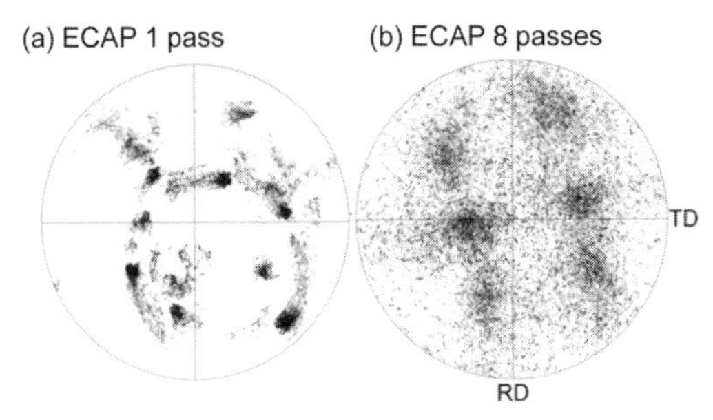

図4.3.8　ECAP加工したニッケルの（001）極点図. (a)は1回加工材、(b)は8回加工材

ない。

このようにSEMを利用したEBSD法では、金属材料の微視的組織を詳細に評価することができる。EBSD法は塑性加工技術の発達には欠かせないツールと言える。

4. 電子チャネリングコントラストイメージング法

金属の塑性変形の多くは転位のすべり面上の運動によってもたらされ、加工硬化はそのような転位の増殖に起因する。よって、転位の密度や配列を評価することは、金属材料の変形や強度を理解していく上で欠かせない。従来は転位構造はTEMを用いて観察されてきたが、TEM観察では薄膜に材料を加工する必要があり、また広範囲の観察が難しいという問題点もある。TEMに代わる転位観察手段として電子チャネリングコントラストイメージング（Electron Channeling Contrast Imaging：ECCI）法とよばれる観察技術が報告されてきている[6) 7)]。この手法はSEMを用いて表面近傍の転位を観察できることを特徴としている。

1967年にはBookerら[8)]は反射電子強度が入射電子線と結晶面との角度に依存することに着目し、反射電子像による転位線の観察の可能性を言及していた。入射電子線の角度を変化させた場合、反射電子の放出はBragg角付近で急激に変化する。転位が表面近傍に存在している場合その周囲の結晶面に歪みが生じるので、入射電子線をBragg角に固定した条件で電子線を走査させると、転位近傍では反射電子の強度は大きく変化する。このような理由から、反射電子像では転位近傍にコントラストの変化が生じることになる。

電界放出型の電子銃が開発されると、バルク状結晶における転位線のECCI観察が報告されるようになった[9]。さらに最近では、疲労変形を受けた金属結晶における転位構造の観察にECCI法が応用されはじめている[10]。

図4.3.9は金属疲労させた多結晶銅の表面の二次電子像とElectron Channelling Contrast（ECC）像である。疲労変形を受けた金属結晶ではしばしば固執すべり帯（Persistent Slip Band：PSB）と呼ばれる変形が局在化する領域が形成される。これは二次電子像では凹凸がある帯状構造として認識できる。表面研磨後のECCI観察では凹凸があった領域だけに、明るい像として可視化されるはしご状転位壁構造が確認でき、疲労変形機構と転位組織との密接な関連が確認できる。図4.3.10は銅単結晶に形成されたはしご状転位構造を高倍率でECCI観察した結果で、個々の転位線まで識別することができる。このようにミクロンスケールでの転位観察においては、ECCI法はTEM観察の代替技術になると期待される。

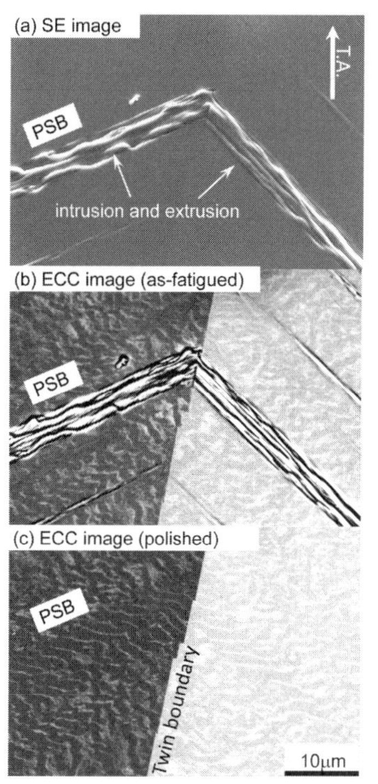

4.3.9　疲労させた多結晶銅表面の(a)二次電子像、(b)ECC像および(c)表面研磨後のECC像

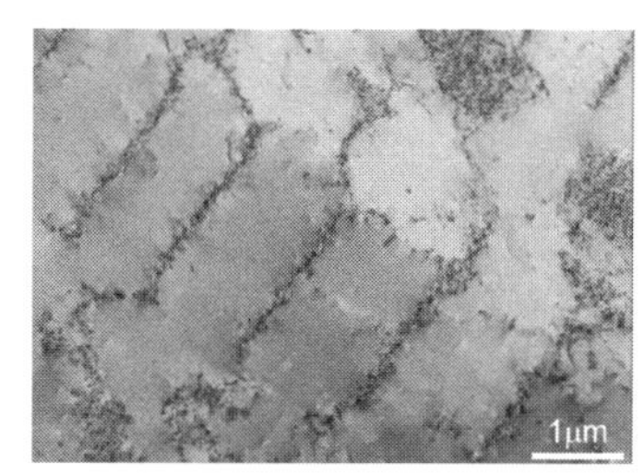

4.3.10　ECCI法で観察したはしご状転位構造（明暗を反転させた像）

5. おわりに

SEMは従来の実体顕微鏡的な用途だけではなく、本稿で紹介したようなEBSD解析やECCI観察による結晶や格子欠陥の情報の取得、さらにEDS分析による微小部の化学分析などにも利用されている。このような種々の観察・分析法を組み合わせることで、特に金属材料ではSEMだけでも総合的な評価を実現しつつある。SEMは現代では製造物の評価や破損の調査などには欠かせないツールと言える。

本稿では省略したが、低真空型や低加速電圧型のSEMも開発が進んでおり、従来はSEM観察が困難であった生物材料や絶縁材料においても高品質な像も得られるようになってきた。今後は検出器やレンズ系などの改善を通じて、様々な材料の観察が手軽に行える装置としてSEMがさらに発達することが期待される。

参考文献

1） L. Rayleigh, Investigations of Optics with Special Reference to Spectroscopy, Philos.Mag., Vol.8, (1879), 261.
2） 幸田成康, 金属物理学序論, コロナ社, (1973), 254.
3） C.W. Oatley, The Scanning Electron Microscope, Cambridge University Press, (1972).
4） D.G. Coates, Kikuchi-like Reflection Patterns Obtained with the Scanning Electron Microscope., Philos.Mag., Vol.16, (1967), 1179.
5） D.C. Joy, D.E. Newbury and D.L. Davidson, Electron Channeling Patterns in the Scanning Electron Microscope, J.Appl.Phys., Vol.53, No.8, (1982), R81.
6） A.J. Wilkinson and P.B. Hirsch, Electron Diffraction Based Techniques in Scanning Electron Microscopy of Bulk Materials, Micron, Vol.28, No.4, (1997), 279.
7） 兼子佳久, 橋本　敏, ECCI法による銅単結晶の疲労転位構造の観察, 日本金属学会誌, Vol.66, No.12, (2002), 1297.
8） G.R. Booker, A.M.B. Shaw, M.J. Whelan and P.B. Hirsch, Some Comments on the Interpretation of the 'Kikuchi-like Reflection Pattern' observed by Scanning Electron Microscopy, Philos.Mag., Vol.16, (1967), 1185.
9） P. Morin, M. Pitaval, D. Besnard and G. Fontaine, Electron-channelling Imaging in Scanning Electron Microscopy., Philos. Mag., Vol.40, No.4, (1979), 511.
10） A. Weidner and H. Biermann, Case Studies on the Application of High-Resolution Electron Channelling Contrast Imaging – Investigation of Defects and Defect Arrangements in Metallic Materials, Philos.Mag., Vol.95, (2015), 759.

4.4　レーザー顕微鏡を用いた材料表面評価技術における50年間の技術動向と最新技術

Laser microscopy for material surface evaluation - historical background and latest technologies

レーザーテック㈱　西村　良浩
Yoshihiro Nishimura

Key words: confocal scanning laser microscopy, interferometry, reflectometry, surface topography, roughness, inspection

1. はじめに

新規にモノを作るためには評価技術が欠かせない。材料加工技術の精密化に伴い、表面評価技術も先端技術へと発展してきた。近年では、非接触・非破壊表面計測技術が求められており、光計測技術が益々注目されている。

非接触3次元形状計測技術の代表的なものの一つに光干渉法があり、すでに100年以上の歴史がある。他方、独立した技術としてコンフォーカル（共焦点）光学系があり、原理が発明されてから60年である。He-Neレーザーが1960年に発明されたのを契機に、コンフォーカル・レーザー走査顕微鏡（以下、レーザー顕微鏡と表記する）が1980年代に幾つかのメーカーで実用化されて以降、デジタル技術の進歩とともに独自に進化し、今日に至っている[1)]。

コンフォーカル光学系は、回折限界まで絞った微小スポット光で照明された試料の反射光を、微小面積の光検出器で受光することで、合焦点位置の反射光のみを検出できる特別な光学系である[1)~3)]。画像化する為には必然的にスポット光の画面内走査（xy方向）が必要となる。

これと同期して、対物レンズと試料間の距離を変化させ、レーザースケールから読み取った合焦点位置を記憶しながら試料面上を焦点走査（z方向）することで、多数の断面情報（オプティカルセクショニング）が得られる。これらの情報を基に画像解析することで､3次元形状（高さ画像）と焦点合成画像（全焦点画像）をそれぞれ再構成できる。

この原理を応用したコンフォーカル走査顕微鏡（以下、コンフォーカル顕微鏡と表記する）は、非接触・非破壊で、高コントラストで解像力の高い画像が得られ、z方向の測定を広いダイナミックレンジで行える特長がある。さらに、電子顕微鏡のような真空引きやサンプルの蒸着といった前処理が不要な為、様々なサンプル性状・サイズにも対応が可能である。

過去30年の間に、様々なタイプのコンフォーカル顕微鏡が開発され、レーザー顕微鏡や白色コンフォーカル顕微鏡として普及している。基本的な性能はいずれの方式でも、材料表面のマイクロメートルレベルの凹凸を計測できるものである。

本稿では、材料表面測定における、コンフォーカル顕微鏡による3次元計測技術の現状と光干渉など他の技術を融合した最新技術・応用技術について、弊社が開発したハイブリッド顕微鏡[4)]のデータを中心に紹介する。

2. コンフォーカル顕微鏡

2.1　基本技術の動向

これまで、レーザー顕微鏡はマイクロメートルレベルの微細な表面形状の計測がニーズの主体であり、レーザー光を短波長化することで高解像度観察を達成し一定の成功を収めてきた。一方で、近年の工業製品の多くは保護膜や潤滑剤などの透明膜で被覆されており、膜内部の多重干渉の影響を受けやすく、単一波長のレーザー顕微鏡では測定が難しいケースが多くなっている。さらに、有機材料や多層膜など、反射・吸収特性に波長依存性のある材質やディスプレイのように色情報が重要な構造など、試料は益々多様化し続けている。近年これらの課題に対するソリューションの一つとして、カラー観察や波長選択が可能な白色コンフォーカル顕微鏡[5)]が独自に発展を遂げている。

しかし、何れの方式のコンフォーカル顕微鏡を以てしても、最先端の技術により加工・研磨された表面形状や加工痕を測定するにはz方向の解像力が不足している。そこで、コンフォーカル顕微鏡に光干渉技術を融合することで、z方向の解像力をマイクロメートルからナノメートルまで向上させた。これがハイブリッド顕微鏡である。

コンフォーカル光学系の利点は、非接触の3次元形状測定以外にも、焦点面以外の反射光を遮断できるという特性にある。透明基板やフィルム表面を干渉法で観察・測定する際に、表面の弱い反射光を裏面からの反射光と分離することで、干渉コントラストを向上させることができる。さらに、一般的な干渉顕微鏡よりxy方向の解像力が高いので、相乗効果が期待できる。

その他に注目すべきは、計測ソフトウェアの目覚しい進化である。初心者でも簡単にすぐ操作できるというニーズに応えるユーザーインターフェース（UI）が採用される一方で、熟練者のための高度な解析手段の提供も実現している。さらに、より正確で高スループットの計測・検査のニーズにも応えるために、熟練者の測定手順を再現できるマクロ機能の他に専用の自動計測や自動検査ソフトウェアが開発されている。

2.2　レーザー顕微鏡

開発当初は光源としてHe-Neレーザーなどが使われていたが、測定対象の微細化が進むに従い、より高い解像力が求められようになった。現在の主流は、405 nm半導体レーザーで、最も波長の短い可視光を使うことで2次元的には高い解像力が得られている。NA（開口数）の高い対物レンズ（NA：0.95）を使った場合で~0.15 μm（L＆S）となり、一般的な光学顕微鏡を凌駕し、微細パターンの線幅や直径などを手軽に測長できるツールとなっている。図4.4.1はニオブ酸ナトリウム結晶のドメインを高倍率（視野：25 μm）で観察した事例を示しており、幅1 μm程度の構造が明瞭に観察できる。

また、z方向の解像度に関しては、高倍率の場合は次に述べる白色コンフォーカル顕微鏡と実用上の差はないと言える。しかし、低倍率の場合は、一般にレーザー顕微鏡は走査光学系の制約によりレンズNAを十分有効に利用できないため、解像力が著しく低下する問題がある。

図4.4.1　ニオブ酸ナトリウムのレーザー顕微鏡観察：結晶面上の微細なドメイン構造が全焦点画像で観察できる。

2.3　白色コンフォーカル顕微鏡

光源に高安定キセノンランプを採用すること

により、白色光の特徴を活かすことができ、低倍率の高NAレンズの性能を有効に利用できるライン走査光学系を構築できる。受光系は分光プリズムによって可視光を帯域別の3チャンネルに分離し、それぞれコンフォーカルとして検出している。従って、色分解能・再現性の高いカラーコンフォーカル観察[5)]が可能である。同時に、RGBチャンネルの切換えにより、試料に適したチャンネルでのデータ取得を容易に行える。

さらに、高解像度ラインセンサーの採用により、x方向の走査精度の影響を受けることなく、高精度線幅測定が可能となっている。フレームレートは15 Hzを実現しており、リアルタイムの動画観察や高速測定にも対応できる。

図4.4.2に低倍広視野の測定事例として、ダイアモンド砥石（使用前）の表面形状測定・粗さ解析の結果を示す。20倍対物レンズ（NA：0.75）で得られた全焦点画像を(a)に、ライン上の形状プロファイルを(b)に示した。粗さ解析結果は、Ra=10.6 μmである。表面粗さ JIS及びISOのパラメーターに準拠している。さらに、(a)内の破線領域を50倍対物レンズ（NA：0.95）で測定することで、より微細な3次元表面形状が得られる。3D表示を(c)に、(a)内のラインと同一ライン上の形状プロファイルを(d)に示した。

低倍でもサブミクロンの形状測定ができ、高倍に近いz方向の解像力性能を引き出すことができる。

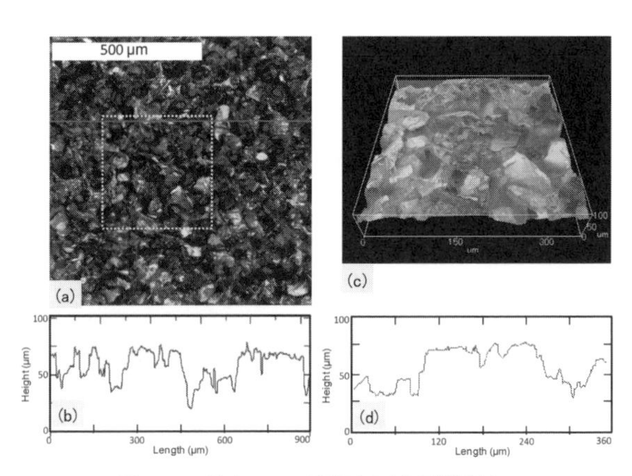

図4.4.2　ダイアモンド砥石の表面形状測定：
(a)全焦点画像、(b)形状プロファイル：20倍（NA：0.75）、(c)3D表示、(d)形状プロファイル：50倍（NA：0.95）

3. ハイブリッド顕微鏡の最新技術

3.1　波長選択型分光観察

ハイブリッド顕微鏡では、レーザー（405 nm）の他に可視域の白色光観察・測定ができ、顕微鏡ヘッド内部に装備されたバンドパスフィルター自動交換機構によって、青から赤までの6つの波長切替えが可能である。従って、405 nm、436 nm、486 nm、514 nm、546 nm、578 nm、633 nmの7つの波長から最適な測定波長を選択できる。

液晶ディスプレイのカラーフィルターやPI（ポリイミド）などの絶縁膜を測定する場合は、対象の分光特性を考慮して、照明光に最適な波長を選択する必要がある。図4.4.3にPIコートされた通信デバイスの観察結果を示す。PI膜表面を436 nm、内部のパターン面を633 nmでそれぞれ照明し、反射層を選択して観察できている。

その他の応用としては、照明波長と受光チャンネルの組み合わせを選択する手法や、波長選択型分光映像計測[6]のような解析に応用できる可能性もある。

図4.4.3　PIコートされた通信デバイスの波長別の観察：
(a)ポリイミド膜（436 nm）、(b)内部パターン（633 nm）

3.2　光干渉測定

光干渉測定は二光束干渉対物レンズにより生成した干渉縞の解析によって、ナノメートルレベルの表面形状を高分解能で測定する方法である。干渉法は使用する対物レンズのNAに依存せず、低倍率・広視野でも高分解能で表面形状測定できるため、うねり測定などに有効な測定手法である。一方、高NAの対物レンズを最大限利用するコンフォーカル顕微鏡とは異なり、斜面や光学的粗面の測定には不向きである。そこで、コンフォーカル測定と干渉測定を相補的に使うことで、測定の適用範囲を大幅に広げることが可能となる。

ハイブリッド顕微鏡では、白色干渉法と位相シフト干渉法の2種類の測定手法がある。白色干渉法は、コンフォーカル顕微鏡と同じ操作性のまま、白色光の干渉縞をz方向に走査することで簡単に測定ができる。位相シフト干渉法は、単色光(例えば546 nm)の干渉縞をナノポジショナで位相を多段階に変化させ、位相解析をすることでサブナノメートルの分解能で測定できる。高さ測定レンジは半波長（273 nm）に制限されるが、広視野を数秒間で測定できる。

事例として、SiCウェハの研磨面を位相シフト干渉法で測定した結果を図4.4.4に示す。視野内に5 nm程度の表面凹凸が分布している。ライン上の高さプロファイルから計測した表面粗さ（Ra）は0.51 nmであり、スクラッチ深さは0.6 nmである。150 μm以上に亘る視野での高分解ナノ計測は、レーザー顕微鏡や原子間力顕微用でも実現できない領域である。

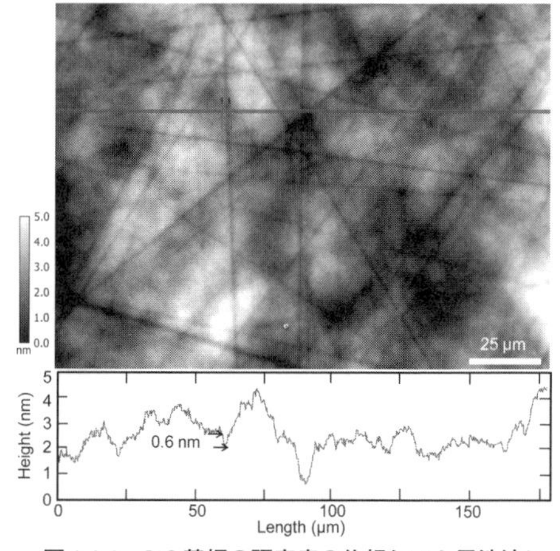

図4.4.4　SiC基板の研磨痕の位相シフト干渉法による測定：ライン上の粗さ：0.51 nm, 矢印のスクラッチ深さ：0.6 nm

3.3　微分干渉観察

微分干渉法は、通常の光学顕微鏡でも表面マイクロ形状の観察[7] などに使われているが、最大の利点は、リアルタイムで表面起伏をナノメートルレベルまで可視化できる点にある。光干渉計のような定量測定ではないが、ナノトポグラフィーやスクラッチなどを検出するには十分な能力がある。

ハイブリッド顕微鏡では、ノマルスキープリズムをレボルバーに挿入し、顕微鏡ヘッドに内蔵された偏光ユニットをソフト制御で自動挿入できる構造としている。これにより微分干渉法で欠陥を探し、コンフォーカル顕微鏡に切り替えて定量計測することも可能になっている。

図4.4.5にSiCウェハのエピ欠陥をコンフォーカル観察した事例を示す。明視野像(a)では微細な凹凸が可視化できていないが、微分干渉コントラスト像(b)ではナノメートルレベルの凹凸まで明確に観察できる。

SiCのような透明基板の観察の場合、裏面反射や吸着ホルダや支持治具などの金属部からの反射の除去が不可欠である。コンフォーカル光学系ではこれらを除去し、表面のみ観察する事が可能である。検査では広視野を確保するために焦点深度の深い低倍対物レンズを使うので、コンフォーカル光学系を使うメリットは絶大である。

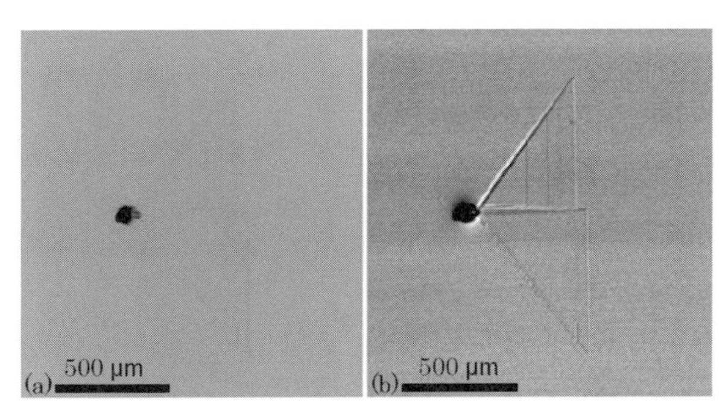

図4.4.5　SiCエピ欠陥のコンフォーカル微分干渉による観察：
(a)コンフォーカル明視野、(b)コンフォーカル微分干渉

3.4　反射分光膜厚測定

反射分光法は、薄膜試料の分光反射特性を測定し、光学モデルを使ったパラメータフィッティングによって膜厚を測定する方法である。ハイブリッド顕微鏡では、波長別に取得した全焦点画像の輝度値を絶対反射率に換算して解析する。

レーザー顕微鏡や白色干渉計のXZ断層測定[8]では、1 µm以下の薄膜は測定不可能だが、反射分光法では、材料の屈折率などの条件にも依存するが、Si

ウェハ上の酸化膜の場合では10 nm程度まで測定可能である。

図4.4.6にSi基板上にパターニングされた酸化膜の厚さ分布を解析した結果を示す。画像全ピクセルで解析、プロットし鳥瞰図として表示できる。約400 nmの酸化膜が加工された様子を定量的に可視化している。このような透明薄膜の段差は、レーザー顕微鏡や干渉計では光が透過するため正しい値が得られない。

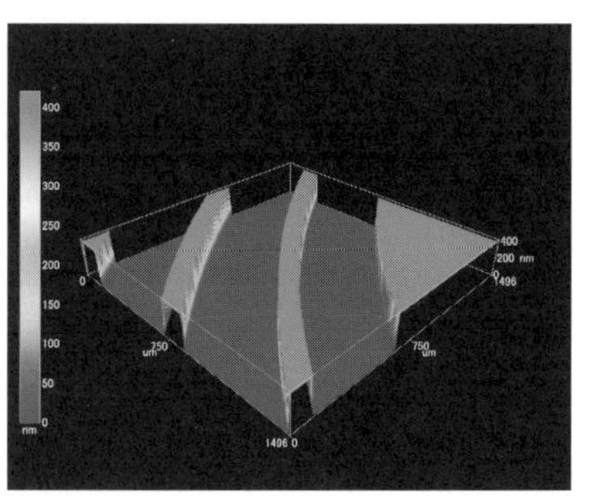

図4.4.6　SiO_2膜厚（～400 nm）の反射分光解析による測定：Si基板上に形成されたSiO_2膜パターンを定量可視化

この手法は、高反射基板上の透明薄膜の形状、ガラス基板上の金属薄膜の形状やSOI基板上の透明構造なども測定可能であるばかりでなく、レーザー顕微鏡や顕微分光膜厚計でも測定できない細いパターン上の膜厚やトレンチ構造の底部の膜厚測定など特殊な構造にも応用できる。

コンフォーカル光学系により裏面反射を除去できるため、フィルム上の透明導電膜など膜厚解析する際、単純な光学モデルを使うことができるメリットもある。

4. 応用技術

4.1　表面欠陥検査・自動測定技術

白色コンフォーカル顕微鏡の広視野・高速走査などの特長は電動ステージと自動測定ソフトや自動全面検査ソフトを組み合わせることで高速自動システム化へ応用されている。

自動測定ソフトでは、指定した測定レシピに従い、半導体や結晶基板などのパターンの幅・高さ・粗さを自動測定できる。自動全面検査ソフトでは、ウェハやガラスなどの基板上に存在する微小欠陥、異物などを全自動で全面検査できる。欠陥MAPから任意ポイントの欠陥レビューと欠陥分類（サイズ、白、黒、凹凸）が可能である。

また、ハイブリッド顕微鏡のコア技術は、SiCやGaNなどパワーデバイス関連の透明基板向けの欠陥検査装置に応用されている。ここでは、SiCウェハ欠陥検査装置（SICA6X）を使い、微分干渉画像を定量解析することでウェハ全面の表面粗さを超高速（100 mmウェハ：5分/枚、150 mmウェハ：10分/枚）にマッピングする技術[9]について紹介する。

基板となるSiCウェハ表面の粗さが作製したパワーデバイスの電気特性に影響すると報告されている。従って、プロセス管理するには、SiCウェハ全体の粗さを測定することが必須である。ナノメートルレベルの粗さ測定は、一般的には原子間力顕微鏡（AFM）や光干渉計が使われるが、ウェハ全面を測定するには膨大な時間がかかるため現実的手法ではない。一方、SiC欠陥検査装置（SICA6X）は、欠陥検査を実行するため、高速にウェハ全面の微分干渉画像を撮像している。

そこで、微分干渉画像の輝度値をシェア方向に積算し、ウェハの表面形状を復元することで、ウェハ全面の粗さマッピングと欠陥検査を同時に、しかも高速に行う手法を開発した。

SiCエピウェハのステップバンチングの微分干渉画像を図4.4.7に示す。明暗のコントラストは、ノマルスキープリズムによってシェア量だけ離れて分離された二つの光の干渉による位相差により生じている。つまり、図4.4.8に示したA-A'間の輝度値はシェア量だけ離れた2点間の高度差による各点での平均勾配を示している。従って、図4.4.8の輝度値を積算することにより、図4.4.9に示すように表面形状を復元することができる。復元形状から解析した粗さ（RMS）は、光干渉計（Zygo）の測定値と非常に良い相関が得られた。

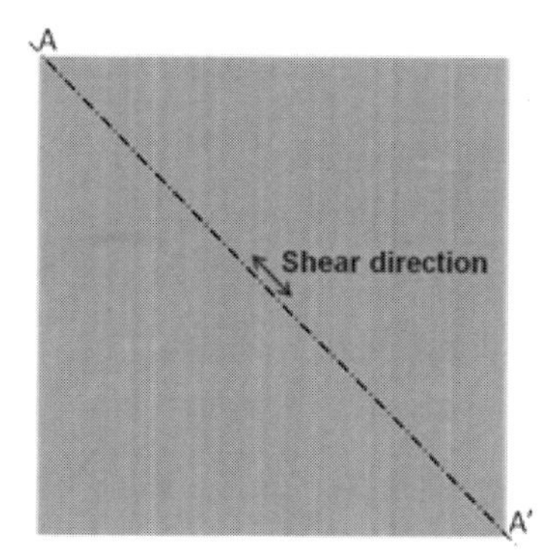

図4.4.7　エピウェハのステップバンチングの微分干渉画像

本手法を用いてSiCエピウェハ全面の粗さをマッピングした結果を図4.4.10に示す。このように、ウェハ表面のフラットな領域、ステップバンチングの分布などが一目で判別可能である。

高速粗さマッピング機能は、これまで困難であったウェハ全面の粗さの評価を可能とし、SiCパワーデバイスのプロセス管理やプロセス開発の新たな展開を期待させるものである。

4.2　動的評価技術

加工表面の評価は一般的には静的に取り扱われるが、材料特性の機能性評価には動的観察・測定が用いられる場合もある。ここでも、コンフォーカル光学系の特性が様々な条件でその場観察・測定に応用できるので、事例を紹介する。

レーザー顕微鏡（VL2000DX）と赤外イメージ炉を組み合わせた高温観察評価システムでは、コンフォーカル光学系により、高温時の高輝度放射光の影響を受けることなく高倍率・高コントラストでの動画観察[10]が可能である。鉄鋼、

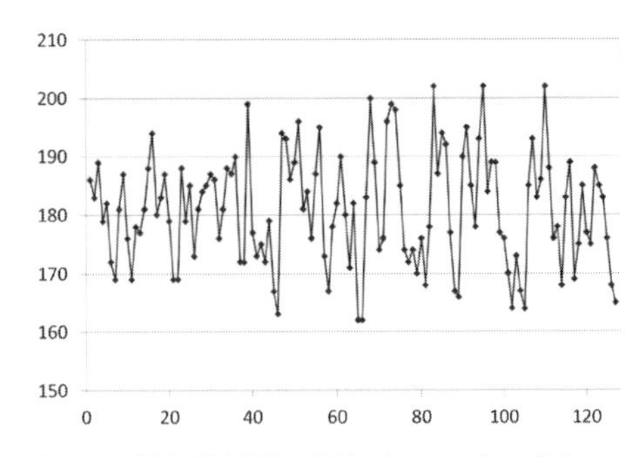

図4.4.8　微分干渉画像の輝度プロファイル（図4.4.7 A-A' 間）

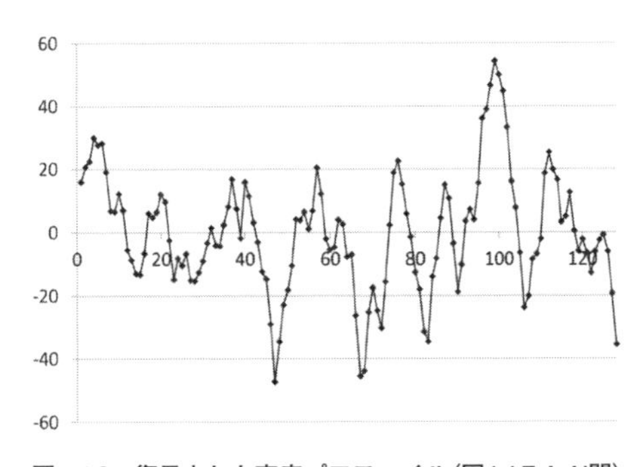

図4.4.9　復元された高度プロファイル（図4.4.7 A-A'間）

図4.4.10　SiCエピウェハ全面の粗さマップ

金属各種、セラミックス、その他無機系材料、化合物半導体ウェハの超高温動画観察などの用途で幅広く使われている。

白色コンフォーカル顕微鏡とその場観察専用セル等から構成された、電気化学反応可視化コンフォーカルシステム（ECCS B320）では、腐食液（ガス）や電解液中での固液界面をカラー観察・形状測定ができる。コンフォーカル光学系は観察窓からの反射光を遮断するので、一般的な光学顕微鏡とは異なり、液中でも鮮明な画像が得られる。

このシステムは材料表面のメッキや腐食の反応過程を動的解析できる他、LIB（リチウムイオン2次電池）の充放電中の電極断面のその場観察にも応用されている[11]。黒鉛負極の色変化による充電分布の解析[11]や、Si負極の膨張の時間変化の解析[12]などの事例がある。図4.4.11は充放電サイクルに伴うSi複合電極の厚さと電圧を示している。充電による膨張が放電により戻らない限界点から、電極特性を数値的に評価できる。

時系列解析できるソフトウェアを使う事により、従来は単なる観察ツールであった光学顕微鏡が、数値的な評価が可能な測定装置へと発展している。

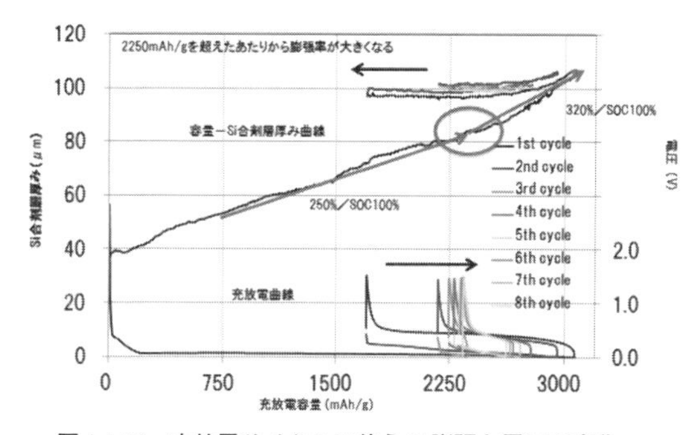

図4.4.11　充放電サイクルに伴うSi膨張と電圧の変化

5. おわりに

レーザー顕微鏡が実用化されから30年の間に、加工技術の進化に牽引されて、光学測定技術も発展し今日に至っている。近年は試料の微細化や複雑化が進み、従来のレーザー顕微鏡やコンフォーカル顕微鏡単独での解像力では太刀打ちできない状況もある。しかし、ハイブリッド顕微鏡の最新技術を通して説明したように、コンフォーカル光学系の新しい応用方法がまだまだ存在している。

今後も研究開発を重ね、多様なアプリケーションに対して最適なソリューションを提供していきたい。

参考文献

1）大出孝博，レーザー走査顕微鏡の開発，日経サイエンス，Vol.20，No.10，(1990)p.42.
2）河田　聡 編，超解像の光学，学会出版センター，(1999)，p.42.
3）川田善三，はじめての光学，講談社（2014）p.159
4）西村良浩，神山弦一朗，関　寛和，HYBRIDレーザーマイクロスコープ，光アライアンス，Vol.25，No.3，(2014)，p.51.
5）西村良浩，江利川亘，3ラインCCDカラーコンフォーカル顕微鏡，O plus E，Vol.31，No.6，(2009)，p.652.
6）伊東一良編，光学ライブラリー6 分光画像入門，朝倉書店，(2013)，p.25.
7）小松　啓，光学顕微鏡の基礎と応用(3)，応用物理，Vol.60，No.10，(1991)，p.1030.
8）西村良浩，江利川亘，カラーコンフォーカル顕微鏡の発展性，光アライアンス，Vol.19，No.8，(2008)，p.55.
9）Y. Nakano, Y. Asakawa, H. Seki, J. Seaman, A. Burk, Ultra-Fast SiC Wafer Surface Roughness Mapping, 16th International Conference on Silicon Carbide and Related Materials (2015) in Giardini Naxos, Italy.
10）URL：http://www.lasertec.co.jp/products/microscope/laser/vl2000dx.html
11）URL：http://www.lasertec.co.jp/products/environment/battery/eccsb320.html
12）西村良浩，前川裕之，矢口淳子，森下誠治，平川琢己，米澤　良，先進光学技術による電気化学反応の可視化，検査技術，Vol.19，No.10，(2014)，p.40.

4.5　陽電子を用いた材料評価技術における50年間の技術動向と最新技術

Historical and recent developments in material defect studies by positron annihilation techniques

大阪大学　荒木　秀樹・水野　正隆・杉田　一樹・白井　泰治
Hideki Araki, Masataka Mizuno, Kazuki Sugita, Yasuharu Shirai

Key words: lattice defect, thermal vacancy, constitutional vacancy, positron lifetime

1. はじめに

陽電子消滅を利用すると、材料中の原子サイズの結晶格子欠陥を極めて感度よく検知することができる。具体的には、材料中の原子空孔、空孔集合体、ボイド、転位等に敏感で、特に、原子空孔の評価技術としては、独自の高い能力を有している。

ボイドや転位などは、電子顕微鏡によって、その挙動を直接観察することが可能であり、それらの役割は、これまでの研究により、ある程度明瞭になっている。しかし、原子空孔は相当の数が集合しない限り、電子顕微鏡で観察することは難しく、その他の検出手法も、陽電子消滅法以外は、いずれも間接的な手法であるので、原子空孔の挙動を詳細に解明するのは、極めて難しい。

本稿では、陽電子消滅法を用いた材料中の格子欠陥、特に原子空孔の計測に焦点を絞り、このおよそ50年間に明らかになった材料中の原子空孔挙動の幾つかについて解説する。

2. 陽電子と陽電子寿命

陽電子は、1930年にDirac[1)]により反粒子として予言され、1933年にAnderson[2)]により実験的に発見された。陽電子は、絶対量が電子と等しい正の電荷を持ち、質量やスピン角運動量は電子と同じである。陽電子は電子と衝突して対消滅するとき、陽電子と電子の静止エネルギ（それぞれ511 keV）とそれらの持つ運動エネルギの和に等しいエネルギを持つ光子に変換され、γ線として観測される。1933年に、Joliot夫妻[3)]とThibaud[4)]が、初めて、陽電子－電子の対消滅の観測に成功した。

陽電子が試料に入射してから、試料中の電子と対消滅するまでの時間を、陽電子寿命と呼び、気体中の陽電子寿命は、1952年にDeBenedettiとRiching[5]、Deutsch[6]により、固体中の陽電子寿命は、1953年にBellとGraham[7]により、いずれも初めて測定された。陽電子が試料中で自由な状態から消滅する場合、その寿命は、陽電子の感じる（陽電子による分極効果を含んだ）電子密度に逆比例する。

3. 陽電子を用いた材料中の結晶格子欠陥研究のはじまり

陽電子を用いた材料中の結晶格子欠陥の研究は､2つの異なる研究から始まった。その一つは1963年にStewartら[8]によって行われた高温金属に対する角相関による研究、およびそれに続くMacKenzieら[9]の類似の研究であり、Stewartらは、溶融による電子の自由行程減少によるFermi面のボケに興味があって行ったものである。もう一つは、1964年のDekhtyarら[10]による研究である。Ni、Fe-Ni合金を圧縮加工して、導入された転位による角相関の変化を明らかにした。

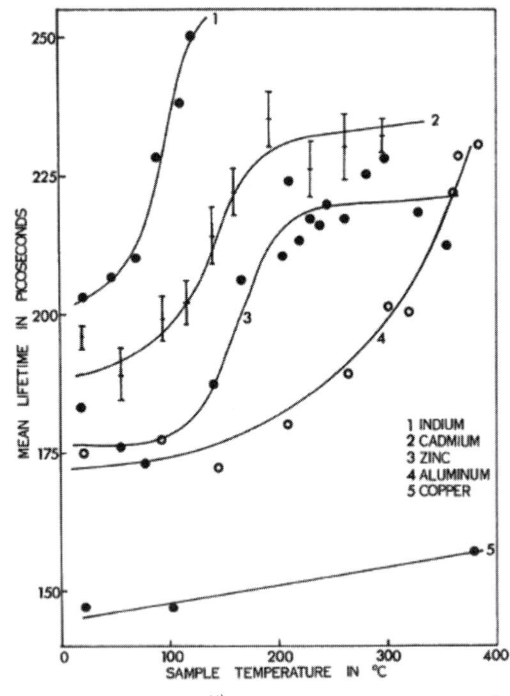

図4.5.1　MacKenzieら[11]によって測定された金属の陽電子平均寿命の温度依存性

図4.5.1は、今から52年前の1967年に、MacKenzieら[11]によって測定された金属の陽電子寿命の温度依存性である。熱平衡空孔濃度が極

めて低い低温においては、陽電子はその正電荷ゆえにイオンコアから離れた格子間位置に存在する確率が大きい。図4.5.2は、アルミニウム結晶格子中の(100)面上の陽電子密度を第一原理計算によって求めた結果[12]である。図中での縦軸は陽電子密度であり、その値が小さいところは、アルミニウム原子のイオンコアが存在している箇所である。陽電子はクーロン相互作用によりイオンコアから離れ、主に格子間位置に存在している。その位置の電子密度は大きく、陽電子はその位置にある伝導電子と主に対消滅し、MacKenzieらが21 ℃で観測した平均陽電子寿命はおよそ175 psであった。

アルミニウム中に原子空孔が存在すると、その箇所はイオンコアが存在していないので、周囲と比べて負に帯電しており、正の素電荷を有する陽電子はクーロン相互作用により原子空孔に捕獲され、その位置で電子と対消滅する。図4.5.3にアルミニウム中の原子空孔を導入した際の（100）面上の陽電子密度を第一原理計算によって求めた結果[12]を示す。陽電子は原子空孔に局在し、1個の陽電子が単原子空孔の中に完全に納まっている。原子空孔中には内殻電子が存在せず、伝導電子密度も低いため、陽電子寿命は長くなる。従って、温度が上昇し、熱平衡空孔濃度が高くなると、空孔に捕獲されて長い寿命を示して消滅する陽電子の割合が増加する。そのため、観測される陽電子寿命は温度が上昇するのに伴って増加し、368 ℃において228psに達している。

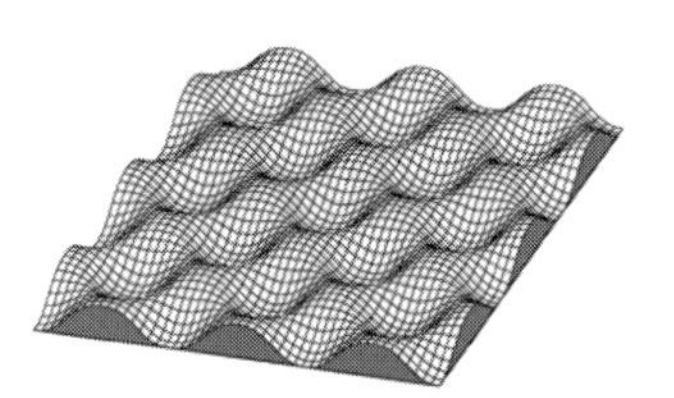

図4.5.2　アルミニウム完全結晶（100）面上の陽電子密度分布[12]

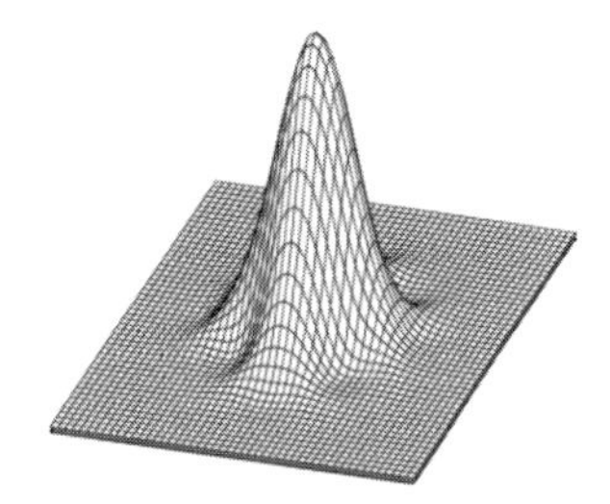

図4.5.3　単原子空孔を導入した場合のアルミニウム（100）面上の陽電子密度分布[12]

インジウム（融点157 ℃）、カドミウム（融点321 ℃）、亜鉛（融点419 ℃）においても、アルミニウム（融点660 ℃）と同様に、温度の上昇に伴って、熱平衡空孔に捕獲された陽電子の割合が高くなるため、陽電子寿命が上昇するが、陽電子寿命が上昇し始める温度は、融点の低い金属ほど低い。銅は、融点が1083 ℃と高いために、実験温度範囲では、熱平衡空孔濃度は低く、温度上昇による陽電子寿命の増加は、主に熱膨張によってもたらされるものだけで、他の金属に比べて著しく小さい。

カドミウムと亜鉛では、高温において、陽電子寿命が一定の値に飽和する。これは、熱平衡空孔濃度がある値より高くなると、試料中に入射した陽電子のほとんどすべてが空孔に捕獲されて消滅するためである。このような飽和状態になると、その後さらに温度を上昇させて熱平衡空孔濃度を増加させても、観測される陽電子寿命は原子空孔中の陽電子寿命のままで、それ以上の陽電子寿命の上昇は起こらない。

4. 材料中の熱平衡空孔濃度測定の比較

陽電子消滅法が熱平衡空孔濃度測定に有効であることが明らかになる以前は、熱膨張と格子定数の同時測定から熱平衡空孔濃度を求めていた。その一例として、1960年に、SimmonsとBalluffi[13] によって行われたアルミニウムに関する実験結果を図4.5.4に示す。試料を加熱し高温にすると、試料長さLは、結晶格子の熱振動による膨張と熱平衡空孔濃度の増加に応じて、増加する。一方、格子定数aは熱振動による膨張の影響は受けるが、熱平衡空孔濃度の増加の影響はほとんど受けない。従って、熱平衡空孔濃度をC_Vとすると、

$$C_V = 3\left(\frac{\Delta L}{L} - \frac{\Delta a}{a}\right) \quad \cdots(1)$$

で表される。ここで、ΔLとΔaは、それぞれ基準温度（20 ℃）の長さ

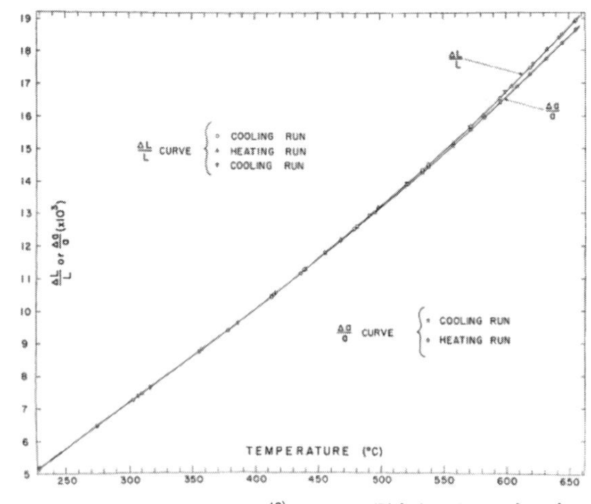

図4.5.4　SimmonsとBalluffi[13] によって測定されたアルミニウムの熱膨張ΔL/Lと格子定数Δa/aの温度変化

と格子定数からの伸びを表している。図4.5.4から明らかなように、415 ℃までの低温においては、ΔLとΔaの値はほぼ等しく、熱平衡空孔濃度は、この測定法の検出感度より小さい。一方、415 ℃より高い高温になって、はじめて、$\Delta L/L$の測定値は$\Delta a/a$の測定値より明らかに大きくなり、熱平衡空孔を検出することができるようなっている。

ここで、改めて、図4.5.1のアルミニウムの陽電子平均寿命の温度変化を見て頂きたい。Simmons-Balluffiの方法で、アルミニウム中の熱平衡空孔を検出できる最低温度である415 ℃は、図4.5.1中に示すことができないほど高温である。一方、図4.5.1に示すように、陽電子寿命測定では、230 ℃付近から熱平衡空孔による影響を捉えることができている。この比較から、陽電子寿命測定法が有する、原子空孔に対する高い検出感度を理解することができる。

5. 陽電子を用いた空孔占有サイトの決定

陽電子を用いた材料評価の最近の研究として、本稿では、原子空孔の占有サイトの決定を取り上げる。前章までに記した純金属では、結晶格子中に存在する原子サイトは1種類だけであるので、原子空孔が占有しているサイトについて関心を払う必要はない。しかし、例えば、多元素から成る合金が規則構造を有する場合は、複数の異なるサイトが結晶格子中に存在するので、空孔濃度とともに、どのサイトに形成された空孔であるかを決定することが重要となる。

図4.5.5は、金属間化合物NiAl、CoAlなどが持つ規則構造の模式図で、B2（$L2_0$またはCsCl）型と呼ばれている。NiAlやCoAlの場合、体心立方格子の体心位置αを、例えば、Ni原子やCo原子が占めるとすると、体隅の位置βはAl原子が占める規則構造で、αとβの2種類のサイトが結晶格子中に存在している。

BradleyとTaylor[14]は、1937年に、B2型金属間化合物NiAlのX線回折と密度測定を行い、化学量論組成よりNi濃度が低くAl濃度が高い場合に、原子空孔がαサイト（Ni原子サイト）に形成されることを明らかにした。BradleyとTaylor

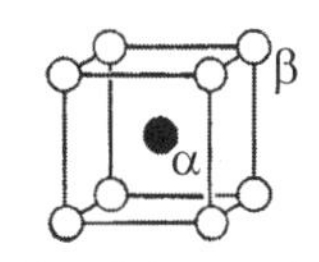

図4.5.5　B2（$L2_0$またはCsCl）型規則構造

の行った実験結果を図4.5.6に示す。化学量論組成の50at%以上のNi濃度においては、Al原子よりサイズの小さいNi原子の濃度が上昇すると、格子定数が緩やかに減少し、それに応じて密度が上昇している。一方、50at%以下のNi濃度では、Al濃度が高まっているのにもかかわらず、格子定数は急激に減少し、格子定数が減少しているにもかかわらず、密度は急速に減少している。この結果は、50at%以下のNi濃度において、原子空孔が多量に存在していることを示唆している。この組成においては、化学量論組成に対して、Al原子が過剰に存在し、Ni原子は不足しているので、ここで導入される原子空孔は、αサイトに形成されていると、BradleyとTaylorは推定した。

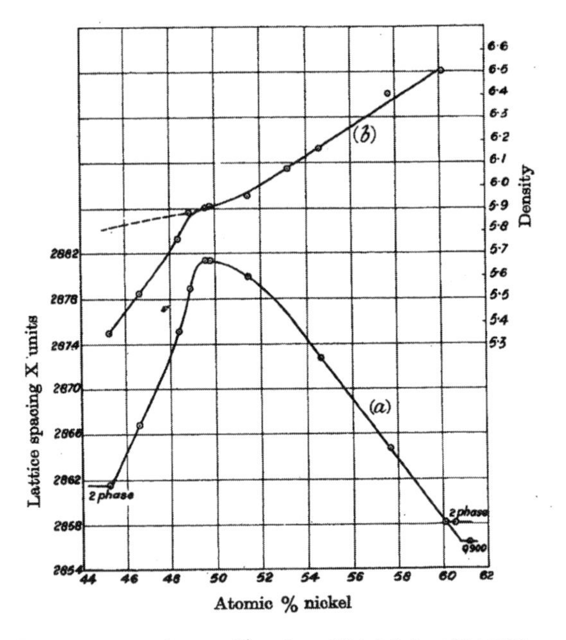

図4.5.6　BladleyとTaylor[14]によって測定されたB2型金属間化合物NiAlの格子定数と密度

図4.5.7は、1939年　に、BradleyとSeager[15]が測

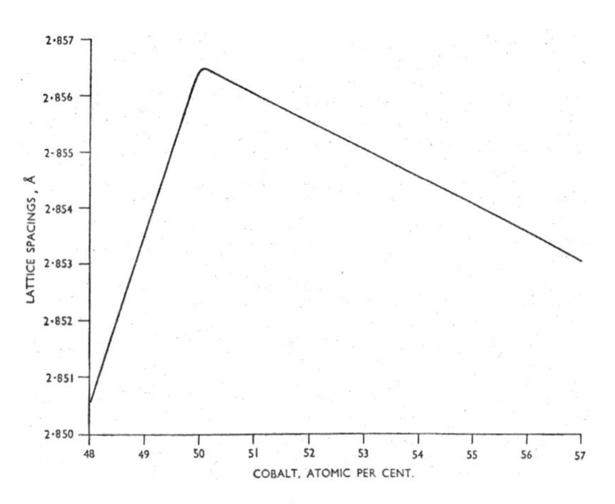

図4.5.7　BladleyとSeager[15]によって測定されたB2型金属間化合物CoAlの格子定数

定したB2型金属間化合物CoAlの格子定数の濃度依存性である。化学量論組成の50at%以上のCo濃度では、Al原子よりサイズの小さいCo原子の濃度が増加するに従い、格子定数は緩やかに減少している。しかし、50at%以下のCo濃度においては、Al濃度が増加するとともに、格子定数が急激に減少しており、この組成では、NiAlと同様に、αサイトに原子空孔が導入されていると、BradleyとSeagerは推定した。

これらの研究は、原子空孔占有サイトを明らかにした実験として有名ではあるが、実際に測定したのは格子定数と密度だけである。原子空孔を間接的にしか検出できていないので、得られた実験データに、αサイト空孔とβサイト空孔を区別するのに十分な情報は含まれていない。厳密に言えば、Bradleyら[14)] [15)]は、B2型金属間化合物中に多量の原子空孔が形成されていることは明らかにはしたが、空孔占有サイトについては、原子空孔が形成された組成から推定したに過ぎない。

これに対して、陽電子寿命測定は、原子空孔を直接検出する方法である点で大きく異なっている。測定試料中の異なるサイトに形成された原子空孔は、それぞれ、サイトごとに、周囲の原子の種類およびその位置などが異なる状態にあるので、それらに捕獲された陽電子は、その影響を受けて、それぞれ特有な寿命を示して対消滅する。従って、陽電子寿命測定を行うことにより、空孔占有サイトの情報を、直接、捉えることが可能となる。

実際に、我々の研究グループ[16)]は、第一原理計算によって、B2型規則構造を有するCoAl完全結晶中の陽電子寿命、αサイト空孔（Co空孔）中の陽電子寿命、およびβサイト空孔（Al空孔）中の陽電子寿命を求め、それらが、それぞれ116、184、173psであることを示し、陽電子寿命測定により空孔占有サイトを決定できることを明示した。

さらに、我々は、B2型金属間化合物CoAlを溶製し、高温から水冷、空冷、炉冷して、陽電子寿命の測定を行った[17)]。その結果を図4.5.8に示す。陽電子平均寿命は冷却方法には全く依存せず、組成のみに依存し、Al濃度が46.9から54.1at%まで増加するとともに161から180psまで徐々に上昇した。化学量論組成の50at%より高いAl濃度において観測された陽電子平均寿命は、αサイト空孔中の陽電子寿命の第一原理計算値に近く、BradleyとSeager[15]が推定したように、組成が化学量論からズレているところでB2規則構造を維持するために、αサイトに空孔を形成していることが判る。一方、50at%以下のAl濃度において観測された陽電子平均寿命は、完全結晶中の陽電子寿命116psよりも遥かに長く、βサイト空孔中の陽電子寿命の第一原理計算値に近い。このことは、BradleyとSeager[15]による格子定数測定では検出できなかったβサイト空孔を、検出感度の高い陽電子寿命測定が捉えていると理解できる。このように、陽電子寿命測定を用いると、原子空孔占有サイトを決定できることが明らかになり、現在では、金属だけでなく、セラミックスなどでも空孔占有サイトの決定に陽電子寿命測定が用いられている。

6. おわりに

本稿では、誌面の都合により、陽電子を用いた材料評価の具体例として、金属材料中の熱平衡空孔の検出と空孔占有サイトの決定についてのみ、採り上げた。ここでは記せなかったが、(1)陽電子の試料中への入射エネルギを単色化し、試料表面あるいはその近傍だけの情報のみを収集できるようになったこと[18]、そして、さらに最近では、陽電子をマイクロビーム化し、イメージングを行う技術の開発が進んでいること[19]、(2)同時計数ドップラー拡がり測定法が開発され、内殻電子との対消滅の情報も捉えられるようになったこと[20]、(3)陽電子寿命測定システムがデジタル化され、時間分解能が向上したこと[21]、(4)β^+-γ同時計測による新しい陽電子寿命スペクトロメータが開発され、高温でのその場測定や材料の

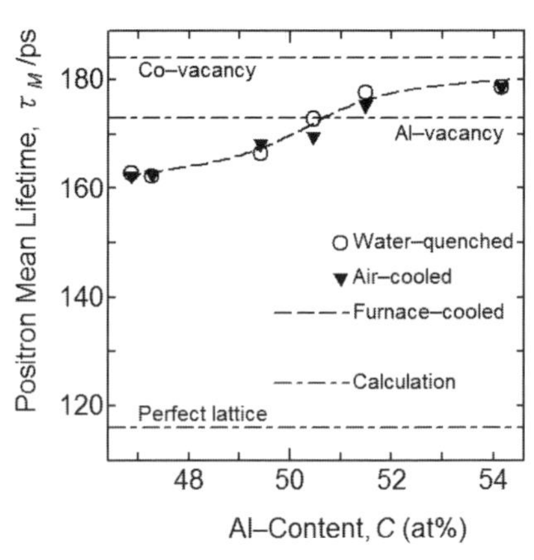

図4.5.8　高温から水冷，空冷，炉冷されたCoAlの陽電子平均寿命[17]

非破壊余寿命診断への応用が期待されていること[22]など、陽電子消滅を用いた測定手法の発展も著しい。

材料中の結晶格子欠陥は、材料の力学的、電気的、磁気的特性に直接影響を及ぼす重要な因子である。その格子欠陥を評価する技術として、特異で高い能力を有している陽電子消滅法を、上手に活用することが、今後、ますます求められる。材料研究の様々な分野に、陽電子消滅を用いて得られた知見が、幅広く展開し、研究の発展に寄与していくことを期待している。

参考文献

1）P. A. M. Dirac：Proc. Cambridge Phil. Soc., 26（1930）, 361.
2）C. D. Anderson:Phys. Rev., 43（1933）, 491.
3）F. Joliot：Compt. Rend., 197（1933）, 1622; 198（1934）, 81.
4）J. Thibaud：Compt. Rend., 197（1933）, 1629.; Phys. Rev., 48（1934）, 781.
5）S. DeBenedetti and H. J. Riching：Phys. Rev., 85（1952）, 377.
6）M. Deutsch and S. C. Brown：Phys. Rev, 85（1952）, 1049.
7）R. E. Bell and R. L. Graham：Phys. Rev., 90（1953）, 644.
8）A. T. Stewart, J. H. Kusmiss and R. H. March：Phys. Rev., 132（1963）, 495.
9）I. K. MacKenzie, G. F. O. Langstroth, B. T. A. McKee and C. G. White：Canad. J. Phys., 42（1964）, 1837.
10）I. Ya. Dekhtyar, D. A. Levina and V. S. Mikhalenkov：Dokl. Akad. Nauk. S. S. S. R., 156（1967）, 795：Soviet Physics-Doklady 9（1964）, 492.
11）I. K. MacKenzie, T. L. Khoo, A. B. McDonald and B. T. A. McKee：Phys. Rev. Letters, 19（1967）, 946.
12）白井泰治：軽金属，56（2006）, 629.
13）R .O. Simmons and R. W. Balluffi, Phys. Rev., 117（1960）, 52.
14）A. J. Bradley and A. Taylor, Proc. Roy. Soc. London, A159（1937）, 56.
15）A. J. Bradley and G. C. Seager：J. Inst. Met., 64（1939）, 81.
16）M. Mizuno, H. Araki and Y. Shirai：Mat. Trans., 43（2002）, 1451.
17）H. Araki, T. Mimura, P. Chalermkarnnon, M. Mizuno and Y. Shirai：Mat. Trans., 43（2002）, 1498.
18）例えば，R. Suzuki, Y. Kobayashi, K. Awazu, T. Mikado, M. Chiwaki, H. Ohgaki and T. Yamazaki：Nucl. Inst. Meth. Phys. Res., B91（1994）, 410.
19）例えば，N. Oshima, R. Suzuki, T. Ohdaira, A. Kinomura, T. Narumi, A. Uedono and M. Fujinami：Rad. Phys. Chem., 78（2009）, 1096.
20）例えば，永井康介，長谷川雅幸：まてりあ，44（2005）, 667.
21）例えば，H. Saito, Y. Nagashima, T. Kurihara and T. Hyodo：Nucl. Instruments Methods Phys. Res., A487（2002）, 612.
22）例えば，Y. Shirai, M. Mizuno and H. Araki：in "*Encyclopedia of Materials：Science and Technology*"（ISBN：0-08-043152-6）, Elsevier Ltd.,（2006）, Ms:2059-1.

4.6　高強度構造材料の創製（ヘテロ構造材料）における50年間の技術動向と最新技術

Technological Trend for the Last 50 Years and Latest Technology in Hetero-structured Materials

立命館大学　川畑　美絵・飴山　恵
Mie Kawabata, Kei Ameyama

Key words: hetero-structure, dual phase steel, harmonic structure, strength, ductility

1. はじめに

我々は現在、金属材料の組織制御を専門とする研究室で、ヘテロ（不均一）構造制御による高強度・高延性金属材料の創製をテーマに研究に取り組んでいる。従来の金属材料開発は、合金化や熱処理によって、その内部組織をできるだけ均一に、均質に調質することが重視されてきた。組織を均一化することにより、材料内部の応力集中が緩和され、機械的特性が向上することは誰もが知るところである。ところが、ヘテロ（不均一）構造組織を積極的に利用し制御することによって、不均一組織が均一組織を上回る機械的特性を示したり、新しい機能を発現することが近年明らかになってきている[1)]。本稿では、ヘテロ構造制御の代表例であり自動車産業に広く普及しているDP鋼、ならびに、最新技術である調和組織制御材料について紹介する。

2. 構造材料の高強度化と課題

構造用金属材料における高強度化への取組みは、金属材料の開発の歴史そのものであるといえる。金属材料の強化機構としては、固溶強化、析出強化、加工硬化、結晶粒微細化強化などが知られており、例えば、結晶粒微細化強化は高強度化に極めて有効であることから、実際に産業の現場で広く用いられている手法である。結晶粒を微細化すると、結晶粒径の平方根の逆数に比例して強度が上昇する（Hall-Petch則）[2)]。これは、結晶粒径の微細化により単位体積あたりに結晶粒界が占める割合が増加することで、転位の移動が妨げられるためである。しかし一方で、強度が上昇すると、材料は早期に塑性不安定に陥りネッキングが進行して破断に至るため、延性は低下する。このように、強度と延性は常に二律背反の関係にあり、その両立は非常に困難であることから、このパラドクスをいかに解決するかが大きな課題となっている。

3. DP鋼（Dual Phase Steel）

1979年の第2次オイルショックをきっかけに急速に高まった自動車の燃費向上の要求を受けて、鋼板の軽量化を目的に開発されたのがDP鋼（Dual Phase Steel）である。それまでの自動車用鋼板の高強度化はマンガンやシリコンなどの添加や制御圧延、加工熱処理等の方法で進められてきた。しかしこれらの方法では、強度の上昇は実現できるが、自動車鋼板の成型に必要不可欠な絞り加工や複雑な曲げ加工に耐えうるだけの延性（加工しやすさ）を確保するのが困難であった。このような状況の中、高い強度と優れた延性を持つ鋼板として生み出されたのがDP鋼である[3)]。

図4.6.1に、DP鋼の組織の模式図を示す。DP鋼は、フェライト母相中に、マルテンサイト相を分散させたヘテロ（不均一）構造組織である。軟質相であるフェライト相が材料の延性（加工しやすさ）を受け持ち、硬質相のマルテンサイト相が強度を担うといったように、それぞれ異なる特性を有する相を混在させることにより、相反する特性の両立を実現している[4)]。

鋼は温度に敏感な材料である。高温時と低温時ではその組織が異なり、また、高温から低温へ冷却する時の冷却速度によっても組織を大きく変化させる。このような特性を利用し、高度な温度制御に基づく熱処理により、DP鋼は製造されている。DP鋼では1073K程度に加熱して一定時間保持すると、高温域で安定なオーステナイト相が生成し、フェライト相とオーステナイト相の二相組織となる。その後、室温まで急冷すると、オーステナイト相はマルテンサイト相に変態し、フェライト－マルテンサイトの二相となる。

DP鋼の強度は、硬質相のマルテンサイト相の割合や母相であるフェライト相の硬さを、カーボンの添加量や熱処理条件の調整により様々に変化させることで制御することができる。カーボン添加量の異なる種々のDP鋼の組織観察

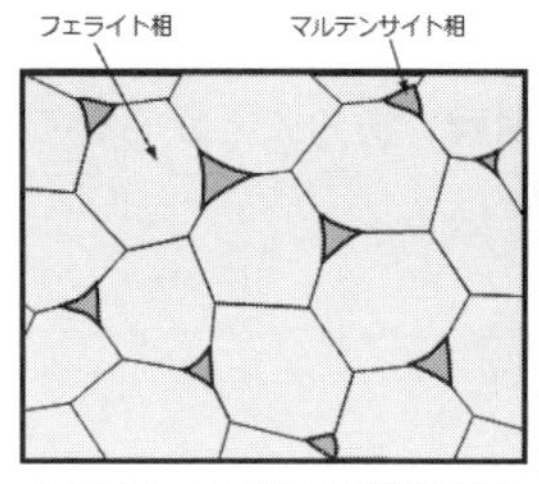

図4.6.1　DP鋼の組織模式図

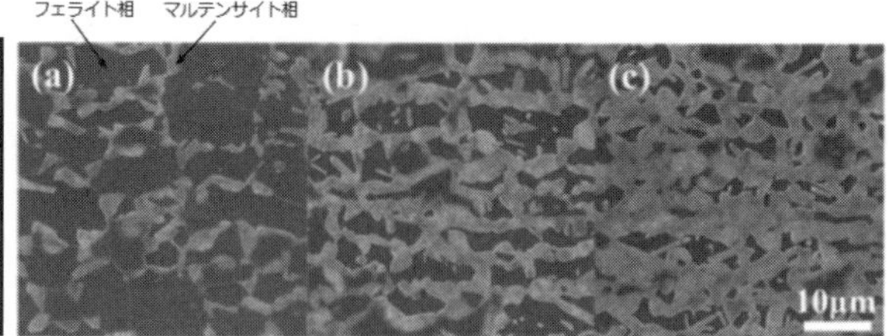

図4.6.2　DP鋼のSEM観察像[5)]
(a)　0.050mass%C、(b)　0.131mass%C、(c)　0.183mass%C

像を図4.6.2に示す[5)]。カーボンの添加量の増加とともに、マルテンサイト相が増加している。それぞれの引張強度は、(a)が786 MPa、(b)が1,184 MPa、(c)が1,476 MPaであり、マルテンサイト相の割合の増加とともに強度は上昇する[5)]。

1980年代にDP鋼が自動車用鋼板として実用化されて以降、DP鋼に見られるヘテロ構造組織制御の概念は自動車用鋼板の組織設計の基本となり、このような複合組織を有した鋼板が自動車用高強度鋼板の主流となっている[4)]。

4. 調和組織制御（Harmonic Structure Design）

DP鋼の登場により、これまでは困難とされてきた強度と延性の両立という大きな課題への一つの解としてヘテロ構造組織制御が注目されるようになった。このような組織設計概念のもと開発が進められ、現在、新たに注目されている組織制御法が調和組織制御である。調和組織制御は粉末冶金を基盤技術としており、巨大ひずみ加工を施した粉末を型に充填して焼結することによりヘテロ構造組織を有した材料を成型する。

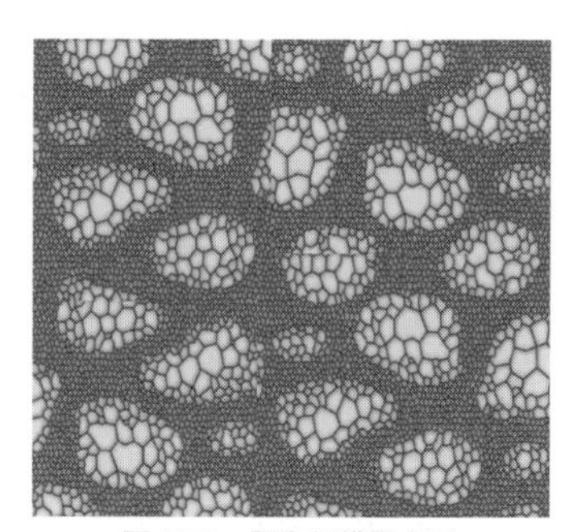
図4.6.3　調和組織概念図

図4.6.3に調和組織の概念図、ならびに図4.6.4に調和組織制御された純チタンの組織を示す。図4.6.4の(a)はEBSD（Electron Back Scatter pattern Diffraction：電子線後方散乱回折法）により得られたImage

Quality Map像、(b)は、同じくEBSDから得られた結晶粒径像である。図4.6.3の概念図に示すように、調和組織とは、微細結晶粒領域が連結したネットワークを構築し、粗大結晶粒領域が島状に分散するよう配置された組織である。微視的視点においては結晶粒径が不均一なヘテロ構造組織でありながら、巨視的視点では一定の周期性を有しており均一組織とみなせる、高度に構造制御された組織である[6)]。図4.6.4に示した純チタンの例においても、平均結晶粒径40.5 μmの粗大結晶粒領域を取り囲むように、平均結晶粒径5.6 μmの微細結晶粒領域が連結したネットワークを形成していることがわかる。図4.6.5は、図4.6.4に示した純チタン調和組織制御材料ならびに標準比較材の応力－ひずみ線図である。調和組織制御材料は、標準比較材と比較して、延性を保ったまま、強度が飛躍的に上昇していることがわかる。このように、調和組織制御を施すことにより、強度と延性のバランスを向上させることができることが明らかとなってきている[7)]。

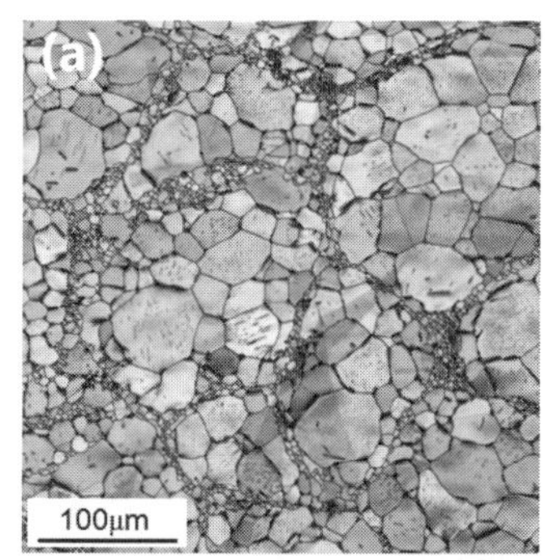

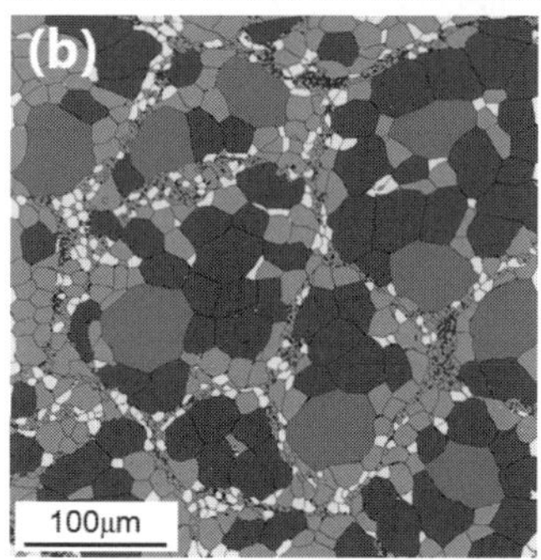

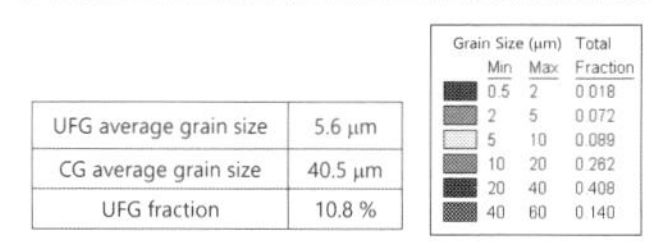

UFG average grain size	5.6 μm
CG average grain size	40.5 μm
UFG fraction	10.8 %

Grain Size (μm) Min	Max	Total Fraction
0.5	2	0.018
2	5	0.072
5	10	0.089
10	20	0.262
20	40	0.408
40	60	0.140

図4.6.4　純チタン調和組織制御材料の組織
(a)　Image Quality Map像、(b)　結晶粒径像

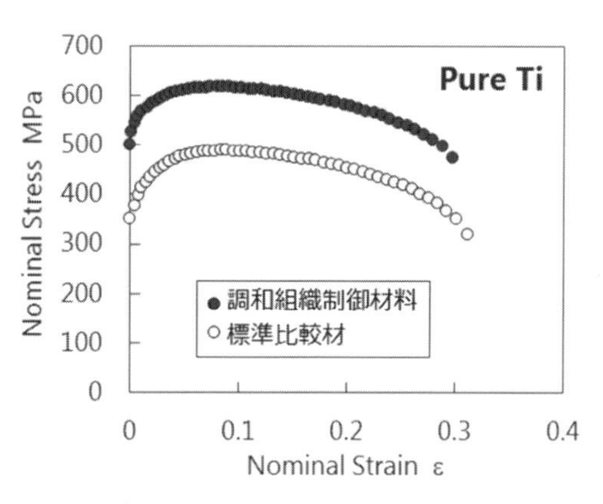

図4.6.5　純チタン調和組織制御材料ならびに標準比較材の応力ーひずみ線図

4.1　調和組織制御プロセス

調和組織制御は、前述したように粉末冶金法が基盤技術となっている。図4.6.6に、調和組織制御プロセスを示す。原料となる金属粉末に遊星型ボールミルや高圧ガスジェットミリングといったメカニカルミリングを用いて巨大ひずみ加工を施す。一般的にはこれらの加工方法は粉末の粉砕を目的として行われるが、調和組織制御では、粉末の粉砕や変形、凝集を生じさせないように綿密に加工条件（回転数、加工時間、メディアとの重量比など）を調整する。それにより、粉末の表層領域のみに加工が集中し、表層部の結晶粒径がサブミクロンサイズまで微細化する一方で、粉末内部は粗大結晶粒のままとなる、バイモーダルな粉末を作製している。得られた粉末を型に充填して焼結を行うと、粉末粒子界面に沿って微細結晶粒領域が連結した組織、すなわち、調和組織を得ることができる。

調和組織制御の特徴は、あらゆる金属材料で同様の組織制御が可能で、強度－延性バランスの向上が期待できる点である。図4.6.7に示したのは、横軸に靱性（延性）、縦軸に

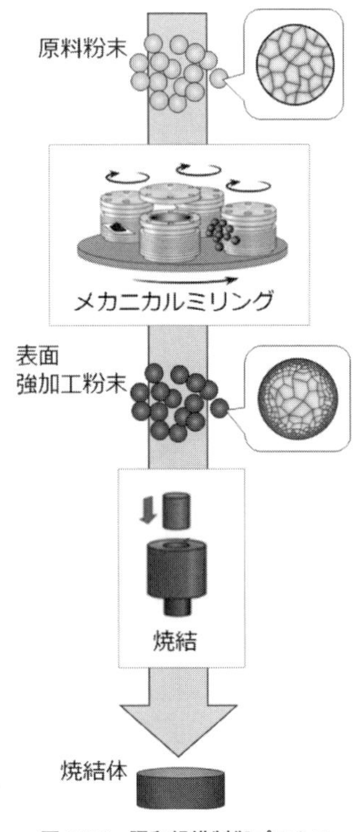

図4.6.6　調和組織制御プロセス

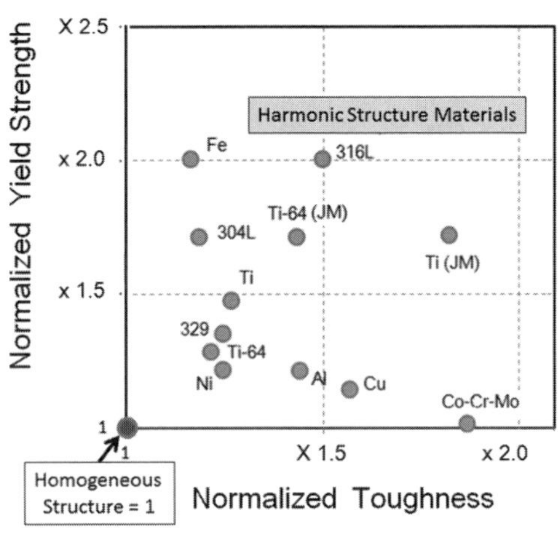

図4.6.7　各種調和組織制御材料の強度－延性バランスマップ

強度を取った特性分布図である。なお、縦軸、横軸はそれぞれ、均一粗大結晶粒組織を有する標準比較材の特性を1として標準化している。これまで紹介してきた純チタンに限らず、鉄や銅、ニッケル[8]といった純金属、ステンレス[9]に代表される合金、Co-Cr-Mo合金[10]のような高強度合金など、あらゆる金属材料で強度と延性のバランスが改善されていることがわかる。すなわち、調和組織制御は、力学特性向上に対して材料を選ばない普遍的な設計指針となり得ることを示唆している[11]。

4.2　調和組織の変形メカニズム

調和組織制御材料の変形機構について、FEM（Finite Element Method：有限要素法）による解析も試みている。体心立方構造を調和組織のモデルとし、体心位置に粗大結晶粒域を、その隙間の領域を微細結晶粒領域として、マルチスケールFEMにより変形時の応力、ならびにひずみの分布を解析した。図4.6.8は、塑性ひずみ12%における調和組織材料内のMises応力分布と主ひずみ分布を示している[12]。図から明らかなように、応力は微細結晶粒領域に集中し、一方ひずみは粗大結晶粒領域でより高くなっていることがわかる。調和組織材

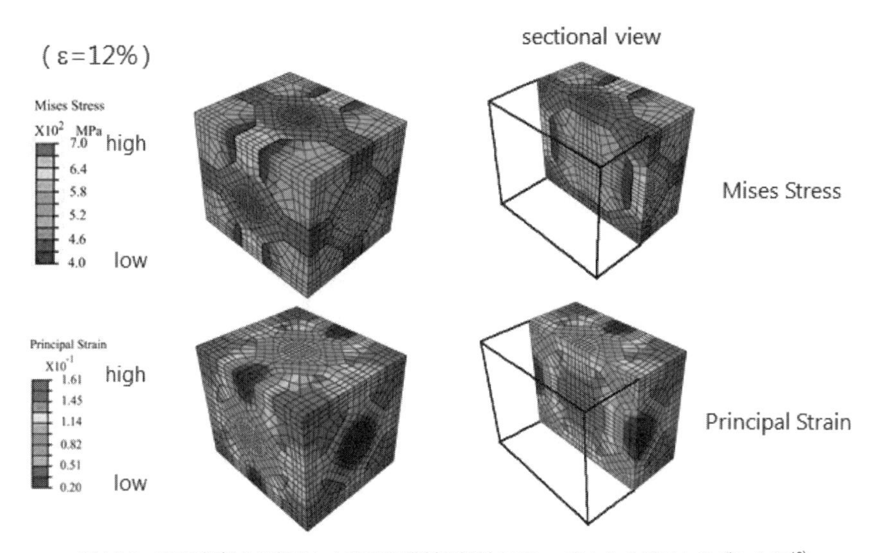

図4.6.8　FEM解析より得られた調和組織制御材料のMises応力ならびに主ひずみ分布[12]

料では、応力集中箇所である微細結晶粒領域が、材料内部全域に連結して周期的に配置されることで、応力集中の局所化が緩和され、ネッキングが抑制された結果、高い延性を保つものと考えられる。

5. ヘテロ構造材料の今後

ヘテロ構造制御の概念は、DP鋼における金属組織内の相構成や調和組織制御にみられる結晶粒径差といったミクロンスケールに限らず、異種金属の複合化のようなメートルスケールから原子レベルの不均一性までのあらゆるサイズに展開が可能であり、さらには物理的な不均一性や化学的な不均一性にも適用することができる。ヘテロ構造制御によって、従来はレアメタルなどの稀少元素を用いた合金化に頼っていた金属材料の特性改善を、レアメタルを添加することなく、豊富にある資源（ユビキタス元素）の単純な組成の組み合わせで達成することも可能になると考えている。金属資源をほとんど産出しない我が国において、ヘテロ構造材料は、持続可能社会を実現するための有効な元素戦略の一つとしてますます進化していくものと期待している。

参考文献

1） http://www.jst.go.jp/kyousou/theme/h22theme01.htm
2） N. Hansen: Scripta Materialia, 51 (2004) 801
3） 高橋　学：薄板技術の100年－自動車産業とともに歩んだ薄鋼板と製造技術－，鉄と鋼，Vol.100, No.1, (2014), 82
4） 高橋　学：ものづくりの原点　科学の世界VOL.43薄板（3）, Nippon Steel Monthly, Vol.183, No.11, (2008), 13
5） 長谷川浩平，田路勇樹，南　秀和，池田博司，森川龍哉，東田賢二：Dual-Phase鋼の引張特性に及ぼすマルテンサイト分率の影響，鉄と鋼，Vol.98, No.6, (2012), 320
6） 飴山　惠：調和組織制御による高強度・高延性金属材料の開発，山陽特殊製鋼技報，Vol.20, No.1, (2013), 2
7） Tatsuya Sekiguchi, Keita Ono, Hiroshi Fujiwara and Kei Ameyama: New Microstructure Design for Commercially Pure Titanium with Outstanding Mechanical Properties by Mechanical Milling and Hot Roll Sintering, Materials Transactions, Vol.51, No.1, (2010), 39
8） Zhe Zhang, Dmitry Orlov, Sanjay Kumar Vajpai, Bo Tong and Kei Ameyama: Importance of Bimodal Structure Topology in the Control of Mechanical Properties of a Stainless Steel, Advanced Engineering Materials, Vol.17, No.6, (2015), 791
9） Mie Ota, Keisuke Shimojo, Shun Okada, Sanjay Kumar Vajpai and Kei Ameyama: Harmonic Structure Design and Mechanical Properties of Pure Ni Compact, Vol.3, No.1, (2014), 1, doi:0.4172/2168-9806.1000122

10) Sanjay Kumar VAJPAI, Choncharoen SAWANGRAT, Osamu YAMAGUCHI, Octav Paul CIUCA, Kei AMEYAMA: Effect of Bimodal Harmonic Structure Design on the Deformation Behavior and Mechanical Properties of Co-Cr-Mo Alloy, Materials Science and Engineering C, Vol.58, No.1, (2016), 1008
11) 太田美絵，飴山　惠：粉末冶金の新しい可能性－調和組織制御法による高強度・高延性材料の創製，粉体および粉末冶金，Vol.62, No.6, (2015), 297
12) Han Yu, Ikumu Watanabe and Kei Ameyama: Deformation Behavior Analysis of Harmonic Structure Materials by Multi-Scale Finite Element Analysis, Advanced Materials Research, Vol.1088, (2015), 853

4.7　高強度構造材料の創製（表面改質材料）

Fabrication of high strength structural materials "Surface modification materials"

豊橋技術科学大学　福本　昌宏
Masahiro Fukumoto

Key words: thermal spray, cold spray, aerosol deposition, particle deposition, thick coating, process control, transition temperature

1. はじめに

原子を基本構成単位とし数μm以下の薄膜を創成するCVD法やPVD法とは対象的に、膜創成の基本単位をμmサイズの粉末粒子とし、高い成膜速度や厚膜形成能を特長とする表面技術分野が存在する。この技術は特に、数μm以上の厚膜創成を守備範囲とし、独自の膜創成技術領域を担う。代表的な実製品として各種タービンブレード用熱遮蔽皮膜TBC、いわゆるThermal Barrier Coatingが挙げられ、薄膜では困難な構造特性や機能性を厚膜として創出可能なことから、産業技術上不可欠の存在である。このような厚膜創成における既存技術の代表が「溶射法」であり、各種産業分野での膜創成における基幹技術として重要な役割を果たしている。

溶射法は、金属、セラミックス、高分子の工業用3大材料のすべてを加工対象とできること、基材の寸法や材質選定の自由度が高いこと、高い成膜速度を有し数μm以上の厚膜創成が可能なこと、開放雰囲気下での成膜が可能なこと、条件の適正化により高特性皮膜の創成が可能なこと、等の特長を有し、プロセスとして急速に成熟度を増している。また昨今の計測技術の進展に支援され、飛行粒子情報のその場計測結果を利用するプロセス制御化への取り組みが検討され始めている。ただし、溶射法の制御化は未だ緒についたばかりであり、適正な制御法の確立が喫緊の課題となっている。

一方、昨今のナノテクノロジーの恩恵を受け、ナノ組織材料等の各種機能性材料の開発が盛んである。また、サステイナブル人類社会の構築に繋げる材料創製や輸送機器軽量化のための複合材料開発の進捗が著しい。新材料の開発は、固有の加工ニーズに応える新しい加工法を求めることから、同時に加工法の進展をもたらす。新規機能性材料の厚膜創成においては、既存溶射法における粒子の溶融は、設計調質されたナノ組織や材料固有の機能性を劣化、消失させる。すなわち、既存溶射法における“粒子の溶融”は一種の必要悪であり、その克服を目指し本技術分野では、非溶融固相粒子の積層による新しい膜創成の方向が模索されている。代表プロセスとして、コールドスプレーCold Spray法、ウォームスプレーWarm Spray法、およびエアロゾルデポジションAerosol Deposition法が開発された。特に、我が国オリジナルとなるWS法、および常温でセラミックスの高密度成膜を可能とするAD法は、世界に誇る技術として頼もしい存在である。以下ではこれらをそれぞれCS、WSおよびAD法と呼称する。

溶射法を含むこれら新旧プロセスを、粒子積層による厚膜創成プロセスとして、速度、温度座標面上に配置し図4.7.1に示す。これらプロセスは膜創成の基本構成単位をμmサイズの粉末粒子とする点で共通であることから、本稿では、これらプロセスの全体を俯瞰し、粒子積層による膜創成のための新コーティング技術の学理解明、および技術確立に向けた取り組みの現状、課題、将来に向けた展望を纏める。

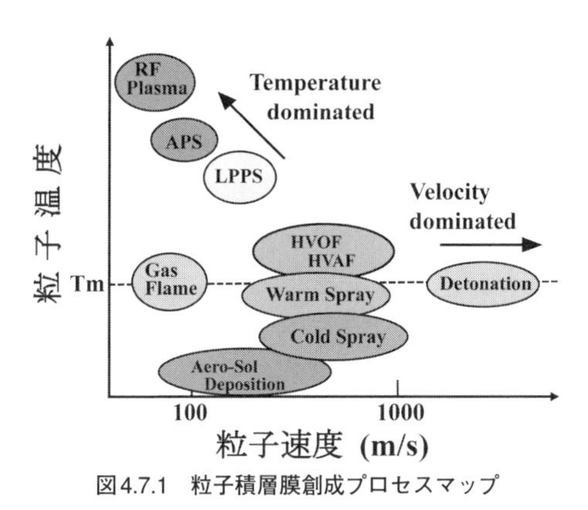

図4.7.1　粒子積層膜創成プロセスマップ

2. 既存溶射法におけるプロセス制御

2.1　プロセス制御指針としての3次元遷移曲面

溶射成膜の基本素過程は、平滑な固体表面に衝突した原直径 ϕ dの液体球状粒子が、基材上で直径 ϕ Dのディスク形状へと偏平付着する現象と規定される。この場合の粒子の偏平率 ξ=D/dはMadejskiの理論式[1)]を代表に ξ=A(Re)^{B}

と記述される。ここにReは粒子のレイノルズ数、A、Bは係数である。またRe数にはRe=ρvd/ηのように粒子の密度：ρ、粘性：η、および速度：vの項が含まれ、かつ、密度および粘性は温度の関数であることから、上式は、粒子の偏平が粒子の有する「速度」および「温度」により決定されることを意味している。すなわち、溶射粒子の基材上での偏平は、衝突直前の飛行粒子の温度、速度を制御すればよい。昨今の各種計測技術に支援され飛行粒子の速度および温度のその場計測が可能となったことから、これら情報を実測しフィードバックする制御方式が志向され始めている。ただし現状では、粒子飛行情報と形成される皮膜特性との定量的な関連が未だ明確ではなく、国内外の生産現場における皮膜品質管理は、依然として絨毯爆撃的な手法に基づくのが実状である。

このような皮膜品質管理に対し、より能動的な制御性確立への取り組みが検討されている。上記した粒子帰属の2因子に代えて、粒子／基材界面帰属因子によるプロセス制御への取り組みが行われている。すなわち、金属、セラミックス、高分子を問わず単一の溶射粒子は、基材温度の上昇に伴い、ある臨界温度において、粒子体積の大半が周囲に飛散するスプラッシュ状から、粒子全体が理想的なディスク形状へと、図4.7.2中の丸プロットとして示すように、偏平形態が急峻に遷移的に変化する事実を国内外に先駆けて見出し、この基材の特異温度を「偏平形態遷移温度:Tt」と定義した[2)]。古来、基材加熱条件下で溶射粒子がディスク状偏平を示すことは経験的に知られていたが、ある条件を境に遷移的にその割合が増大するとの定量把握は、本研究が初めてである。

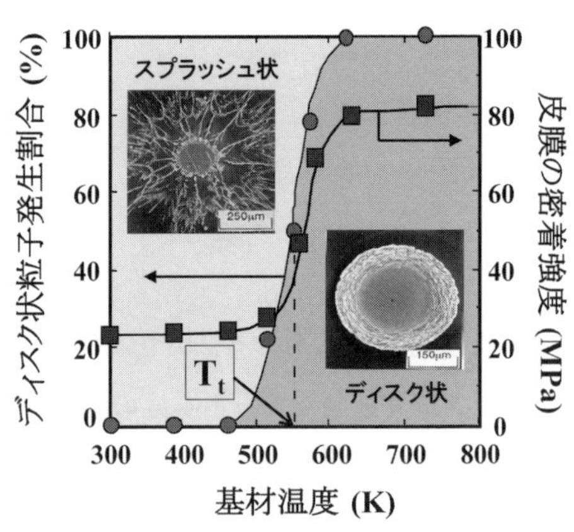

図4.7.2　基材温度変化に伴う粒子偏平形態、皮膜密着強度の変化および遷移温度：Ttの定義

加えて、個々の粒子の集合で創

成される皮膜の密着強度も、図4.7.2中の四角プロットとして示す様に、遷移温度を境に遷移的に増大する傾向が明らかにされた[3)]。したがって、単一粒子の偏平挙動は、皮膜特性の推察を可能とする実用上有益な観察対象となる。本成果は1995年開催の国際溶射会議で公開され、トピカルな学術課題として注目された[2)]。以来、国内外の多くの研究者が本遷移現象の機構解明をめぐり議論を戦わせ、支配機構の解明、普遍ルールの導出に向け、今なお議論が重ねられている。その後筆者らは、「雰囲気圧力」の変化においても類似の遷移現象を見出し、雰囲気圧力における臨界値を「偏平形態遷移圧力:Pt」と定義した[4)]。

さらに、各種材料粒子に対する系統調査において、Tt、Pt値の粒子材質依存性に類似の傾向性が認められたことから、基材温度ならびに雰囲気圧力は粒子偏平に対し等価な影響を及ぼすことが示唆された。この成果を基に両者を組み合わせた3次元遷移曲面の存在を予見し、両条件を変化させた系統実験の結果、図4.7.3に示す各種金属材料における3次元遷移曲面の存在を実験的に検証した[5)]。昨今、本3次元遷移曲面データは、国内エネルギー関係および自動車関係の企業製造ラインにおいて、皮膜製品品質保証のための制御指針として実用に供されている[6)]。

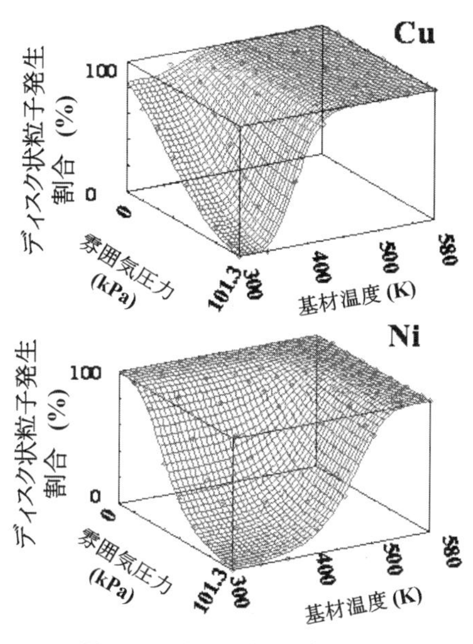

図4.7.3　3次元遷移曲面データの例

2.2　偏平形態遷移機構の本質解明

粒子偏平における遷移現象は学術的に興味深く、本質解明に向けた取り組みが散見される。一般に、平滑固体表面への水滴の衝突は、粒子の有するK値＝$(We \cdot Re^{0.5})^{0.5}$が臨界値であるK＝57.7を超える場合に液膜破壊、すなわちスプラッシュ状偏平となることが知られている[7)]。ここにRe数は上述の通りであり、$We=\rho v^2 d/\gamma$ も粒子に関する無次元数で、ρ：密度、γ：表面張力、v：速度である。実測した溶射粒子飛行情報を基にK値を見積もったところ、通常の溶射粒子はK = 200 ～ 10,000程度の大きな値を有し、スプラッシュ発生に十分な駆動力を有することが判明している[8)]。この事実は、溶射粒子偏平形態遷移の本質は、なぜ、どのようにしてスプラッシュが発生するのかではなく、遷移温度以上への加熱基材上において、過分な駆動力を有するにもかかわらず、なぜ、どのようにしてスプラッシュ発生が抑制され、ディスク状偏平形態が現れるのか？の機構解明にあることを示している。

スプラッシュ発生抑制効果が基材への衝突において初めて発現されることは自明であることから、筆者らは、粒子偏平が、粒子／基材界面接触能⇔粒子裏面微視組織形成⇔粒子内巨視冷却⇔粒子内粘性変化、凝固⇔偏平形態の因果関係に依存すると推測した。その上で、溶射を模擬する自由落下実験での金属液滴内温度履歴のその場計測結果から、第一因子となる界面接触能の偏平形態への関与を推定した。基材温度および雰囲気圧力を変えた場合の液滴内温度履歴実測結果より、最高温度到達直後の平均冷却速度は、基材温度の高いほど高い冷却速度となる興味深い結果を得た。この結果は、いわゆるニュートン冷却から想定される傾向とは真逆であり、原因究明のために粒子裏面を詳細に観察した結果、スプラッシュ状粒子は全面にわたり多孔質であったのに対し、円盤状粒子は緻密な裏面組織を有する、基材との接触能において両者間の顕著な相違が認められた。すなわち粒子偏平は、粒子／基材界面の接触能に支配されることが示唆された。ただし、これら計測において液滴は、冷却履歴実測域よりもはるかに早い段階で偏平を完了させること、すなわち液滴は、まさに衝突直後に自らの偏平形態を決定しており、その決定が何に基づくのかを明らかにする必要が生じた。

実際の溶射粒子について縦断面微視組織を詳細に観察した結果を纏めて図4.7.4に示す。図(a)より、大気圧室温基材上でのスプラッシュ状粒子に対し、図(b)の加熱基材上でのディスク状粒子には、はるかに微細な柱状晶組織が認めら

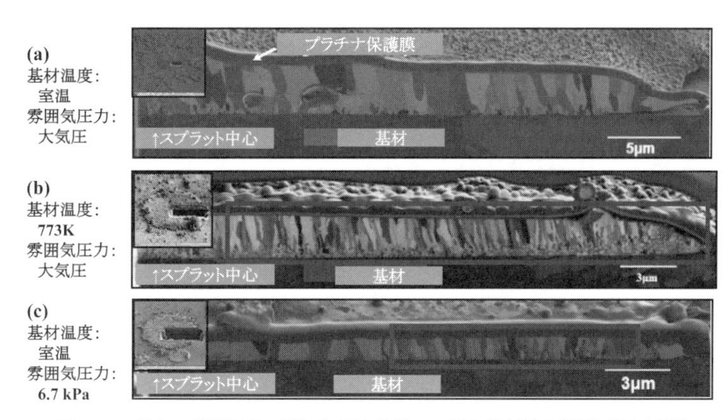

図4.7.4　異なる基材温度、雰囲気圧力条件下で得た溶射粒子縦断面凝固組織

れ、粒子内が全体的に急速凝固したことが明らかである。ただし、柱状晶は本来、偏平運動が終了した後に起こる静的な凝固現象であり、偏平に対し影響を及ぼし得ない。これに代わるエビデンスを探索した結果、ディスク状粒子の基材接触底部全体に等軸晶微細結晶（チル晶）層が形成され、かつ、チル晶の厚さがスプラット外周部に向かうに連れて厚くなる特徴的な構造を見出した。この超急速凝固層は粒子偏平と同時進行で形成され、粒子内熱対流の影響が減少する偏平終端外周部において、偏平粒子表面にまで到達する急速凝固がスプラッシュ発生を抑止し、ディスク状偏平をもたらしたと理解される。

この様な偏平形態遷移現象はセラミックス粒子においても同様に認められることから、熱伝導や凝固特性が金属材料とは大きく異なるセラミックス粒子において、類似の偏平形態決定機構が関与するのかどうかを調査、その普遍性を検証した。熱伝導率の異なるAl_2O_3、Y_2O_3およびZrO_2の3種を対象に基材温度変化に伴う遷移挙動を調査した結果、遷移温度はAl_2O_3、Y_2O_3、ZrO_2の順に高くなる傾向が認められた。熱伝導率はAl_2O_3、Y_2O_3、ZrO_2の順に小さいことから、遷移現象と熱伝導性、粒子冷却、凝固特性との何らかの関係性が示唆された。加熱基材上で得たディスク状スプラット縦断面微視組織観察の結果、最も熱伝導率の低いZrO_2ではスプラット裏面にチル晶は認められず、半径方向のいずれの位置にも柱状晶が認められた。これに対し最も熱伝導率の高いAl_2O_3では、基材側裏面から半分ほどの厚さのスプラット内にアモルファス層の形成が認められた。また、中くらいの熱伝導率を有するY_2O_3では、基材側裏面に等方性チル晶の形成が認められた。Al_2O_3、Y_2O_3における超急冷に基づくこれら凝固相は、おそらく粒子偏平と同時進行で形成される可能性があり、金属材料における偏平形態決定に類似する機構の関与が示唆された。一方、柱状晶しか形成しないZrO_2においては、超急冷の影響が伝搬しにくく、冷却に伴う凝固以外、たとえば粘性の変化等が偏平を支配した可能性が示唆されるが、その詳細は今後の課題である。

なお、基材をSUS304鋼に固定した系統実験の結果、溶射粒子材質ごとに異なる遷移温度あるいは遷移圧力が認められた。このような遷移現象が自然界のいかなるルールによるのかを吟味するために、粒子物性値とTt、Pt値との相関性を調査した結果、Tt、Pt値における粒子材質の順序が周期律表上の元素の順序に一致する事実を見出した。通常、極めて多くの因子が多層的複雑に関与するために、解明の困難さが強調される溶射現象ではあるが、ここでの遷移値のような切り口によれば、溶射現象も厳正なる自然界の法則に従う科学的な現象の範疇にあることが分かる。

3. 固相粒子の積層による新規膜創成プロセス

3.1　コールドスプレー＆ウォームスプレー法

既存溶射法における粉末材料の大気中での溶融は、酸化、窒化などによる材質の化学的劣化、設計調質したナノ組織の喪失、ならびに堆積後の凝固に伴う引張応力の発生などを引き起こすプロセス上の必要悪と言わざるを得ない。この点が当該技術分野における永年の懸案とされた。その克服を志向して近年、最低限の加熱により軟化させた固相粒子を高加速することにより、基材上で塑性変形させ成膜するCS法が開発された[9]。同法では、粒子速度の増大に伴い、粒子が基材表面をエロージョンする状態から、粒子が基材に付着し始める状態へと遷移的に変化する臨界速度：Vcの存在が指摘されている。

前節に述べた溶射法が固体基材への溶融粒子の動的ぬれに支配される付着現象と規定されるのに対し、CS法は固体粒子の固体基材への衝突、塑性変形が相互の界面において引き起こす付着であり、この付着には速度、密度等の相対差を有する固体間界面における擾乱、Shear Instability（せん断不安定）[10] の関与が示唆される。一方、既存の高速ガスフレーム溶射（HVOF）法の燃焼ノズル内に大量の窒素ガスを導入することで、粒子速度の加速増進、粒子温度の降下ひいては酸化抑制を実現する変形HVOF法が国内の独自技術として開発された。同法はWS法と呼ばれ、単一トーチで溶射とCSの両成膜モードを無段階で切り替え可能な成膜法として、今後の活用に期待が寄せられている。

CS法およびWS法における粒子／基材、粒子／粒子界面固体間の結合は、界面せん断力、せん断変形速度、酸化膜の破砕、摩擦発熱度合い、発熱に伴う材料特性・組織変化などが複雑に関与すると予想されるが、結合機構の詳細は未だ不明であり、その解明が待たれる。また、当初指摘された粒子衝突中心での未接合部残留の、いわゆる南極問題は、後続粒子が界面での接合性を与えるとの検証結果が示され[11]、あまり危惧しなくてよいものとされている。

3.2　エアロゾルデポジション法

一切加熱することなく、室温状態のセラミックス粉末により緻密な膜創製を可能とするAD法が、我が国オリジナルの成膜法として脚光を浴びて久しい。エアロゾル状態のnmサイズのセラミックス粒子が真空容器内の基板面上に吸引・加速され堆積するAD法の成膜原理は、いわゆる常温衝撃固化現象と規定され[12]、金属材料よりも、むしろ脆性的な破壊を特徴とするセラミックス材料の膜創製に好適とされる。ここに常温衝撃固化とは、基材表面に衝突した粉末粒子が破砕され、現出した新生面が、粒子内あるいは粒子／基材界面で新たな結合を生じることで得られる強固な固体間の接合原理であり、AD法において緻密な皮膜創成を可能とする新成膜概念である。創製されたセラミックス皮膜内結晶サイズが投射前粒子における結晶サイズよりも小さいとの観察事実が、この機構の信憑性を与えている。ただし、破砕により現出し再結合したと推定される再結合界面そのものは未だ明確な報告例を見ない。基材への衝突により破砕された個々の粒子は、それ全体が付着するのか、あるいは粒子のある部分のみが成膜に預かるのか、など成膜機構の詳細解明が求められている。

なおAD法ではこれまでに、適正な成膜を可能とする粒子サイズ、あるいは粒子速度における臨界値の存在が指摘され、それら臨界値に基づくプロセス制御が可能とされる。

3.3　コールドスプレーによるセラミックス皮膜の創製

通常CS法では、粒子の有する塑性変形能が基材への付着、成膜の前提となるため、脆性的なセラミックス材料は原理上、成膜の対象外である。ただし近年、ある種セラミックス粉末においてCS法での成膜が実験的に検証された[13]。図4.7.5に創成皮膜の縦断面組織観察例を示す。厚さ150 μmほどの緻密なチタニア皮膜が得られている。成膜の秘訣が粉末材料にあると推測され原料粉末の微視組織を観察した結果、同粉末は数nmサイズの1次粒子が凝集し20 μmほどの平均粒径を有する2次粒子を形成していることが分かった。nmサイズの微細粉末そのものはガスでの搬送が叶わず、適度な大きさに凝集させたことが、ガスによる搬送、衝撃波を突き抜けての基材への衝突、付着を可能としたものと考えられる。また、この場合はAD法とは異なり、衝突により解砕した2次粒子内の1次粒子が相互に、あるいは基材との間に新たな結合を形成することで、健全な膜構造が創成されたものと推測される。得られた皮膜は熱変質もなく、原粉末と同じ100%アナターゼ相を維持し、粉末以上のNO_x除去特性が確認されている。

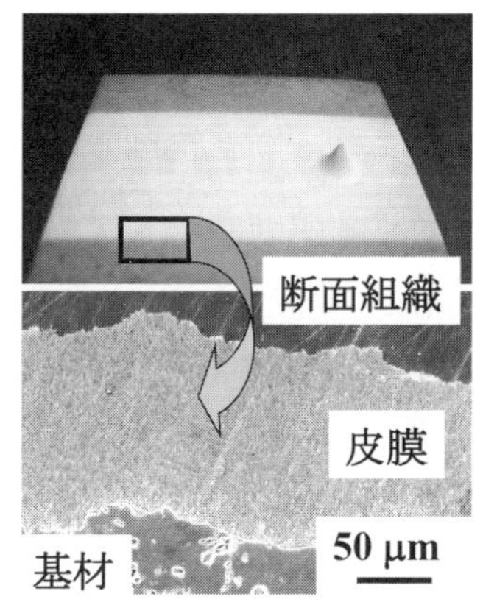

図4.7.5　CS法によるTiO_2皮膜

現時点では、同チタニア粉末と類似の構造を有する他の粉末材料が作製できないことから、未だ検証不能であるが、類似の粒子構造がCS法によるセラミックス厚膜創成を可能とする基本原理を与えるものと期待される。

4. おわりに

粒子積層による厚膜創成の代表である溶射法について、単一粒子偏平現象に着目したプロセス制御指針を示した。一方、既存溶射法における粒子の溶融がプロセス適用拡大の隘路である事実から、その打開策となるCS、WSおよびADの固相粒子の積層による新規膜創成プロセスを概説した。

これら新プロセスは、既存溶射法と同じく数～数十μmサイズの粒子を膜創成の基本単位とすることから、基材上における単一粒子の付着、偏平機構の解明によるプロセス制御指針確立への継続した探究が望まれる。これら新プロセスによれば、粒子溶融を前提とする既存溶射法では不可能なナノ組織、超厚膜造形体や加熱を嫌う機能性セラミックス皮膜等の創成が示唆され、膜創成・造形プロセスの世界拡充への期待が高い。近未来に向けた、溶射、WS、CS、AD法を貫く、粒子積層による膜創成PD：Particle Deposition法の学理解明、基盤確立への包括的な取り組みが求められる。

なお昨今、これら新旧プロセス個々に関し、より詳細の解説が刊行されている[14)～17)]ので、関心をお持ちの方は参照されたい。

参考文献

1）J. Madejski：Solidification of Droplet on a Cold Surface, Int. J. Heat Mass Transfer, 19, (1976), 1009-1020.
2）M. Fukumoto, S. Katoh, and I. Okane：Splat Behavior of Plasma Sprayed Particles on Flat Substrate Surface, Proc. of Int. Thermal Spray Conference, A. Ohmori, ed., High Temp. Soc. of Japan, Osaka, Japan, (1995) 353-359.
3）M. Fukumoto, H. Hayashi, and T. Yokoyama：Relationship Between Particle' s Splat Pattern and Coating Adhesive Strength of HVOF Sprayed Cu-Alloy, J. Jpn. Therm. Spray Soc., 32, 3, (1995), 149-156.
4）福本昌宏, 鍛示浩史, 椎葉昌洋, 安井利明：プラズマ溶射粒子偏平挙動に及ぼす雰囲気圧力の影響, 日本溶射協会第75回講演大会講演論文集, (2002), 49-50.
5）M. Fukumoto, M. Shiiba, H. Kaji and T. Yasui, Three-Dimensional Transition Map of Flattening Behavior in Thermal Spray Process, Pure and Applied Chemistry, 77, 2, (2005), 429-442.
6）T. Andoh and Y. Harada：Outline of NAS battery and sulfidation resistance of high Cr-Fe alloy coatings formed by plasma spraying, Corrosion Engineering, 54, (2005), 249-259.
7）P. Fauchais, M. Fukumoto, A. Vardelle and M. Vardelle：Knowledge concerning splat formation：An invited review, J. of Thermal Spray Technology, 13, 3, (2004), 337-360.
8）M. Fukumoto, E. Nishioka and T. Nishiyama：New criterion for splashing in flattening of thermal sprayed particles onto flat substrate surface, Surface & Coatings Technology, 161, (2002), 103-110.

9）M. Fukumoto, H. Wada, K. Tanabe, M. Yamada, E. Yamaguchi, A. Niwa, M. Sugimoto and M. Izawa, Effect of substrate temperature on deposition behavior of copper particle on substrate surface in cold spray process, J. Thermal Spray Technology, 16, 5-6, (2007), 643-650.
10）H. Nakano, M. Yamada, M. Fukumoto and E. Yamaguchi：Microstructure of interfacial region between cold-sprayed copper coating and AlN substrate coated by sputtered titanium and copper, J. of Thermal Spray Technology, 20, 3, (2011), 407-411.
11）K.H. Kim, M. Watanabe, S. Kuroda：Bonding mechanisms of thermally softened metallic powder particles and substrates impacted at high velocity, Surface and Coatings Technology, 204, (2010), 2175-2180.
12）J. Akedo, S. Nakano, J. Park, S. Baba and K. Ashida：The aerosol deposition method - for production of high performance micro devices with low cost and low energy consumption-, Synthesiology – English edition, 1, 2, (2008), 121-130.
13）M. Yamada, Y. Kandori, K. Sato and M. Fukumoto, Fabrication of Titanium Dioxide Photocatalyst Coatings by Cold Spray, Journal of Solid Mechanics and Materials Engineering, 3, 2, (2009), 210-216.
14）福本昌宏，榊　和彦，小川和洋，片野田洋，未来を拓く粒子積層新コーティング技術，シーエムシー出版，(2014).
15）沖　幸男，上野和夫，溶射工学便覧，日本溶射協会，(2010).
16）S. Kuroda, M. Watanabe, K. H. Kim and H. Katanoda, Current Status and Future Prospects of Warm Spray Technology, J. of Thermal Spray Technology, 20, 4, (2011), 653-676.
17）J. Akedo, Room Temperature Impact Consolidation (RTIC) of Fine Ceramic Powder by Aerosol Deposition Method and Applications to Microdevices, J. of Thermal Spray Technology, 17, 2, (2008), 181-198.

4.8　高強度ガラス材料創製における50年間の技術動向と最新技術

A Technology Trend for 50 Years and Modern Technology for Creation of High Strength Glass

元東京工業大学／元旭硝子㈱　伊藤　節郎
Setsuro Ito

Key words: glass, strength, deformation, fracture, crack, brittleness

1. はじめに

今から数万年前、人類は火山岩の一種である黒曜石（アルミノシリケートガラス）を矢尻や斧の刃として使用していた。人類がガラスを使用した始まりと言われている。人工的にガラスが作られるようになったのは、それよりずっと後、今から数千年前からであると伝えられている。ガラスは、透明で光沢があり、しかも硬くて耐水性に富むなどの理由で、当初、宝飾品や工芸品、あるいは容器などの貴重品として扱われていた。20世紀に入り、製造技術の進歩と相俟って、食器、瓶、窓ガラスなどが大量に生産されるようになり、生活必需品としての地位を確立するに至った。現在、ガラスは、エネルギー、情報処理、バイオテクノロジーなどの先端分野でも必要不可欠な材料として進化し続けている。

しかし、ガラスは、その本質である無秩序構造に起因する脆く割れやすいという性質のため、その応用範囲が限定されている。従って、応用分野を拡大するために、安全で安心できる信頼性の高いガラス、すなわち高強度で丈夫なガラスの出現が強く望まれている[1)2)]。一方、ガラスの高強度化技術は、単に機械機能向上のためだけでなく、ガラスの薄型化を可能にするので、省エネ・省資源、延いてはCO_2排出削減にも貢献する重要な技術である。

本項では、ガラスの破壊を防ぐために培われてきた高強度化技術の最近の進歩について概説する。

2. ガラスの強度

2.1　理論強度と本質強度

ガラスは図4.8.1に示すように、本質的に無秩序に並んだ網目とその間に存在する空隙から成る。このような構造を持つガラスの理論強度を正確に知ることは極めて難しいが、SiO_2ガラスの理論強度はSi-O結合の強度と破断面の単位面積当たりの結合数から推算され、約24 GPa[3]と報告されている。最近、通信用光ファイバから作成した直径約100 nmのSiO_2ガラスファイバで20～25 GPa[4]の値が報告され、SiO_2ガラスの本質的な強度はほぼ理論強度に匹敵することが示された。SiO_2ガラスは実用材料の中で最も高い強度を示す材料の一つであると言える。一方、アルカリなどを含む多成分系ガラスでは、その本質強度が2～10 GPa程度で、網目の結合強度と結合数から推定される強度よりかなり小さい。多成分系ガラスは網目の切れ目となる非架橋酸素を多量に含むので、破壊前に網目の組み換えが起こり易く、せん断流動が生じ、強度が低くなると考えられている[5]。しかし、それでも多くのガラスの本質強度は他材料に比べ十分高いので、ガラスファイバはプラスチックやセメントの強化材として広く使われてきた。最近、風力発電用の羽根の強化材としても使われ、また、将来、電気自動車の車体などにも使われる可能性が高い。

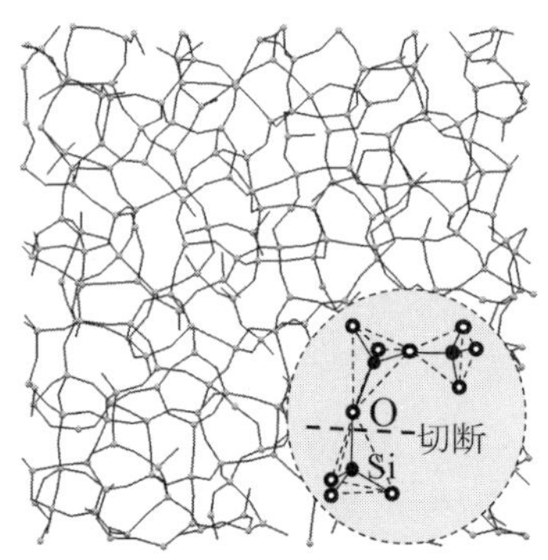

図4.8.1　SiO_4四面体の連結からなるSiO_2ガラスの網目構造と破断箇所

2.2　実用強度

我々の周辺にあるバルク状実用ガラスの強度は、上記本質強度に比べてはるかに小さく、その値の1/100以下に過ぎない。しかも、その強度は加工や取り扱い方法などの違いにより著しく異なること、低強度ガラスでもエッチングすると本質強度に近い高強度が得られることなどから、ガラスの強度は表面の状態に著しく依存することが明らかにされた。

Inglis[6)]およびGriffth[7)]は、材料中にクラックが存在すると、そのクラックの形状や大きさが強度に著しく影響を与えることを示した。応力下では図4.8.2に示すようにクラック先端に応力集中が生じる。通常、実用ガラスのクラックの長さは数十μm程度であるのに対し、先端の曲率半径は1～2 nm程度であるので、クラック先端の応力集中は負荷応力の100倍以上に達する。

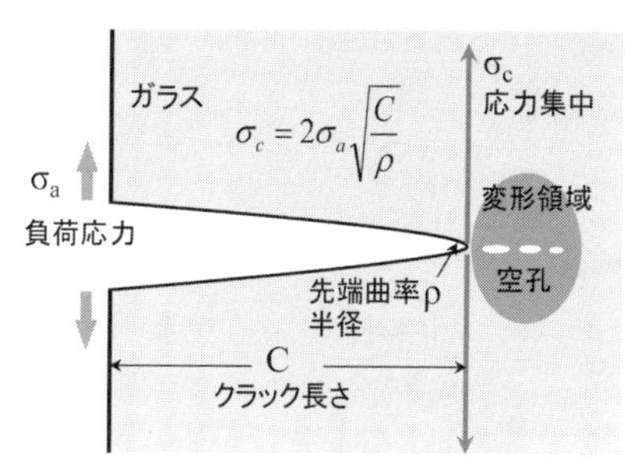

図4.8.2　クラックの形状と応力集中および先端部の変形

これらの事から、バルク状実用ガラスの強度低下は、材料固有の特性ではなく、目に見えない微細な表面クラックによるものであることが明らかとなった。以来、ガラスの機械的信頼性を高めるために、様々な表面処理技術が考案されクラックによる強度低下の防御がなされてきた。しかし、均質なガラスに如何にしてクラックが生成するのか未だ不明な点が多い。

3. ガラス構造と変形・破壊

クラックの発生・成長メカニズムの解明のために、応力下でのガラスの変形・破壊現象とナノ構造との関係が議論されるようになり、クラックの発生・成長し難いガラスを創出する研究・技術開発が進められるようになった。

3.1　クラックの発生

クラックの発生は、ガラスと異物の接触によって生じる局所的な応力によって引き起こされる。しかし、もしガラスが容易に変形し、応力が緩和し易ければクラックは発生し難い。そのメカニズム解明と高強度化の材料設計のために、近年、Indentation法による研究が盛んに行われている。

ガラスにビッカース圧子を押し込んだ際に、圧子下ではその周辺に大きな応力が発生し、弾性変形、緻密化、流動などによる変形が生じる（図4.8.3）。荷重を除去すると、弾性変形は回復するが、緻密化と流動による変形（永久変形）

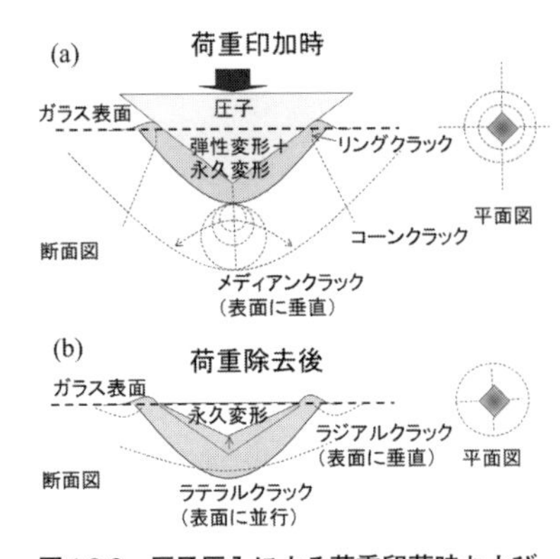

図4.8.3　圧子圧入による荷重印荷時および除荷後のガラスの変形と発生するクラック

は残り、圧痕周辺に残留応力が発生する。負荷時および除荷時に発生する応力が臨界値を超えると、圧痕の直下やコーナーから表面に垂直なクラックが、また圧痕直下から表面に平行なクラックが発生する。表面に対し垂直および平行なクラックを生じる最小荷重$P_{\perp}$および$P_{//}$は、それぞれ(1)および(2)式に示すように、硬さH_vと破壊靭性K_Cに依存する[8) 9)]。式中のEはヤング率、A、A'は定数である。

さらに両式は、硬さと破壊靭性の比、すなわち脆さB（$=H_v/K_c$）[10)]、の関数として表わすこともできる。従って、Bが小さくなるとクラックの発生に必要な荷重が大きくなる、すなわちクラックが発生し難くなる。

$$P_{\perp}=A\frac{{K_c}^4}{{H_v}^3}=A\frac{K_c}{B^3} \quad \cdots(1)$$

$$P_{//}=A'(\frac{{K_c}^4}{{H_v}^3})(\frac{E}{H_v})=A'\frac{E}{B^4} \quad \cdots(2)$$

ガラスの脆さは網目の平均結合強度αおよびイオン充填率Vの関数として表すことができ[11)]、αおよびVが小さくなるほどBは小さくなり、流動および緻密化による変形が容易となり、応力緩和が起こり易く、クラックが発生し難くなる。しかし、一般に、ガラスのαとVは二律背反の関係にある。例えば、シリカを多量に含むガラスは、αが大きくVが小さいため流動し難く緻密化は容易である。逆に、アルカリを多量に含むガラスは、αが小さくVが大きいため流動し易く緻密化は難しい。また、ポアソン比が小さくなると緻密化が容易になることが知られている[12)]。これはVが小さくなるためであると考えられる。結局、脆さを低減するためにはαとVが最適な値をとるようにガラス組成や構造を設計することが大事である。図4.8.4にソーダライム系低脆性ガラス（B=5.1）

とソーダライムシリカガラス（窓ガラス、B=7.1）のクラック発生挙動の違いを示す[13)]。組成の僅かな変更で脆さが30％程度低減し、クラックが著しく発生し難くなることがわかった。一方、同組成のガラスでも、作製時の冷却速度が大きくなると高温構造が凍結されるのでαおよびVが小さくなり、クラックが発生し難くなる。

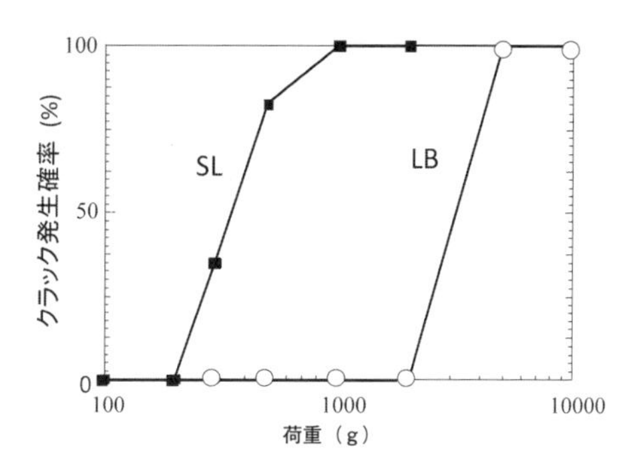

図4.8.4　ソーダライムガラス（SL）と低脆性ガラス（LB）のクラック発生荷重

また、非架橋酸素を持たないSiO_2ガラスでも、電子線照射によりSi-O結合を切断し非架橋酸素を導入すると、αが低減し変形が起こり易く、その結果応力緩和が容易となり割れ難くなる。

分子動力学により応力下でのガラスのナノ構造の変化から、ガラスの変形は、網目構造はもとより空隙構造とも密接な関係があり、さらに、全空隙量よりはむしろ空隙サイズの分布が重要であることが明らかになりつつある[11)]。

圧痕付近のガラス構造の変化に関しては、ラマン分光法などで詳細な研究が進められている。

3.2　クラックの進展

ガラスのクラックは、或る応力で緩やかに進展し始めるが、クラック長の増加と共に応力集中が大きくなるため進展速度が急激に増大し、最終的には1,500 m/s程度の極めて早い速度で破壊に至る[14)]。クラックの進展し易さは、基本的には破壊靭性に依存する。ガラスの破壊靭性は、0.5～1.0 MPa·$m^{1/2}$程度で、金属の破壊靭性に比べはるかに小さく、また高分子やセラミックスのそれらに比べても小さい。破壊靭性は、ヤング率Eと破壊表面エネルギーγによって決まるので、これらの値を大きくする試みが続けられた。しかし、ガラスのEは、通常50～150 GPa程度で、これ以上向上させることは難しい。一方、ガラスのγは、ほぼ2～5 J/cm^2程度で[15) 16)]、他材料に比べて著しく小さい。

これはガラスの無秩序構造に由来するためである。結局、均一系ガラスで破壊靭性を高め、クラック進展を抑止することは極めて難しい。

クラックが進展する際､先端部から結合が順次切断しながら進展する[17]のか、あるいは先端部前方に空孔を生じながら進展する[18]のか、論争が続けられている。また、クラックの分岐や進展方向の変化を予測する研究[19][20]、さらに、クラック先端部のナノオーダーの応力分布を解明する研究[21]などが進められている。

一方、水の存在する雰囲気下でガラスの強度は著しく低下する。この現象はガラスの疲労と呼ばれ、実用上重大な問題であり、そのメカニズムの解明が進められてきた[22)~26]。現在、疲労の基本的原因は、即時破壊応力以下の応力でもガラスと水との反応が加速されクラックが徐々に進展する、或は、水により構造緩和が助長される[25]ためであると考えられている。それ故、クラック先端への水の拡散を抑止する様々な工夫がなされている。また、疲労はある一定の応力以下では生じない、すなわち疲労限界が存在すると考えられ、実用ガラスには許容応力が設定されている。

4. 高強度化技術

ガラスの高強度化のためには、図4.8.5によれば、(i) クラックの形状を制御する、すなわち、クラックの長さを小さくするあるいはクラック先端を鈍化する､(ii) 表面近傍に残留圧縮応力を付与する、ことが重要である。いずれも、クラック先端の応力集中を低減し、強度を高めることが出来る。

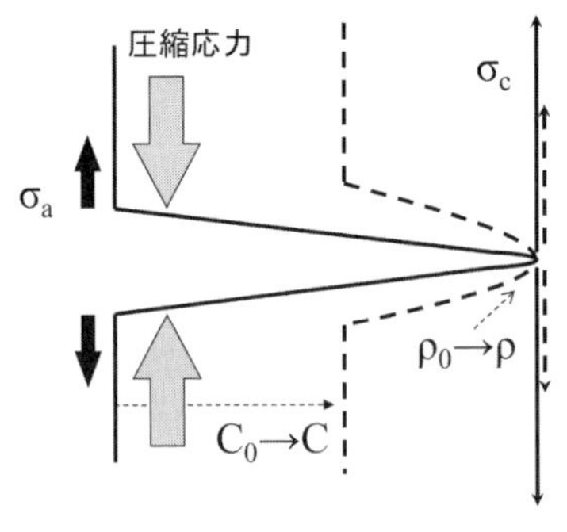

図4.8.5　圧縮応力付与およびクラック形状制御による応力負荷時の応力集中の変化

4.1　クラック形状制御

クラックの形状制御のために、表面を研磨する、ガラスを化学的にエッチングする、ガラス転移点付近の温度まで加熱する、火炎やプラズマ[27]を照射する、などの種々の手法が採られている。特に、エッチング法によれば、低強度の実用ガラスを1 GPaを超える高強度ガラスに変身させることが出来る。しかし､その高強度を保持するためには､再びクラックが発生しないように、その表面を清浄に維持しなければならない。一方、破壊を誘引する微細なクラック1個のために、大型ガラス全体を研磨、エッチングあるいは熱処理することは、コスト面の大きな問題となる。最近では、レーザーなどにより局所的にクラックだけを修復することも可能であるが、その場所を特定するセンサー技術が必要であり、現在その開発が進められている。

4.2　残留圧縮応力制御

通常、ガラスの強化は、図4.8.5に示すように、表面近傍に予め残留圧縮応力を形成することによって行われている。すなわち、引張応力を掛けた際、圧縮応力分だけクラック先端に発生する応力集中を見掛け上低下させることができる。

(a)　物理強化と化学強化

一般的に行われている残留圧縮応力を形成させる手法が物理強化と化学強化である。両者のガラス中の応力分布を図4.8.6に示す。物理強化は、その基本的な原理は17世紀に既に知られていたが、20世紀後半に入り、建築、車輌用などの大型ガラスの普及と共に、破壊防止のために広く採用されるに至った。ガラス転移点以上に加熱したガラスの表面を急冷し、表面と内部との間に温度差を付けて冷却する。表面より内部が遅れて冷却するため、表面近傍に圧縮応力が発生する[28]。その応力は、冷却速度に依存し、一般に、100～200 GPa程度である。また、ガラス面内を異なる速度で冷却することにより残留圧縮応力の分布を形成させ破壊パターンを制御することも為されている。さらに、レーザー照射によって局所的に強化する技術の開発も

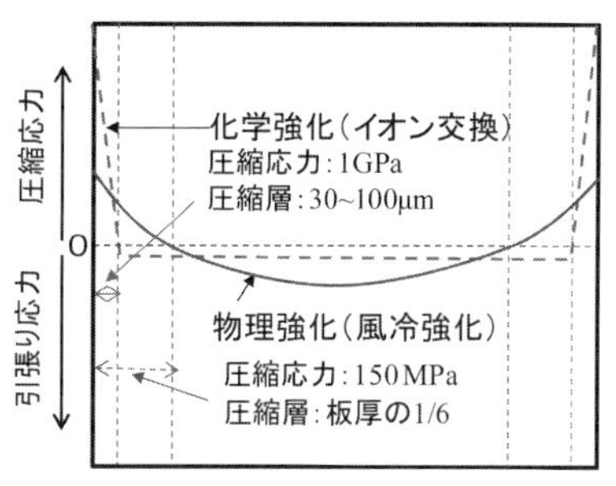

図4.8.6　物理強化と化学強化によるガラス中の応力分布

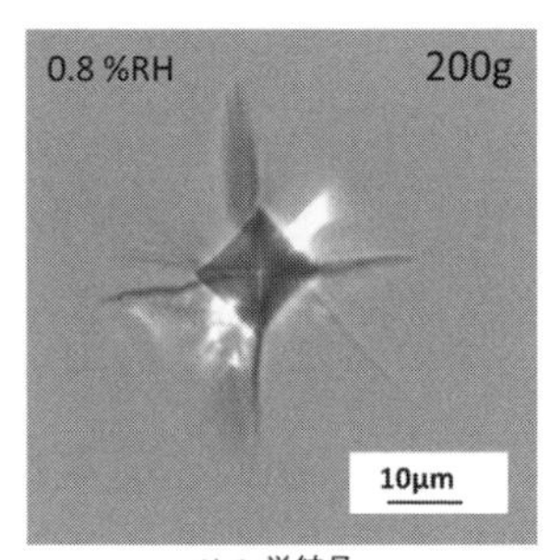

Al_2O_3単結晶
(Kc=3-4 MPa·m$^{1/2}$, Hv≒20GPa)

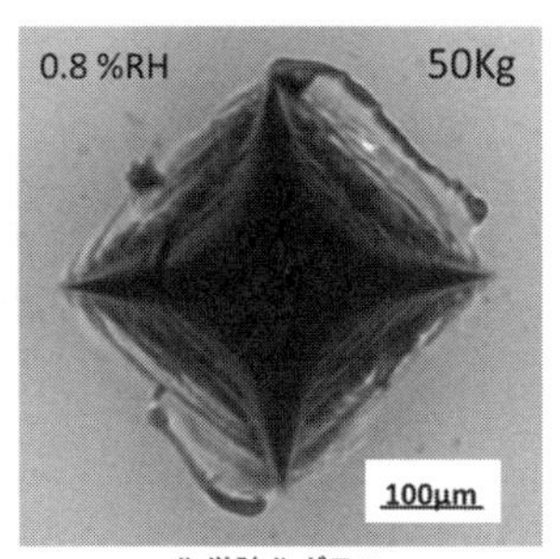

化学強化ガラス
(Kc=0.8 MPa·m$^{1/2}$, Hv≒7GPa)

図4.8.7　Al_2O_3単結晶と化学強化ガラスの圧痕比較
（化学強化ガラスは荷重50 kgでクラックが発生しない）

進められている。物理強化法は、簡便で大型ガラスに適用可能な方法であるが、ガラスに温度差を形成させる必要があり、薄板ガラスや熱膨張係数の小さいガラスの強化には適用できない難点がある。

化学強化は1960年代に開発された技術[29]であり、ガラスを溶融塩中に浸漬し、ガラス中の小さなアルカリイオンを溶融塩中の大きなアルカリイオンと交換することにより、イオン交換部を膨張させて圧縮応力を形成させる方法である（図4.8.6）。物理強化ガラスに比べ、はるかに大きい圧縮応力（1 GPa程度）を形成させることが出来る。イオン交換を迅速に行うためには高温が有利であるが、高温になるほど応力緩和が起こり易く、最適な温度の選択が重要である。当初、強化コストが高く、用途も少なく、あまり利用されなかった。近年、携帯ディスプレイのカバーガラスやタッチパネルに使われ、薄型ガラスの強化に広く普及している。現在、大きな歪に耐えるガラスや、クラックが極めて発生し難いガラス（図4.8.7）が得られているが、イオン交換速度の向上および応力緩和の抑制により、さらなる高強度・高クラック耐性を示すガラスの研究技術開発が進められている。一方、化学強化法は、高強度を実現することは比較的容易であるが、無アルカリガラスには適用できない難点がある。また、深い圧縮層を形成させることには不向きであり、強化前のガラス表面のクラックを出来るだけ除去しておく必要がある。

(b)　水の制御による強化

ガラスは、一般に水と化学的に反応するので、水によりガラスの機械的性質は劣化する場合が多い。しかし、逆に水によってガラスの強度が高まる場合[30) 31)]やクラックが発生し難くなる場合がある[32)]。また、最近、Tomozawaらは、水によりガラスを強化するユニークな方法を提案した[33)]。これらの現象は、水との反応により、クラック形状の変化、応力緩和の促進、あるいは残留圧縮応力の形成などが生じ、クラック先端部の応力集中が低下するためと考えられている。

(c)　複合化による強化[34)]

高強度化をガラス単独で実現出来ない場合､複合化の手法が採用されている。ガラス表面に薄膜や厚膜をコーティングしてクラック形状、表面圧縮応力、クラック先端部への水の拡散の抑制などにより高強度化が図られている。SnO_2薄膜をコーティングしクラック耐性を向上させたリターナブル瓶[35)]、低膨張ガラスを積層融着し表面圧縮応力を付与した高強度食器などが実用化されている[36)]。

ガラス中に異相を形成させた複合系ガラスでは、クラックが直線的に伝播し難いので、破壊の際より多くのエネルギーを要し、破壊靭性が増大する。これまで、種々の構造を持つ高靭性結晶化ガラスが開発されている[37)]。最近、SiO_2ガラスを高圧下で熱処理した結晶化ガラス[38)]が酸化物で最高の破壊靭性を示すことが報告された。しかし、高靭性で、且つ透明なガラスは見出されておらず今後の課題である。

5. おわりに

従来、ガラスは均質であるという仮定の下で破壊現象が捉えられてきた。しかし、ガラスは密度や濃度の揺らぎ、あるいは修飾イオンの偏析などにより、ナノオーダーでは決して均質ではない[2)]。また、ガラスにはナノサイズの空隙が40～60vol%存在し、その空隙構造が変形・破壊に大きく影響する。さらに、ガラスに異方構造を付与すると特異な機械物性を示す[39)]。これらのナノ構造はクラックの発生や成長に多大な影響を与えると考えられるが、従来ほとんど議論されてこなかった。一方、計算機科学や束縛理論[40] を用いて、構造論的に変形・破壊現象を考える試みが進展しつつある。ガラスの破壊に関する研究は膨大にあるが、高強度ガラスを創造するためには新しい視点からの研究が必要となりつつある。

参考文献

1） C.R. Kurkjian, et al., "The strength of Silicate Glasses" , Inter. J. Appl. Glass Sci., 1, (2010) 27
2） L. Wondraczeek, et al., "Towards Ultrastrong Glasses" , Adv. Mater., 23, (2011) 4578
3） I. Naray-Szabo, et al., "Strength of Silica Glass" , Nature, 188, (1960) 226
4） G. Brambilla, et al., "The Ultimate Strength of Glass Silica" Nanowire, Nano Lett., 9, [2] , (2009) 831
5） N. P. Lower, et al., "Inert Failure Strains of Sodium Aluminosilicate Glass Fibers" , J. Non-Crystal. Solids, 349, (2004) 168
6） C. E. Inglis, "Stresses in a Plate due to the Presence of Cracks and Sharp Corners" , Trans. Inst. Nav. Archit., 55, (1913) 219
7） A. A. Griffth,"The Phenomena of Rupture and Flow in Solids", Phil. Trans. Roy. Soc. London, A, 221, (1920) 163
8） B. R. Lawn, et al., "Elastic/Plastic Indentation Damage in Ceramics: The Median/Radial Crack System" , J. Am. Ceram. Soc., 63, (1980) 574
9） D.B. Marshall, et al., "Elastic/Plastic Indentation Damage in Ceramics: The Lateral Crack System" , J. Am. Ceram. Soc., 65, (1982) 561
10） B. R. Lawn et al., "Hardness, Toughness, and Brittleness" , J. Am. Ceram. Soc., 62, (1979) 347
11） S. Ito, et al., "Network and Void Structures for Glasses with a Higher Resistance to Crack Formation" , J. Non-Cryst. Solids, 358, (2012) 3453
12） S.Yoshida, et al., "Quantitative Evaluation of Indentation-Induced Densification in GlassC" , J. Mater. Res., 20, (2005) 3404
13） J. Sehgal et al., "A New Low-Brittleness Glass in the Soda-Lime-Silica Glass Family" , J. Am. Ceram. Soc., 81, (1998) 2485
14） S.Aratani, et al.,"Crack Velocity in Thermally Tempered Glass", J. Ceram. Soc. Jap., 105, (1997) 789
15） S. Wiederhorn, "Fracture Surface Energy of Glass", J. Am. Ceram. Soc., 52, (1969) 99
16） E. B. Shand, "Correlation of Strength of Glass with Fracture Flaws of Measured Size" , J. Am. Ceram. Soc., 44, (1961) 451
17） J.P. Guin, et al.,"Crack Tip Structure in Soda-Lime-Silicate Glass", J. Am. Ceram. Soc., 88, (2005) 652
18） F. Celarie, et al., "Glass Breaks like Metal, but at the Nanometer Scale", Phys. Rev. Lett., 90, (2003) 075504
19） A. Yuse, et al., "Transition between Crack Patterns in Quenched Glass Plates", Nature, 362, (1993) 329
20） K. Sakaue, et al., "Study on Crack Propagation Behavior in a Quenched Glass Plate", Eng. Fract. Mec., 76, (2009) 2011
21） G. Pezzotti, et al., "Contribution of Spatially and Spectrally Resolved Cathodluminescence to Study Crack-Tip Phenomena in Silica Glass", Phys. Rev. Lett., 103, (2009) 175501

22) R.J. Charls, "Static Fatigue of Gass" and "Dynamic Fatigue of Glass", J. Appl. Phys., 29, (1958) 1549, 1657
23) W. B. Hillig, et al., "High Strength Materials", Ed by V. F. Zackay, Willey & Sons, NY, (1965) 682
24) S. Wiederhorn, "Influence of Water Vapor on Crack Propagation in Soda-Lime Glass". J. Am. Ceram. Soc., 50, (1967) 407
25) M.Tomozawa, et al., "Surface Structural relaxation of silica glass: a possible mechanism of mechanical fatigue" J. Non-Cryst. Solids, 345&346, (2004) 449
26) T.A. Michalske, et al., "Surface Structural relaxation of sicica glass: a possible mechanism of mechanical fatigue" "A Molecular Mechanism for Stress Corrosion in Vitreous Silica" J. Am. Ceram. Soc., 66, (1983) 284
27) A. A. Wereszeczak, et al., "Glass Strengthening Via High-Intensity Plasma-Arc Heating" J. Am. Ceram. Soc., 93, (2010) 1256
28) O.S. Narayanaswamy, et al., "Calculation of Residual Stress in Glass", J. Am. Ceram. Soc., 52, (1969) 554
29) S.S. Kistler, "Stresses in glass produced by nonuniform exchange of monovalent Ions" , J. Am. Ceram. Soc., 45, (1962) 59
30) S. Ito., et al., "Crack Blunting of High Silica Glass", J. Am. Ceram. Soc., 65, (1982) 368
31) S. M. Wiederhorn, et al., "Water Penetration – Its Effect on the Strength and of Silica Glass" Metal. Mater. Trans. A, 44, (2013) 1164
32) G. Soraru, et al., "Correlation between surface modifications and Resistance to the Formation of Radial cracks in Soda-Lime glass", Glass Technol., 27, 69-71 (1986)
33) M. Tomozawa, et al., "Surface Stress Relaxation and Resulting Residual Stress in Glass Fiber: A New Mecanical Strength Mechanism of Glasses", J. Non-Cryst. Solids, 358, (2012) 2650
34) 伊藤節郎, "ガラスの破壊メカニズムと高強度化", ㈱R＆Dセンター出版, (2013) 23
35) M. Nakagawa, T. Amano and S. Yokokura, "Development of lightweight Returnable Bottles" , J. Non-Cryst. Solids, 218, (1997) 100
36) W. H. Dumbaugh, J. E. Flannery, J. E. Megles, "Strong Composite Glasses", J. Non-Cryst. Solids, 38/39, (1980) 469
37) G.H. Beal, "Chain Silicate Glass-Ceramics", J. Non-Cryst. Solids, 129, (1991) 163
38) N. Nishiyama, et al., "Synthesis of Nanocrystlline bulk SiO2 Stishovite with very high Toughness", Scripta Materialia, 67, (2012) 955
39) S. Seiji, et al., "Entropic Shrinkage of an Oxide Glass", Nature Materials,14, (2015) 312
40) J. C. Mauro, "Topological Constraint Theory of Glass", Am. Ceram. Soc. Bulletin, 90, (2011) 31

4.9　高強度材料の創製（鉄鋼材料）における50年間の技術動向と今後の展望

Technical Trends on fabrication of high-strength steel for 50 years and future prospects

物質・材料研究機構　井上　忠信
Tadanobu Inoue

Key words: iron and steel, high-strength steel, TMCP, grain refinement

1. はじめに

戦後、我が国の復興・繁栄への構造用金属材料（特に鉄鋼）の寄与は極めて大きく、我が国の自動車産業、造船業、インフラ・エネルギー産業等の製造業の発展とともに大きく進展してきたといえる。特に、鉄鋼材料は合金成分と加工熱処理を組み合わせることで約200 MPaという低強度から4 GPaという超高強度までの広範囲の引張強度をカバーできる普遍的かつ特殊な材料であり、製造業の中心を担ってきた。

図4.9.1は、今から50年前の1955年からの我が国の名目GDP（Gross Domestic Product：国内総生産）とその中の製造業の寄与、および鉄鋼蓄積量を歴史の出来事を含めて示したものである。

GDPの推移から、戦後の発展期（大量に生産する時代）、1990年代には成熟期（より効率的・安定的に、そし

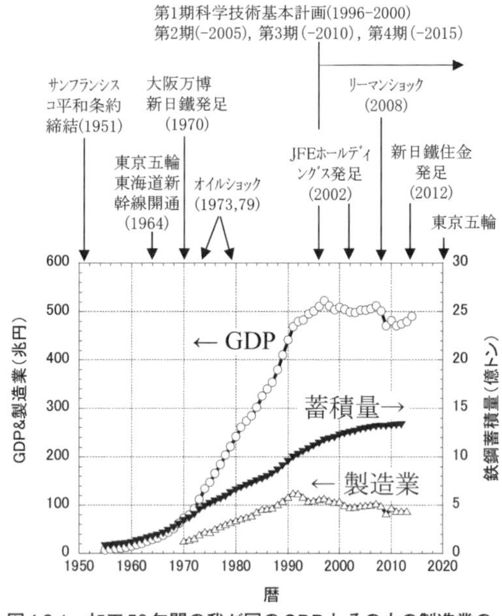

図4.9.1　加工50年間の我が国のGDPとその中の製造業の推移
（内閣府「国民経済計算データ」から）

て高品質なものを安く生産する時代）を経て、今は安定期（そう思いたい）の真只中といえる。このような発展を経て、現在の我が国の鉄鋼蓄積量は約14億トン弱となっている。また、1990年以降、我が国の製造業はGDPの約20%（鉄鋼業は約7%）を占めており、2003年の内閣府が発表したデータでは雇用の18%、外貨獲得の実に85%を担っている。このような輝かしい発展を達成できたのも、時代のニーズに応じてより高強度な鉄鋼材料を創製した技術革新によるものである。

ここでは、構造用金属材料の代表素材である鋼の高強度化の変遷について触れ、特に今も昔も組織制御による材質制御技術の代表プロセスである制御圧延・制御冷却（TMCP：Thermomechanical controlled processing）を中心に、今後の高強度化に必要とされる組織微細化技術の概要と展望について紹介する。

2. 鋼の強度と組織と適用例

図4.9.2は、強度を成分または金属組織と対応させて整理したものである[1]。古くから、スチールコードやワイヤーロープ等に利用されているピアノ線（冷間線引き鋼線）は、工業素材としては最強であり、その地位は今後も変わらないと言える。例えば、タイヤの軽量化に伴い、スチールコードへの高強度化の要望も強くなり、1970年代には0.2 mmで2.7 GPa程度だったものが、1980年代には3.3 GPaと高強度化し、今では4 GPa級が実用化されている[2]。ピアノ線の優れている点は、合金元素に頼らない炭素やマンガンなどの単純組成で、パテンティングと伸線加工を巧みに組み合わせた組織制御

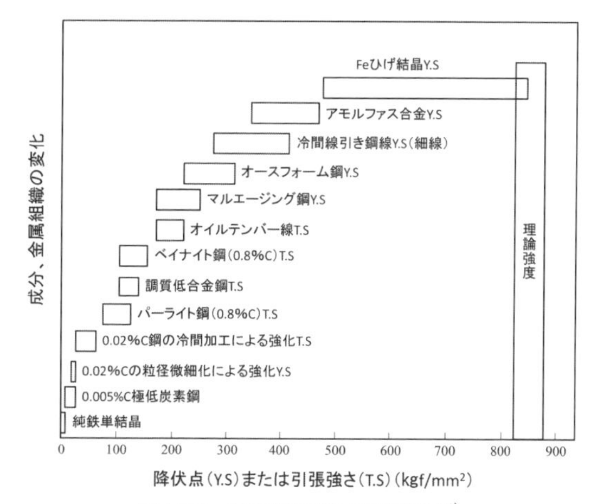

図4.9.2　各種鉄鋼材料の強度比較[1]

によって強度を発現し、かつ高い絞りを有していることである[3)]。これは後に紹介する超微細粒鋼の組織設計思想にも直結し、伸線加工による大ひずみ導入により、フェライトとセメンタイトが層状に並んだパーライトのラメラ間隔が数十ナノオーダーに達するためであり、セメンタイトの分断を少なくし、可能な限り長手方向に延伸させることが高強度化の秘訣となっている。すなわち、超微細化による究極の高強度化を実現している。また、ピアノ線に限らず各種工業材料で得られる最大到達強度には線径効果が見られ、線径の小さいもの（強加工されたもの）ほど大きな引張強度が得られる。例えば、過共析鋼では、大ひずみ加工によるラメラ間隔の微細化によって、線径0.2 mmで強度4.1 GPa、0.06 mmで5.2 GPa、0.04 mmで5.7 GPaにも達し、昨今注目されている炭素繊維の強度を上回る値を示す。しかし、高強度化するほど製造時での断線頻度が増加するため、実用化には更なる技術革新が求められている。

伸線方向の強度に特化したピアノ線に比べ、厚板、薄板、棒線、各種部品などは等方・均一な組織（等方特性）が特徴であり、かつバルク体のため、導入できるひずみ量（圧下量）に制限があることから、当然ながら高強度化のプロセスは異なる。ただし、多くに共通している点は、まずは「固溶強化」による高強度化（～440 MPa）が図られ、その後、「析出強化」、「転位強化」の利用が進み、さらに、一部で「結晶粒微細化強化」による高強度化が導入された。図4.9.3は、強度と成分、熱処理法、製造プロセス、適用例の関係を示したものである[4)]。合金化設計と熱処理法が主要な強化方法と言

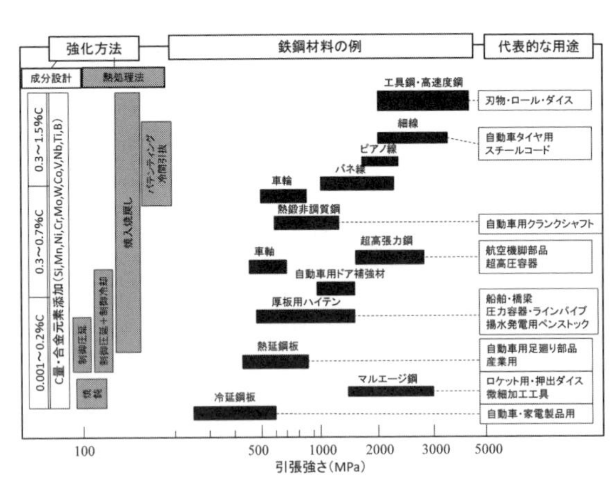

図4.9.3　強度別に分類した成分、熱処理法、製造プロセスと適用例[4)]

え、加工やその後の冷却による組織制御を如何にして製造レベルで達成するかが、高強度化等の特性向上、すなわち付加価値の高い素材の創製に重要となる。

3. 制御圧延・制御冷却（TMCP）

3.1 厚鋼板

TMCPは、元々はフェライト（α）結晶粒の微細化による強度向上と低温脆性改善を目的に、仕上げ圧延をオーステナイト（γ）の未再結晶域で圧延することによってα変態の核生成サイトを飛躍的に増加させる制御圧延と圧延後の変態温度域をある程度急速に冷却して、$\gamma \rightarrow \alpha$変態を過冷却の状態で生じさせる加速冷却を組み合わせたプロセスである[5) 6)]。すなわち、制御圧延は「加工によるγ状態の制御」であり、制御冷却は「冷却によるγからの変態組織の制御」と言える。通常の熱間圧延では、α粒径は20 µm程度であるが、TMCPにより5 µm程度を実現できる。また、制御圧延において、加工γによる回復・再結晶を抑制するために比較的変形抵抗が小さい高温で圧延を行っても未再結晶状態の加工γを得えられやすいように、NbやTiを添加してNbCやTiCによるピンニング効果を利用する工夫も行われている。一方、意識的にある量のαを変態させ、$\gamma+\alpha$の2相領域での圧延を実施して低温靭性を改善することも行われている。

我が国での歴史を見ると、1960年代後半に低温靭性の優れたNb-V系のラインパイプ用高張力鋼板が制御圧延によって製造されている。その成功の要因として、当然技術者の悪戦苦闘があったことは容易に想像できるが、当時各社に設置された圧延機が世界最強最新鋭であったことが挙げられる。熱間圧延後の再結晶γから変態するαだけでなく、低温域での未再結晶γ（＝強加工γ）から変態したαも活用することで、従来にない高性能（特に、強度・低温靭性）な細粒鋼の製造が可能になり、この技術的知見は1970年代前半に体系化され、日本が指導的地位を確立した。その後の更なる特性向上を狙って、制御圧延による微細化だけでなく、その後の制御冷却による組織制御技術が確立された。1980年代にオンライン冷却の製造設備が順次各社に導入され[7)~9)]、TMCPは高張力鋼板の製造技術として世界の標準的な製造技術となっている。図4.9.1からもわかるように、この時期は我が国の製造業発展の真只中と言える。TMCP技術の導入により、例えば船体用の鋼板では1960年代に降伏強度240 MPaだったものが、1980年代には355 MPa、2010年代には460 MPaに達している。その他、ラインパイプ（650～1,200 MPa）、タンク・ペンストック（800～1,000 MPa）、海洋構造物（355～550 MPa）等に利用される高強度厚鋼板が製造されている。

図4.9.4は、厚鋼板製造プロセスにおけるTMCPの概要と金属組織を示したものである[9]。制御圧延を実施する仕上げ圧延機、その後の鋼板の冷却速度を制御する冷却設備の進化が重要であったことは確かだが、同時に板厚制御やクラウン（板幅方向板厚差）形状制御、ランアウトテーブルでの通板制御などを実現した高い技術と最新の製造設備が、形状と特性を同時に満足する高性能な鋼を誕生させた証と言える。

これらの技術に含まれる、γ化温度、加工温度、累積圧下率や圧下履歴（＝ひずみ履歴）、パス間時間、圧延速度（＝ひずみ速度）、冷却速度などのプロセスパラメータを巧みに組み合わせることで、金属組織が精緻に制御され、所望の材質が得られている。いまや、この技術は厚板鋼の製造にとどまらず、組織微細化をキーとして、熱延鋼板、形鋼、棒鋼の製造プロセスにも適用されている。

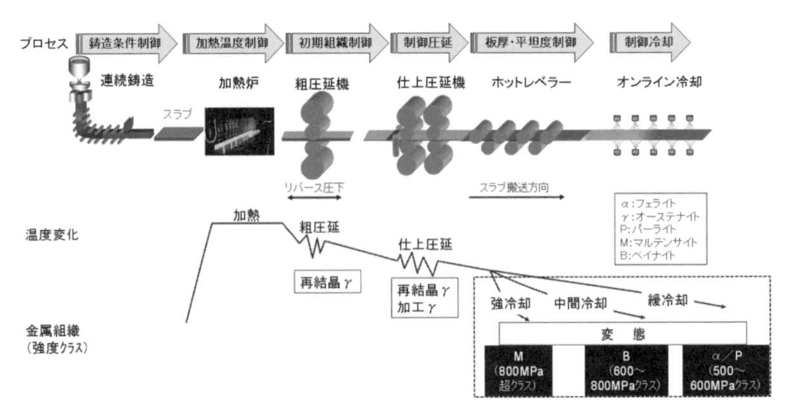

図4.9.4　厚鋼板の製造プロセスの概要

3.2　薄鋼板

薄鋼板は、自動車メーカーのニーズに応える形で技術を高め、量と質の向上を果たした典型的な材料である。強度と靭性（溶接時のHAZ靭性含）が重要な特性である厚鋼板に比べ、強度と延性（成形性、伸び、絞り、衝撃吸収性）の両立が求められる薄鋼板には、強さとしなやかさを兼ね備えた組織の探求とその製造プロセス技術の開発が求められてきた。よって、時代の変化に順応した形で適切な組織を有した自動車用鋼板が開発されてきた。軟鋼の強度が270 MPaとすると、2000年頃までの自動車用鋼板の最高強度は590 MPaであり、自動車誕生からほぼ倍になった。今では、1.5 GPa級のホットスタンプ材が一部で実用化されており、わずか十数年で強度はほぼ倍となっている。図4.9.5は、自動車鋼板に対する要求特性と組織および粗鋼生産量とホットストリップミル（HSM）の技術の変遷をまとめたものである[10)～12)]。オイルショックを契機とした省エネルギーの観点から高強度（ハイテン）化が進み、さらにはCO_2排出削減を目的とした燃費向上でこの傾向は加速した。その後、ハイテン化と共に、自動車のデザインに直結する成形性も特性の一つとなる。しかし、1994年に車体の衝突安全評価試験が義務付けられたことで、板厚は厚くなり、かつ弱い部分に補強材が入れられることで、車体重量は逆に増加し燃費を悪化させる結果となる。より高強度でかつ成形

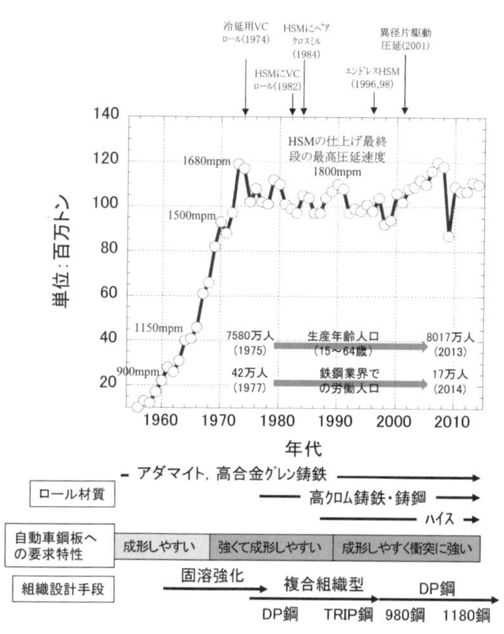

図4.9.5　自動車鋼板に対する要求特性と組織およびホットストリップミル（HSM）の技術の変遷

だけでなく衝突時にも優れたハイテンが開発課題となっている。これら要求性能の開発研究だけでなく、HSMの変遷からわかるように、高品質（特性、形状等）を維持しながら高効率化・製造コストの低減という課題も時代の要請で対応してきたことがわかる。HSMの6～7スタンドからなる仕上げ最終段の圧延速度は、1960年から2倍となり、時速100 kmを超えている。1977年から現在に至る中で、生産年齢人口は微増だが、鉄鋼業界で働く人は半分以下になっている。しかし、粗鋼生産量は1.1億トン程度で大きく変わらない。さらに品質も向上し、高級鋼板の製造も世界で負けていない。継続した技術革新による労働生産性の向上は特筆に値するものである。

表4.9.1は、圧延技術の開発に関連した大河内賞（日本の産業と科学技術の発展に貢献することを目的に設立された公益財団法人大河内記念会が与える賞）の受賞リストを示したものである[13]。圧延技術は、ストリップ製造技術から始まり、形状制御、高効率化・制御冷却、そして組織制御を具現化できる装置と共に進化したことがわかる。

表4.9.1　圧延技術の開発に関連した大河内賞受賞リスト

年度	賞名	件名
1955	生産賞	可逆式冷間ストリップ圧延設備国産化の成功
1972	生産特賞	完全連続式冷間圧延法による薄鋼板製造技術の開発
1973	生産特賞	H形鋼の連続式製造方法の開発
1974	記念賞	薄鋼板連続焼鈍処理設備による深絞り用冷延鋼板製造技術の開発
1975	技術賞	高性能形状制御新形圧延機の開発
1976	生産特賞	厚板製造における自動操業技術の確立
1979	記念賞	厚板圧延における新平面形状制御法（MAS圧延法）の開発
1980	記念賞	プレスロール穿孔法の工業化による新継目無鋼管製造法の開発
1981	生産特賞	高級厚鋼板製造におけるオンライン制御冷却法（OLAC)の開発
	技術賞	スラブよりH形鋼を製造する新圧延法の開発
	生産賞	ロール成形法による大形角鋼管製造技術及び設備の開発
1982	生産特賞	シームレス鋼管数値管理圧延技術の開発
	技術賞	圧延制御機能を有した可変クラウンロール（VCロール）の開発
1983	記念賞	製鋼-圧延直結プロセスの開発
1986	記念賞	大規模熱間圧延ミルにおける高精度・即応生産技術の開発
1987	生産賞	鋳込圧延クラッド鋼製造技術の開発
1988	技術賞	高効率ホットインラインサイジング技術の開発
1990	生産特賞	H形鋼の高効率自在成形技術の開発
1992	生産賞	ステンレス継目無鋼管の高生産性製造技術の確立
1996	生産賞	ロールペア・クロス方式による高精度・高効率鋼板圧延法の開発
1997	生産賞	連続鋳掛け方法による熱延ハイスロールの開発
	技術賞	高寸法精度線材・棒鋼の高効率多サイズ圧延技術の開発
2000	生産賞	世界初のエンドレス熱間圧延プロセスの開発と新製品の商品化
2002	技術賞	限界冷却速度によるオンライン加速冷却技術の開発と厚鋼板・形鋼・熱延鋼帯への適用・工業化
2003	技術賞	超微細粒熱延鋼板の製造を可能とした偏芯異径片駆動圧延設備の開発

4. 結晶粒の超微細化技術

組織を微細化することで強度が向上し、かつ延性脆性遷移温度が改善することは良く知られており、前述のTMCPは微細化を効果的に得るための製造プロセスである。しかし、現行のTMCPではα粒径は5 μm程度が限界である（装置上の制約が一番大きい）。1997年度に始まった2つの国家プロジェクト（超鉄鋼プロジェクト[14]、スーパーメタルプロジェクト[15]）では、TMCPの極限、さらにはその先を探求した単純組成の低炭素鋼で1 μmあるいはそれ以下の超微細α粒組織創製の指導原理とそのバルク体創製に挑戦をした。結果的には、1 μm以下の超微細粒組織を得る条件や超微細粒厚板、薄板、棒、線材の創製に成功している[16)～18)]。

熱延鋼板では、仕上げ圧延機後段の大圧下技術および仕上げパス間での強冷却技術により、α粒径が約2 μmの微細粒熱延鋼板が世界に先駆けて製造された[19]。また、超鉄鋼プロジェクトで得られた温間圧延の技術的知見から、極低炭素鋼の結晶粒を0.5 μmまで超微細化し、強度を1.1 GPaまで高めた線材コイルが製造された。本素材からM1.6マイクロねじ（ねじ径1.6 mm）が製造、2011年にスマートフォンに採用され、ナノレベルの超微細結晶粒組織を持つねじとして世界初の実用化となった。結晶粒の超微細化による高強度化と高成形性によって、従来の焼入れ焼戻し等の熱処理が不要となり、製造工程の簡略化と共にCO_2排出量が約半分になる削減効果をもたらしている[20]。他に、結晶粒を1～2 μmに微細化した超精密加工用ステンレス鋼板も開発されている。結晶粒の微細化によって、穴開け加工の寸法精度、面精度が優れ、バリも付き難くなり、プリント配線板の生産に必要なメタルマスク素材として実用化されている[20]。

両プロジェクト終了後、科学研究費補助金新学術領域研究「巨大ひずみ（2006～2008年度）」、「バルクナノメタル（2010～2014年度）」が行われ、また得られた知見は、非鉄にも拡大している。特に、温間加工では、温間域（融点の1/3程度の温度：鋼で言えば500℃前後、マグネシウム合金・アルミニウム合金では200 ℃前後）で相当ひずみ4以上の大ひずみを与えることで、結晶粒の分断・細分化によって超微細化が達成されている。しかし、これら研究の多くは、ラボレベルでの小さいサンプルサイズでの成果であり、製造技術に直結した取り組みが求められる。

5. 今後の展望

結晶粒サイズを制御することで、様々な強度レベルの鋼を製造できることは地球環境問題を考えれば今後も継続的に開発される課題である。前述した圧延技術の変遷からも組織制御で材質を安定的に制御できる技術開発は方向性の一つである。組成が単純成分でかつ同じであればスクラップ材からのトランプエレメントや鋼種毎の選別の問題も解決し、さらに希少元素減少にも有用である。確かにこの考えは間違っていない。しかし、鋼の製造は、“巨大な装置産業”である。安定期後の岐路にいる我が国において、微細化で単に強度が向上するだけでは、超微細粒鋼を製造するために巨額の設備費を投入して既存装置を増強あるいは新設することは考えられない。すなわち、微細粒鋼は既存高強度鋼の代替ではない。既存の金属材料が達成できない未踏領域の特性や新たな機能、さらには抜本的なプロセスの短縮（例えば、前述のマイクロねじのような熱処理不要）など、微細粒鋼ならではの特徴を活かした使い方を考えるロジックが現実的であろう。

よって、従来の延長線上にない価値のある鋼の探索と製造プロセスを同時に考える必要がある。TMCPプロセスを見れば、圧延で導入されるひずみは板表面で大きく、板厚中心に向かって小さくなる分布を持ち、これに付随して鋼板温度の発熱、接触抜熱などがあり、当然ながら、その後の冷却も板厚方向に均一とは考えにくい。結果的に、何の対策もしなければ、組織・硬度も板厚方向に分布を持つはずである[21)～23)]。発展期・成熟期では、これらの不均一性を如何にして均一化するかで技術向上は図られたと推測できる（熱処理工程を含めた多大なエネルギーを投入して）。今後は、均一組織の鋼素材を目指すだけでなく、何のために製造するかを考え、意図的に（＝最終製品に直結する）不均一組織を有した鋼の活用も必要である[24)]。これは、当然「何に使うのか」

という出口を持つエンドユーザーと共に適材適所の組織の造りこみをした高強度鋼を開発することが求められる。図4.9.3で紹介したように、強度だけを見れば、最強のピアノ線でも理論強度の半分である。鋼に伸び代はあると言われる所以であるが、高強度化によって低下する特性（伸び、靭性など）を同時に向上できなければ、価値のある鋼とは言えない。合金添加、不純物除去、均一組織設計の持つ特性限界を打破する技術だけでなく、不均一組織による異方特性を活用することも選択の一つと考えられる。

昨今、車体の軽量化を目的に、単一の材料では多様な特性を満足できないため、マルチマテリアル化の必要性が叫ばれている[25)]。しかし、この適材適所の考えは昔から、車体に限らず様々な分野で構造設計として考慮されている。構造としてだけではなく、鋼素材そのものの機能として部位ごとに異なる組織を有する設計思想も必要になるだろう。この思想の具現化は、日本刀を始め、既存の高強度鋼でも散見される。この設計思想による特性向上のメカニズム解明や最適条件だけでなく、当然、その鋼を安定的に製造できるプロセスを提案し、具現化できなければ意味がない。特に我が国のような先進国では、資源・エネルギー削減に配慮した製造プロセスがより一層求められる。図4.9.1に示した14億トン弱の蓄積した鉄鋼材料を有効活用するためにも、リサイクル比率をより一層高める努力が必要である[26)]。

環境省が実施した自動車リサイクル関連調査の2014年度報告の中で、鉄源を100%スクラップとして、既存の強度980MPaおよび590MPa級自動車用高強度鋼板に対して同等以上の特性を有した熱延鋼板を、量産設備で試作することに成功している[27)]。従来、高級鋼板ではスクラップを原料とする電炉鋼は適していないとされ、冷延＋熱処理ありきで検討されてきた。今後の高強度鋼の開発では、リサイクルを前提とし、より簡素な製造プロセスが求められるはずである。

高強度鋼実現のTMCPを体系化した1970年から2020年に開催予定の東京五輪で50年が経過する。当時最新鋭だった圧延設備は老朽化しており、もはや世界最強最新鋭の圧延設備とは言えない。製造設備や社会インフラの劣化問題、急速な高年齢化と労働人口の減少も重なり、“今迄のようには行かない”ということは容易に想像できる[28)～30)]。鉄鋼の歴史は長い。埋もれた技術は山のようにあるはずである。今後の50年間に向けて、これまでの50年間を振り返ることが必要である。

6. おわりに

我が国の50年間の経済変化を含め、TMCPをベースに高強度鋼の技術の変遷を概説した。また、高強度材料全般に共通している組織微細化について今後の期待を含め紹介した。高強度鋼は用途によって創製技術や組織設計思想も異なるため、一部しか記載できていない点をご容赦いただきたい。特に、高級鋼である自動車用高強度鋼板についての組織設計については、様々な雑誌、論文で紹介されていることから、ここでは詳細に記載していない。高強度鋼や鉄鋼生産技術の変遷についての詳細は文献31)～34）を、現状の鉄鋼業を分析した調査結果は文献35）を参照頂ければと思う。

参考文献

1） プレストリストコンクリート，Vol.27, No.1（1985）, pp.110-118
2） 樽井敏三，工業材料としての高炭素鋼線，まてりあ，Vol.39, No.3,（2000）, 235.
3） 田代　均，まてりあ，Vol.44-6（2005）, pp.495-502
4） 平川賢爾，大谷泰夫，遠藤正浩，坂本東男，機械材料学，（1999）, p.107，朝倉書店
5） 小指軍夫，制御圧延・制御冷却，（1997）, 地人書館
6） I. Tamura, C. Ouchi, T. Tanaka, H. Sekine, Thermomechanical Processing of High Strength Low Alloy Steels,（1988）, Butterworths
7） 藤林晃夫，小俣一夫，JFEスチールの厚板製造プロセスと商品展開，JFE技報，No.5,（2004）, 8.
8） 染谷　良，当社厚鋼板製造技術と製品開発について，住友金属技術誌，Vol.50, No.1,（1998）, 22.
9） 植森龍治，藤岡政昭，井上健裕，皆川昌紀，白幡浩幸，野瀬哲郎，海運や建設現場を支える鋼材（造船・建産機分野）, 新日鉄技報，第391号（2011）, 37.
10） NIPPON STEEL MONTHLY, Vol. 131, 8・9月号,（2003）, 11.
11） NIPPON STEEL MONTHLY, Vol. 183, 11月号,（2008）, 13.
12） ふぇらむ，鉄鋼生産技術年表，Vol. 19, No.1,（2014）, pp. 66-79.
13） 大河内賞受賞業績・受賞者一覧　第1回～第61回，大河内記念会.
14） 長井　寿，超鉄鋼—強度2倍×寿命2倍の実力と可能性—，日刊工業新聞社，（2006）.
15） 第4回スーパーメタルシンポジウム，（2001）, JRCM&RIMCOF.
16） 井上忠信，落合朋之，殷福星，長井　寿，実機鍛造プレスによる超微細粒組織厚鋼板の試作，鉄と鋼，Vol.93, No.11,（2007）, 693.
17） 鳥塚史郎，長井　寿，井上忠信他5名，鋼の結晶粒超微細化と棒鋼・板材製造への基礎研究，塑性と加工，Vol.49, No.575,（2008）, 1135.

18) Y.Kimura, T.Inoue, F.Yin, K.Tsuzaki, Inverse temperature dependence of toughness in an ultrafine grain structure steel, Science, Vol. 320, No.5879, (2008), 1057.
19) 森本敬治，倉橋隆郎，竹土伊知郎，柳本　潤，熱間強圧下連続圧延による細粒鋼薄板・厚板の製造を目的とした圧延負荷・内部組織の理論解析，鉄と鋼，Vol.88, No.11, (2002), 747.
20) ふぇらむ，スマートフォンに貢献する微細粒鋼，Vol.20, No.9, (2015), 404.
21) 松岡才二，森田正彦，古君　修，小原隆史，フェライト温度域にて熱間圧延した極低炭素鋼の板厚方向の組織変化，鉄と鋼，Vol.83, No.2, (1997), 127.
22) W.Gan, S.S.Babu, N.Kapustka, R.H.Wagoner, Microstructural effects on the springback of advanced high-strength steel, Metall. Mater. A, Vol.37, (2006), 3221.
23) 西村公宏，竹内佳子，二相域圧延を適用した極厚鋼板の板厚方向材質分布と集合組織，鉄と鋼，Vol.100, No.9, (2014), 1097.
24) 石川　忠，萩原行人，吉川　宏，野見山裕治，間渕秀里，表層超細粒化による高アレスト鋼板の諸特性，溶接学会論文集，Vol.15-1 (1997), 148.
25) 藤川真一郎，神戸　洋，水谷　篤，マルチマテリアル車体と加工技術，塑性と加工，Vol.56, No.654, (2015),515.
26) 矢田　浩，鉄器時代はまだ終わらない，ふぇらむ，Vol.1, No.3, (1996), 185.
27) 東京製鐵株式会社，平成24年度鉄スクラップの高度利用化調査業務報告書，(2012), 環境省.
28) 原田幸明，第215・216回西山記念講座，(2013), 1-16，日本鉄鋼協会.
29) 新素形材産業ビジョン策定委員会，新素形材産業ビジョン，(2013), 1-42，経済産業省製造産業局素形材産業室.
30) 長谷川慶太郎・泉谷　渉，素材は国家なり，(2011), 東洋経済新報社.
31) 新日鉄技報創刊100周年記念特集号，No.391, (2011), pp. 27-168.
32) 鉄鋼プロセス工学入門，http://www.jfe-21st-cf.or.jp/jpn/index2.html，JFE21世紀財団.
33) 鉄と鋼，第100巻記念特集号，Vol.100, No.9, (2014), pp. 1049-1096.
34) K. Nishioka, K. Ichikawa, Progress in thermomechanical control of steel plates and their commercialization, Sci. & Technol. of Advanced Mater., Vol.13 (2012), 023001 (20p).
35) 鉄鋼業の現状と課題（高炉を中心に），(2015), 経済産業省.

むすび

日本学術振興会将来加工技術第136委員会と次世代エレクトロニクスからみた将来加工技術

The 136th Committee on Future-Oriented Machining(FORM), Japan Society for the Promotion of Science(JSPS), and the Future Processing Technologies for Next-Generation Electronics

九州大学／㈱Doi Laboratory　土肥　俊郎
Toshiro Doi

Key words: closing, activity of the 136th committee, progress for publication, future processing technology, future trend in electronics, semiconductor, AI, IoT, singularity

1. はじめに

本書は、将来加工技術第136委員会の創設50周年記念の一環として、「モノづくりハイテク五十年史に学ぶ将来加工技術」という題目で発刊されたもので、40数名のそれぞれの専門分野の著名な方々によって執筆された。本書の特徴は、これまでの50年を振り返りながら今後の50年を見据えた将来加工技術を示そうと編纂されているところにあり、今後のハイテク技術の発展と深化の指針を得るうえで極めて有益となるものである。本書は当初の想定ページを大きく上回る立派な単行本として完成された。これはひとえにご執筆・ご尽力いただいた多くの先生方の賜物であり、ここに謝意を表する。

本書の最終章として、再度、日本学術振興会将来加工技術第136委員会活動を踏まえて本書発刊の経緯を紹介し、一つの事例としてエレクトロニクスを取り上げて将来加工技術に言及させていただく。

2. 136委員会活動と本書編纂・発刊の経緯

星出委員長が巻頭言でも述べているように、日本学術振興会・第136委員会は、当初、高エネルギー密度の広義の加工をテーマとした放電加工に関する研究をするため、昭和39年（1964年）に設立され研究活動を展開した。そして、日本の経済成長とともにあらゆる産業分野で、新しい加工技術の開発と確立が必要とされるようになってきたことを受けて、本第136研究委員会もこのような産業界の要望に応え従来加工技術を超える新しい加工の発展を図る必要があると判断し、昭和46年に現在の“将来加工技術”第136委員会と改称された。すなわち、第136委員会は、いつも世の中の動向を見据えて対応してきたといえる。

将来加工技術第136委員会について昨今の技術動向から俯瞰すると、超微細加工、新規超難加工材料の出現とその多様化、高機能化デバイス生成、グリーンデバイス、医療センサー、ロボット、AIあるいはIoTなど様々なキーワードが挙げられる。このような幅広いキーワードを念頭におきながら、当委員会はいつも世の中の動向を注視し産業界に貢献するようにして活動を展開すべきものとしてきた。そのため、新しい環境を考慮した機能性材料とその評価技術、材料の本来の特異な特性を発揮させるべく超精密加工技術とその高効率加工プロセス技術、そして高性能の新機能デバイス化技術の3本柱を基本技術として設定・運営してきた。併せて、真の意味で議論を深めるために、より多くの産業界からの第一線研究者・技術者の参加を呼びかけつつ、現在では多くの企業側委員と官学側委員が参画され、企業見学会を含めて多くの研究会を開催してきたところである。

これまでの委員会の成果を刊行物で振り返ると、第1部会を中心として工業調査会から「精度加工の最先端技術」(1996年)、第3部会を中心として内田老鶴圃から「ファインセラミックス技術ハンドブック」(1998年)、さらにオーム社から「マイクロ・ナノ領域の超精密技術」(2011年)という書籍でまとめてきた(図1)。またニュースレターの発行、国際会議開催など多くの情報発信をしてきた。

本委員会が活動展開して発展する中で、2014年11月に50周年を迎えた。そ

図1　将来加工技術第136委員会が発刊した書籍

して「創設50周年記念誌」を編纂した。これまで先人の諸先輩の方々が本委員会を立ち上げた背景と動機はどこにあったのか、どこに着目して研究会活動・運営展開をしてきたのか、50年間の世の中の動向を踏まえて本委員会の歩みを振り返りつつ今後の活動ビジョンを明らかにしていこうとした。本委員会の設立経緯とこれまでの活動・運営状況を紹介しながら、一冊にまとめ上げたことは大きな成果であった。

この創設50周年記念誌の内容は大変定評があったものの、日本学術振興会内部に限られ配布されたものであった。

昨年度までに将来加工技術第136委員会の運営委員会内で議論し情報交換してきた中で、先の創設50周年記念誌を広く世の中に知っていただき技術立国・ニッポンとしての存在感を確認しつつ、それを踏まえた上で新たな50年を見据えて情報発信したらどうか、という意見が持ち上がった。すなわち、これまでの半世紀を振り返りつつ、今後の将来加工技術について世の中に情報発信してお役に立てることも必要ではないか、ということになり編集委員会が発足された。そして、日本工業出版㈱のご協力を得て、本書「モノづくりハイテク五十年史に学ぶ将来加工技術」が完成したところである。本書の構成も「モノづくり50年を振り返って」、「先端加工・デバイス・評価技術－加工、現在、未来－」となって、それぞれの分野における権威ある先生方に執筆をお願いした。

本書を編纂するにあたって、これまでの半世紀のモノづくりハイテクを踏まえて、革新的加工技術を目指すこと、そのためには環境負荷低減やコスト削減に貢献していくことを念頭にすること、そして具体的生産・加工工程のみならず新規の高性能デバイス化を図ること、これらのことに留意して今後の将来加工技術を議論できることを期待した。

本書が山積する課題を解決し将来を見据えた材料・加工・評価技術によって高性能部品化にお役に立てることを期待したいところである。

3. 今後の50年を見据えた将来加工技術
～次世代エレクトロニクスに関わる材料と加工を事例にして～

これまでの50年を振り返ってみれば、数えきれないほどの新規機能性材料が出現し、併せて多種多様な構成のデバイス、部品、あるいはシステムが構築されてきた。

20数年前に本委員会編纂で工業調査会から発刊された「精密加工の最先端技術」で、故・小林昭先生がモノづくりの変遷と今後の超精密生産技術への期待を著しているが、当時拝読して共感を覚えた。その内容を掻い摘んで紹介すれば、次のように、生産の哲学・生産原論の姿について述べた後で、最先端技術への期待と題して興味深い言葉を認めている。

> 工業社会において生産優先、経済第一主義になるにつれて“Big is Beautiful（企業規模、売上高、GNP)”がもてはやされ重厚長大の製品が主流となった。しかし、半導体革命以降は軽薄短小の傾向が強くなっているが、“Small is Beautiful”を見直す時代ではと。後者を考えるとき、分子レベルのインテリジェント機会を構築し、原子の分離や組み立てを行おうという夢にあふれている。このようなナノテクノロジーの研究の推進によって、産業革命以来の一大革新が得られ、豊かさと貧しさ、健康と病、戦争と平和との選択基準ともなりうると提案している書物は今後の進むべき道への手掛かりとなろう、と。
>
> そして20数年前の小林先生は、マイクロマシン（エンジン・マイクロアクチュエータなど)、マイクロオプティクス（内視鏡医学)、マイクロインテリジェンス（高集積化)、LIGAプロセス、マイクロ3Dリソグラフィなどの分野の進歩発達は目覚ましいものがあると指摘・考察され、Siに注目してその基板上にさまざまの機能を搭載・作り上げていることに感動されていいた。そのうえで、過去30年間における㎜領域からμm領域への小型化の技術的成果は極めて大きく、それを踏まえて現在（20数年前のこと）のμm領域からnm領域への研究が進められている。さらに将来は複雑化

へ進み、複雑な機能単位を形成する科学的・生物的な分子サイズの機能要素の集合を利用する方法が有利な一つの選択となろう、と予測していた。

ここにきて過去50年を振り返れば、まさに上述のように展開してきたし、これからのヒントになると考える。ICT社会の牽引役となった最重要な立役者となって半導体の代名詞ともなっているSi単結晶は、ほとんどすべてのデバイスに使われてきた。ところが半導体デバイスへの要求性能が更なる高度化を目指し、利用目的も多様化する中で、とくにパワー系、高周波系などのデバイスを目的とする場合には物理的限界にもなってきた。また、さらなる微細化もコスト的にも見合わなくなってきている。これらを解決するためにはSi単結晶以外の半導体材料の採用を迫られ、あるいは新たな構造の考案が必至となっている。

上述のことを踏まえて、2045年に想定される技術的“シンギュラリティ(Singularity)”にも結びつけながら、これからの半導体材料と高機能・多機能

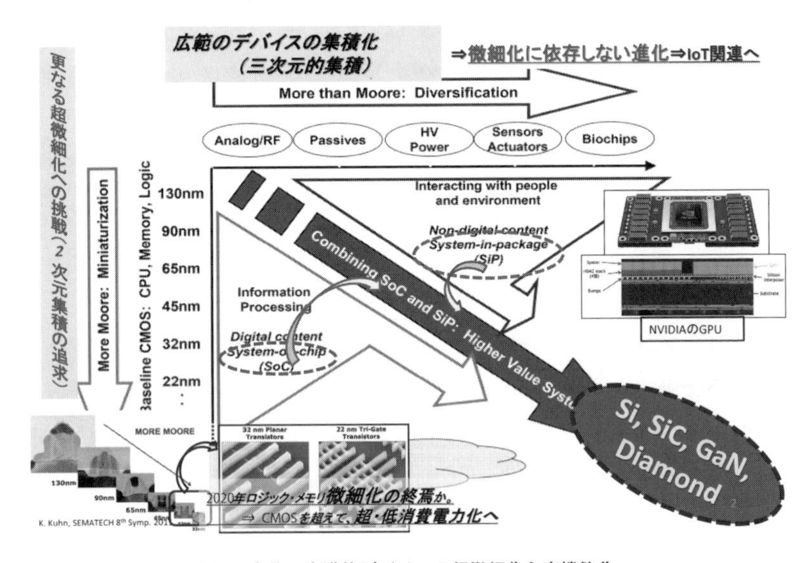

図2　今後の半導体デバイスの超微細化と高機能化

デバイスの進展をどう考えるべきか、以下、考えたい。

図2はITRSロードマップで作成された元図を編集したものであるが、今後の半導体デバイスの超微細化と高機能化について方向性を示している。縦軸はさらなる超微細化への挑戦を図ろうとするもので、所謂、"More Moore"と言われる。他方、横軸は微細化に依存しない広範・多様なデバイスの集積化を図ろうとするもので、所謂、"More than Moore"と言われる。前者に対しては、微細化の終焉もあり得るということでCMOSを超えて超・低消費電力化へ向かう方向である。後者については、微細化は二の次でむしろ三次元的集積を図ることでムーア法則を乗りきろうとする方向である。これらの二軸融合化を追求する第3の軸では、SoC（System on Chip）とSiP（System in Package）で象徴されるような多機能・高機能化システムで乗り切ろうとする方向を探っている。これまでSi結晶の物性をとことん使い果たしてきたと言っても過言ではない。そのため、新たな超高性能デバイスを創出するためには、多岐にわたる様々な材料を探索あるいは創造して、それらを適材適所に駆使・適用せざるを得ない。すなわち、これから新たにSi結晶のような万能ともいえるような材料が出現するということは期待し難い。そう言った意味で第3の軸には、代表例として次世代型の材料としてのSiC、GaNはじめダイヤモンドがあげられる。

しかしながら単一の半導体基板では多機能化を図ることは困難であろうから、Siを超える複数の半導体を組み合わせて使う必要がある。そのため、超極薄の薄膜、ナノレベル或いはオングストロームレベルの微細構造で高品質な材料設計が将来型エレクトロニクスに不可欠となる。エレクトロニクスに不可欠な高品質・多層構造あるいは界面形成には、異種材料を適用してヘテロ構造を形成するが、近年では基板張り合わせ（Bonding）技術がキーとなって脚光を浴びている。これは、清浄な平坦表面を接触させると、原子間力により結合することを基本原理とする。Si基板のみならず絶縁物や化合物半導体など多種材料を張り合わせすることが出来れば、新たな構造デバイスを集積することが出来るので大変都合がよい。

将来加工技術としてこの張り合わせ技術は欠かせないと考えるが、それを確実に実現するためには、最終仕上げと位置付けられるCMPならびに超精密洗浄を中心に超精密加工プロセスが必須であって、これからも無くてはならないキー技術である。これらの張り合わせと超精密加工のプロセス技術は、将来的にますます要求されてくる基板の薄片加工に繋がるもので極めて重要となる。

一方、高度なAI、IoT、或いはディープラーニングに欠かせない超高性能デバイス技術に対応して、次世代型の超精密加工プロセス技術はどうあるべきか、技術的特異点（シンギュラリティ）を見据えて考えたい。AI研究が急激に進展したのは、ディープラーニング（深層学習）／コンピュータの自己学習機能が挙げられる。しかもその処理能力は、様々な技術の融合化・進化を伴って指数関数的に高まっており、科学技術の進展の速度は人類の生物学的限界を遙かに超えて深化し、技術的特異点シンギュラリティが訪れることは必至となっている。それ故、その一翼を担う半導体・オプトメカトロニクス技術のさらなる深化が期待されるところである。

人類史の中で産業史観から社会を俯瞰してみると、第ゼロ次は1万年前の農業（農耕）革命、第二次は18世紀の産業革命（機械化）、第三次は20世紀前半の産業革命（重工業）、第四次は20世紀後半の産業革命（情報化）、そして第五次が21世紀初頭の産業革命（IoT &AI）ということになる。それぞれの産業革命は年々早まって、つまりムーアの法則と同様に指数関数的に進歩していることになる。このように倍々ゲームで上昇が加速していくと、やがてはその方向が横軸に対してほぼ垂直になる。そこでトランジスタ発明以降の時間と半導体技術とその進歩の相関図（図3）から、半導体製造に関わる超精密加工プロセスを例にして考える。その進化のスピードが無限大（厳密には限りなく無限大）に近づくそのポイントが、カーツワイルの言う技術的特異点／シンギュラリティに他ならない。言うまでもなく半導体デバイス、MEMS、各種センサー・オプトメカトロニクス部品などの超高性能化・多機能化と相俟って、人間と対話ができるロボットや完全自動運転の自動車などに象徴されるように、ひと昔の想像世界がまさに現実味を帯びてきたところであって、シンギュラリ

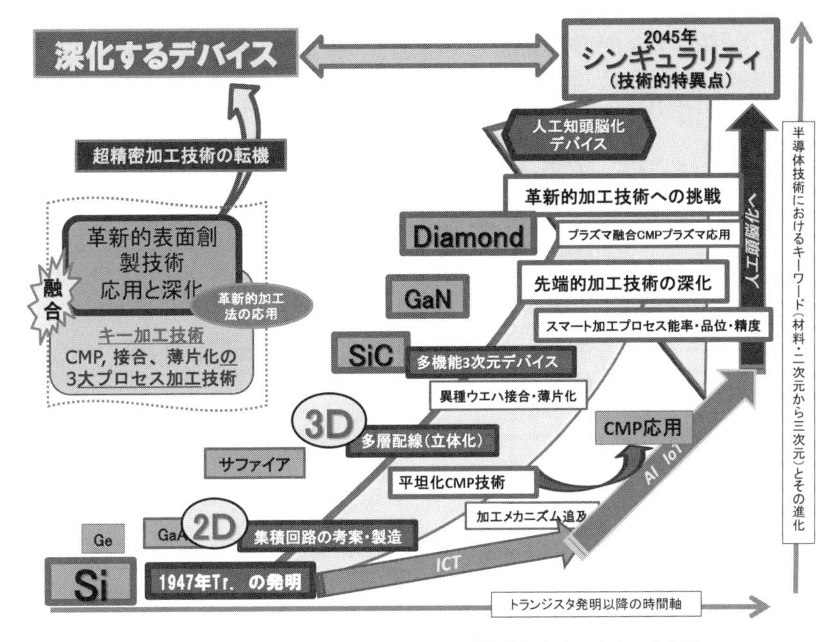

図3　トランジスタ発明以降の時間と半導体技術とその進歩の相関図

ティが2045年あるいはそれ以前に到来はあり得ることに気づく。

半導体デバイスに関わる超精密加工プロセス技術とその関連研究者は、シンギュラリティの到来を想定し加工技術の未来像とどう取り組むべきか、情報収集しつつ再度真摯に検討して今後の課題などを的確に把握しなければならない。そして、どう対応していくべきか、関連分野の相互の共通課題として捉えて議論を深め革新的深化を目指していく必要がある。

前述の図2のところでMore Moore軸とMore than Moore軸を兼ね備えた高付加価値システムに、さらなる近未来の“Future Breakthrough”軸を加えて考える。2045年に想定されている技術的特異点／シンギュラリティを意識して、図4の図式を提唱したい。この中で人工頭脳を超越するかもしれない次世代型3次元デバイスを想定すると、多岐にわたる機能性材料を導入して繊細な三次元・多機能化を図るために構成材料其々を超精密加工仕上げ、各々を貼り

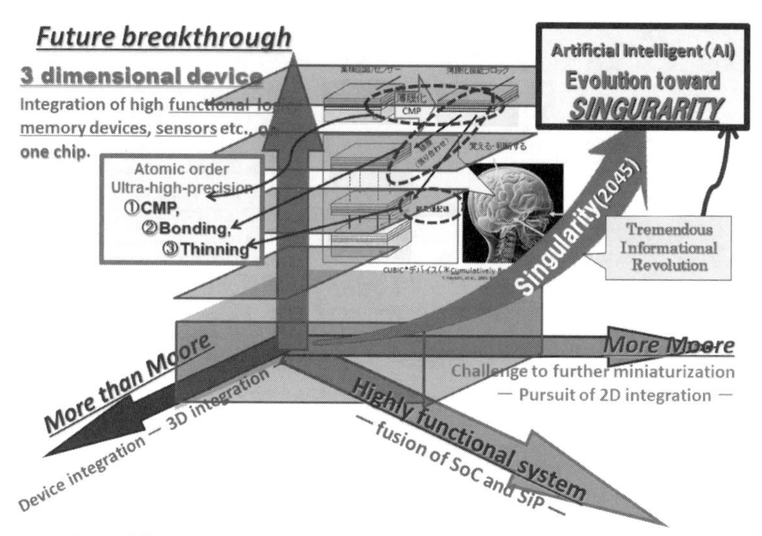

図4　時空を超越するBreakthrough軸から人工知能化への進化イメージ

合せ／積層化･超薄片化すること、これらが“キーとなる３大加工技術”である。ここで構成される中心的結晶基板材料は、通常機械的にも化学的にも極めて安定している超難加工材料であるが故に、ますます加工技術者を悩ますこととなる。

本将来加工技術第136委員会は、世の中の動向を展望しながらこのようなことを議論する委員会であるので、各界の多くの研究者・技術者の参画が望まれる。

謝辞

本書の刊行は日本学術振興会のご助力･ご協力によるものであり､さらに（一社）日本工業倶楽部から出版助成金を受けて実現したものであり、研究上多大の便益を得ることができた。ここに深甚なる謝意を表す次第である。また、執筆者各位の絶大なるご協力と、出版を引き受けられ種々のご協力をいただいた日本工業出版㈱のご厚意に対し、心から感謝の意を表す。

最後に、本書が関係諸氏にお役に立てることを祈願してやみません。

付録1

2004年度～2014年度に開催した将来加工技術第136委員会・研究会等

Meetings held in the 136 Committee during a period from 2004 to 2014 fiscal year

京都大学　星出　敏彦
Toshihiko Hoshide

Key words: reaserach meeting, topics, 11 fiscal years, appendix

付録1では、比較的資料が充実していた直近の2004年度～2014年度における将来加工技術第136委員会・研究会等の活動についてまとめた。

第1回研究会 合同研究会 2004年4月23日 出席者16名 弘済会館	1. 委員会 1) 平成15年度収支決算報告と新部会発足について（尾崎委員長） 2) 新部会について　第1部会報告　土肥主査，第2部会報告　鈴木主査，第3部会報告　星出主査 2. 話題提供 1) 精密石材の特徴と超大型化　関ケ原製作所　北村圭史氏 2) 超高感度交流磁界計測のための高周波キャリア型薄膜磁界センサの設計　東北大学　馬渡宏氏，薮上　信氏，山口正洋氏，荒井賢一氏，岩手大学　菊池弘昭氏 3) 多結晶セラミックスの破壊強度および疲労強度　名古屋大学　田中啓介氏
第2回研究会 2004年6月30日 出席者12名 国立天文台　大すばる解析研究棟	1. 話題提供 テーマ：宇宙時代に熱望される超精密加工計測技術 1) 重力波を測る－究極の計測技術　国立天文台　藤本眞克氏 2) 宇宙の果てを見る－大型望遠鏡の技術　国立天文台　家　正則氏 2. 見学会　重力波施設 TAMA300
第3回研究会 合同研究会 2004年8月27日 出席者22名 弘済会館	1. 話題提供 1) 非接触表面形状・粗さ測定機ニュービュー5000の特徴と最新応用例　ザイゴ　小川秀樹氏 2) SPMによる形状計測とCNTの探針への応用　エスアイアイナノテクノロジー　井上　明氏 3) 量子サイズシリコンの機能とデバイス応用　東京農工大学　越田信義氏 4) 半導体デバイスにおける低誘電率誘電体薄膜　未来先端技術研究所　福田琢也氏 5) 電気・電子部品におけるセラミックス部材と金属部材の接合と信頼性評価　愛媛大学　岡部永年氏 2. 委員会　新運営委員の選任

第4回研究会 2004年10月21日 出席者15名 NHK放送技術研究所	1. 話題提供 テーマ：光ディスクの高密度・高速化と放送への応用 1）光ディスクの高密度・高速化と放送への応用　NHK放送技術研究所　徳丸春樹氏 2）究極の超高感度撮像デバイスへの挑戦　NHK放送技術研究所　谷岡健吉氏 3）フイルム液晶の研究～フレキシブルディスプレイを目指して～　NHK放送技術研究所　藤掛英夫氏 2.　見学会　NHK放送技術研究所
第5回研究会 2004年12月17日 出席者27名 ファインセラミックスセンター	1. 話題提供 テーマ：環境技術 1）高温水素分離用多孔質セラミック膜　ファインセラミックスセンター　岩本雄二氏 2）天然繊維グリーンコンポジットの開発　山口大学　合田公一氏 3）明日の環境社会を目指す自動車技術　トヨタ自動車　河本　洋氏 2. 見学会　トヨタ自動車㈱堤工場
第6回研究会 2005年2月8日 出席者　資料なし 弘済会館	話題提供 テーマ：実用化されるナノテク・ハイテク技術 1）超高圧マイクロジェット精密洗浄装置（HPMJ）における洗浄と電子デバイス製造プロセスにおける用途例　旭サナック　清家善之氏 2）半導体リソグラフィ技術　半導体先端テクノロジーズ　若宮　亙氏 3）マイクロエレメントの機械的特性評価　大阪大学　箕島弘二氏 4）超微細加工技術ナノインプリントリソグラフィー（NIL）の最新動向　SCIVAX　楠浦崇央氏，田中　覚氏，産業技術総合研究所　後藤博史氏
第7回研究会 2005年4月21日 出席者　資料なし 日立製作所生産技術研究所	1. 話題提供 テーマ：超精密加工技術とその周辺技術 1）プラスチック部品の開発期間を短縮する3次元流動解析技術　日立製作所　佐伯準一氏 2）HDD用磁気ヘッド量産研磨技術の開発　日立製作所　田中秀明氏，開　高輝氏，千葉　拓氏，高橋俊雄氏，古輝賢司氏 3）デバイス平坦化技術（CMP）　日立製作所　西口　隆氏 4）NanoPOPセリア砥石によるダメージレス鏡面研削　日立マクセル　岸本幹雄氏，大下　格氏 2. 見学会　日立製作所生産技術研究所
第8回研究会 2005年6月21日 出席者13名 東北大学電気通信研究所	1. 話題提供 1）Atomically Controlled CVD Technology for New Group IV Semiconductors　Tohoku University　Prof. Junichi Murota，Prof. Masao Sakuraba 2）次世代高密度磁気記録の動向と将来展望　東北大学 村岡裕明氏 3）医療用磁気マイクロマシーン　東北大学 石山和志氏，荒井賢一氏 2. 見学会　東北大学電気通信研究所ナノスピン実験施設

第9回研究会 2005年8月26日 出席者26名 弘済会館	話題提供 テーマ：実用化されるナノテク・ハイテク技術 1）量子サイズナノ結晶シリコンを用いた熱誘起超音波エミッタの開発とその応用　松下電工　菰田卓哉氏，椿　健治氏，東京農工大学　越田信義氏 2）ナノレベルの金属組織と硬さの相関　物質材料研究機構　山口弘二氏 3）微細構造物作製法と反射防止機能について　三洋マービック・メディア　前納良昭氏 4）テラビット磁気記録媒体を実現する新しいナノ加工技術　東芝　稗田泰之氏
第10回研究会 2005年10月28日 出席者24名 旭硝子㈱・中央研究所	1. 話題提供 1）自己き裂治癒の能力を応用したセラミックスの品質保証　横浜国立大学　中尾　航氏，安藤　柱氏 2）多成分ガラス導波路の微細加工技術　旭硝子　近藤裕己氏 3）DPF用窒化ケイ素ハニカムとその特性　旭硝子　篠原伸宏氏 2. 見学会　旭硝子㈱・中央研究所
第11回研究会 2005年12月20日 出席者35名 日本電波工業㈱	1. 話題提供 テーマ：水晶の超精密加工技術とその周辺技術 1）水晶振動子の現状と加工技術　日本電波工業　比留間宣夫氏 2）超精密研削加工技術－2（定圧・定位置）モード研削機開発と脆性材の超精密加工事例－　ナガセインテグレックス　小泉孝一氏 3）マイクロ流体MEMSとその事例　エンプライズ研究所　小野航一氏 2. 見学会　日本電波工業㈱
第12回研究会 合同研究会 2006年2月3日 出席者29名 主婦会館プラザエフ	話題提供 テーマ：実用化されるナノテク・ハイテク技術 1）ナノ構造制御・ナノ加工技術による新機能ガラスの開発　京都大学　平尾一之氏 2）半導体製造装置を中心とする最新動向とプロセス管理技術　東京工業大学　大嶋洋一氏 3）ハイテク分野における圧電セラミックアクチュエータの活躍及び鉛フリー圧電材料に関する研究動向　産業技術総合研究所　楠本慶二氏 4）医用超音波プローブ用圧電＆音響材料の開発動向　東芝　山下洋八氏
第13回研究会 2006年4月18日 出席者18名 弘済会館	話題提供 テーマ：ディスプレイの開発動向と将来展望 1）CNTを用いたFEDカソードの形成とその特性　ソニー　室山雅和氏 2）シリコーン系コーティング材のディスプレイ分野への応用　松下電工　山本健之氏 3）電子ペーパー　千葉大学　北村孝司氏 4）映像／ディスプレイの将来展望～高臨場感表現へ　アストロデザイン　谷　千束氏

第14回研究会 2006年6月16日 出席者19名 石川島播磨重工業㈱・横浜事業所	1. 話題提供 1）IHIにおけるMicro Spark Coating技術開発　石川島播磨重工業　柚木伸彦氏 2）航空機エンジン用CMCの新製造法の開発　石川島播磨重工業　村田裕茂氏 2. 見学会　石川島播磨重工業㈱・横浜事業所
第15回研究会 合同研究会 2006年8月25日 出席者　資料なし 弘済会館	1. 話題提供 テーマ：実用化されるナノテク・ハイテク技術 1）印刷技術のエレクトロニクス応用の現状と今後の課題　ADEKA　吉田兼紀氏 2）EBSDおよびAFMハイブリッド法によるマイクロ・ナノ損傷評価　名古屋大学　木村英彦氏，王　的氏，秋庭義明氏，田中啓介氏 3）旭硝子におけるナノ材料開発－ナノ・コーティング材料，ナノインプリント材料－　旭硝子　真田恭宏氏 4）マイクロ・ナノ加工を適用したMEMSの現状と将来動向　産業技術総合研究所　前田龍太郎氏 2. 委員会　収支決算報告
第16回研究会 2006年10月24日 出席者　資料なし 東芝機械㈱沼津本社	1. 話題提供 テーマ：高精度光学ガラス素子成形技術 1）非球面加工機による金型加工　東芝機械　勝木雅英氏 2）微細転写技術と装置　東芝機械　福山　聡氏 2. 見学会　東芝機械㈱沼津本社
第17回研究会 2006年12月12日 出席者　資料なし 松下電工東京本社	1. 話題提供 1）快眠システムについて　松下電工 仲島了治氏 2）スケーラブル半球ドーム型立体映像提示システム：Cyber Dome　松下電工　澤田一哉氏 3）ジョーバ開発物語－6軸制御からのパラダイムシフト　松下電工　四宮葉一氏 2. 見学会　景観設計用バーチャルリアリティドームと快眠ルーム
第18回研究会 合同研究会 2007年2月2日 出席者　資料なし 弘済会館	話題提供 1）シリコンナノフォトニクスによる光配線加工技術　MIRAI－Selete　中田正文氏，大橋啓之氏 2）光コネクタ現場組立用小型研磨機の開発　日本電信電話　松井伸介氏 3）照明・ディスプレイ用蛍光体開発の現状　NHK　岡本信治氏 4）ナノインデンテーションによる接合界面近傍の強度特性マッピング　長岡技術科学大学　栗山雄次氏，西村太志氏，井原邦夫氏，長岡工業高等専門学校　宮下幸雄氏
第19回研究会 2007年5月11日 出席者　資料なし ㈱デンソー大安製作所	1. 話題提供 1）混合モード下におけるガラスのき裂進展特性　豊田工業大学　上野明氏 2）自動車用電圧セラミックス　デンソー　川添尚幸氏 2. 見学会 ㈱デンソー大安製作所

第20回研究会 2007年6月19日 出席者　資料なし 旭サナック㈱	1. 話題提供 1）環境対応塗装について　旭サナック　藤井良昭氏 2）超高圧マイクロジェットによる洗浄技術　旭サナック　清家善之氏 3）最新の塑性加工技術～圧造成形におけるネットシェイプ～　旭サナック　葛谷智恵美氏 4）半導体表面の超精密洗浄の基礎と将来展望　フジミインコーポレーテッド　森永　均氏 2. 見学会　旭サナック㈱
第21回研究会 合同研究会 2007年8月24日 出席者　資料なし 弘済会館	話題提供 1）超微細塑性加工による機能表面の開発　東京工業大学　吉野雅彦氏 2）金属ナノワイヤの創製と応用のためのいくつかの基礎技術　東北大学　坂　真澄氏，弘前大学　笹川和彦氏，名古屋大学　巨　陽氏，秋田大学　村岡幹夫氏，東北大学　燈明泰成氏 3）ホブ切りによる高精度歯車仕上げ加工一切削による鋼製歯車の仕上げ加工の可能性と展望－　九州大学　梅崎洋二氏 4）SiCパワーデバイスの応用と最新の研究動向　産業技術総合研究所　先崎純寿氏
第22回研究会 2007年10月12日 出席者　資料なし 凸版印刷㈱総合研究所	1. 話題提供 1）ナノインプリント技術及びモールド開発　凸版印刷　鈴木　学氏 2）凸版印刷のカラーフィルターの開発動向－高画質・低コスト化への挑戦－　凸版印刷　立花伸也氏 3）印刷法による有機デバイス　凸版印刷　宇賀神美子氏 2. 見学会　凸版印刷㈱総合研究所
第23回研究会 2007年11月27日 出席者22名 広島工業大学	1. 話題提供 1）セラミックス／金属複合による環境調和型はんだごてチップの創製　広島工業大学　木戸光夫氏，徳田太郎氏 2）WJ*による溶射皮膜のはく離と光学的特性利用によるはく離評価　広島工業大学　福島千晴氏，大谷幸三氏，新原美子氏 2. 見学会　広島工業大学ハイテクリサーチセンター
第24回研究会 合同研究会 2008年2月1日 出席者　資料なし 弘済会館	話題提供 テーマ：実用化されるナノテク・ハイテク技術 1）物理蒸着法による高分子薄膜形成とデバイス応用　東京農工大学　臼井博明氏 2）マグネシウム合金のナノ－ミクロ組織制御による強度－延性／靭性改善　物質・材料研究機構　向井敬司氏 3）オプトメカトロニクス・デバイス用窒化物半導体結晶とその加工プロセスの動向と将来展望　三菱化学　藤村勇夫氏 4）究極のトップダウン加工による無損傷ナノ構造作製とナノデバイス　東北大学　寒川誠二氏
第25回研究会 2008年5月9日 出席者　資料なし トッキ㈱見附工場	1. 話題提供 1）大型有機EL用蒸着技術とその動向　トッキ　松本栄一氏 2）薄膜平坦化加工と洗浄技術　トッキ　氏原孝志氏 3）有機ELの現状と将来展望　パイオニア　仲田　仁氏 2. 見学会　トッキ㈱見附工場

第26回研究会 2008年7月18日 出席者　資料なし 産業技術総合研究所	1. 話題提供 1）近接場ナノ工学グループの研究紹介　産業技術総合研究所　時崎高志氏 2）近接場光学とその応用　産業技術総合研究所　中野隆志氏 3）大面積ナノ構造加工技術による光学素子開発　産業技術総合研究所　栗原一真氏 4）グラフェン電気伝導の現状と課題－ゲート電圧特性に関して－　産業技術総合研究所　塚越一仁氏，宮崎久生氏，筑波大学　神田晶申氏，後藤秀徳氏 2. 見学会　産業技術総合研究所
第27回研究会 合同研究会 2008年8月22日 出席者　資料なし 弘済会館	話題提供 1）インデンテーション法による局所力学特性評価および微視組織解析　青山学院大学　小川武史氏，坂上賢一氏 2）半導体の機械加工技術に関する特許出願技術動向調査－日本の技術競争力と今後の課題－　特許庁　小野田達志氏，菅野智子氏 3）ナノ狭窄系スピンエレクトロニクスとその製造技術　東北大学　佐橋政司氏 4）ナノエレクトロニクス研究の展望　東京工業大学　岩井　洋氏
第28回研究会 2008年10月16日 出席者11名 日立製作所機械研究所	1. 話題提供 1）残留応力改善工法ウオータージェットピーニング（WJP）日立製作所　波東久光氏，斎藤　昇氏，日立GEニュークリアエナジー　黒沢孝一氏，守中　廉氏，吉久保富士夫氏 2）MEMSにおける3次元微細加工技術　日立製作所　小出　晃氏 2. 見学会　日立製作所機械研究所
第29回研究会 合同研究会 2008年12月9日 出席者　資料なし 弘済会館	話題提供 1）オンチップ細胞機能解析システムを実現するMEMSデバイスの開発　豊橋技術科学大学　柴田隆行氏 2）フラーレン重合体の創成と応用の展望　日本大学　山本　寛氏 3）スパッタ薄膜の変形過程のX線その場観察　名古屋大学　秋庭義明氏 4）薄膜／箔材料と多結晶材料の微視的変形の解析　京都大学　今谷勝次氏
第30回研究会 最終報告会 2009年2月6日 出席者　資料なし 弘済会館	話題提供 1）半導体ウェーハの薄化における研削・個片化技術の最前線　ディスコ　伊藤祝子氏 2）有機半導体材料を用いた大面積エレクトロニクスにおけるナノスケール作製／評価技術　千葉大学　中村雅一氏 3）非晶性材料の材料力学と欠陥力学　大阪大学　渋谷陽二氏

第1回研究会 合同研究会 2009年5月8日 出席者27名 弘済会館	1. 委員会報告（尾崎委員長） 136委員会活動について：平成20年度収支決算報告，平成21年度～23年度の活動概要の報告 2. 話題提供 1）クラスターイオンビーム・ナノ加工技術とその応用　兵庫県立大学光学研究科　山田公氏，豊田紀章氏 2）Si系デバイスの極微細化とCVD原子制御プロセス　東北大学電気通信研究所　室田淳一氏 3）セラミックス･プロセシング研究の展望　－35年間の研究を振り返って－　成蹊大学名誉教授　尾崎義治氏 3. 懇親会
第2回研究会 2009年6月23日 出席者27名 フジノン㈱	1. 開会の挨拶　（第1部会主査：土肥俊郎氏　九州大学教授） 2. 会社紹介（神山宏二氏　フジノン専務取締役） 3. 見学会 4. 話題提供 1）精密ガラス成形レンズの加工技術紹介　フジノン株式会社 レンズ加工部　佐藤保彦氏 2）研磨技術の現状と新しい研磨技術の提案－電界砥粒研磨技術による加工特性－　秋田県産業技術総合研究センター 上席研究員　赤上陽一氏
第3回研究会 合同研究会 2009年8月3日 出席者21名 弘済会館	1. 話題提供 1）次世代パワーデバイスの現状と将来動向　㈱東芝 研究開発センター研究主幹　四戸　孝氏 2）有機半導体材料を用いた大面積エレクトロニクスにおけるナノスケール作製／評価技術　㈱東芝 研究開発センター 研究主幹　中村雅一氏 3）ミニチュアはんだ試験片を用いた各種強度評価　立命館大学　上野明氏 2. 委員会 1）産業側委員のメンバーについて 2）本の出版について
第4回研究会 2009年9月14日 出席者17名 弘済会館	1. 話題提供 1）ナノシリコンの可能性　東京農工大学大学院工学府　越田信義氏 2）バイオトランジスタによる生体分子認識の検出　物質・材料研究機構　生体材料センター 宮原 裕二氏 3）有機・色素増感太陽電池開発の応用展開　桐蔭横浜大学大学院工学研究科　宮坂 力氏 2. 委員会

第5回研究会 合同研究会 2009年12月3日 出席者14名 主婦会館	1. 話題提供 1）超精密加工技術の新たな可能性について　東芝機械ナノ加工システム事業部　福田将彦氏 2）誘電体酸化物薄膜作製と評価技術—現状と展望　東京工業大学大学院理工学研究科　鶴見敬章氏 3）ものづくり基盤技術を支える溶接熱加工に関する最近の評価技術-力学的問題を中心に　大阪大学大学院工学研究科　望月正人氏 2. 委員会 1）尾崎委員長より第35回産学協力研究委員会委員長会議の報告 ①産学協力研究委員会の現状について ②WGの検討報告及び意見交換について 2）尾崎委員長より出版事業の進捗状況について報告
第6回研究会 2010年2月1日 出席者18名 ㈱島津製作所　三条工場・研修センター	1. 話題提供 テーマ：加工の評価に係わる分析・計測技術 1）FTIRとEDXによる異物解析　㈱島津製作所 分析計測事業部 応用技術部 京都ADC　西埜　誠氏 2）走査型プローブ顕微鏡（SPM）の最新の技術とその応用　㈱島津製作所 分析計測事業部 X線/表面ビジネスユニット　大田昌弘氏 3）マイクロフォーカスX線透視およびCT技術の品質評価への応用　㈱島津製作所 分析計測事業NDIビジネスユニット　亀川正之氏 4）疲労試験を中心とした物性評価装置について　㈱島津製作所 分析計測事業部 試験機ビジネスユニット　堀川　純氏 2. 見学会　㈱島津製作所　三条工場・研修センター
第7回研究会 合同研究会 2010年4月23日 出席者16名 弘済会館	1. 話題提供 テーマ：ものづくりを支え、育てる加工・評価技術 1）期待される酸化亜鉛薄膜デバイス応用（仮題）　産業技術総合研究所　柴田　肇氏，反保衆志氏，仁木　栄氏 2）機械加工とリソグラフィ加工をつなぐ3次元リソグラフィ　豊田工業大学　佐々木　実氏 3）最近のCMP装置技術と加工中計測技術　㈱東京精密　藤田　隆氏 2. 委員会
第8回研究会 2010年6月18日 出席者18名 東京大学本郷キャンパス	話題提供 1）将来加工技術とプリンテッドエレクトロニクス　東京大学　染谷隆夫氏 2）スピントロニクスの新展開－材料，デバイス，新現象－　東京大学　田中雅明氏

第9回研究会 合同研究会 2010年7月16日 出席者16名 弘済会館	1. 話題提供 テーマ：ものづくりを支え、育てる加工・評価技術 1）半導体製造装置の現状と今後の行方　東京エレクトロン㈱コーポレート開発部門・フェロー　有門経敏氏 2）有機ELフレキシブルディスプレイの開発動向　NHK放送技術研究所　清水貴央氏 3）Pt・Ir・Ruの工業用製品事例と加工技術　株式会社フルヤ金属・営業本部　松下桂一郎氏 2.　委員会 1）出版事業の進捗状態について報告
第10回研究会 2010年10月15日 出席者11名 東レ・プレシジョン㈱	1.　委員会 2.　話題提供 テーマ：超精密・超微細加工技術 1）医療分野における超精密機械加工技術の役割と研究開発例　滋賀県立大学・工学部　中川平三郎氏 2）東レ・プレシジョンの精密・微細加工技術について　東レ・プレシジョン㈱技術開発部　池内秀樹氏 3.　見学会　東レ・プレシジョンの工場見学
第11回研究会 合同研究会 2010年11月19日 出席者24名 学士会館	1. 話題提供 テーマ：ものづくりを支え，育てる加工・評価技術 1）グラフェン材料開発の最前線　徳島大学工学部　永瀬雅夫氏 2）マイクロ・ナノ加工技術とその応用　香川大学工学部　鈴木孝明氏 3）放電加工と電解加工の微細加工への応用　東京大学大学院　国枝正典氏 2. 委員会 1）書籍「マイクロ・ナノ領域の超精密技術」の出版事業のその後の状況について
第12回研究会 合同研究会 2011年1月26日 出席者19名 シグマ光機㈱　日高工場	1.　話題提供 1）レアアース問題を克服するガラス研磨技術―セリア砥粒の低減とセリア砥粒の代替としての酸化マンガン系砥粒　埼玉大学　土肥俊郎氏 2）光悦マイクロジェット方式による洗浄技術とその応用　旭サナック　宮地計二氏 3）シグマ光機会社概要と事業紹介　シグマ光機　山口秀一氏 4）光学素子部品の技術詳細　シグマ光機　須田清志氏（代理：大久保和弘氏） 2.　見学会　シグマ光機株式会社　日高工場

第13回研究会 合同研究会 2011年5月13日 出席者18名 弘済会館	話題提供 テーマ：ものづくりを支え，育てる加工・評価技術 1）SiC・GaN単結晶基板の新加工技術－触媒表面基準エッチングによる原子レベル平坦化および大気圧プラズマエッチングによる高能率加工－　大阪大学工学研究科　佐野泰久氏 2）イオン照射を利用した薄膜の立体微細構造の作製技術　産業技術総合研究所　吉田知也氏 3）グリーンコンポジットの開発と特性改善　山口大学理工学研究科　合田公一氏
第14回研究会 2011年6月24日 出席者18名 ㈱豊田自動織機	1. 話題提供 テーマ：車両軽量化技術 1）Lexus LFAにおけるボディ軽量化技術　トヨタ自動車㈱　棚橋晴彦氏 2）樹脂ウインドウの開発　㈱豊田自動織機　奥村和雅氏 2. 見学会　高浜工場におけるフォークリフト生産ライン
第15回研究会 合同研究会 2011年7月29日 出席者17名 弘済会館	1. 話題提供 テーマ：ものづくりを支え、育てる加工・評価技術 1）表面改質を利用した非破壊評価法　京都大学大学院エネルギー科学研究科　木下勝之氏 2）プラズモニクスによる光電変換の革新　九州先端科学技術研究所 栗原　隆氏 3）機能性有機材料の加工技術と有機デバイスへの応用　山梨大学大学院医学工学総合研究部　奥崎秀典氏 2. 委員会
第16回研究会 2011年10月14日 出席者19名 大日本印刷㈱	1. 話題提供 1）DNPの微細加工およびナノインプリント技術　研究開発センター　ナノパターニング研究所長　法元盛久氏 2）DNPのMEMSおよびTSV技術　研究開発センター 次世代MEMSプロジェクトチームリーダー　倉持　悟氏 2. 見学会　大日本印刷・ショールーム
第17回研究会 2011年11月25日 出席者11名 日本大学理工学部船橋校舎	1. 話題提供 1）積層膜および人工超格子構造に期待する室温巨大電気磁気効果　日本大学理工学部　岩田展幸氏 2）走査ゲート顕微法を用いたナノデバイスの電気伝導特性評価法の紹介　千葉大学工学部　青木伸之氏 2. 見学会　電子線利用研究施設

第18回研究会 合同研究会 2012年1月25日 出席者39名 弘済会館	テーマ：ものづくりを支え、育てる加工・評価技術 1) ナノ粒子蛍光体のボールミル法による開発　早稲田大学　小林正和氏 2) 平滑表面における応力腐食割れのモンテカルロ・シミュレーション　静岡大学　東郷敬一郎氏 3) SiCにおける超精密研磨技術とスラリー開発　フジミインコーポレーテッド　河田研治氏 2. 委員総会 1) 今期（平成21年度～23年度）の総括，2) 平成23年度決算報告，3) 運営内規の改訂， 4) 次期運営委員候補者の推薦，5) 次期（H24-26年度）活動方針，6) 入会，年会費について
第1回研究会 合同研究会 2012年4月26日 出席者21名 弘済会館	1. 話題提供 テーマ：ものづくりを支え、育てる加工・評価技術 1) ナノスケール切削における加工現象とその応用　千葉大学　教授　森田　昇氏 2) キャビテーションピーニングによる金属材料の疲労強度向上とその支配因子　東北大学　教授　祖山　均氏 3) シリコンフォトニクスの現状と展望　東北大学　教授　山田博仁氏 2. 委員会 1) 決算報告および産業界入会状況（土肥委員長） 2) 第38回産学協力研究委員会委員長会議報告（星出副委員長）
第2回研究会 2012年6月21日 出席者36名 池上金型工業㈱	1. 話題提供 テーマ：最新の金型関連技術とビジネス戦略について 1) ビジネス特別講演：中小金型専業メーカーの生き残り戦略とグローバル展開　池上金型工業株式会社　代表取締役社長　池上正信氏 2. 見学会　池上金型工業㈱ 3. 学術特別講演会 1) 難削材料への微細深穴加工技術 埼玉県産業技術総合センター　技術支援室　南部洋平氏 2) 射出成形型内現象の可視化実験解析　～最新の研究成果紹介～　東京大学生産技術研究所　教授　横井秀俊氏
第3回研究会 合同研究会 2012年9月20日 出席者25名 弘済会館	1.　話題提供 テーマ：ものづくりを支え、育てる加工・評価技術 1) 古代文明から先端技術を支えるガラスの役割と今後の展望～機能性発現のためのガラス加工技術～　九州大学産学連携センター　藤野茂氏 2) 半導体・カーボンの低次元構造を用いたテラヘルツ波センシング・イメージング　東京工業大学　河野行雄氏 3) 研削砥石の基礎とツール動向について　㈱リード　小橋和久氏（代理：石井氏） 2. 委員会 1) 平成24年度アンケート集計について

第4回研究会 2012年10月17日 出席者16名 ㈱産業技術総合研究所	1. 話題提供 テーマ：新機能マイクロ・ナノデバイス加工技術の進展 1) コロイド結晶による新材料、およびソフトリソグラフィによる表面パターニングの研究　㈱物質・材料研究機構・先端フォトニック材料ユニット・応用フォトニック材料グループ　主幹研究員　不動寺浩氏 2) 印刷フレキシブル電子デバイスの低温作製技術　㈱産業技術総合研究所・フレキシブルエレクトロニクス研究センター印刷エレクトロニクスデバイスチーム　植村　聖氏 2. 見学会　㈱産業技術総合研究所・フレキシブルエレクトロニクス研究センター
第5回研究会 合同研究会 2012年12月17日 出席者22名 弘済会館	1. 話題提供 テーマ：モノづくりを支え、育てる加工・評価技術 1) 調和組織制御による高強度・高延性金属材料の開発　立命館大学　飴山　惠氏 2) 固有ジョセフソン接合テラヘルツ発振素子　物質・材料研究機構　王　華兵氏 3) 内部吸収型レーザダイシング（ステルスダイシング）の加工原理　大阪大学　大村悦二氏 2. 委員会
第1回研究会 合同研究会 2013年5月10日 出席者36名 弘済会館	1. 話題提供 テーマ：次世代機能性材料と高性能電子デバイスへの応用に迫る！！～次世代を支える精密加工・デバイス・材料評価～ 1) SiCパワー半導体の進展とグリーンイノベーション～超精密加工技術に期待するもの～　京都大学　松波弘之氏 2) アモルファス酸化物半導体のデバイス応用と作製技術　東京工業大学　雲見日出也氏 3) MEMSを援用した低次元ナノワイヤの機械電気連成特性評価　神戸大学　磯野吉正氏 2. 委員会
第2回研究会 合同研究会 2013年6月28日 出席者26名 レーザテック㈱	1. 話題提供 テーマ：CMP加工技術と加工欠陥の検査技術について 1) 会社概要説明　レーザテック㈱ 樋口剛史氏 2) Siウェハ、SiCウェハ欠陥検査技術について　レーザテック株式会社　関　寛和氏 3) TSVウェハ裏面研磨プロセス測定装置　レーザテック株式会社　瀧澤英郎氏 4) 半導体CMPプロセスの課題と最新動向　日立化成株式会社・電子材料事業部　近藤誠一氏 2. 見学会　レーザテック

第3回研究会 合同研究会 2013年8月19日 出席者24名 弘済会館	1. 話題提供 テーマ：ものづくりを支え、育てる加工・評価技術～最先端医療を支える精密加工・デバイス・材料評価～ 1) 電子ビーム造形による人工関節製造の現状と医療応用事例　カジマメディカル㈱　西村直之氏 2) マイクロチップとバイオ・医療への応用 ～現状と課題～ ㈱理化学研究所・生命システム研究センター　田中　陽氏 3) SiMEMSからシリコーンマイクロマシンまで、そのバイオメディカル応用　立命館大学理工学部機械工学科バイオメディカルデバイス研究センター　小西　聡氏 2. 委員会 1) 報告（土肥委員長） 2) 平成24年度活動状況報告ならびに今後の活動について
第4回研究会 2013年10月25日 出席者23名 慶応義塾大学	1. 話題提供 テーマ：機能性薄膜材料技術と実装応用技術について 1) ウェットプロセスナノコーティングによる機能性薄膜（真空プロセスを使わない）　慶應義塾大学・理工学部・物理情報工学科　准教授 白鳥世明氏 2) ナノカーボン材料によるLSI放熱実装応用技術　㈱産業技術総合研究所 GNC主任研究員 二瓶瑞久氏 2. 見学会　慶応義塾大学理工学部
第5回研究会 合同研究会 2013年12月20日 出席者22名 弘済会館	1. 話題提供 テーマ：ものづくりを支え、育てる加工・評価技術～ナノテクノロジーを支える精密加工・デバイス・材料評価～ 1) 3次元実装及びMEMS応用に向けたウェーハ接合技術　ズース・マイクロテック株式会社　石田博之氏 2) ナノカーボンの欠陥評価　千葉大学　山田泰弘氏 3) レーザーを用いた表面検査技術　システム精工株式会社　原　秀毅氏，諏訪　慶氏 2. 委員会
将来加工技術シンポジウムin 九州 2014年3月3日 参加者95名 ヒルトン福岡シーホーク	1) 酸化セリウム研磨剤のリサイクル技術の開発とその技術応用展開　コニカミノルタ㈱　前澤明弘氏 2) 超精密加工機とアプリケーション　東芝機械㈱　福田将彦氏 3) 低炭素化を実現するパワー半導体　九州工業大学大学院 大村一郎氏 4) 研究者に求められる資質　静岡理工科大学　志村史夫氏 5) 金属微粒子積層膜によるフルカラーコーティング　九州大学先導物質科学研究所　玉田薫氏 6) 水素社会に向けて材料評価技術－鋼種拡大の考え方　九州大学 松岡三郎氏 7) 応力発光による材料の評価と診断　産業技術総合研究所，九州大学　徐超男氏

第1回研究会 合同研究会 2014年5月13日 出席者31名 弘済会館	1. 話題提供 テーマ：資料なし 1）SiCパワー半導体の進展とグリーンイノベーション　京都大学　松波弘之氏 2）アモルファス酸化物半導体のデバイス応用と作製技術　東京工業大学　雲見日出也氏，神谷利夫氏，細野英雄氏 3）MEMSを援用した低次元ナノワイヤの機械電気連成特性評価-Elastic Strain Engineeringのための評価技術　神戸大学大学院　磯野吉正氏
第2回研究会 2014年6月5日 出席者17名 理化学研究所	1. 話題提供 テーマ：理化学研究所における先端加工研究の最前線～次世代を支える精密加工・3Dプリント技術～ 1）光量子工学研究領域および先端光学素子開発チーム概要　光量子工学研究領域 先端光学素子開発チーム　森田晋也氏 2）光造形法をはじめとした3Dプリンタとその応用　光量子工学研究領域　光量子技術基盤開発グループ 技術基盤支援チーム　山澤建二氏 3）精密加工技術が求められる特殊実験装置の開発支援事例　光量子工学研究領域 光量子技術基盤開発グループ技術基盤支援チーム　高橋一郎氏 2. 見学会　理化学研究所・先端光学素子開発チーム
第3回研究会 2014年7月18日 出席者25名 スクワール麹町	話題提供 テーマ：マイクロ・ナノデバイス・プロセスの新たな展望 1）電子線リソグラフィーをベースとしたDNPの微細加工技術　大日本印刷株式会社　福田雅治氏 2）グラフェン・オン・シリコンのテラヘルツデバイス応用　東北大学　尾辻泰一氏 3）プラズマスプレーによる次世代Liイオン電池負極向けSiナノ粒子複合化技術　東京大学　神原　淳氏
第4回研究会 合同研究会 2014年10月31日 出席者24名 弘済会館	話題提供 テーマ：ものづくりを支え、育てる加工・評価技術 1）計算解剖モデルに基づいた３Ｄプリンタによる臓器モデル造形とその診断・治療支援への応用　名古屋大学上方連携統括本部情報戦略室　森　健策氏 2）有機EL素子作成のための低ダメージスパッタ堆積法の開発　東京工芸大学工学部　星　陽一氏 3）超精密特殊研磨による研磨事例紹介　共栄電工株式会社　早川寿一氏

創設50周年記念シンポジウム 2014年11月28日 参加者53名 ホテルグランビア京都	1）自動車産業の将来動向とそれに関わる精密加工技術　京都工芸繊維大学　太田　稔氏 2）最新の3Dシステムと手術支援ロボットシステムの動向-内視鏡外科を事例として超精密加工技術に期待するもの　九州大学先端医療イノベーションセンター　橋爪　誠氏 3）ヒッグス粒子のみつけかた　京都大学大学院　石野雅也氏 4）半導体レーザーによる先進的サブナノ平坦化技術の開発と展望　東京大学大学院　大津元一氏 5）高品質カーボンナノチューブ大量合成と期待される応用展望　産業技術総合研究所ナノチューブ応用研究センター　湯村守雄氏 6）ガラスの変形・破壊とナノ構造－割れにくいガラスを目指して－東京工業大学応用セラミックス研究所　伊藤節郎氏 7）高温材料強度の最前線　立命館大学理工学部　坂根政男氏
第5回研究会 合同研究会 2015年1月16日 出席者33名 弘済会館	話題提供 テーマ：次世代を支える精密加工・デバイス・材料評価 1）プラズマ加工とその応用に関する最近の動向　～最近の研究から～　九州大学システム情報科学研究院情報エレクトロニクス部門　白谷正治氏 2）高純度窒化ホウ素単結晶研究の現状と新しい応用展開　物質・材料研究機構　環境・エネルギー材料部門　光・電子材料ユニット 光・電子機能グループ　渡邊賢司氏，谷口　尚氏 3）赤外線サーモグラフィを用いた非破壊検査と強度評価　神戸大学大学院工学研究科　阪上隆英氏 4）プラズマ加工とその応用に関する最近の動向　～最近の研究から～　九州大学システム情報科学研究院情報エレクトロニクス部門　白谷正治氏
第6回研究会 2015年2月27日 出席者12名 ㈱神戸工業試験場・播磨事業所	1．話題提供 1）Hyadrogen Embrittlement Mechanism from the Viewpoint of Mechanics- Microstructure-Enviroment Interactions, International Institute for Carbon -Neutral Energy　村上敬宜氏 2．見学会　㈱神戸工業試験場・播磨事業所

付録2

1980年度～2003年度に開催した 将来加工技術第136委員会・研究会等

Meetings held in the 136 Committee during a period from 1980 to 2003 fiscal year

京都大学　星出　敏彦
Toshihiko Hoshide

Key words: reaserach meeting, topics, 24 fiscal years, appendix

付録2では、データの不明な点が多々あり、また全分科会・部会の活動を網羅できていないながら、本委員会の歩みの一端を記録として残すため、1980年度～2003年度までの活動の概況を示すことにする。

1980年4月3日 無機焼結体加工技術小委員会 第1回研究会	斎藤委員長挨拶 主査等選出，主査：山田敏郎（京都大学），総務幹事：村井照水（機械技術研究所），幹事：尾崎義治（成蹊大学），花澤　孝（萱場工業） 山田主査より，無機焼結体加工技術小委員会の設立経過について説明 村井幹事より，「研究課題アンケート」に対する協力依頼
1980年5月29日 無機焼結体加工技術小委員会 第2回研究会	航空・宇宙用セラミックスについて　高原北雄（航空宇宙技術研究所）
1980年7月4日 無機焼結体加工技術小委員会	幹事会　委員会運営について
1980年7月25日 無機焼結体加工技術小委員会 第3回研究会	セラミックスの変形と破壊　阿部　弘（旭硝子） ダイヤモンド研削研磨技術（セラミックス）　富森　紘（大阪ダイヤモンド工業）
1980年9月18日 第1分科会	第1分科会主査：久保田　護 ダイヤモンドバイトによるセラミックスの切削　竹山秀彦（東京農工大学） ダイヤモンド砥石の特性と使用法　石田泰弘（日本クリステンセン・マイカイ）
1980年9月25日 無機焼結体加工技術小委員会 第4回研究会	破壊確率の現状について　小田　功（日本碍子） セラミックスの強度試験　奥田　博（名古屋工業技術試験所）
1980年11月6日 無機焼結体加工技術小委員会 第5回研究会	ダイヤモンドについて　B. J. ラッド他（De Beers） DMFおよびDMSO水溶液中でのアルミナ系セラミックスの摩耗　津谷弘子，村井照水（機械技術研究所） 研究課題報告について　山田敏郎・主査

1981年1月22日 第6回研究会	無機焼結体加工技術小委員会 「セラミックス加工技術欧州視察団」報告　斎藤委員長，山田団長，尾崎・花澤両幹事 山田主査より，今後はセラミックスの強度問題も並行して検討し，標準試験片形状（円環圧縮用）の提案
1981年3月27日 無機焼結体加工技術小委員会 第7回研究会 合同研究会	今後の運営について：1980年度と同様，1）機械加工法（村井・中島両委員），2）試験法（奥田，花澤，尾崎各委員），3）設計基準および強度評価（山田主査），4）文献・資料収集（尾崎委員）を中心に推進し，1981年度はこれらの研究テーマの相互関連性を認識した上で，総合的に加工法，試験法，設計基準の充実を図る運営方針を了承 欧州セラミックス加工技術視察団報告　主査・山田敏郎，幹事・尾崎義治，幹事・花澤　孝 破壊力学について　星出敏彦（京都大学）
1981年5月21日 無機焼結体加工技術小委員会 第8回研究会	セラミックスの疲労寿命予測と機械設計への応用　上垣内修己（豊田中央研究所） 脆性破壊研究へのアコースティック・エミッションの応用　北川茂（福井大学）
1981年6月25日	総会
1981年7月16日 無機焼結体加工技術小委員会 第9回研究会	セラミックス脆性材料の微細切削について　新谷　聡（機械振興会） セラミックスの加工について　伊藤正治（名古屋工業技術試験所）
1981年9月25日 第5分科会	第5分科会主査：金子秀夫（東海大学） 分子線技術　白木靖寛（日立製作所） 機能セラミック　高橋　孝
1981年10月9日 無機焼結体加工技術小委員会 第10回研究会	セラミックスの溶接と熱加工について　丸尾　大，宮本　勇（大阪大学） セラミックスの加工技術上の問題点I　村井照水（機械技術研究所）
1981年10月27日 無機焼結体加工技術小委員会 第11回研究会	セラミックス軸受の研究　藤原孝誌，尾崎浩一，菊池且男，北原時雄，中山景次，吉岡武雄（工業技術院機械技術研究所） セラミックスの破壊現象の考察　松野外男，若井史博（工業技術院名古屋工業技術試験所）
1981年11月26日 本会・研究会	次世代産業基盤技術研究開発制度について　平戸正尚（通商産業省工業技術院） 破壊力学の応用について　星出敏彦（京都大学）
1982年2月3日 無機焼結体加工技術小委員会 研究会	粉体製造技術における高純度の追求－フィジカル・ピュアについて－　三輪茂雄（同志社大学） 高性能サーボモータ軸へのセラミックスの応用　山田弘道，椛島秀文（安川電機製作所）

1982年30月29，30日 無機焼結体加工技術小委員会 第12回研究会	セラミックスの円環圧縮試験および平面曲げ疲労試験　山田敏郎，星出敏彦（京都大学） マイカセラミックスの機械加工性と組織の関連について　宇田川重和，浦部和順（東京工業大学） 無機焼結体の円筒プランジ研削加工　中島利勝（岡山大学） ファインセラミックスの曲げ強さ試験方法について　奥田　博（名古屋工業技術試験所） セラミックスの平面研磨　堤　千里，岡野啓作，村井照水（機械技術研究所） セラミックスのすべり軸受性能　岡野啓作，堤　千里，村井照水（機械技術研究所） セラミック案内面の摩擦特性について　水原清司，吉田嘉太郎（機械技術研究所） 常圧焼結窒化珪素における強度の寸法効果　片山雄介，服部善憲（日本特殊陶業） ウルツ鉱型BN切削工具　神谷　徹（日本油脂） 高性能セラミックスの強度について　三輪直人（日本電装）
1982年4月24日 無機焼結体設計基礎技術小委員会 第1回研究会	発会式 機械構造用部材としてのセラミックスの課題　山田敏郎（京都大学）
1982年5月27日 無機焼結体設計基礎技術小委員会 第2回研究会	熱間静水圧加圧技術（HIP）の最近の動向　井上陽一（神戸製鋼所） 圧電セラミックスを利用した刃物切込み装置　村井照水（機械技術研究所）
1982年6月24日 無機焼結体設計基礎技術小委員会 第3回研究会	精密加工表面の非接触測定　斉藤勝政（北海道大学） 福井大学におけるキャビテーション・エロージョンの研究　岡田庸敬（福井大学）
1982年7月23日 無機焼結体設計基礎技術小委員会 第4回研究会	材料の強度評価と信頼性工学－強度の分布特性を中心として－　市川昌弘（電気通信大学） 高含水作動油の概況　松田　濃（日本サン石油）
1982年9月24日 無機焼結体設計基礎技術小委員会 第5回研究会	セラミック工具の切削性能について　鳴瀧則彦（広島大学） ファインセラミックスの最新技術　尾崎義治（成蹊大学）
1982年10月26日 無機焼結体設計基礎技術小委員会 第6回研究会	セラミックスの破壊靱性　瀬古日出男（アイシン精機）

1982年11月19日 無機焼結体設計基礎技術小委員会 第7回研究会	エンジニアリングセラミックスの研削加工　中島利勝（岡山大学）
1982年12月15日 無機焼結体設計基礎技術小委員会 第8回研究会	金属材料の疲労破壊　星出敏彦（京都大学）
1983年1月20日 無機焼結体設計基礎技術小委員会 第9回研究会	欧米におけるニューセラミック材の精密加工　新谷　聰（機械振興協会）
1982年3月26日 無機焼結体設計基礎技術小委員会 第10回研究会 グループ研究報告	ABRASIVE MATERIALS AND THEIR USE IN GRINDING Ernest J. Duwell（3M） (1) 計測機器グループ報告　　斉藤勝政（グループリーダー） (2) 基礎研究グループ報告　　山田敏郎（グループリーダー）
1983年4月21日 無機焼結体設計基礎技術小委員会 第11回研究会	脆性材料の遅れ破壊の統計的予測と構造設計への利用の試みについて　坂田　勝（東京工業大学） 予き裂材セラミックスの強度　北川　茂（福井大学）
1983年5月20日 無機焼結体設計基礎技術小委員会 第12回研究会	3次元工学表面の粗さ形状解析　長谷川素由（防衛大学校） 研削焼けと研削き裂のインプロセス検出　江田　弘（宇都宮大学）
1983年6月22日 無機焼結体設計基礎技術小委員会 第13回研究会	セラミックスの高温での変形とその応用　西川友三（京都工芸繊維大学） セラミックスの射出成形について　荒木田　豊（日本製鋼所）
1983年7月27日 無機焼結体設計基礎技術小委員会 第14回研究会	Si_3N_4セラミックスの1,250 ℃における静的および繰返し曲げ強度　山田敏郎（新居浜工業高等専門学校） BeO添加SiC焼結体の作成とその性質－高熱伝導・電気絶縁性SiCセラミックス－　浦　満，中村浩介，前田邦裕，竹田幸男（日立製作所）
1983年9月20日 無機焼結体設計基礎技術小委員会 第15回研究会	非酸化物原料粉体について　志儀忠輔（電気化学工業） セラミックスの焼結プロセスと強度の関係　木島弌倫（無機材質研究所）
1983年10月20日 無機焼結体設計基礎技術小委員会 第16回研究会	繊維強化セラミック材料SiC（W）－Si_3N_4複合材料について　樋端保夫（大阪工業技術試験所） ダイヤモンド砥石によるセラミックスの研削加工　若松信之（ダイヤモンド工業）

1983年11月21日 総合部会 主査：梅屋　薫（東北大学名誉教授）	粉体材料工学における新しい理論展開　牧野和孝（秋田大学） CIP，HIP以降の新しい粉体成形法について　梅屋　薫
1983年11月22日 無機焼結体設計基礎技術小委員会 第17回研究会	セラミックス仮焼材の切削加工について　鳴瀧則彦（広島大学）
1983年12月15日 無機焼結体設計基礎技術小委員会 第18回研究会 委員会議事	無機焼結体設計基礎技術小委員会の第3部会への改組について報告
1984年1月20日 無機焼結体設計基礎技術小委員会 第19回研究会	セラミックス同志とセラミックス－金属の加圧固相接合　島田昌彦（東北大学） 産業機械用アルミナセラミックスの成形と仕上げ　鈴木茂美（東陶機器）
1984年3月24日 第2回総合部会	高分子物質の混合による物性の変化　岩倉賢次（山形大学） 高分子物質の破壊のミクロ機構　成沢郁夫（山形大学）
1984年3月26日 無機焼結体設計基礎技術小委員会 第20回研究会 グループ最終報告	多重モードワイブル分布とパラメータの推定　松尾陽太郎（東京工業大学） 基礎研究ワーキンググループ最終報告 ファインセラミックスによるベーンポンプの試作　水圧機器グループ 工作機械ワーキンググループ報告 計測機器ワーキンググループ研究経過報告概要
1984年4月 第136委員会　委員数120名（大学官公庁47名，会社関係73名） 第1部会（特殊加工技術）：25名（大学官公庁12名，会社関係13名） 第2部会（融体超急冷技術）：26名（大学官公庁15名，会社関係11名） 第3部会（ファインセラミックス技術）：42名（大学官公庁15名，会社関係27名） 第4部会（総合研究）	設立趣意書： 設立発起人　山田敏郎委員長，本田富士雄 主査：小林　昭（埼玉大学），幹事：今中　治（東京大学），中川威雄（東京大学），上野嘉之（日本電信電話公社） 主査：津屋　昇（法政大学），幹事：伊藤　庸（川崎製鉄），荒井賢一（東北大学） 主査：山田敏郎（新居浜工業高等専門学校），幹事：尾崎義治（成蹊大学）

1984年4月24日 第3部会（ファインセラミックス技術） 第1回研究会	委員会： 山田主査より第3部会の発足説明 将来加工技術第136委員会委員名簿の配付 委員数122名（大学官公庁委員50名，会社関係委員72名） うち，第3部会：委員数42名（大学官公庁委員15名，会社関係委員27名） 常圧焼結SiCおよびSi_3N_4の高温長時間引張疲労試験　川合　実（旭硝子） 最先端技術に役立つニュータイプのガラス　牧島亮男（無機材料研究所）
1984年5月17日 第3回総合部会	特別講演：テクノロジー戦国時代　唐津　一（松下電器産業） セラミック粉体の表面処理とその応用について　宇津木　弘（宇都宮大学） 懸濁体の成形作業特性についての新しい考え方　梅屋　薫（東北大学名誉教授）
1984年6月21日 第3部会（ファインセラミックス技術） 第2回研究会	研究テーマに関するアンケート：中間報告 潤滑下におけるセラミックスの摩擦・摩耗特性について　小沢義晃（小松製作所） セラミックスの破壊エネルギー測定とその応用　西田俊彦（京都工芸繊維大学）
1984年7月27日 第3部会（ファインセラミックス技術） 第3回研究会	研究テーマに関するアンケート：集計結果報告 ジルコニアの水溶液中における安定性　中島紀一，小林啓祐（東レ）
1984年10月15日 第3部会（ファインセラミックス技術） 第4回研究会 1984年10月16日　見学会	九州工業技術試験所におけるセラミックスの研究の概要　九州工業技術試験所 DFVLR（ドイツ航空宇宙研究所）を見学して　山田敏郎 FC製造に関する調査結果について　尾崎義治 九州磁器文化会館と窯元の見学
1984年11月26日 第3部会（ファインセラミックス技術） 第5回研究会	セラミックスの欠陥と強度の関係について　星出敏彦（京都大学）
1984年12月20日 第3部会（ファインセラミックス技術） 第6回研究会	最近のセラミック射出成形法について　斉藤勝義（京都市工業試験所） 焼結ダイヤモンド工具の切削性能　飯島　昇（東京農工大学）
1985年1月22日 運営委員会 委員会 第3部会（ファインセラミックス技術） 第7回研究会	今後の進め方について討議 以下の3グループ化：「強度評価技術」，「接合，コーティング，複合材に関する調査」，「加工特性と加工面性状に関する研究」 セラミックス低強度へのワイブル分布の不適合性－二重指数分布活用のすすめ－　加瀬滋男（放送大学） セラミックスの破壊じん性値測定法　北住順一（新居浜工業高等専門学校）

1985年2月15日 合同研究会 懇親会	セラミック－金属接合面の構造と強度　須賀唯知（東京大学） 碍子用真空土練機に関する研究　木原和彦（大トー） 超硬質材料の焼結　赤石　実（無機材質研究所）
1985年2月22日 第4回総合部会	総合部会のテーマに就ての説明　梅屋　薫主査 高分子充填系の非線形力学挙動　川端季雄（京都大学） 高強度・高弾性率繊維　堀尾正雄（京都大学名誉教授）
1985年3月26日 第3部会（ファインセラミックス技術） 第8回研究会	セラミックスの強度はどこまで上がるか　三友　譲（無機材質研究所） 最近の溶射の傾向　小林順一（第一メテコ）
1985年4月26日 第3部会（ファインセラミックス技術） 第9回研究会	セラミックスの欠陥強度　高橋一郎（日立製作所） 粉末粒度の制御と問題点　桑原好孝（名古屋工業技術試験所）
1985年5月22日 第3部会（ファインセラミックス技術） 第10回研究会	セラミックスの組織と強度　神崎修三（名古屋工業技術試験所） セラミックスの機械加工　岡野啓作（機械技術研究所）
1985年6月20日 第3部会（ファインセラミックス技術） 第11回研究会	MEEC加工について　黒松彰雄（応用磁気研究所） セラミックスの接着法　木下　実（大阪工業技術試験所）
1985年7月16日 第3部会（ファインセラミックス技術） 第12回研究会	各種セラミックスの強度特性　星出敏彦（京都大学） スーパーアグレッシブ’85について　岸本明雄（エフエスケー）
1985年9月12日 第3部会（ファインセラミックス技術） 第13回研究会 懇親会 1985年9月13日　見学会	セラミックスのX線残留応力測定　田中啓介（京都大学） Ceramic Industry and Research in Portugal　J.L. Baptista（University of Aveiro, Portugal） 京都市工業試験所 ターボチャージャーローターなどファインセラミックス関連研究および施設の見学
1985年10月21日 第5回総合部会	高分子分散系の長時間緩和機構　松本孝芳（京都大学） 破壊におけるミクロとマクロの関係　横堀武夫（東北大学名誉教授）
1985年10月22日 第3部会（ファインセラミックス技術） 第14回研究会	セラミックスの接合における諸問題　沓掛行徳（旭硝子） CVD法によるSi_3N_4およびSiC薄膜合成の現状　鎌田喜一郎（長岡技術科学大学）

1985年11月26日 第3部会（ファインセラミックス技術） 第15回研究会	拡大幹事会：第3部会の今後の運営について イオンによる材料の表面改質の研究現状　上條栄治（日新電機） セラミックス利用による超精密機械要素系の開発　吉川勇二（都立大学）
1986年1月20日 第3部会（ファインセラミックス技術） 第16回研究会 懇親会	衝撃加圧プロセシイングの現状と将来　近藤健一（東京工業大学） セラミック・ラジアルタービンローターの回転強度評価　伊藤高根（日産自動車）
1986年3月19日 第6回総合部会	第五世代コンピュータのインパクト　唐津　一（松下電器産業） セラミックス成形工学におけるレオロジーの役割　梅屋　薫（東北大学名誉教授）
開催日不明 第3部会（ファインセラミックス技術） 第17回研究会	不明
1986年5月8日 第3部会（ファインセラミックス技術） 第18回研究会	炭素－セラミックス系複合材料　宮崎憲治（九州工業技術試験所） セラミックスの摩擦・摩耗特性とポンプへの応用　鈴木清一，浜田憲一（イワキ）
1986年6月13日 第3部会（ファインセラミックス技術） 第19回研究会	セラミックスの破壊じん性評価　橋本八郎，太田一雄（東芝セラミックス） 大型超高硬度セラミックスの研削加工　山田信夫，赤石実，福長修，増田安次，小倉好次（無機材質研究所）
1986年7月23日 第3部会（ファインセラミックス技術） 第20回研究会	不明
1986年9月18日 第3部会（ファインセラミックス技術） 第21回研究会	SiC，Si_3N_4ウイスカの特性とその応用　庭野一久（タテホ化学工業） ジルコニアセラミックスの用途　松本寿治（東レ）
1986年10月28日 委員会 懇親会 1986年10月29日 見学会	開会あいさつ　斉藤進六（長岡技術科学大学・学長） ファインセラミックスの標準化　奥田　博（ファインセラミックスセンター） ファインセラミックスの加工　吉川昌範（東京工業大学） ファインセラミックス関連の国の施策　坂口正之（通産省ファインセラミックス室） ファインセラミックスの強度（1）　田中紘一（長岡技術科学大学） ファインセラミックスの強度（2）　石崎幸三（長岡技術科学大学） 長岡技術科学大学のセラミックス関係研究室

1986年12月19日 第3部会（ファインセラミックス技術） 第22回研究会	セラミックスの高靱性化機工と破壊靱性値　逆井基次（豊橋技術科学大学） セラミックスにおける予き裂導入破壊靱性試験　藤井利光（新日本製鐵）
1987年2月16日 第3部会（ファインセラミックス技術） 第23回研究会	セラミックスの強度外論　尾崎義治（成蹊大学） セラミックスの疲労強度　山田敏郎，北住順一（新居浜工業高等専門学校）
1987年3月24日 第7回総合部会	オーダーの構造が及ぼす坏土成形体の諸性質への影響　木原和彦（大トー） セラミックス成形工学におけるレオロジーの役割　梅屋　薫（東北大学名誉教授）
1987年4月14日 第3部会（ファインセラミックス技術） 第24回研究会	ファインセラミックスの円筒プランジ研削加工　中島利勝（岡山大学） セラミックスの仮焼材の切削加工　鳴瀧則彦（広島大学）
1987年6月11日 委員会 懇親会	開会あいさつ　山田敏郎（新居浜工業高等専門学校） 籾殻からのSiCセラミックスの製造と応用　斉藤勝政（北海道大学） セラミックスの平面研削について　吉田嘉太郎，由井明紀（千葉大学） セラミックスの動的破壊靱性　小林俊郎（豊橋技術科学大学）
1987年6月12日　見学会	豊橋技術科学大学のセラミックス関係研究室
1987年7月16日 第2部会（融体超急冷技術） 第16回研究会 主査：津屋　昇	新超電導体BaLaCuo発見の周辺　高重正明（いわき明星大学） 高温超電導体研究の現状　秋光　純（青山学院大学） 超電導体の応用に関するコメント（II）　津屋　昇（法政大学）
1987年7月29日 第3部会（ファインセラミックス技術） 第25回研究会	セラミックス複合材の超塑性加工　若井史博（名古屋工業技術試験所） イリノイ大学に滞在して　星出敏彦（京都大学）
1987年9月18日 第3部会（ファインセラミックス技術） 第26回研究会	室温および800℃におけるサイアロンの円環圧縮試験による静的および疲労強度　山田敏郎，北住順一（新居浜工業高等専門学校） 疲労き裂進行過程とワイブル関数―表面硬化処理（ショットピーニング，高周波焼入れ）の影響―　三角正明（成蹊大学）

1987年9月18日 委員会 見学会	開会挨拶　山田敏郎委員長 構造用ファインセラミックスの技術開発の動向　奥田　博（ファインセラミックスセンター） VAMAS国際ラウンドロビンテストについて　淡路英夫（ファインセラミックスセンター） ZrO_2微結晶の液相合成とセラミックス化　加藤悦朗（名古屋工業大学） Y-TZPの正方晶／単斜晶変態に及ぼす諸因子の影響　渡部正一（日本特殊陶業） セラミック複合材料の開発　上野和夫（大阪工業技術試験所） ファインセラミックスセンターの研究施設
1987年9月18日 第3部会（ファインセラミックス技術） 第27回研究会	ニアネットシェープ性非酸化物セラミックス　中村浩介（日立製作所） 破壊位置の確率論によるセラミックスの曲げ強度解析　山田敏郎，谷口佳文，北住順一（新居浜工業高等専門学校）
1988年3月15日 委員会 懇親会	挨拶　山田敏郎委員長 三次元測定器のエキスパートシステムについて　河合正治（日本光学工業） 両端自由衝撃曲げによる構造用セラミックスの高温衝撃破壊靱性の計測　坂田　勝，青木　繁，岸本喜久男（東京工業大学） 研削抵抗（表面性状）に及ぼす研削加工条件（研削盤静剛性）　由井明紀，吉田嘉太郎（千葉大学） ウイスカー強化ガラスの製法と特性について　向後保雄，香川　豊，宇都宮　真（三菱電機） ナトリウム・イオウ電池の開発について　荻野正夫（東京電力） 酸化物超伝導材の線材化　河野　宰（藤倉電線）
1988年6月13日 第3部会（ファインセラミックス技術） 第28回研究会 懇親会 1988年6月14日　見学会	Surface Chemistry Applied to Ceramic Processing　J.A. Adair (The Pennsylvania State University) Advanced Chemical Processing of Ceramic Materials　M.J. Cima (Massachusetts Institute of Technology) セラミックスのX線残留応力測定と強度評価　田中啓介（京都大学） 島津製作所・三条工場　分析センターおよび試験センターの見学

1988年7月1日 第1部会（特殊加工技術） 第19回研究会， 結晶加工と評価技術第145委員会 第40回研究会　合同研究会 同・合同懇親会	シリコンウェハ作製の高能率・高精度化　松永正久（千葉工業大学） 学振第136委員会第1部会の現状　小林　昭（主査・茨城職業訓練短期大学） 大口径ウェハと加工精度　高須新一郎（東芝セラミックス） ウェハの自動研削機械　松井　敏（日立精工） 研削装置付スライシングマシン　本田勝男（東京精密） 全自動ポリシングマシーン　河西敏男（埼玉大学），松本文雄（小坂研究所） 超微粉砥石によるウェハの研磨　松井正己（東北学院大学） 鋳鉄ファイバボンド砥石による鏡面研削とラッピング　中川威雄（東京大学） “場”援用研磨（FFF）　今中　治（富山職業訓練短期大学） 液体ボンド砥石研磨及び磁気浮揚研磨　河田研治（タイホー工業） 精密磁気研磨　波多野栄十（東洋研磨材）
1988年9月16日 第3部会（ファインセラミックス技術） 第29回研究会	粒子分散型セラミックス複合体の強度とじん性　宮田　昇（京都大学） セラミックスの変動荷重における疲労特性　星出敏彦（京都大学）
1988年11月1日 第3部会（ファインセラミックス技術） 第30回研究会	セラミックスの加工法とその評価　堤　千里（機械技術研究所） 計算機実験によるセラミックスの強度分布と寸法効果　谷口佳文，北住順一，山田敏郎（新居浜工業高等専門学校）
1988年12月15日 第3部会（ファインセラミックス技術） 第31回研究会	セラミックスの強度と疲労　岡部永年（東芝） ウィスカー系複合材料の強度と靱性　安田栄一（東京工業大学）
1989年1月26日 第3部会（ファインセラミックス技術） 第32回研究会 委員会 懇親会	繰返し荷重下における窒化ケイ素セラミックスのき裂進展挙動　岸本秀弘，上野　明（豊田工業大学），河本　洋（トヨタ自動車） いすゞ自動車における最近のセラミックス研究　河村英男（いすゞ自動車） 山田敏郎委員長，尾崎義治幹事から，「将来加工技術第136委員会の改組・継続に伴う各部会の参加継続の御入会について（依頼）」，「日本学術振興会　将来加工技術第136委員会第1～第3部会設置継続趣意書」等が配付された．
1989年3月23日 第3部会（ファインセラミックス技術） 第33回研究会 見学会	超塑性現象の論理的背景　猪股吉三（無機材質研究所） 分析電子顕微鏡によるセラミックスの局所分析　板東義雄（無機材質研究所） 無機材質研究所におけるファインセラミックスに関する研究施設等の見学

1989年5月25日 第3部会（セラミックス改質技術） 第1回研究会 委員会	セラミックス改質技術の現状と将来　尾崎義治（成蹊大学） 爆発溶射によるセラミック・コーティング材の熱力学特性　井上達雄，星出敏彦（京都大学） 山田敏郎委員長より，年度当初にあたっての挨拶および本委員会の歴史，以下の組織について説明があった． 委員長　山田敏郎 第1部会（高機能・高精度加工技術）　主査　小林　昭 第2部会（方向性組織生成技術）　主査　津屋　昇 第3部会（ファインセラミックス改質技術）　主査　尾崎義治
1989年7月27日 第3部会（セラミックス改質技術） 第2回研究会	傾斜機能材料の概念と研究開発計画　神戸　満（科学技術庁研究開発局） 傾斜機能材料の研究開発の動向　多田保夫（航空宇宙技術研究所） Research Activities in the Manufacture of Ceramic Multilayer Chip Capacitors and Barrier Layer Ceramic Capacitors　B.V. Hiremath（Engineering Research Center, AT & T Bell Laboratories）
1989年9月13日 第3部会（セラミックス改質技術） 第3回研究会	食品・バイオ産業における無機材質膜の利用　大谷敏郎（農林水産省食品総合研究所） 無機固体表面の化学修飾とNMR分光法の応用　篠田純雄（成蹊大学）
1989年11月14日 第3部会（セラミックス改質技術） 第4回研究会	セラミックス／金属接合の強度評価　小林英男（東京工業大学） 傾斜機能材料の破壊強度評価法　高橋秀明，橋田俊之（東北大学）
1990年1月26日 第3部会（セラミックス改質技術） 第5回研究会 委員会	レーザを利用した膜形成　本郷幹雄（日立製作所） 無機質系被覆材－建築・建設分野を中心に－　岩井　弘（関西ペイント） 山田委員長，尾崎主査から第136委員会の出版計画について説明があった
1990年3月26日 第3部会（セラミックス改質技術） 第6回研究会	ゾルゲル法における“化学改質”とその効果　佐々木　稔（コロイドリサーチ） 高機能無機分離膜の現状と将来　大久保達也（九州大学）
1990年4月24日 第3部会（セラミックス改質技術） 第7回研究会	塗布法セラミックス薄膜のエレクトロニクス　七尾　勉（鐘淵化学工業） 計算機実験によるセラミックスの強度分布と寸法効果　谷口佳文，北住順一，山田敏郎（新居浜工業高等専門学校）
1990年6月7日 第3部会（セラミックス改質技術） 第8回研究会	生体活性ガラスとその応用　荻野　誠（ニコン） セラミックス加工不織布の可能性　山崎洋昭（日本バイリーン）

1990年7月24日 第3部会（セラミックス改質技術） 第9回研究会	紫外および電子線による材料の表面処理　吉田安雄（岩崎電気） 窒化ケイ素系材料の現状と課題　米屋勝利（横浜国立大学）
1990年9月13日 第3部会（セラミックス改質技術） 第10回研究会 委員会	層間化合物の合成と機能発現　黒田一幸（早稲田大学） セラミックス製ガスタービン部品の強度評価　寺前哲夫，浜田晴一，種村勝平（東京電力） 「将来加工技術第136委員会　平成元年度収支決算報告（第1～第3部会）」および「将来加工技術第136委員会　平成元年度活動報告（第1～第3部会）」について，報告書に基づいて，山田委員長，尾崎主査により説明があった
1990年10月24日 第3部会（セラミックス改質技術） 第11回研究会	結晶粒配向電子セラミックス　坂田好一郎（東京理科大学） ゾルゲル法によるナノ薄膜の合成　高橋康隆（岐阜大学）
1990年12月21日 第3部会（セラミックス改質技術） 第12回研究会	気相から得られたセラミックスの結晶－バラ状結晶からコイル状ファイバーまで－　元島栖二（岐阜大学） 構造セラミックスの熱衝撃抵抗性の評価　木村雄二（工学院大学）
1991年2月7日 第3部会（セラミックス改質技術） 第13回研究会	バルク酸化物高温超電導体の高電流密度化技術　塩原　融（超電導工学研究所） セラミックスの回転曲げ疲労強度　高　行男（中日本自動車短期大学）
1991年3月12日 合同研究会 懇親会	挨拶　山田敏郎委員長 電子・光部品用材料の超精密鏡面研削　中川威雄（東京大学） 機能材料のナノメータオーダ“ポリシング”－ポリシング技術の変遷－　今中　治（群馬職業訓練短期大学） 超音波顕微鏡によるセラミックスの評価　菅沼幹裕（愛知県工業技術センター） ファインセラミックス強度分布の統計的処理　山田敏郎（京都大学名誉教授） マイクロ磁気デバイスの現状　山口正洋，荒井賢一（東北大学） 極薄方向性珪素鋼板の作成及びその磁気特性　石山和志，荒井賢一（東北大学）
1991年5月16日 第2部会（第11回）・第3部会（第14回）合同研究会 懇親会 1991年5月17日　見学会	軟磁性薄膜作製の現状と課題　島田　寛（東北大学） 磁化プラズマを用いた大面積均一機能性薄膜形成技術　藤山　寛（長崎大学） ファインセラミックス材料開発における新素材探索　島田昌彦（東北大学） アモルファスリボンにおける応力磁化特性　齋藤皓彦，山本健一（鳥取大学） 東北大学電気通信研究所付属超微細電子回路実験施設の見学

1991年7月11日 第3部会（セラミックス改質技術） 第15回研究会	熱電素子の研究　山下昌夫（KOMATSU） 無機微粒子との複合化によるポリマーへの機能付与　由井　浩（三菱油化）
1991年9月13日 第3部会（セラミックス改質技術） 第16回研究会	低温焼結基板と複合高周波部品　西垣　進（住友金属セラミックス） 「福岡特殊構造セラミックスプロジェクト」の概要について　森永健次，武部博倫（九州大学）
1991年10月29日 第3部会（セラミックス改質技術） 第17回研究会	セラミックスの強度に及ぼす加工の影響　星出敏彦（京都大学） ジルコニア強化生体活性結晶化ガラス　中島紀一（新東工業）
1991年12月13日 第3部会（セラミックス改質技術） 第18回研究会	セラミックスの製造工程における材料欠陥の挙動とその強度への影響－粉体処理，成形，焼結，熱間等方圧焼結時の欠陥の挙動－　植松敬三（長岡技術科学大学） ゾル・ゲル法の材料表面改質への応用　神谷寛一（三重大学）
1992年3月12日 合同研究会	表面処理によるガラスの機能性向上　坂田浩伸（東海大学） 学習機能を有した研削加工用対話型CNC装置の開発　海野邦彦（豊田工機） SHS法による傾斜機能材料の研究　佐多延博（東北工業技術試験所） マイクロ磁気デバイスの開発　松木英敏（東北大学） STMおよびその関連技術によるエレクトロニクス材料の評価　保坂純男（日立製作所）
1992年4月21日 第3部会（セラミックス改質技術） 第19回研究会	慣性力場での燃焼合成法を利用した複合材料の研究開発　小田原修（東京工業大学） イオン注入によるセラミックスの表面改質　日置辰視（豊田中央研究所）
1992年6月9日 第3部会（セラミックス改質技術） 第20回研究会	単結晶材料の組成制御による特性の向上　北村健二（無機材質研究所） 表面反応の高度制御－ARTIFICIALLY STRUCTURED FILMの合成－　野副尚一（化学技術研究所）
1992年7月21日 第3部会（セラミックス改質技術） 第21回研究会	粘土二次元ケイ酸塩層の高次元化とその応用　山中昭司（広島大学） ゾルゲル法による有機無機複合材の作製　岩元和敏（東海大学）
1992年9月18日 第3部会（セラミックス改質技術） 第22回研究会	静電気を利用した多孔質膜の作製－静電成膜法　山本英夫（創価大学） セラミックス／金属接合について　菅沼克昭（防衛大学校）
1992年11月20日 第3部会（セラミックス改質技術） 第23回研究会	セラミックスの動的破壊靱性評価　谷口佳文（新居浜工業高等専門学校） 機能性セラミックコンポジット　太田敏孝（名古屋工業大学）

1993年3月11日 合同研究会	新しいアクチュエータの開発　樋口俊郎（東京大学） フォトリゾグラフィによる超小型光学式エンコーダの開発　澤田廉士（NTT） 超高速・超精密研削　庄司克雄（東北大学） 低角入射X線法によるセラミックスの研削残留応力分布の評価　坂井田喜久（ファインセラミックスセンター） セラミックスにおける微小欠陥の破壊力学的評価に関する一考察　星出敏彦（京都大学）
1993年4月23日 第1部会（高機能・高精度加工技術） 第24回研究会	最近のマイクロメカニズムの研究と生態との関わり　林　輝（東京工業大学） マイクロマシニングとデバイスへの応用　大塚義則（日本電装） 討論－ミクロな道具を作る　増沢隆久（東京大学）
1993年5月13日 第3部会（セラミックス改質技術） 第24回研究会	固体電解質型燃料電池の研究開発状況　疋田知士（東京ガス） 構造用セラミックスにおける微視破壊過程のAE法による非破壊評価－微視割れ評価に基づいた材料設計及び構造設計の新概念－　若山修一（東京都立大学）
1993年5月20日 第2部会（方向性組織生成技術） 第21回研究会	加工のためのトライボロジー　加藤康司（東北大学） 金属人工格子とナノ・グラニュラー磁性体の巨大磁気抵抗効果　潟岡教行（東北大学）
1993年6月11日 第1部会（高機能・高精度加工技術） 第25回研究会	超LSIプロセスにおける超精密平坦化技術の現状と展望　有田睦信（NTT）
1993年7月16日 第1部会（高機能・高精度加工技術） 第26回研究会	薄膜磁気ヘッドの超精密加工と組立技術　和田俊郎（住友特殊金属） 最近の磁気ディスク基板の動向と超精密加工技術 ①ガラス基板とその超精密加工技術　片山慎也，松野賢介（日本板硝子） ②セラミックス基板とその超精密加工技術　奥村雅弘（京セラ） 討論－高密度磁気記録の現状と将来動向　川上寛児（日立製作所）
1993年7月21日 第2部会（方向性組織生成技術） 第22回研究会	計測器メーカーにおける標準－ジョセフソン電圧標準などを含めて－　潟田文雄（アドバンテスト） 金属炭化物微結晶を内包した巨大スーパーフラーレンの合成　吉田喜孝（いわき明星大学）
1993年7月22日 第3部会（セラミックス改質技術） 第25回研究会	単分散セラミックス粒子の生成に及ぼす溶媒効果　水谷惟恭（東京工業大学） 電気事業用燃料電池の現状　阿部俊夫（電力中央研究所）
1993年9月7日 第3部会（セラミックス改質技術） 第26回研究会	チタン酸バリウム単結晶の製造と応用　黒坂昭人（フジクラ） ゲルマン酸鉛厚膜による焦電センサーの開発　高橋紘一郎（無機材質研究所）

1993年9月16日 第2部会（方向性組織生成技術） 第23回研究会	電気泳動法による薄膜合成－無機材料への応用　梅垣高士，山下仁大，松田元秀（東京都立大学） 燃焼炎法による透明ダイヤモンドの合成　小巻邦男（昭和電工），広瀬洋一（日本工業大学）
1993年9月22日 第1部会（高機能・高精度加工技術） 第27回研究会	最新の超精密時計の設計と製造－超小型モータの設計・政策を主として－　池西正孝（セイコー電子工業）
1993年10月21日 第3部会（セラミックス改質技術） 第27回研究会	スーパーダイヤモンド研究について　守吉佑介（無機材質研究所） CVDダイヤモンドについて　湯郷成美（電気通信大学）
1993年11月18日 第2部会（方向性組織生成技術） 第24回研究会	イオンビームを用いた材料の表面改質技術開発と応用化　馬場恒明（長崎県立工業技術センター） レーザアブレーション法による光磁気記録用Bi置換RIG薄膜の作製　森本章司（金沢大学），木藤英雄（金沢村田製作所），八島秀幸（金沢大学），米沢保人（石川県工業試験場），片山修司，清水立生（金沢大学）
1993年11月26日 第1部会（高機能・高精度加工技術） 第28回研究会	光学部品の加工技術と洗浄技術　三浦　武（トプコン） EE洗浄システムと社内代替事例　井沢正雄（オリンパス光学工業） 洗浄のメカニズムと洗浄技術の将来展望　角田光雄（東京家政学院大学） 討論－超精密加工と洗浄・評価技術の現状と将来動向－レーザ核融合用薄膜と下地基板を例として－　吉田國雄（大阪工業大学）
1993年12月16日 第3部会（セラミックス改質技術） 第28回研究会	ゾル・ゲル法からの機能性膜の作成　土屋敏雄（東京理科大学） 衝撃圧縮下の超急冷と炭素新相　近藤健一（東京工業大学）
1994年1月14日 第1部会（高機能・高精度加工技術） 第29回研究会 第145委員会との合同研究会	機械的“プレナリゼイション”推進の提案　松永正久（千葉工業大学） なぜプレナリゼイションは必要か，プレナリゼイションの現状，21世紀に向けてのプレナリゼイション　柏木正弘（東芝） プレナリゼイションへの期待　榊　裕之（東京大学） 最近及び将来のリゾグラフィー技術より要求されるウェハ表面平坦度とマイクロラフネス　谷元昭一（ニコン精機） シリコンウェハの平坦度の現状　甲斐文隆（九州コマツ電子） 化学的物理的方法によるプレナリゼイション　国尾武光（日本電気） 機械的ポリシング法によるプレナリゼイションの総括　土肥俊郎（埼玉大学） ポリシングに用いられる各種用品　久保直人（ローデル・ニッタ） 精密機械加工技術のプレナリゼイションへの導入の提案　中川威雄（東京大学） 機械的方法と化学的物理的方法によるプレナリゼイションの役割　有田睦信（NTT）

1994年1月27日 第2部会（方向性組織生成技術） 第25回研究会	Sr（Ca）-Cu-o系“02（n－1）n”型超伝導体　安達成司，山内尚雄（国際超伝導産業技術研究センター） Hg高温超伝導体　平林正之（電子技術総合研究所）
1994年2月25日 第1部会（高機能・高精度加工技術） 第30回研究会	私の技術思想－私の歩んできた超精密技術を振り返る ①ダイヤモンド工具と歩んだ30余年　井川直哉（大阪大学） ②ある精密機械屋の随想　吉田庄一郎（ニコン） ③歩んだ道と今後の展開　小林　昭（HiMEP研究所）
1994年3月10日 委員会 合同研究会	改組についての山田委員長挨拶 第1部会報告　河西敏雄 第2部会報告　荒井賢一 第3部会報告　尾崎義治，星出敏彦 会計報告－平成5年度収支中間報告
1994年4月20日 第1部会（極限に挑戦する次世代生産技術） 第1回研究会	砥粒加工によるLSIデバイスウェハのプラナリゼーションの基礎的研究　中川威雄，丁　海鳥（東京大学），土肥俊郎（埼玉大学），大森　整（理化学研究所） 次世代自動化システム技術の展望　牧野　洋（山中大学） 原子間力顕微鏡　津田展宏（計量研究所）
1994年6月16日 運営委員会	平成5年度収支決算報告 今後の運営について
1994年6月23日 第1部会（極限に挑戦する次世代生産技術） 第2回研究会	光部品実用化技術の現状と将来　柿井俊昭（住友電気工業） 各種光部品用加工機とその特性　鈴木信雄（セイコー電子工業） 討論：光通信・部品化技術の今後の課題　コメンテータ　杉田悦治（NTTアドバンステクノロジ）
1994年6月30日 第2部会（マイクロ電子デバイス生産加工技術） 第1回研究会	マイクロ磁気素子の研究動向　荒井賢一（東北大学） CVDプロセスの高清浄化とSi/Si-xGex/Si構造の低温エピタキシャル成長　室井淳一（東北大学）
1994年7月28日 第3部会（セラミックス融合加工技術） 第1回研究会	セラミックス原料および成形・焼結に適した金属酸化物ゾルの調整法　吉田昭利（日産化学工業） 均一沈殿法によるレアアース系単分散微粒子の調整　小林幹男（資源環境技術総合研究所） 圧電セラミックスと超音波モータ　高畠大介（フコク） ニューセラミックス成形用有機添加剤　本木三夫（中京油脂） 3Mセラミックス製品について　山田　乱（住友3M）
1994年9月8日 第1部会（極限に挑戦する次世代生産技術） 第3回研究会	極細繊維とその応用展開について　渡辺幸二（東レ） 原子オーダの計測と極限的加工の試み　保坂純男（日立製作所） 討論：超高密度記憶－加工の極限に迫る－　コメンテータ　金子礼二（NTT）

1994年10月3日 第2部会（マイクロ電子デバイス生産加工技術） 第2回研究会	液相成長によるシリコン酸化膜形成技術　立野稔夫（森田化学工業） 選択Al-CVDによるAl/Al直接接続ピア埋め込み技術　竹安伸行，河野有美子，近藤英一，山本　浩，太田与作（川崎製鉄） タングステン選択CVD技術　伊藤　仁（東芝） MOSゲート加工用の高均一・高精度ECRイオン流エッチング　高橋千春，松尾誠太郎（NTT）
1994年10月18日 第3部会（セラミックス融合加工技術） 第2回研究会 見学会	高エネルギーイオン注入による表面改質技術　中西博昭，開本　亮（島津製作所） 集束イオンビームによる微細加工技術　長町信治，上田雅弘（島津製作所） 化学蒸着法により製造した繊維強化SiC複合材　松本和久（三井造船） チタン酸カリウム繊維と応用　鈴江正義（大塚化学） ㈱島津製作所けいはんな研究所
1994年10月24日 第1部会（極限に挑戦する次世代生産技術） 第4回研究会	超LSI生産技術の現状と将来　鈴木敏正（NTTエレクトロテクノロジー） 超LSIデバイスプロセスの機械的プラナリゼーション加工技術　丁海鳥（東京大学） 討論:極限的LSI生産技術のための課題　コメンテータ　柏木正弘(東芝)
1994年12月5日 第2部会（マイクロ電子デバイス生産加工技術） 第3回研究会	高温超伝導ジョセフソン接合とデバイス応用　中島健介，陣　健，明達広昭，山下　努（東北大学） 超伝導酸化物の近接効果と接合特性　樽谷良信，樺沢宇紀，高木一正（日立製作所） 超LSIに搭載する強誘電体薄膜技術及びその特性　三原孝士（オリンパス工業） セラミック基板を用いたBGS波共振とその応用　門田道雄，諸角和彦（村田製作所）
1994年12月9日 第1部会（極限に挑戦する次世代生産技術） 第5回研究会	民間等の共同研究によるマルチクライアント・プロジェクト　横井秀俊（東京大学） エレクトロニクスの発展と私の研究歴　江崎玲於奈（筑波大学）
1994年12月15日 運営委員会	今後の運営について
1995年1月24日 第3部会（セラミックス融合加工技術） 第3回研究会 見学会	プラズマ焼結の基礎　木島弌倫（京都工芸繊維大学） 第三世代の放電プラズマ焼結（SPS）システム－ファインセラミックス・傾斜機能材料用に新しい生産加工技術－　鴇田正雄（住友石炭鉱業） 放電プラズマ焼結法の応用　石崎幸三，南口　誠，永井　保（長岡技術科学大学），近藤祥人（香川県工業技術センター），五十嵐幸徳（鶴岡工業高等専門学校） マイクロ波焼結法とその応用　福島英沖（豊田中央研究所） 早稲田大学材料技術研究所

1995年2月22日 第1部会（極限に挑戦する次世代生産技術） 第6回研究会	賢材研究の現状と今後の展開　柳田博明（東京大学） 高性能セラミックエンジンの開発と将来動向　河村英男（いすゞ） 討論：高機能・高性能セラミック部品生産技術のための課題　コメンテータ　佐々　正（石川島播磨重工業）
1995年3月3日 第2部会（マイクロ電子デバイス生産加工技術） 第4回研究会	フェライトメッキ法による磁性膜の作製とその応用　阿部正紀（東京工業大学） 多元同時スパッタ法によるNd-Fe-B系薄膜磁石の作製　荒木　健（三菱電機） 電子線リゾグラフィによる磁性材料の超微細加工　中谷　功（金属材料研究所） 磁気記録材料の現状と高密度化への期待　中村慶久（東北大学）
1995年4月13日 第3部会（セラミックス融合加工技術） 第4回研究会	ゾル･ゲル法による配向強誘電体薄膜の合成　平野眞一（名古屋大学） ゾル・ゲル法によるガラスの表面改質　牧田研介（セントラル硝子） ゾル・ゲル法による電気的接合の生成とその特性　高橋康隆（岐阜大学） ゾル・ゲル法による有機・無機ハイブリッド体の合成　土岐元幸（関西技術研究所） 機能性セラミックの繊維化へのゾル・ゲル法の応用　神谷寛一（三重大学）
1995年5月16日 運営委員会	平成6年度収支決算報告 今後の運営について ・新会員の獲得，委員会予算の有効利用，分野横断型のテーマ研究会の開催
1995年5月16日 合同研究会	高密度プラズマエッチングの最近の展開　堀池靖浩（東洋大学） 生産システムの将来　人見勝人（京都大学） ロシア・東欧経済改革　藤川鉄馬（農用地整備公団）
1995年5月31日 第1部会（極限に挑戦する次世代生産技術） 第7回研究会	特別講演：最近の機械生産技術の動向　佐田登志夫（豊田工業大学） 5/6軸制御マシニングセンタによる精密形状加工
1995年6月5日 第2部会（マイクロ電子デバイス生産加工技術） 第5回研究会	昆虫機能とマイクロマシン　下山　勲（東京大学） マイクロマシーニングの光デバイスへの応用　浮田宏生（NTT） シリコンマイクロマシーニングのセンサへに応用　田畑　修（豊田中央研究所） パッケージングされたマイクロセンサ　江刺正喜（東京大学）
1995年7月6日 第1部会（極限に挑戦する次世代生産技術） 第8回研究会	すばる望遠鏡構想と期待　唐牛　宏（国立天文台） 大型反射鏡を始めとする主要部構造と製作技術　三神　泉（三菱電機） 総合討論：大型天体望遠鏡の製作に関わる技術課題の整理－コメンテータ　河野嗣男（東京都立科学技術大学）

1995年7月28日 第3部会（セラミックス融合加工技術） 第5回研究会 日本機械学会関東支部千葉ブロック合同企画 見学会	ファインセラミックスの精密研削技術　海野邦昭（職業能力開発大学校） 硬脆材料の固定砥粒加工技術　谷　泰弘（東京大学） 通信用光部品の精密加工技術　大平文和，松井伸介，松永和夫，斉藤忠男（NTT） 千葉大学工学部機械工学科・精密加工工学研究分野実験室ほか
1995年8月18日 第2部会（マイクロ電子デバイス生産加工技術） 第6回研究会	シリコン表面のクリーン化　中坊康司（沖電気工業） 電解イオン水を用いた洗浄技術　青木秀充，山崎進也，白水好子，青砥なほみ（NEC），今岡孝之，二ツ木高志，山下幸福，山中弘次（オルガノ） 有機溶剤によるシリコンウェハの洗浄・乾燥　三島博之（ドクヤマ） 半導体プロセスにおけるダウンフローアッシング技術　藤村修三（富士通）
1995年9月25日 第1部会（極限に挑戦する次世代生産技術） 第9回研究会	水晶発振子の構造･製作技術　判治元康（キンセキ狛江開発センター） 高性能HFF-MCFの製作技術－SAWデバイスも含めて－　鹿股秀敏（東洋通信機） 高周波対応の基礎波モノリシックフィルター　千葉亜紀雄（日本電波工業） 水晶発振子の製作技術の問題点と将来展望　関本　仁（東京都立大学）
1995年10月17日 第3部会（セラミックス融合加工技術） 第6回研究会	燃焼合成によるダイヤモンド複合材料の研究　大柳満之（龍谷大学） 多孔質体を利用した複合材料の光学特性とその応用　斉藤光徳（龍谷大学） セラミックス基板用感光性銅ペーストの開発　正木孝樹（東レ） 環境・福祉へ応用されるフェライト技術　辻　俊郎（日本電気環境エンジニアリング）
見学会	龍谷大学研究施設
1995年11月14日 第1部会（極限に挑戦する次世代生産技術） 第10回研究会	形彫り放電加工の適応制御　佐藤達志（三菱電機） 電気的複合加工技術とその応用　清宮紘一（機械技術研究所） エネルギービームのマイクロマシーニングへの応用　長井一敏（荏原総合研究所） 電気的複合加工技術の現状と将来展望　木下夏夫（東京電気大学）
1995年11月20日 第2部会（マイクロ電子デバイス生産加工技術） 第7回研究会	移動体通信の現状と将来展望　上野伴希（松下電器産業） ガスクラスターイオンビームによる超精密加工　山田　公，松尾二郎，Z. Insepov（京都大学） 有機電気化学気相法（MOCVD）により製作した平坦な表面を持つ高性能Bi-2212テープの作製とその超電導特性　長谷川隆代（昭和電線電機）
1996年1月23日 第3部会（セラミックス融合加工技術） 第7回研究会	技術者のための特許入門　鈴木敏信（川崎製鉄） 活性元素を利用した耐熱合金の高温酸化および高温腐食　天野忠昭（湘南工科大学） 磁性半導体における磁気ポーラロン効果　梅原雅捷（無機材質研究所）
見学会	成蹊大学材料関係研究室

1996年1月29日 運営委員会	平成7年度産学共同研究支援事業「将来加工法として研磨加工技術の飛躍・高度化のための産学共同研究」(研究代表者：河西敏雄，4,500万円) 採用決定
1996年2月26日 第2部会 (マイクロ電子デバイス生産加工技術) 第8回研究会	クリーン化技術と次世代磁気ハードディスク　高橋　研 (東北大学) マイクロ磁気デバイスの最新動向　山口正洋 (東北大学) 磁気トンネリング効果とその応用　宮崎照宣 (東北大学) スピン依存伝導現象の物理とその応用の可能性　佐藤英行 (東京都立大学)
1996年4月10日 運営委員会	未来開拓学術推進事業に対してプロジェクト「次世代表面・界面制御材料の創製と加工技術」(プロジェクトリーダ：尾崎義治) の提案決定
1996年4月23日 第3部会 (セラミックス融合加工技術) 第8回研究会	セラミックスの強度に及ぼす切欠き・寸法の影響　星出敏彦 (京都大学) メゾ材料・メゾメカニクス　落合庄治郎 (京都大学) イオン注入処理されたセラミックスの摩擦・摩耗特性　田中道七 (立命館大学)，中山英明 (大阪産業大学) ガスタービン用窒化ケイ素材の高温疲労強度特性　藤下健一 (川崎重工業)
1996年3月22日 第1部会 (極限に挑戦する次世代生産技術) 第11・12回研究会	最近の航空機・宇宙往還機の技術と課題　天岡和昭，田中康平 (富士重工業) 航空宇宙用先端複合材料の研究開発　菅原憲明 (富士重工業) 大型NC工作機械による機体製造技術－航空機用工作機械に望むもの－　半田邦夫 (富士重工業)
1996年5月21日 第2部会 (マイクロ電子デバイス生産加工技術) 第9回研究会	分布型アクチュエータ　藤田博之 (東京大学) 投影ディスプレイ用ディジタルマイクロミラーデバイス　山田昌宏 (テキサスインスツルメンツ) チューブ型マイクロマニピュレータ　柳沢一向 (オリンパス光学) 能動カテーテル　江刺正喜 (東北大学)
1996年6月5日 第1部会 (極限に挑戦する次世代生産技術) 第13回研究会	大口径シリコンウエハー製造に於ける問題点一要求と対応　高須新一郎 (SEMI) 大口径スライシング技術　安永雅昭 (東京精密技術研究所) CMP装置の開発と高性能化－大口径ポリシング装置化技術－　辻村学 (荏原製作所) ポリシングにおける消耗資材の開発動向　久保直人 (ローデル・ニッタ) 半導体プロセスにおける超精密洗浄とその自動化装置　佐藤誠一郎 (大日本スクリーン製造) 大口径化技術と共同推進組織について　平山　誠，岸本隆正 (三菱電機) 近未来MM時代は大口径半導体産業にいかなる影響を及ぼすか　桜井哲真 (日本電信電話)

1996年7月12日 第3部会（セラミックス融合加工技術） 第9回研究会 見学会	錯体重合法による複合酸化物－最近のトピックス　垣花眞人（東京工業大学） ゾルゲル法による誘電体薄膜の作製と評価　米澤　政（三菱マテリアル） 水熱法によるPZTの成膜　大場陽子（東京工業大学） 電気化学処理と水熱処理によるアパタイト膜の合成　石沢　均（ニコン） レジュメ－ソフト溶液プロセスのすすめ　吉村昌弘（東京工業大学） 東京工業大学・応用セラミックス研究所
1996年7月30日 運営委員会 1996年7月30日 合同研究会	平成7年度収支決算 最近のマイクロマシーニング技術　庄子習一（早稲田大学） マイクロメカニズムの現状と将来　林　輝（桐蔭学園横浜大学） 将来加工技術の1つとしての放電加工技術の最近の動向　向山芳世（山梨県工業技術センター） マイクロ磁気センサ　毛利佳年雄（名古屋大学） ULSI技術における将来動向と機械加工技術への期待　出水清史（三菱電機） 切削工具としてのセラミックス　鳴瀧則彦（広島大学）
1996年8月12日 第2部会（マイクロ電子デバイス生産加工技術） 第10回研究会	原子間力顕微鏡の新展開　森田清三，菅原康弘，大田昌弘，上山仁司（大阪大学），内橋貫之（広島大学） GaAs（001）表面に対する脱溶存酸素・超純水洗浄処理の効果　廣田幸弘，渡辺義夫，福田常男，住友弘二，荻野俊郎（NTT） III-V族化合物ヘテロ構造のTEM評価　上田　修（富士通研究所） 化学分析によるシリコン表面・バルクの超微量金属不純物分析　有賀昌三（東芝セラミックス）
1996年8月22日 第1部会（極限に挑戦する次世代生産技術） 第14回研究会	マルチメディア社会に向けたPLC技術と将来展望　大森保治（NTT）
1996年10月25日 第3部会（セラミックス融合加工技術） 第10回研究会 見学会	噴霧熱分解法による高配向酸化すず膜の形成機構　村上健司（静岡大学） 非線形光学結晶とその応用　原　勉（浜松ホトニクス） 低摩擦磁気ヘッドの開発　浅川寿昭（ミネベア） 薄膜形成プロセスと薄膜磁気ヘッド　庄司　茂（ヤマハ） 静岡大学電子工学研究所
1996年11月15日 第2部会（マイクロ電子デバイス生産加工技術） 第11回研究会	酸化物人工超格子の作製と物性　鶴見敬章（東京工業大学） 強誘電体薄膜の基礎と応用　奥山雅則（大阪大学） Hg系高温超伝導体の合成　下山淳一（東京大学） 新しい希土類系123超伝導体　村上雅人（超電導工学研究所）

1996年11月28日 第1部会（極限に挑戦する次世代生産技術） 第15回研究会	微粒子とその超伝導材料への応用　村山宣光（名古屋工業技術研究所） 超微粒子の超精密加工技術への応用　池野順一（豊橋技術科学大学） 超微粒子利用による膜の形成とその実施例　賀集誠一郎，美原康雄，林　主税（真空冶金） ジルコニア粉末の化粧品への応用　大野　守（東レ） 総合討論：超微粒子の製造技術・応用技術における将来展望　水谷推恭（東京工業大学）
1997年1月27日 第3部会（セラミックス融合加工技術） 第11回研究会	ディスプレイ用蛍光体の開発動向　山元　明（東京工科大学） 磁性流体の流体力学的特性　山根隆一郎（東京工業大学） ゾルゲル法による機能性セラミック薄膜の形成とその応用　大石知司（日立製作所） 超高圧下での酸化物超電導体の合成　室町英治（無機材質研究所）
1997年2月28日 第1部会（極限に挑戦する次世代生産技術） 第16回研究会	SOI技術の現状と将来展望－SIMOX技術開発の経緯を含めて－　泉　勝俊（日本電信電話） 貼り合わせSOI基板の作製技術　片山正健（信越半導体） Advanced Metal Oxide Semiconductor and Bipolar Deviceson Bonded Silicon-on-lnsulators　Y.Arimoto, N.Higaki, T.lto, M.Kojima, F.Sugimoto（Fujitsu） SOI素子技術の現状・課題・SOL基板材料技術　吉見　信（東芝）
1997年3月3日 第2部会（マイクロ電子デバイス生産加工技術） 第12回研究会	マイクロ磁界センサ　竹澤昌晃，菊池弘昭，山口正洋，荒井賢一（東北大学） マイクロ電磁型モータ　中澤治雄（富士電機） 希土類永久磁石研究開発の現状と将来　広沢　哲（住友特殊金属） フェライト磁石の現状と将来　山元　洋（明治大学）
1997年5月13日 第3部会（セラミックス融合加工技術） 第12回研究会	ゾル－ゲル法による機能性有機分子含有非結晶質体の合成と性質　牧島亮男（東京大学） 透明結晶性チタン酸バリウムのゾル－ゲル法による低温合成　桑原　誠（東京大学） ゾル－ゲル法によるTiO_2膜の金属防食　辻川茂男（東京大学） PZTのゾル－ゲル積層膜の構造と評価　宮澤薫一（東京大学） ゾル－ゲル法による発光材料の作成と性質　曽我公平（東京大学）
1997年5月15日 第1部会（極限に挑戦する次世代生産技術） 第17回研究会	超精密位置決めの基本哲学と現状　水本　洋（鳥取大学） 工作機械における高度位置決めの現状　鈴木　弘（豊田工機） ULSI用ステッパの位置決めの現状と将来　福田　真（NTT） 超精密位置決め用計測システムの現状と将来　大澤信之（東京精密） 次世代超精密位置決め技術の課題　大塚二郎（静岡理工科大学）
1997年5月23日 第2部会（マイクロ電子デバイス生産加工技術） 第13回研究会	マイクロ光電気機械システム　羽根一博（東北大学） 光マイクロマシンの加工　澤田廉志（NTT） SOI構造マイクロセンサ　石田　誠（豊橋技術科学大学） ナノマシニング　小野崇人，江刺正喜（東北大学）
1997年7月2日 運営委員会	平成8年度収支決算

1997年7月24日 第3部会（セラミックス融合加工技術），日本セラミックス協会共催 第13回研究会 1997年7月25日　見学会 第3部会（セラミックス融合加工技術），日本セラミックス協会共催 第13回研究会	コロイド結晶成長の視覚化と無重力実験　大久保恒夫（岐阜大学） Si/SiO_2低次元構造の制御　石川由加里，柴田典義（ファインセラミックスセンター），深津　晋（東京大学） 分子配向膜を利用した無機薄膜の構造制御　林　紅（京都大学） セラミックス誘電体薄膜の物性と応用　鶴見敬章（東京工業大学） 岐阜大学バーチャルシステム・ラボラトリー エタノールアミン法で作製したチタニア薄膜の結晶化　大矢　豊（岐阜大学） 化学的手法によるセラミックスパターンの作製　菊池浩一（名古屋大学） 酸化物超電導体のイオン照射効果とTEMによる照射欠陥構造の解析　佐々木優吉，黄　達祥，幾原雄一（ファインセラミックスセンター）
1997年7月24日～25日 第1部会（極限に挑戦する次世代生産技術） 第18回研究会 見学会	テーマ:次世代LSI技術の確立に向けて 大日本スクリーン㈱，高輝度光科学研究センター，住友電工㈱播磨研究所
1997年9月24日 第2部会（マイクロ電子デバイス生産加工技術） 第14回研究会	高アスペクト比酸化膜エッチングにおける問題点とその原因の解明　所林久貴（東芝） 電子シェーディングに起因するチャージング・ダメージと対策　橋本浩一（富士通） 銅を例にしたドライエッチングの新材料加工への展開　佐藤政明，有田睦信，大野一英（NTT） ECRプラズマを用いたIV族半導体の原子層エッチング　松浦　孝，室田淳一（東北大学）
1997年9月26日 第1部会（極限に挑戦する次世代生産技術） 第19回研究会	内視鏡医学の最前線と新しい考え方の胃腸ドッグの活用法　平塚秀雄（平塚胃腸病院） 人工心臓の研究開発と今後の課題　檜山浩國（荏原総合研究所） 超音波応用による医療技術の実際と今後の動向　山崎延夫（東芝） 医療技術の現状と将来動向　菊地　眞（防衛医科大学校）
1997年11月28日 第1部会（極限に挑戦する次世代生産技術） 第20回研究会	エネルギー最新事情　中岡　章（電力中央研究所） 屋根上に設置した太陽電池アレイの雪処理　東山禎夫（山縣大学） 燃料電池自動車の研究開発の動向　佐々木正史（日産自動車） コージェネレーションシステムの概要　山田幸充（東京ガス）
1997年12月15日 第2部会（マイクロ電子デバイス生産加工技術） 第15回研究会	低温薄膜成長による新超電導体Ba-Cu-Oの合成　山本秀樹，内藤方夫，佐藤寿志（NTT） Biの自己停止作用を利用した多元系酸化物薄膜の新しい成長法　酒井滋樹，右田真司（電子技術総合研究所） 誘電体薄膜の微小サイズ効果　田畑　仁，川合知二（大阪大学） SPMメモリ用記録メディアとしての強誘電体薄膜の可能性　斎藤光親，日高鉄也，丸山貴久，坂井郁夫（ヒューレット・ハッカード研究所）
1998年2月28日	「ファインセラミックス技術ハンドブック」出版

1998年3月3日 第1部会（極限に挑戦する次世代生産技術） 第21回研究会	光ファイバーの科学－マルチメディアからペタメディアに向けて 伊澤達夫（日本電信電話） LSIフロセス技術の動向　小宮啓義（半導体先端テクノロジーズ） 文部省COE・大阪大学超精密加工拠点－完全表面の創成をめざして 森　勇蔵（大阪大学）
1998年3月17日 第2部会（マイクロ電子デバイス生産加工技術） 第16回研究会	生体と物理化学現象に対する磁場効果　上野照剛（東京大学） Bi置換希土類鉄ガーネット結晶の作成と応用　浅原陽介（住友金属鉱山） Sm2Fe17Nx粉末の表面被覆とボンド磁石の作製　町田憲一（大阪大学） 強磁性グラニュラー物質の機能性関係の現状　島田　寛（東北大学）
1998年4月28日 運営委員会	平成9年度収支決算 今後の運営について ・平成10年度は赤字になる見通し 講師謝金を1万円に減額，旅費支給：運営委員，幹事に限定，・講演者旅費軽減のため講演者は開催地またはその近傍から選出 ・各部会最終年→研究会開催は平成10年末までで終了
1998年6月18日 第1部会（極限に挑戦する次世代生産技術）第22回研究会	地球温暖化対策の最近の動向　関　荘一郎（環境庁） 廃棄物用焼却炉の現状と課題　本多裕姫（三菱重工業） 密工業における環境保全汚動（事例）の現状と課題　天川秀喜（セイコーインスツルメンツ） インバースマニュファクチャリングの考え方と将来展望　梅田　靖（東京大学）
1998年6月22日 第2部会（マイクロ電子デバイス生産加工技術） 第17回研究会	Micrornachining for Millimeter and Submillimeter Waves Victor M. Lubecke, Koji Mizuno（RIKEN） PZT膜の成膜技術とMEMSへの応用　前田龍太郎，明渡　純（工業技術院機械技術研究所） VLS成長によるシリコンウイスカーを用いたプローブカード　坂輪盛一，加藤和男（電気化学工業） XeF_2エッチングと高精度マイクロマシニング　戸田理作，江刺正喜（東北大学）
1998年6月30日 第3部会（セラミックス融合加工技術） 第14回研究会	ファインセラミックスの静的強度および疲労強度の総括　山田敏郎（京都大学名誉教授） 市販セラミックスにおける機械的特性の相関関係　星出敏彦（京都大学） セラミックスの圧延用途への応用　川崎啓治（日本ガイシ） ファインセラミックスにおける技術基盤整備について　松井　實（ファインセラミックスセンター）
1998年7月3日 運営委員会	次期活動計画 第1部会：「次世代環境保全・極限生産システム」 第2部会，第3部会：未定 現行の3部会制を維持

1998年10月7日 運営委員会	各部会より次期活動に関する趣意書案が提出 年会費：1口10万円／年，2口以上で参加人数に特典 研究会開催：年10回程度，年1回の合同研究会
1998年11月26日 運営委員会	
1998年12月15日 第1部会（極限に挑戦する次世代生産技術） 第23回研究会 見学会	新しいMOCVD用材料の開発　小木勝美（三菱マテリアル） 最新型のバッチ式高能率･高性能CMP装置の研究開発　望月　望（三菱マテリアル）
1999年2月1日 第2部会（マイクロ電子デバイス生産加工技術） 第18回研究会	無限層銅酸化物薄膜の合成と物性　山本　寛，吉山信成（日本大学），寺田教男（電総研） 液面上における直流プラズマの発生とそのダイヤモンド合成への応用　山崎　努，和田智志，野間竜男，鈴木健之（東京農工大学） 銅を例にしたドライエッチングの新材料加工への展開　木田　崇，作本大輔，丸野聡明，成政　大，宮崎善史，山崎二郎（九州工業大学）
1999年3月5日 第3部会（セラミックス融合加工技術） 第15回研究会 委員会	LSI設計とシミュレーション　河合高志（横河電機） 新材料による電子機器用フィルタ　篠原義典（三菱マテリアル） 金属アルコキシド加水分解による粉末の合成　御立千秋（北興化学工業） ムライトセラミックス　熊沢　猛（美濃窯業） In-situ硼酸アルミニウム多孔質の製法および性質　成田　毅（ニチアス） Structure Analysis using Solid State NMR　笠井紀宏（住友スリーエム） セラミックス融合加工技術研究会の終了と新研究会の発足について
1999年3月10日 第1部会（極限に挑戦する次世代生産技術） 第24回研究会	次世代半導体プロセスの動向と課題　西村　正（三菱電機） ULSI多層配線プロセスにおけるCMP技術の動向　隣真一（日本電気） プラナリゼーションCMPと鋒洗浄ならびにメカニズム　木下正治（東芝） 新しい加工終点検出装置を搭載CMPシステムの開発と加工特性　酒井謙児（東京精密技術研究所）
1999年7月29日 第1回研究会	結晶育成からデバイス製造プロセスにおける将来動向　出水清史（信越半導体） 半導体プロセスにおける平坦化CMPとその課題（前工程）　神津公（ローム） 鏡面加工技術を導入した新しいバック．グライダー装置（後工程）金澤雅喜（東京精密技術研究所） 総合討論　半導体デバイス製造における動向と環境問題　コメンター：青砥なほみ（日本電気）

1999年9月30日 第2回研究会	極微細加工された磁性体の磁性　大谷義近，深道和明（東北大学） 磁性体／誘電体ハイブリッド構造を持つ伝送線路デバイスとその応用　佐藤敏郎，山沢清人（信州大学） リモート温度センシングシステム　石山和志，金　栄学，荒井賢一（東北大学），井上光輝（豊橋技術科学大学）
1999年10月20日 第3回研究会	ZnOバリスタの粒界機能の解析　田中　滋（日立製作所） セラミックスの損傷許容性について　鈴木章彦，馬場秀成（石川島播磨重工業） 作製した窒化ケイ素ならびに窒化ケイ素基複合材料の強度と限度信頼性　森　要，内山　晃，前原崇志（帝京大学）
1999年11月18日 第4回研究会	超精密研削を可能にする機械構造　田中克敏（東芝機械） 超高速研削加工の最新技術と将来　太田　稔（日産自動車） 切削・研削加工における環境保全対策　横川宗彦（工学院大学） 半導体デバイス・プロセスにおける平坦化（プラナリゼーション） CMP技術の最近の動向－超精密研磨加工とその応用－　土肥俊郎（埼玉大学）
1999年12月13日 第5回研究会	SiGe ／ Siヘテロ構造とその物性　白木靖寛，宇佐美徳隆（東京大学） SiGe ／金属の界面反応とプロセスインテグレーション　財満鎮明，安田幸夫（名古屋大学） Ultimate-Small Structure Formation Process for Si-Based Group IV Semiconductor Devices　Junichi　Murota, Takashi　Matuura, Masao　Sakuraba（Tohoku University）
2000年1月27日 第6回研究会	高精度マシニングセンタによるセラミックスの機械加工　中川平三郎，溝頃俊樹（滋賀県立大学） セラミックスの破壊靭性とそれに関連する話題　淡路英夫，大橋二大，胡谷理樹，金 剛（名古屋工業大学） 多孔質セラミックスの強度特性（疲労強度を中心に）　坂井田喜久（ファインセラミックスセンター），田中啓介（名古屋大学）
2000年3月30日 第7回研究会 合同研究会	モノづくりと創造－技術・人間・社会　守友貞雄（セイコーインスツルメンツ） コンピュータ外科の現状と将来　土肥健純（東京大学） 超高速Si系デバイスの現状と今後の展望　酒井徹志（東京工業大学） 磁性体の微細加工技術　中谷　功（金属材料技術研究所） アルミナセラミックスの組織制御　山本 洋，光岡 健，飯尾　聡（日本特殊陶業） 中性子回析による構造物内部の残留応力測定　林　真琴（日立製作所）
2000年4月27日 第8回研究会	新しい両面同時加工機と基板加工への適用　川崎光雄，鈴木淳平（浜井産業） 最近のハードディスク基板加工技術と課題　官本武美（HOYA） 次々世代大口径半導体基板の製作技術とその課題　萩野貞明，大石　弘，阿部耕三，林　健郎（スーパーシリコン研究所） 半導体製造技術に関わる環境課題－PFC排出ガスを例にして一　酒井伊都子，大岩徳久，奥村勝弥（東芝セミコンダクター社）

2000年6月2日 第9回研究会	アルミナ系セラミックスの作製と応用　宮本大樹，久米秀樹，西川義人，宮本　敬，稲村　健，S.D. De la Torre（大阪府立産業技術総合研究所） 室化ケイ素の繰返し疲労き裂進展挙動に与える荷重変動の影響　菅田　淳，植松美彦，城野政弘（大阪大学） セラミックスにおける強度の欠陥寸法依存性に関する微視構造的考察　星出敏彦（京都大学）
2000年7月31日 第10回研究会	キーノート　生産プロセスにおける超精密加工技術の役割　宮下政和（ナノテック研究所） エネ・コストパフォーマンス型CMP装置とその特性　木村景一，植草　恵（ソニー） 環境保全を目指す新しい放電加工装置とその加工特性　国枝正典（東京農工大学） 環境保全型・省エネ型経済性を目指したレーザ加工装置の開発と加工事例　国府田京司（篠崎製作所）
2000年8月28日 第11回研究会	マイクロアクチュエータ用強誘電体厚膜の開発　鶴見敬章（東京工業大学） ゾル・ゲル法による強藷電体セラミックス薄膜の合成　土谷敏雄（東京理科大学） FABRICATION OF SUBMICRON SCALE SINGL ELECTRON TUNNELING JUNCTIONS BY 3-D FORCUSED ION-BRAM ETCHING METHODS　S.-J. Kim, T. Yamashita（New Industry Creation hatchery Center Core Research for Evolutional Science and Technology） 界面改質型バリアを用いた高温超伝導ジョセフソン接合の開発　佐藤哲朗，日高睦夫，田原修一（NEC）
2000年10月3日 第12回研究会	セラミックスの繰返し疲労強度の新しい評価法とAE解析　米津明生，小川武史（青山学院大学） 常圧焼結室化ケイ素の疲労き裂発生と成長挙動　上野　明，岸本秀弘（豊田工業大学），近藤拓也（トヨタ自動車），細川裕晃（日本電装），森田和芳（光洋精工） 脆性材料の接触損傷の解析－主として塵耗とき裂進展の関係　宇佐美初彦（名城大学）
2000年12月1日 第13回研究会	研磨技術の変遷と加工メカニズム　今中　治（東京大学） 超精密研磨技術の応用による光通信部品の加工　松井伸介（NTT） CMP技術導入によるHARP膜積層CMOSイメージセンサのプロセス開発　林田哲哉（NHK） 次世代実装技術とCMP-Cuの常温接合　伊藤寿浩，須賀唯知（東京大学）
2001年1月30日 第14回研究会	電子写真における現像プロセスの原理と材料特性　今村　剛（リコー） 磁性材料を用いた電波吸収体　太田博康（環境電磁技術研究所） 薄膜磁気デバイスを用いた小形DC/DCコンバータ技術　三野正人，酒井達郎（日本電信電話）

2001年1月31日 第15回研究会	セラミックス遮熱コーティングSUS304鋼の高温疲労と表面ひずみ計測　脇　裕之，西川　出，小倉敬二（大阪大学） セラミックスの研削および焼なましによる諸特性の変化　徳田太郎，木戸光夫（広島工業大学） 固体材料における第2相について　尾崎義治（成蹊大学）
2001年3月8日 第16回研究会 合同研究会	マイクロ磁界センサとその応用　荒井賢一（東北大学） シリコンマイクロマシニング　江刺正喜（東北大学） 次世代生産技術と環境保全ISO14001認証時の環境影響評価について　河西昌彦（電気安全環境研究所） ものつくり大学（2001年4月開学）と将来加工技術　吉川員範（ものつくり大学） 化石エネルギーと燃料電池の係わり　幾島賢治（石油産業活性化センター） セラミックス・ガスタービンの開発　大槻幸雄（川崎重工業）
2001年6月15日 第17回研究会	構造用セラミックスのき裂進展挙動と微構造解析　菅野幹男，佐竹忠昭，NurIsmambie Zahari（山形大学） アルミナの表面破壊とその粒界依存性　阪口修司（産業技術総合研究所） バイオセラミックアルミナの擬似生体環境下における腐食・疲労・摩耗特性　木村雄二（工学院大学）
2001年7月24日 第18回研究会	超高速InP系HBTの現状と今後の課題　宮本恭幸（東京工業大学） SiGeHBT/BiCMOS技術　鷲尾勝由（日立製作所） 窒化物半導体ヘテロ接合バイポーラトランジスタの現状と今後の課題　牧本俊樹，照倉一英，小林直樹（NTT） 超高速光通信IC用InP HEMT　原　直紹，高橋　剛，澤田　憲，二瓶瑞久，牧山剛三，今西健治，鈴木俊秀，濵達　祐（富士通） GaN系FETへの期待と現状　葛原正明，安藤裕二，宮本広信（NEC） ダイヤモンド表面チャネルFETの高周波特性　川原田　洋，梅沢仁（早稲田大学）
2001年7月27日	水晶基板の超精密加工技術と部品化技術　千葉亜紀雄（日本電波工業） 光集積デバイス/光マイクロエンコーダの製作プロセスとその特性　澤田廉士（日本電信電話） 最近のストレージ関連技術/磁気ヘッド・磁気デバイスとその動向　岡村康弘（岡村技術士事務所） デバイス・部品の性能評価技術とその装置－半導体デバイスの場合－　近藤真史（アプライドマテリアルズジャパン）
2001年10月16日 第20回研究会	セラミック軸受の性能と実用例について　北村和久（光洋精工） 圧子圧入法によるセラミックスの残留応力測定法－日本材料学会標準JSMS-SD-4-01について－　星出敏彦（京都大学） 走査プローブ顕微鏡を用いた超微小硬度測定の紹介　荒木清明（島津製作所）
見学会	島津製作所試験センターの見学

2002年1月25日 第21回研究会	InP基板上化合物半導体による通信用光素子集積化技術　近藤　進（新潟国際情報大学） 携帯端末を支える酸化物結晶と加工技術－LN/LT/水晶等の結晶を例にして　清水　肇，上田昭平（NELクリスタル） 超LSI用シリコン結晶の加工とCOP　森田悦郎（三菱マテリアルシリコン） ウエハの研磨装置化技術－ベアシリコンウエハの研磨装置とデバイスウエハのCMP装置　阿部耕三（新日本製鐵） 最近のウエハ表面の形状計測評価技術　秋山　哲，高村　淳（レイテツクス）
2002年2月4日 第22回研究会	新しい金属系超伝導体MgB2と最近の展開　秋光　純（青山学院大学） MgB2の結晶育成と物性　田島節子（超電導工学研究所） MgB2の線材応用への期待　熊倉浩明（物質・材料研究機構）
2002年2月28日 第23回研究会 合同研究会	カーボンナノチューブ研究の現状　湯村守雄（産業技術総合研究所） 埼玉大学における共同研究事例～国内及び国外企業との共同歩調　土肥俊郎（埼玉大学） 埼玉大学高度技術研修について～大学から企業へ研磨加工技術指導　河西敏雄（埼玉大学） 東京理科大学／Warwick大学（英）の共同企画～ナノテクノロジーシンポジウムとイオン加工の研究協力　宮本岩男（東京理科大学） Si/Ge系ナノデバイスと単電子デバイス　須田良幸（東京農工大学） CVD SiGe（C）エピタキシャル成長とMOSデバイスへの応用　室田淳一，櫻庭政夫，松浦　孝（東北大学） 磁気工学とマイクロ磁気デバイス　荒井賢一（東北大学） ナノ複合材料の高靱化・高強度化機構の解明　淡路英夫，Choi Seong-Min（名古屋工業大学） セラミックス系材料の強度評価　星出敏彦（京都大学） 強誘電体合成とナノ材料用ケミカル　尾崎義治（成蹊大学）
2002年6月26日 第24回研究会	東京都における技術振興支援策　島田勝廣（東京都立産業技術研究所） 第1部会報告「次世代環境保全・極限生産システム」　河西敏雄（東京電機大学） 第2部会報告「次世代機能電子デバイスの生成と加工技術」　荒井 賢一（東北大学） 第3部会報告「ファインセラミックス基盤技術」　星出敏彦（京都大学）
2002年7月19日 第25回研究会	カーボンナノチューブの構造制御　楠　美智子（ファインセラミックスセンター） エピタキシャルSi（SiGe）/SiO_2ナノ構造制御　谷　由加里（ファインセラミックスセンター） 高温ガス分離ナノポーラスセラミックス膜の開発　稲田健志（ファインセラミックスセンター）
見学会	ファインセラミックスセンター

2002年9月5日 第26回研究会	超高速通信用LN光変調器の最新動向　箕輪純一郎(住友大阪セメント) ハードディスク基板の研磨加工技術　山口和栄（日本ミクロコーティング） 超LSIデバイスウェハの平坦化CMPに関する研究　スラリーフリーCMPの可能性　小林俊裕（日本ミクロコーティング） シリコンウェハー　エッジ部研磨プロセス　小西賢一（日本ミクロコーティング） 光ファイバー多芯コネクタの研磨加工技術　馬場哲也（日本ミクロコーティング） パッドレス研磨の試み－複合粒子研磨法の開発－　盧　毅申（東京大学）
見学会	日本ミクロコーティング
2002年10月29日 第27回研究会	“写ルンです”循環生産について　市野修一（富士写真フイルム） 富士フイルムの環境施策の考え方　皆川美郷（富士写真フイルム）
見学会	富士写真フイルム
2003年1月21日 第28回研究会	平坦化CMPにおける固定砥粒研磨技術　片桐創一（日立製作所） 多層配線Cu用Low-k材料加工技術多層配線Cu用Low-k材料加工技術　町田俊太郎（日立製作所） 微細構造解析・3D-TEM技術　柿林博司（日立製作所） 平坦化CMPとそのメカニズム解析　本間喜夫（日立製作所）
見学会	日立製作所中央研究所
2003年3月3日 第29回研究会 合同研究会	特別講演「半導体産業の行方―最近の動向と将来展望―」 中塚晴夫（フレッジテクノロジー） 薄膜の常温接合と転写による3次元微細加工（FORMULA）技術とその応用　(富士ゼロックス) SiGe系デバイスの微細化と原子制御プロセス　竹廣　忍，室田淳一（東北大学） 3次元織物構造のSiC/SiC複合材料の疲労挙動　朱　世杰（東京大学）
2003年5月19日 第30回研究会	最近のCMPのトレンド　礒部　晶（半導体社） 白色光を用いた層間膜CMPの終点検出　田中克典（半導体社） 白色光を用いた層間膜CMPの終点検出　松下　修（半導体社） パッド表面分析による研磨メカニズムの検討　藤田　隆（半導体社）
見学会	半導体社
2003年7月10日 第32回研究会	多孔質セラミックスの非弾性構成式　鈴木章彦，馬場秀成，武正文夫（石川島播磨重工業） 低温焼成セラミックスのモンテカルロ法による焼結シミュレーションの試み　(三菱電機) CRTモニタの長期信頼性評価　大本洋平，谷　周一（三菱電機）
見学会	三菱電機
2003年9月26日 第33回研究会 合同研究会	磁気マイクロマシン　仙道雅彦（東北大学） セラミックスコーティングのナノ構造制御と合成技術　木村和成（ファインセラミックスセンター） ミリオーダーからナノレベルのダイレクト測定を可能にした“レーザープローブ式三次元測定器”　三浦勝弘（三鷹光器）

2003年10月8日 第34回研究会	特別講演「65 nm技術ノードのCu-CMPプロセス」 近藤誠一（半導体先端テクノロジーズ） 切研削油剤に関する最近の話題　阿部 聡（ユシロ化学工業） 熱間鍛造用潤滑剤について　宇田賢一郎（ユシロ化学工業） 新規酸化セリウム系CMP用スラリーについて　上田真司（ユシロ化学工業）
見学会	ユシロ化学工業
2003年11月28日 第35回研究会	ジョセフソン磁束線フロー抵抗の振動現象と磁気相図　平田和人（NIMS超伝導材料研究センター） 高温超伝導ウイスカーの合成とそれを用いた新機能素子の探究　羽多野　毅（NIMSナノマテリアル研究所）
見学会	NIMSナノマテリアル研究所
2004年1月8日 第36回研究会	骨・関節を代替する医療用セラミックス　久森紀之（上智大学） 高強度反応焼結SiCの開発　須山章子（東芝） 先進セラミックス材料の微構造を考慮した強度評価　坂井田喜久（静岡大学）

索　引

あ行

か行

さ行

た行

な行

は行

ま行

や行

英数

ハイテク五十年史に学ぶ将来加工技術

平成31年3月20日　　　　　初版第1刷発行

定　　価　本体3,700円＋税　《検印省略》

著　　　者　独立行政法人 日本学術振興会 将来加工技術第136委員会

発　行　人　小　林　大　作

発　行　所　日本工業出版株式会社

https://www.nikko-pb.co.jp/　e-mail: info@nikko-pb.co.jp

本　　　社　〒113-8610　東京都文京区本駒込6-3-26

TEL：03-3944-1181　FAX：03-3944-6826

大阪営業所　〒541-0046　大阪市中央区平野町1-6-8

TEL：06-6202-8218　FAX：06-6202-8287

振　　　替　00110-6-14874

ISBN978-4-8190-3106-6 C3053　¥3700E